华章数学译丛

79

Third Edition

复分析

（原书第3版·典藏版）

[美] 拉尔斯·V. 阿尔福斯 著
(Lars V. Ahlfors)

赵志勇 薛运华 杨旭 译

机械工业出版社
China Machine Press

图书在版编目（CIP）数据

复分析：原书第 3 版・典藏版 /（美）拉尔斯・V. 阿尔福斯（Lars V. Ahlfors）著；赵志勇，薛运华，杨旭译．-- 北京：机械工业出版社，2022.3（2025.1 重印）
（华章数学译丛）
书名原文：Complex Analysis, Third Edition
ISBN 978-7-111-70336-5

Ⅰ. ①复…　Ⅱ. ①拉…　②赵…　③薛…　④杨…　Ⅲ. ①复分析　Ⅳ. ① O174.5

中国版本图书馆 CIP 数据核字（2022）第 040269 号

北京市版权局著作权合同登记　图字：01-2003-8558 号。

Lars V. Ahlfors: *Complex Analysis, Third Edition* (ISBN 0-07-000657-1)

本书从现代数学的观点介绍复分析的基础知识与常用工具．全书共分 8 章，主要内容包括：复数、复函数、作为映射的解析函数、复积分、级数与乘积展开、共形映射、狄利克雷问题、椭圆函数以及全局解析函数．此外，本书大部分章节后都有练习，便于学生掌握书中内容．

本书取材合理、言简意赅、由浅入深、逻辑严谨、论述清晰，可作为高等院校高年级本科生以及研究生的教材和参考书．

出版发行：机械工业出版社（北京市西城区百万庄大街 22 号　邮政编码：100037）

责任编辑：王春华	责任校对：殷　虹
印　　刷：固安县铭成印刷有限公司	版　　次：2025 年 1 月第 1 版第 5 次印刷
开　　本：186mm × 240mm　1/16	印　　张：16.25
书　　号：ISBN 978-7-111-70336-5	定　　价：79.00 元

客服电话：（010）88361066　68326294

译 者 序

本书是复变大师 Lars V. Ahlfors 的经典之作. Lars V. Ahlfors（1907—1996）是美籍芬兰数学家，是 20 世纪最伟大的分析大师之一. 他是 1936 年首届菲尔茨奖获得者，1981 年因在几何函数论方面的有效新方法的创立和根本性的发现而荣获沃尔夫奖. Ahlfors 是迄今为止获得这两项世界数学最高奖仅有的几个人之一.

Ahlfors 的主要工作领域是复分析，他对值分布论、黎曼曲面、数值长度、拟共形映射和克莱因群等领域都做出了重大贡献. 他于 1929 年证明了当茹瓦（Denjoy）于 1907 年提出的猜想：如果整函数的阶为 ρ，有限渐近值个数为 n，则 $n \leqslant 2\rho$. 他于 1935 年提出覆盖面理论（由此可推出著名的奈旺林纳（Nevanlinna）理论），并对值分布论的几何意义予以明确的阐述. 他发展了 H. Weyl 的亚纯曲线理论. 他后来的工作都围绕黎曼曲面的参模理论进行. 由于参模空间难以处理，他将问题转向研究其覆盖空间——泰希米勒（Teichmüller）空间. 为此，Ahlfors 发展了拟共形映射理论，用来对其结构进行研究，特别是证明它具有复解析结构. Ahlfors 的著作清晰流畅，除了本书外，还包括 *Riemann Surfaces* 和 *Conformal Invariants*（共形不变量）等，因此而荣获 1982 年美国数学会 Steele 奖.

复分析研究复自变量复值函数，是数学的重要分支之一，同时在数学的其他分支（如微分方程、积分方程、概率论、数论等）以及自然科学的其他领域（如空气动力学、流体力学、电学、热学、理论物理等）都有着重要的应用. Ahlfors 的这本书被国内外很多大学采纳作为教材，是复分析领域历经考验的一本经典教材.

这本教材取材合理、言简意赅、由浅入深、逻辑严谨、论述清晰、易于教学. 书中使用了很多诸如“不难看出”“显然”“明显”“易见”等词，对应的英文包括：clearly，obviously，evidently，it is easy to see…，it is not difficult to see…，it is plain that…，it is readily seen that…，it is easy to see…，等等. 据作者在第 1 版的前言中所说，“They are not used to blur the picture. On the contrary，they test the reader's understanding，for if he does not agree that the omitted reasoning is clear，obvious，and evident，he had better turn back a few pages and make a fresh start.”（目的并不是在故弄玄虚，而是试验读者是否真正了解……）.

全书共分 8 章，主要内容包括：复数、复函数、作为映射的解析函数、复积分、级数与乘积展开、共形映射和狄利克雷问题、椭圆函数以及全局解析函数. 此外，大部分章节后都有练习，便于学生掌握书中内容，其中加上“＊”号的练习供学有余力的学生选做. 本书假定读者具备大学二年级的数学基础，可作为高等院校高年级本科生以及研究生的教材和参考书.

本书在翻译过程中，采取了以下原则：

1. 术语尽可能与自然科学名词审定委员会 1993 年公布的《数学名词》中保持一致，使用的词典是国防工业出版社 1991 版的《英汉科学技术词典》以及科学出版社 2002 版的《新英汉数学词汇》.

2. 本书中含有外国学者名字定义的术语，一般都按照《数学名词》及《新英汉数学词汇》翻译成中文.

3. 对原书中的个别错误，如公式号错、拼写错误等，翻译过程中进行了修改.

此外，本书在翻译过程中，参考了在国内影响较大的上海科学技术出版社出版的中译本，在此表示感谢.

本书由赵志勇、薛运华和杨旭共同翻译完成，由于时间仓促，不当之处在所难免，希望广大读者批评指正。

译　者

于南开大学

前　言

作为单复变量的标准基础教材，《复分析》成功地保持了它的地位. 然而，仍然需要一个新的版本，一方面是因为当前的数学术语有些变化，另一方面是因为学生的基础和目标也有所不同.

新的版本中没有根本性的创新. 作者仍然坚信几何方法的基础作用，因此介绍性的章节没有本质上的变化. 实践表明，第 2 版中有少数几处可能会产生误解或理解困难，第 3 版进行了阐明. 已经发现的印刷错误和小错误都已经改正. 第 3 版和第 2 版的主要区别概括如下：

1. 数学符号和术语已经采用现代标准.

2. 在第 2 章中，增加了很短的一节，讨论共形映射下长度和面积的变化. 这在某种程度上破坏了本书能自解释的特点，因为需要读者回顾微积分，学习重积分的定义和处理. 这个缺点可以忽略不计.

3. 在第 4 章中，柯西定理的一般形式有了一个新的更简单的证明. 这是 A. F. Beardon 给出的证明，他慷慨地允许我在这里引用. 这个证明补充了老的证明，但不能取而代之，因此老的证明仍然保留并进行了改进.

4. 增加了很短的一节，讨论黎曼 ζ 函数. 这常使学生着迷，并且函数方程的证明说明了在比定积分计算更为复杂的情形下留数的应用.

5. 第 8 章中的大部分内容已重写，主要目的是在强调经典概念的同时，介绍芽和层的术语. 不过，所涉及的层理论的基本概念不会超出本书的初级定位.

6. 作者经受住把黎曼面作为一维复流形加进书中的诱惑. 本书旨在介绍平面上复函数论的基本方法和结果，如果超出该目的，那么将大大失去其有用性.

很多人指出了第 2 版中的一些印刷错误、缺点，在此对他们表示感谢. 特别感谢我的同事 Lynn Loomis，他使我了解到学生在近期课程中以此书为教材的反应.

Lars V. Ahlfors

目　录

第1章 复　数

1.1 复数代数

基本上，实数和复数遵循同样的算术基本律．在开始学习复分析理论时，我们要强调并应用这种相似性质．

1.1.1 算术运算

在初等代数里，读者就已经知道虚数单位 i 具有性质 $\mathrm{i}^2=-1$．如果把虚数单位和两个实数 α、β 通过加法和乘法结合起来，就可以得到一个复数 $\alpha+\mathrm{i}\beta$．α 和 β 分别为这个复数的实部和虚部．如果 $\alpha=0$，这个数称为纯虚数；如果 $\beta=0$，它当然就是实数．0 是唯一的既是实数又是纯虚数的数．两个复数相等，当且仅当它们有相同的实部和相同的虚部．

复数系关于加法和乘法是自封闭的．假设将算术的一般规则应用于复数，当然可以得出

$$(\alpha+\mathrm{i}\beta)+(\gamma+\mathrm{i}\delta)=(\alpha+\gamma)+\mathrm{i}(\beta+\delta) \tag{1}$$

和

$$(\alpha+\mathrm{i}\beta)(\gamma+\mathrm{i}\delta)=(\alpha\gamma-\beta\delta)+\mathrm{i}(\alpha\delta+\beta\gamma). \tag{2}$$

在第二个恒等式中，我们运用了关系式 $\mathrm{i}^2=-1$．

关于除法可能也是自封闭的，这个性质不是那么明显．我们要证明 $(\alpha+\mathrm{i}\beta)/(\gamma+\mathrm{i}\beta)$ 是一个复数，其中规定 $\gamma+\mathrm{i}\delta\neq0$．如果记商为 $x+\mathrm{i}y$，则必须有

1

$$\alpha+\mathrm{i}\beta=(\gamma+\mathrm{i}\delta)(x+\mathrm{i}y).$$

由(2)式，这个条件可以写成

$$\alpha+\mathrm{i}\beta=(\gamma x-\delta y)+\mathrm{i}(\delta x+\gamma y),$$

因此我们得到两个方程：

$$\alpha=\gamma x-\delta y,$$
$$\beta=\delta x+\gamma y.$$

这个线性方程组有唯一的解：

$$x=\frac{\alpha\gamma+\beta\delta}{\gamma^2+\delta^2},$$

$$y=\frac{\beta\gamma-\alpha\delta}{\gamma^2+\delta^2},$$

其中，已知 $\gamma^2+\delta^2\neq0$．因而我们有下面的结果：

$$\frac{\alpha+i\beta}{\gamma+i\delta}=\frac{\alpha\gamma+\beta\delta}{\gamma^2+\delta^2}+i\frac{\beta\gamma-\alpha\delta}{\gamma^2+\delta^2}. \tag{3}$$

一旦证明了商的存在性，它的值就可以通过一种简单的方法得到. 如果分子和分母同时乘以 $\gamma-i\delta$，立即有

$$\frac{\alpha+i\beta}{\gamma+i\delta}=\frac{(\alpha+i\beta)(\gamma-i\delta)}{(\gamma+i\delta)(\gamma-i\delta)}=\frac{(\alpha\gamma+\beta\delta)+i(\beta\gamma-\alpha\delta)}{\gamma^2+\delta^2}.$$

作为特例，一个不为零的复数的倒数为

$$\frac{1}{\alpha+i\beta}=\frac{\alpha-i\beta}{\alpha^2+\beta^2}.$$

注意，i^n 只有四个可能的值：1，i，−1，−i. 它们相应于 n 的值除以 4 的余数 0，1，2，3.

练　习

1. 计算下列各数的值：

2

$$(1+2i)^3,\quad \frac{5}{-3+4i},\quad \left(\frac{2+i}{3-2i}\right)^2,\quad (1+i)^n+(1-i)^n.$$

2. 如果 $z=x+iy$(x 和 y 为实数)，求下列各数的实部和虚部：

$$z^4,\quad \frac{1}{z},\quad \frac{z-1}{z+1},\quad \frac{1}{z^2}.$$

3. 证明：

$$\left(\frac{-1\pm i\sqrt{3}}{2}\right)^3=1\quad 和\quad \left(\frac{\pm 1\pm i\sqrt{3}}{2}\right)^6=1,$$

其中符号可以任意组合.

1.1.2　平方根

我们将证明复数的平方根可以明确地得到. 如果给定复数为 $\alpha+i\beta$，我们来求一个复数 $x+iy$，使得

$$(x+iy)^2=\alpha+i\beta.$$

这等价于方程组

$$\begin{aligned} x^2-y^2&=\alpha,\\ 2xy&=\beta. \end{aligned} \tag{4}$$

由这些方程可以得到

$$(x^2+y^2)^2=(x^2-y^2)^2+4x^2y^2=\alpha^2+\beta^2.$$

因此必须有

$$x^2+y^2=\sqrt{\alpha^2+\beta^2},$$

其中平方根为正数或为零. 和方程组(4)的第一个式子联立，可得

$$x^2=\frac{1}{2}(\alpha+\sqrt{\alpha^2+\beta^2}),$$
$$y^2=\frac{1}{2}(-\alpha+\sqrt{\alpha^2+\beta^2}). \tag{5}$$

可以看出，无论 α 的符号是什么，这些量总是正数或零.

由方程(5)一般可以得出两个相反符号的 x 值和两个相反符号的 y 值. 但是这些值不能任意组合，因为(4)的第二个式子并非(5)的结果. 因此我们必须适当选择 x 和 y，使它们的乘积和 β 符号相同. 这样就得到一般的解

$$\sqrt{\alpha+\mathrm{i}\beta}=\pm\left(\sqrt{\frac{\alpha+\sqrt{\alpha^2+\beta^2}}{2}}+\mathrm{i}\frac{\beta}{|\beta|}\sqrt{\frac{-\alpha+\sqrt{\alpha^2+\beta^2}}{2}}\right). \tag{6}$$

这里规定 $\beta\neq0$. 当 $\beta=0$ 时，若 $\alpha\geqslant0$，则值为 $\pm\sqrt{\alpha}$；若 $\alpha<0$，则值为 $\pm\mathrm{i}\sqrt{-\alpha}$. 可以理解，所有正数的平方根的符号应取正号.

3

我们证明了任意复数的平方根均存在，并有两个相反的值. 这两个值相等当且仅当 $\alpha+\mathrm{i}\beta=0$. 若 $\beta=0$，$\alpha\geqslant0$，则平方根值是实数；若 $\beta=0$，$\alpha\leqslant0$，则为纯虚数. 换句话说，除零之外，只有正数才有实的平方根，只有负数才有纯虚数的平方根.

由于两个平方根一般都是复数，因此复数的平方根就不可能区分出正负. 我们当然可以通过(6)式中上面的符号和下面的符号来区分，但是这种区分是人为的，必须避免. 正确的方法是按对称的方式来处理两个平方根.

练　习

1. 计算下列各数：

$$\sqrt{\mathrm{i}},\quad \sqrt{-\mathrm{i}},\quad \sqrt{1+\mathrm{i}},\quad \sqrt{\frac{1-\mathrm{i}\sqrt{3}}{2}}.$$

2. 求 $\sqrt[4]{-1}$ 的四个值.
3. 计算 $\sqrt[4]{\mathrm{i}}$ 和 $\sqrt[4]{-\mathrm{i}}$.
4. 解二次方程

$$z^2+(\alpha+\mathrm{i}\beta)z+\gamma+\mathrm{i}\delta=0.$$

1.1.3　合理性

到目前为止，我们关于复数的讨论是完全不严密的. 我们还没有研究当所有算术规则保持有效时，方程 $x^2+1=0$ 的解所属的数系的存在性问题.

我们先回想一下实数系 $\mathbf{R}$ 的特征性质. 首先，$\mathbf{R}$ 是一个域. 这说明其中定义了加法运算和乘法运算，它们满足结合律、交换律和分配律. 数 0 和 1 分别是加法运算和乘法运算中的中性元素：对所有的 α，$\alpha+0=\alpha$，$\alpha\cdot1=\alpha$. 其次，定义减法的方程 $\beta+x=\alpha$ 总有一个

解，而且只要 $\beta\neq0$，定义除法的方程 $\beta x=\alpha$ 也总有一个解[⊖].

用初等的理由就可证明，中性元素和减法、除法的结果都是唯一的．并且，每一个域都是一个整环：$\alpha\beta=0$ 当且仅当 $\alpha=0$ 或者 $\beta=0$.

4

这些性质对所有的域都成立．而且，域 $\mathbf{R}$ 有*次序关系* $\alpha<\beta$（或 $\beta>\alpha$）．在*正实数集* $\mathbf{R}^+$ 里更容易定义下面的关系：$\alpha<\beta$ 当且仅当 $\beta-\alpha\in\mathbf{R}^+$．集 $\mathbf{R}^+$ 表现为如下特征：1）0 不是正数；2）如果 $\alpha\neq0$，则 α 或者 $-\alpha$ 为正数；3）两个正数的和或者积仍为正数．从这些性质可以推导出所有不等式运算的规则．特别地，可以看出每一个数 α 平方（α^2）或者是正数或者是零．因此 $1=1^2$ 是一个正数.

根据次序关系可知，和 1，1+1，1+1+1，…互不相同．因此 $\mathbf{R}$ 包含所有自然数，而且因为它是一个域，所以它必须包含所有有理数组成的子域.

最后，$\mathbf{R}$ 满足如下的*完备性条件*：每一个递增并且有界的实数序列都有极限．设 $\alpha_1<\alpha_2<\alpha_3<\cdots<\alpha_n<\cdots$，并且设存在一个实数 B 使得对所有的 n 都有 $\alpha_n<B$. 那么完备性条件就意味着存在一个数 $A=\lim\limits_{n\to\infty}\alpha_n$，它具有下列性质：给定任意的 $\varepsilon>0$，存在一个自然数 n_0，使得对所有的 $n>n_0$ 都有 $A-\varepsilon<\alpha_n<A$.

由于我们没有证明具有假设性质的实数系 $\mathbf{R}$ 的存在性和唯一性（直到同构），因此关于实数系的讨论是不完备的[⊜]．不十分了解引进实数的构造过程的学生，可以参阅完整讨论实数的相关书籍.

因为 α^2+1 恒正，所以方程 $x^2+1=0$ 在 $\mathbf{R}$ 中没有解．现在假设可以找到一个域 $\mathbf{F}$，它以 $\mathbf{R}$ 为子域，并且在 $\mathbf{F}$ 中方程 $x^2+1=0$ 有解．记解为 i．则 $x^2+1=(x+\mathrm{i})(x-\mathrm{i})$，因而方程 $x^2+1=0$ 在 $\mathbf{F}$ 中只有两个根，即 i 和 $-\mathrm{i}$．令 $\mathbf{C}$ 为 $\mathbf{F}$ 的子集，它由所有可以使用实数 α 和 β 表达成形式 $\alpha+\mathrm{i}\beta$ 的元素组成．因为 $\alpha+\mathrm{i}\beta=\alpha'+\mathrm{i}\beta'$ 意味着 $\alpha-\alpha'=-\mathrm{i}(\beta-\beta')$，所以这个表达式是唯一的．因此 $(\alpha-\alpha')^2=-(\beta-\beta')^2$，并且这只有当 $\alpha=\alpha'$，$\beta=\beta'$ 时才成立.

子集 $\mathbf{C}$ 是 $\mathbf{F}$ 的一个子域．事实上，除了让读者做一些简单的验证之外，这已在 1.1.1 节证明过了．此外，$\mathbf{C}$ 的构造和 $\mathbf{F}$ 无关．如果设 $\mathbf{F}'$ 为包含 $\mathbf{R}$ 和方程 $x^2+1=0$ 的根 i' 的另一个域，相应的子集 $\mathbf{C}'$ 由所有的元素 $\alpha+\mathrm{i}'\beta$ 组成．所有的元素 $\alpha+\mathrm{i}\beta$ 组成的 $\mathbf{C}$ 和所有的元素 $\alpha+\mathrm{i}'\beta$ 组成的 $\mathbf{C}'$ 一一对应，这种对应显然是域的同构．因此说明 $\mathbf{C}$ 和 $\mathbf{C}'$ 是同构的.

5

现在我们定义*复数域*为任意给定的 $\mathbf{F}$ 的一个子域 $\mathbf{C}$．可以看出 $\mathbf{F}$ 如何选取没有影响，但是我们还没有证明存在这样一个具有所需性质的域 $\mathbf{F}$．为了使定义有意义，需要构造一个域 $\mathbf{F}$，它包含 $\mathbf{R}$（或者与 $\mathbf{R}$ 同构的一个子域），而且在这个域中方程 $x^2+1=0$ 有一个根.

有很多途径来构造这样一个域．最简单而又最直接的方法如下：考虑形如 $\alpha+\mathrm{i}\beta$ 的所

⊖ 假定读者已具有初等代数学的基本知识．虽然上面关于域的特征是完备的，但如果学生不熟悉这些概念，显然是不会有多大帮助的.

⊜ 两个域同构是指保持和与积的一一对应．这个词通常用于表示一种一一对应，并且保持在给定联络中所有认为重要的关系.

有表达式，其中α，β都是实数，记号$+$和i纯粹是符号($+$不表示加，i不表示域中的一个元素)．这些表达式是域**F**的元素，在域**F**中加法和乘法由(1)和(2)定义(注意记号$+$的两个不同含义)．特殊形式$\alpha+\mathrm{i}0$的元素构成同构于**R**的子域，元素$0+\mathrm{i}1$满足方程$x^2+1=0$．事实上，我们得到$(0+\mathrm{i}1)^2=-(1+\mathrm{i}0)$．因此域**F**就具有所需要的性质．而且因为

$$\alpha+\mathrm{i}\beta=(\alpha+\mathrm{i}0)+\beta(0+\mathrm{i}1),$$

故知它和相应的子域**C**恒等，这样就证明了复数域的存在，并且我们可以回到简单的记法$\alpha+\mathrm{i}\beta$，其中$+$表示**C**中的加法，i表示方程$x^2+1=0$的根．

练　习　(供学习过代数的学生练习)

1. 证明：形如

$$\begin{pmatrix} \alpha & \beta \\ -\beta & \alpha \end{pmatrix}$$

的所有矩阵用矩阵加法和矩阵乘法组合起来的体系同构于复数域．

2. 证明：复数系可以看成以不可约多项式x^2+1为模的所有实系数多项式域．

1.1.4　共轭和绝对值

复数可以表示为单个字母a，其中a为域**C**中的一个元素；或者可以表示为$\alpha+\mathrm{i}\beta$，其中α和β为实数．其他标准记法还有$z=x+\mathrm{i}y$，$\zeta=\xi+\mathrm{i}\eta$，$w=u+\mathrm{i}v$，当用这些记法时，一般默认x，y，ξ，η，u，v为实数．复数a的实部和虚部将分别记为$\mathrm{Re}\,a$和$\mathrm{Im}\,a$． [6]

在推导复数加法和乘法的过程中，我们只用到一个事实，即$\mathrm{i}^2=-1$．由于$-\mathrm{i}$有相同的性质，因此如果所有的i都换成$-\mathrm{i}$，则所有规则一定仍然保持有效．这可以通过直接验证来证明．将$\alpha+\mathrm{i}\beta$替换为$\alpha-\mathrm{i}\beta$的变换称为*复共轭*，而且$\alpha-\mathrm{i}\beta$是$\alpha+\mathrm{i}\beta$的*共轭*．a的共轭记为$\bar{a}$．一个数是实数当且仅当它和它的共轭相等．共轭是一种对合变换，即$\bar{\bar{a}}=a$．

公式

$$\mathrm{Re}\,a=\frac{a+\bar{a}}{2},\quad \mathrm{Im}\,a=\frac{a-\bar{a}}{2\mathrm{i}}$$

为用复数和它的共轭来表示实部和虚部．因此系统地使用记号a和$\bar{a}$就能无须使用不同的字母来表示实部和虚部．不过更方便的是灵活运用两种记号．

共轭的基本性质前面已经提到过，即

$$\overline{a+b}=\bar{a}+\bar{b},$$
$$\overline{ab}=\bar{a}\cdot\bar{b}.$$

相应于商的性质是其推论：如果$ax=b$，则$\bar{a}\bar{x}=\bar{b}$，因此$(\overline{b/a})=\bar{b}/\bar{a}$．更一般地，令$R(a, b, c, \cdots)$表示复数$a$，$b$，$c$，…的任何有理运算，则

$$\overline{R(a,b,c,\cdots)}=R(\bar{a},\bar{b},\bar{c},\cdots).$$

作为应用，考虑方程

$$c_0 z^n + c_1 z^{n-1} + \cdots + c_{n-1} z + c_n = 0.$$

如果ζ是这个方程的一个根，则$\bar{\zeta}$是方程

$$\bar{c}_0 z^n + \bar{c}_1 z^{n-1} + \cdots + \bar{c}_{n-1} z + \bar{c}_n = 0$$

的根. 特别地，如果系数为实数，则ζ和$\bar{\zeta}$是同一方程的根，而且我们得到熟悉的定理：实系数方程的非实根以成对的共轭根出现.

7

积$a\bar{a} = \alpha^2 + \beta^2$恒为整数或零. 它的非负平方根称为复数$a$的模或者绝对值，记为$|a|$. 可以通过一个实数的模等于它的数值取正号来证明这个术语和记号是正确的.

重复一遍定义

$$a\bar{a} = |a|^2,$$

其中$|a| \geqslant 0$，并且注意到$|\bar{a}| = |a|$. 对乘积的绝对值，我们得到

$$|ab|^2 = ab \cdot \overline{ab} = ab\bar{a}\bar{b} = a\bar{a}b\bar{b} = |a|^2 |b|^2,$$

由于它们都大于等于零，因此，

$$|ab| = |a| \cdot |b|.$$

用文字叙述如下：

乘积的绝对值等于各因子绝对值的乘积.

显然，这个性质可以推广到任意有限项的乘积：

$$|a_1 a_2 \cdots a_n| = |a_1| \cdot |a_2| \cdots |a_n|.$$

商$a/b(b \neq 0)$满足关系$b(a/b) = a$，因此又有$|b| \cdot |a/b| = |a|$，或者

$$\left|\frac{a}{b}\right| = \frac{|a|}{|b|}.$$

和的绝对值的公式不是这么简单. 我们有

$$|a+b|^2 = (a+b)(\bar{a}+\bar{b}) = a\bar{a} + (a\bar{b} + b\bar{a}) + b\bar{b}$$

或者

$$|a+b|^2 = |a|^2 + |b|^2 + 2\mathrm{Re}\, a\bar{b}. \tag{7}$$

相应的差的公式为

$$|a-b|^2 = |a|^2 + |b|^2 - 2\mathrm{Re}\, a\bar{b}. \tag{7'}$$

把上面两个式子相加，得到恒等式

$$|a+b|^2 + |a-b|^2 = 2(|a|^2 + |b|^2). \tag{8}$$

练　习

1. 计算

$$\frac{z}{z^2+1},$$

其中$z = x + \mathrm{i}y$和$z = x - \mathrm{i}y$，并验证两个结果共轭.

2. 求

$$-2i(3+i)(2+4i)(1+i) \quad 和 \quad \frac{(3+4i)(-1+2i)}{(-1-i)(3-i)}$$

的绝对值.

8

3. 如果 $|a|=1$ 或者 $|b|=1$，证明：

$$\left|\frac{a-b}{1-\bar{a}b}\right|=1.$$

如果 $|a|=|b|=1$，则上式成立应该有什么样的条件？

4. 在什么条件下，一个复未知量的方程 $az+b\bar{z}+c=0$ 只有一个解？并求出这个解.

5. 证明：复数形式的拉格朗日恒等式

$$\left|\sum_{i=1}^{n} a_i b_i\right|^2=\sum_{i=1}^{n}|a_i|^2\sum_{i=1}^{n}|b_i|^2-\sum_{1\leqslant i<j\leqslant n}|a_i\bar{b}_j-a_j\bar{b}_i|^2.$$

1.1.5 不等式

现在我们来证明一些重要的常见不等式. 也许应指出，在复数系里没有次序关系，因此所有的不等式都必须是实数之间的关系.

从绝对值的定义可以得到下列不等式：

$$\begin{aligned}-|a| \leqslant \operatorname{Re} a \leqslant |a|,\\ -|a| \leqslant \operatorname{Im} a \leqslant |a|.\end{aligned} \tag{9}$$

等式 $\operatorname{Re} a=|a|$ 成立当且仅当 a 是实数并且 $a\geqslant 0$.

如果(9)应用到(7)，我们得到

$$|a+b|^2 \leqslant (|a|+|b|)^2,$$

因此

$$|a+b| \leqslant |a|+|b|. \tag{10}$$

这个不等式称为三角形不等式，这样命名的原因将在后面给出. 由归纳法可以将这个不等式推广到任意项求和

$$|a_1+a_2+\cdots+a_n| \leqslant |a_1|+|a_2|+\cdots+|a_n|. \tag{11}$$

和的绝对值不大于各项绝对值的和.

读者熟知估计(11)在实数情形的重要性，我们将会发现它在复数理论中具有同样重要的地位.

让我们来确定(11)中等号成立的所有条件. 在(10)中，等号成立当且仅当$a\bar{b}\geqslant 0$(为方便起见，用 $c>0$ 表示 c 是正实数). 如果 $b\neq 0$ 这个条件可以写成形式 $|b|^2(a/b)\geqslant 0$，那么等价于$(a/b)\geqslant 0$. 通常情况下，我们如下进行：假设(11)中的等号成立，则

9

$$\begin{aligned}|a_1|+|a_2|+\cdots+|a_n| &= |(a_1+a_2)+a_3+\cdots+a_n|\\ &\leqslant |a_1+a_2|+|a_3|+\cdots+|a_n|\\ &\leqslant |a_1|+|a_2|+\cdots+|a_n|.\end{aligned}$$

因此 $|a_1+a_2|=|a_1|+|a_2|$，并且如果 $a_2\neq 0$，我们得到 $a_1/a_2\geqslant 0$. 但是项的编号方式是任意的. 因此任意两个非零项之比必定是正数. 反之，设这个条件成立，假定$a_1\neq 0$，我们得到

$$\begin{aligned}|a_1+a_2+\cdots+a_n| &= |a_1|\cdot\left|1+\frac{a_2}{a_1}+\cdots+\frac{a_n}{a_1}\right| \\ &= |a_1|\left(1+\frac{a_2}{a_1}+\cdots+\frac{a_n}{a_1}\right) \\ &= |a_1|\left(1+\frac{|a_2|}{|a_1|}+\cdots+\frac{|a_n|}{|a_1|}\right) \\ &= |a_1|+|a_2|+\cdots+|a_n|.\end{aligned}$$

综上所述：(11)中的等号成立当且仅当任意两个非零项之比是正数.

由(10)又有

$$|a|=|(a-b)+b|\leqslant|a-b|+|b|,$$

或者

$$|a|-|b|\leqslant|a-b|.$$

同理，$|b|-|a|\leqslant|a-b|$，这些不等式可以合并成

$$|a-b|\geqslant\big||a|-|b|\big|. \tag{12}$$

当然对 $|a+b|$ 可以应用同样的估计.

(10)的一个特殊情形为不等式

$$|\alpha+\mathrm{i}\beta|\leqslant|\alpha|+|\beta|, \tag{13}$$

这个不等式表示一个复数的绝对值不大于其实部和虚部的绝对值之和.

许多其他不等式证明起来虽然不是那么简单，但同样常用. 最重要的是柯西不等式

$$|a_1b_1+\cdots+a_nb_n|^2\leqslant(|a_1|^2+\cdots+|a_n|^2)(|b_1|^2+\cdots+|b_n|^2),$$

或者简记为

10

$$\left|\sum_{i=1}^{n}a_ib_i\right|^2\leqslant\sum_{i=1}^{n}|a_i|^2\sum_{i=1}^{n}|b_i|^{2\ominus}. \tag{14}$$

为证明该不等式，令 λ 为任意复数. 由(7)可得

$$\sum_{i=1}^{n}|a_i-\lambda\bar{b}_i|^2=\sum_{i=1}^{n}|a_i|^2+|\lambda|^2\sum_{i=1}^{n}|b_i|^2-2\mathrm{Re}\,\bar{\lambda}\sum_{i=1}^{n}a_ib_i. \tag{15}$$

对于所有的 λ，这个表达式都大于等于 0. 我们可以选取

$$\lambda=\frac{\sum_1^n a_ib_i}{\sum_1^n|b_i|^2},$$

⊖ 这里的 i 是求和指数，用作下标，不能把它和虚数单位混淆. 禁止使用它似乎没有必要.

对于分母为零的情况显然成立．这种选取法不是任意的，目的是使表达式(15)尽可能简单．代入(15)，经简化后可以发现，

$$\sum_{1}^{n}|a_i|^2-\frac{\left|\sum_{1}^{n}a_ib_i\right|^2}{\sum_{1}^{n}|b_i|^2}\geqslant 0$$

和(14)等价．

从(15)我们可以进一步得出结论：(14)中的等号成立当且仅当 a_i 和 $\overline{b_i}$ 成比例．

柯西不等式也可以用拉格朗日恒等式(参看 1.1.4 节练习 4)证明．

练　习

1．证明：

$$\left|\frac{a-b}{1-\bar{a}b}\right|<1,$$

如果 $|a|<1$ 且 $|b|<1$．

2．用归纳法证明柯西不等式．

3．如果 $|a_i|<1$，$\lambda_i\geqslant 0(i=1,\cdots,n)$ 且 $\lambda_1+\lambda_2+\cdots+\lambda_n=1$，证明：

$$|\lambda_1a_1+\lambda_2a_2+\cdots+\lambda_na_n|<1.$$

4．证明：复数 z 满足

$$|z-a|+|z+a|=2|c|$$

11

当且仅当 $|a|\leqslant|c|$．如果这个条件成立，那么 $|z|$ 的最小值和最大值分别是什么？

1.2　复数的几何表示

对于平面上一个给定的直角坐标系，复数 $a=\alpha+i\beta$ 可以用坐标为 (α,β) 的点来表示．这是常用的表示法，并且我们常把点 a 作为数 a 的同义词．第一个坐标轴(x 轴)称为实轴，第二个坐标轴(y 轴)称为虚轴．平面本身称为复平面．

几何表示的有用之处在于它用几何语言把复数表达成生动的图形．不过，我们接受这样的观点：分析中的所有结论都应从实数性质而不是从几何公理推导出来．由于这个原因，我们只用几何来进行描述，而不用它来进行有效的证明，除非语言非常显见，分析解释已经自明．这种看法使得我们对几何考虑不必有过于严格的要求．

1.2.1　几何加法和几何乘法

复数的加法可以形象化为向量的加法．我们设一个复数不仅可以表示为一点，还可以表示为一个从原点指向这个点的向量．这个复数、这个点以及这个向量都可以用同一字母 a 表示．像通常一样，任何一个向量平行移动后所得的所有向量都和原向量相等．

作第二个向量 b，使其起点与向量 a 的终点重合，则由 a 的起点至 b 的终点的向量表示 $a+b$. 要构造出差 $b-a$，可以从同一起点画向量 a 和 b，则由 a 的终点指向 b 的终点的向量就表示 $b-a$. 注意 $a+b$ 和 $a-b$ 分别是以 a、b 为边的平行四边形的两条对角线(见图 1-1).

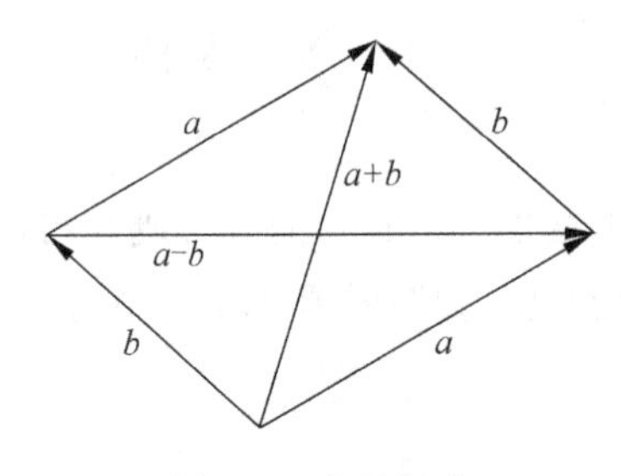

图 1-1　向量加法

向量表示的另一优点就是向量 a 的长等于 $|a|$，因此点 a 与 b 之间的距离为 $|a-b|$. 在这个意义上，三角形不等式 $|a+b| \leqslant |a|+|b|$ 及恒等式 $|a+b|^2+|a-b|^2=2(|a|^2+|b|^2)$就成为熟悉的几何定理了.

点 a 及其共轭数 $\bar{a}$ 对称地位于实轴的两侧. 点 a 关于虚轴的对称点为 $-\bar{a}$. a，$-\bar{a}$，$-a$，$\bar{a}$ 这四个点是一个矩形的四个顶点，这个矩形以两个坐标轴为对称轴.

为了得出两个复数乘积的几何解释，我们引入极坐标. 若点(α, β)的极坐标为(r, φ)，则

$$\alpha = r\cos\varphi, \quad \beta = r\sin\varphi.$$

因此我们可以记为 $a=\alpha+\mathrm{i}\beta=r(\cos\varphi+\mathrm{i}\sin\varphi)$. 在这个复数的三角形式中 r 始终大于等于 0 且等于模 $|a|$. 极角 φ 称为复数的辐角(argument，amplitude)，并且记为 $\arg a$.

考察两个复数 $a_1=r_1(\cos\varphi_1+\mathrm{i}\sin\varphi_1)$及 $a_2=r_2(\cos\varphi_2+\mathrm{i}\sin\varphi_2)$. 它们的积可以写成形式 $a_1a_2=r_1r_2[(\cos\varphi_1\cos\varphi_2-\sin\varphi_1\sin\varphi_2)+\mathrm{i}(\sin\varphi_1\cos\varphi_2+\cos\varphi_1\sin\varphi_2)]$. 由余弦和正弦的加法定理，这个表达式可以简化为

$$a_1a_2 = r_1r_2[\cos(\varphi_1+\varphi_2)+\mathrm{i}\sin(\varphi_1+\varphi_2)]. \tag{16}$$

可以发现乘积的模为 r_1r_2、辐角为 $\varphi_1+\varphi_2$. 后面这个结果是新的，可以用下式表示：

$$\arg(a_1a_2) = \arg a_1 + \arg a_2. \tag{17}$$

显然，这一公式可推广到任意多个因子的积，因而

积的辐角等于各因子辐角的和.

12～13

这是基本规则. 这条规则为复数的几何表示作了有力的论证. 然而，我们必须切实了解，得出公式(17)的方式是违背我们的原则的. 首先等式(17)是角的关系而不是数的关系，其次它的证明要用到三角学. 因而，我们还需用分析的术语来定义辐角，并以纯分析的方法来证明(17). 现在我们推迟来作这个证明，仍然从一个不十分严密的观点来讨论(17)式的结果.

首先，我们注意 0 的辐角没有定义. 因此，(17)式只有在 a_1 和 a_2 都不等于 0 的时候

才有意义. 其次，极角在相差 360°的倍数的条件下才是唯一确定的. 因此，如果我们要从数值上来解释(17)，我们应约定 360°的倍数不计在内.

由(17)式可以得到积 a_1a_2 的一种简单的几何构造. 显然，以 0，1，a_1 为顶点的三角形和以 0，a_2，a_1a_2 为顶点的三角形相似. 点 0，1，a_1，a_2 都已给定，因此由相似性就可确定出点 a_1a_2(见图 1-2). 在除法的情况下，(17)变为

$$\arg\frac{a_2}{a_1}=\arg a_2-\arg a_1, \tag{18}$$

其几何构造相同，只是现在的相似三角形是以 0，1，a_1 为顶点的三角形和以 0，a_2/a_1，a_2 为顶点的三角形.

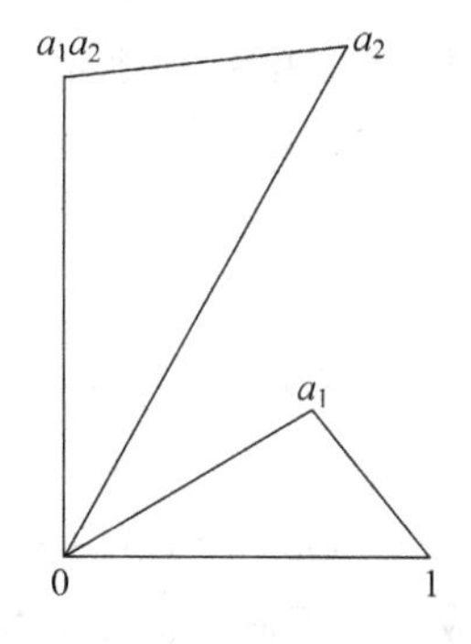

图 1-2　向量乘法

注　正确定义角和辐角的一种可接受方式是应用熟知的微积分方法，它把一段圆弧的长度表示成一个定积分. 这导致三角函数的正确定义和加法定理的计算证明.

我们不遵循这一途径的理由是复分析和实分析不同，它提供了一种更为直接的方法. 线索可从指数函数和三角函数的直接联系中找到，这将在 2.3 节中推导，那时读者就会消除对完全严格性的疑惑. 14

练　习

1. 求点 a 关于坐标轴分角线的对称点.

2. 证明：点 a_1，a_2，a_3 当且仅当 $a_1^2+a_2^2+a_3^2=a_1a_2+a_2a_3+a_3a_1$ 时为等边三角形的三个顶点.

3. 设 a 和 b 为一个正方形的两个顶点，求所有可能情形下的另外两个顶点.

4. 一个三角形的三个顶点分别为 a_1，a_2，a_3，求其外接圆的圆心和半径. 将结果写成对称形式.

1.2.2　二项方程

从前面这些结果我们可以得到 $a=r(\cos\varphi+i\sin\varphi)$ 的幂为

$$a^n = r^n(\cos n\varphi + i\sin n\varphi). \tag{19}$$

这个公式在 $n=0$ 时显然成立，并且由于

$$a^{-1} = r^{-1}(\cos\varphi - i\sin\varphi) = r^{-1}[\cos(-\varphi) + i\sin(-\varphi)],$$

故当 n 为负整数时也是成立的.

当 $r=1$ 时，我们得到棣莫弗公式

$$(\cos\varphi + i\sin\varphi)^n = \cos n\varphi + i\sin n\varphi. \tag{20}$$

这个式子提供了把 $\cos n\varphi$ 和 $\sin n\varphi$ 用 $\cos\varphi$ 和 $\sin\varphi$ 表示的最简单方法.

要求复数 a 的 n 次根，必须解出方程

$$z^n = a. \tag{21}$$

设 $a\neq 0$，则 $a=r(\cos\varphi+i\sin\varphi)$ 且

$$z = \rho(\cos\theta + i\sin\theta).$$

则(21)变为

15

$$\rho^n(\cos n\theta + i\sin n\theta) = r(\cos\varphi + i\sin\varphi). \tag{22}$$

这个等式当 $\rho^n=r$ 且 $n\theta=\varphi$ 时显然成立，因此我们得到根

$$z = \sqrt[n]{r}\left(\cos\frac{\varphi}{n} + i\sin\frac{\varphi}{n}\right),$$

其中 $\sqrt[n]{r}$ 为正数 r 的 n 次正根.

但这并不是唯一解. 事实上，若 $n\theta$ 与 φ 相差为 $360°$ 的整倍数，则(22)式仍然成立. 如果角以弧度计算，则一周角等于 2π. 因此(22)式成立当且仅当

$$\theta = \frac{\varphi}{n} + k\cdot\frac{2\pi}{n},$$

其中 k 为任意整数. 然而，只有 $k=0$，1，…，$n-1$ 可以给出不同的 z 值. 因此方程(21)的完全解为

$$z = \sqrt[n]{r}\left[\cos\left(\frac{\varphi}{n} + k\cdot\frac{2\pi}{n}\right) + i\sin\left(\frac{\varphi}{n} + k\cdot\frac{2\pi}{n}\right)\right], \quad k = 0,1,\cdots,n-1.$$

一个不等于零的复数的 n 次根有 n 个. 它们的模都相同，并且它们的辐角是等间隔分布的.

从几何上看，n 次根正好是正 n 边形的顶点.

$a=1$ 的情形是特别重要的. 方程 $z^n=1$ 的根称为 1 的 n 次根，并且如果令

$$\omega = \cos\frac{2\pi}{n} + i\sin\frac{2\pi}{n}, \tag{23}$$

则所有的根可表示为 1，ω，ω^2，…，ω^{n-1}. 显然，如果用 $\sqrt[n]{a}$ 表示 a 的任意 n 次根，则所有

n 次根可表示为形式 $\omega^k \cdot \sqrt[n]{a}$，$k=0, 1, \cdots, n-1$.

练　习

1. 将 $\cos 3\varphi$，$\cos 4\varphi$，$\sin 5\varphi$ 用 $\cos\varphi$ 和 $\sin\varphi$ 表示.
2. 简化 $1+\cos\varphi+\cos 2\varphi+\cdots+\cos n\varphi$ 和 $\sin\varphi+\sin 2\varphi+\cdots+\sin n\varphi$.
3. 把 1 的 5 次根和 10 次根表示为代数形式.
4. 如果 ω 由(23)给定，证明：对任意不是 n 的整倍数的整数 h，有

$$1+\omega^h+\omega^{2h}+\cdots+\omega^{(n-1)h}=0.$$

16

5. 求 $1-\omega^h+\omega^{2h}-\cdots+(-1)^{n-1}\omega^{(n-1)h}$ 的值.

1.2.3　解析几何

在经典解析几何里，一个轨迹的方程表示成 x 和 y 之间的关系. 它也可以用 z 和 $\bar{z}$ 表示，有时会有很明显的优点. 记住，一个复方程本来就等价于两个实方程. 为了得到真实的轨迹，这些方程在本质上应该是一样的.

例如，圆的方程是 $|z-a|=r$. 表示成代数形式可写成 $(z-a)(\bar{z}-\bar{a})=r^2$. 这个方程在复共轭下是不变的，这个事实说明它代表单一的实方程.

复平面上的一条直线可用参数方程 $z=a+bt$ 给出，其中 a 和 b 都是复数，且 $b\neq 0$，参数 t 取遍所有实数值. 两个方程 $z=a+bt$ 和 $z=a'+b't$ 表示同一条直线当且仅当 $a'-a$ 和 b' 都是 b 的实数倍数. 当 b' 是 b 的实数倍数时，这两条直线平行，如果 b' 是 b 的正倍数，则它们指向相同. 一条有向直线的方向可由 $\arg b$ 来确定. $z=a+bt$ 和 $z=a'+b't$ 之间的夹角是 $\arg b'/b$. 注意，它依赖于这两条直线命名的顺序. 如果 b'/b 是纯虚数，则两条直线相互正交.

求直线与圆的交点、平行线、正交直线、切线及类似的问题，表示为复形式时，一般会变得非常简单.

不等式 $|z-a|<r$ 表示圆的内部. 类似地，有向直线 $z=a+bt$ 在 $\text{Im}(z-a)/b<0$ 时确定由所有点 z 组成的右半平面，而当 $\text{Im}(z-a)/b>0$ 时确定由所有点 z 组成的左半平面. 易证这个区别是不依赖于参数表示的.

练　习

1. 什么时候 $az+b\bar{z}+c=0$ 表示一条直线?
2. 写出椭圆、双曲线、抛物线的复形式方程.
3. 证明：平行四边形的对角线互相平分并且菱形的对角线互相正交.
4. 解析证明：一个圆的平行弦的中点都在垂直于这些弦的直径上.
5. 证明：过 a 和 $1/\bar{a}$ 的所有圆都与圆 $|z|=1$ 正交.

17

1.2.4　球面表示

引入符号∞表示无穷大来推广复数系统 **C** 在许多情形都是有用的．它与有限数的联系是通过如下两个关系建立的：对所有有限的 a，规定 $a+\infty=\infty+a=\infty$；对所有的 $b\neq 0$，包括 $b=\infty$，规定

$$b\cdot\infty=\infty\cdot b=\infty.$$

然而，如果不违反算术运算规则，就不可能定义 $\infty+\infty$ 和 $0\cdot\infty$．由特殊约定，我们仍然可以写 $a/0=\infty(a\neq 0)$ 以及 $b/\infty=0(b\neq\infty)$.

在平面上没有对应∞的点的位置，但我们当然可以引入一个"理想"的点，称之为*无穷远点*．平面上的所有点连同无穷远点组成*扩充复数平面*．我们约定每一条直线都要通过无穷远点．对应地，没有一个半平面包含这个理想点．

有必要引入一个几何模型，在这个模型上所有扩充平面上的点都有具体的表示．为此我们考虑单位球面 S，它的三维空间方程为 $x_1^2+x_2^2+x_3^2=1$．对于 S 上的每一个点，除了 $(0,0,1)$ 以外，我们可对应一个复数

$$z=\frac{x_1+\mathrm{i}x_2}{1-x_3},\tag{24}$$

并且这个对应是一对一的．事实上，由(24)我们得到

$$|z|^2=\frac{x_1^2+x_2^2}{(1-x_3)^2}=\frac{1+x_3}{1-x_3},$$

因此

$$x_3=\frac{|z|^2-1}{|z|^2+1}.\tag{25}$$

进一步计算得到

$$\begin{aligned}x_1&=\frac{z+\bar{z}}{1+|z|^2}\\x_2&=\frac{z-\bar{z}}{\mathrm{i}(1+|z|^2)}.\end{aligned}\tag{26}$$

令无穷远点对应于 $(0,0,1)$ 就可完成球面上的点与复数的对应，因此我们可把球面看成扩充平面或扩充数系的表示法．注意，半球 $x_3<0$ 对应于圆盘 $|z|<1$，半球 $x_3>0$ 对应于圆盘的外部 $|z|>1$．在函数论中球面 S 称为*黎曼球面*.

[18]

如果复数平面就是以 x_1 轴和 x_2 轴分别为实轴和虚轴的 (x_1, x_2) 平面，则变换(24)具有简单的几何意义．记 $z=x+\mathrm{i}y$，可证

$$x:y:(-1)=x_1:x_2:(x_3-1),\tag{27}$$

这说明点 $(x,y,0)$，(x_1,x_2,x_3)，$(0,0,1)$ 在一条直线上．因此，这个对应是以 $(0,0,1)$ 为中心的中心投影，如图1-3所示，我们称之为*球极平面投影*．至于球极平面投影究竟应看成是从 S 到扩充复平面的映射还是反过来，从上下文中会看得很清楚.

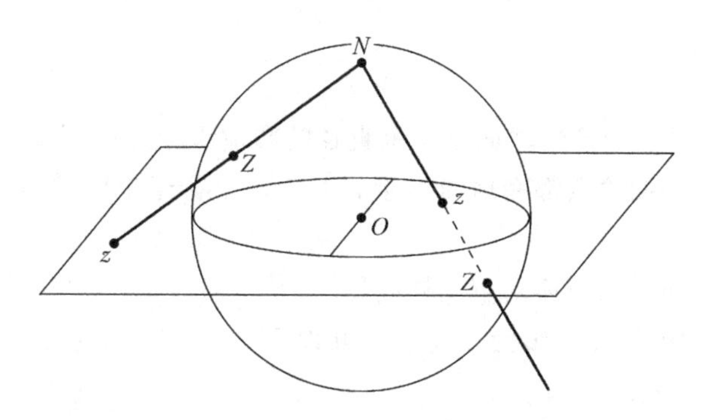

图 1-3　球极平面投影

在球面表示中，对于加法及乘法没有简单的解释，其方便之处在于无穷远点不再特殊了.

从几何上看，显然球极平面投影将 z 平面上的每一条直线变换为 S 上的一个通过极(0，0，1)的圆，反之亦然. 更一般地，球面上的任一圆对应于 z 平面上的一个圆或一条直线. 为了证明这一点，设球上的一个圆所在的平面为 $\alpha_1 x_1+\alpha_2 x_2+\alpha_3 x_3=\alpha_0$，其中，可以假设 $\alpha_1^2+\alpha_2^2+\alpha_3^2=1$ 且 $0\leqslant\alpha_0<1$. 用 z 和 $\bar{z}$ 表示时，这个方程有下列形式：

$$\alpha_1(z+\bar{z})-\alpha_2 \mathrm{i}(z-\bar{z})+\alpha_3(|z|^2-1)=\alpha_0(|z|^2+1),$$

或

$$(\alpha_0-\alpha_3)(x^2+y^2)-2\alpha_1 x-2\alpha_2 y+\alpha_0+\alpha_3=0.$$

当 $\alpha_0\neq\alpha_3$ 时，上式是一个圆的方程；而当 $\alpha_0=\alpha_3$ 时，它表示一条直线. 相反，任一圆或直线的方程都可写成这种形式. 因此对应是一对一的. 19

容易算出 z 和 z' 的球极平面投影之间的距离 $d(z, z')$. 如果 z 和 z' 在球面上的点记为 (x_1, x_2, x_3) 和 (x_1', x_2', x_3')，则有

$$(x_1-x_1')^2+(x_2-x_2')^2+(x_3-x_3')^2=2-2(x_1x_1'+x_2x_2'+x_3x_3').$$

从(25)和(26)式，经过简单运算后得到

$$x_1x_1'+x_2x_2'+x_3x_3'=\frac{(z+\bar{z})(z'+\bar{z}')-(z-\bar{z})(z'-\bar{z}')+(|z|^2-1)(|z'|^2-1)}{(1+|z|^2)(1+|z'|^2)}$$

$$=\frac{(1+|z|^2)(1+|z'|^2)-2|z-z'|^2}{(1+|z|^2)(1+|z'|^2)}.$$

最后得到

$$d(z,z')=\frac{2|z-z'|}{\sqrt{(1+|z|^2)(1+|z'|^2)}}. \tag{28}$$

当 $z'=\infty$ 时，上式变为

$$d(z,\infty)=\frac{2}{\sqrt{1+|z|^2}}.$$

练　习

1. 证明：z 和 z' 对应于黎曼球面上一个直径的两端点当且仅当 $z\bar{z}'=-1$.

2. 一个立方体所有的顶点都在球面 S 上，其各棱平行于坐标轴，求各顶点的球极平面投影.

3. 为一般位置上的正四面体求解同样问题.

4. 设 Z 及 Z' 的球极平面投影为 z 及 z'，并设 N 为北极. 证明：三角形 NZZ' 和 Nzz' 相似，并由此导出(28)式.

20

5. 求圆心为 a、半径为 R 的圆的球面象的半径.

第 2 章　复　函　数

2.1　解析函数的概念

复变函数论的目的是把微积分延伸到复域．微分和积分两者都获得了新的深度和意义，同时可应用的范围却变得更小了．事实上，只有解析函数或全纯函数可以自由地进行微分和积分．它们是法文“Théorie des fonctions”或德文“Funktionentheorie”意义下唯一真正的“函数”．

我们仍然按现代意义来使用“函数”这个术语．因此，在涉及复数时我们必须考虑四种不同类型的函数：实变量的实函数、复变量的实函数、实变量的复函数和复变量的复函数．在实际问题中，我们总是用字母 z 和 w 表示复变量．于是，为了表明一个复变量的复函数，我们用记法 $w=f(z)$㊀．记法 $y=f(x)$将用在不确定的情况下，即 x 和 y 既可以为实的，也可以为复的．如果要指明一个变量明确限定为实数，通常用 t 表示．虽然有这些约定，但我们并不取消早先在记法 $z=x+\mathrm{i}y$ 中 x 和 y 自动地意味着实数的惯例．

定义函数的法则应该用清楚而不含糊的术语来阐明．换句话说，所有的函数都必须是明确定义的，因此除非有其他说明，否则是单值的㊁．

一个函数不必对自变量的所有值都有定义．我们暂时故意降低点集论的作用，因此仅进行非正式的规定：每一个函数都定义在一个开集上，这是指如果$f(a)$有定义，则 $f(x)$对充分接近 a 的所有 x 有定义．有关点集拓扑的正式讨论将推迟到下一章．

2.1.1　极限与连续性

我们将采用下面的基本定义：

定义 1　当 x 趋于 a 时称函数 $f(x)$有极限 A，记为

$$\lim_{x\to a} f(x) = A, \tag{1}$$

当且仅当下列条件成立：

任给正数 $\varepsilon>0$，存在一个数 $\delta>0$，对于所有满足 $|x-a|<\delta$ 且 $x\neq a$ 的 x，有 $|f(x)-A|<\varepsilon$.

这个定义用的是绝对值．由于绝对值概念对复数和实数都有意义，因此不论变量 x 和函数 $f(x)$是实的还是复的，都可以用这个定义．

㊀　现代学生都了解，f 表示函数，$f(z)$表示函数值．然而，分析学家习惯于继续说“函数 $f(z)$”．

㊁　我们有时用单值函数这个术语强调对变量的每一个值，函数只有一个值．

我们有时用另一种简单记法：当 $x\to a$ 时 $f(x)\to A$.

当 a 或 A 无穷大时，相应的定义有几个熟知的变体. 在实数情形，我们可以区别极限 $+\infty$ 和 $-\infty$，但在复数情形，只有一个无穷大极限. 我们希望读者能简洁陈述出一个概括所有可能情形的正确定义.

关于和、积以及商的极限的熟知结果在复数的情形下仍然有效. 事实上，这些结果的证明只和绝对值的性质有关，这些性质为

22

$$|ab|=|a|\cdot|b| \quad \text{和} \quad |a+b|\leqslant|a|+|b|.$$

条件(1)显然等价于

$$\lim_{x\to a}\overline{f(x)}=\overline{A}. \tag{2}$$

由(1)和(2)我们得到

$$\begin{aligned}\lim_{x\to a}\mathrm{Re}\, f(x)&=\mathrm{Re}\, A,\\ \lim_{x\to a}\mathrm{Im}\, f(x)&=\mathrm{Im}\, A.\end{aligned} \tag{3}$$

相反，(1)是(3)的结果.

函数 $f(x)$ 称为*在点 a 连续*，当且仅当 $\lim_{x\to a} f(x)=f(a)$. 不用另作解释，显而易见*连续函数*就是在所定义的各点上都连续的函数.

两个连续函数的和 $f(x)+g(x)$ 与积 $f(x)g(x)$ 仍然是连续的. 商 $f(x)/g(x)$ 在点 a 有定义且连续，当且仅当 $g(a)\neq 0$. 如果 $f(x)$ 连续，则 $\mathrm{Re}\, f(x)$、$\mathrm{Im}\, f(x)$ 和 $|f(x)|$ 均连续.

一个函数的导数定义为一个特殊的极限，并且可以认为与变量是实的还是复的无关. 形式定义为

$$f'(a)=\lim_{x\to a}\frac{f(x)-f(a)}{x-a}. \tag{4}$$

对于和、积以及商，通常的求导法则全都有效. 复合函数的导数用链式法则确定.

然而，在实的自变量与复的自变量之间还是有一个基本的区别. 为了说明这一点，令 $f(z)$ 为*复变量的实函数*，它在点 $z=a$ 处可导. 那么，一方面 $f'(a)$ 是实的，因为它是商

$$\frac{f(a+h)-f(a)}{h}$$

在 h 经实数值趋于零时的极限. 但另一方面，它也是商

$$\frac{f(a+\mathrm{i}h)-f(a)}{\mathrm{i}h}$$

23

的极限，因此是纯虚数. 所以 $f'(a)$ 必须为零. 由此可知，复变量的实函数或者导数为零，或者导数不存在.

一个实变量的复函数可以转化为实的情形. 如果记 $z(t)=x(t)+\mathrm{i}y(t)$，当然有

$$z'(t)=x'(t)+\mathrm{i}y'(t),$$

$z'(t)$ 的存在等价于 $x'(t)$ 及 $y'(t)$ 同时存在. 复数式记法还是有某些形式上的方便，放弃这

种记法是不明智的.

相反，一个复变量的复函数的导数的存在对函数的结构性质有着深远的意义，这些结果的研究就是复函数论的重要主题.

2.1.2 解析函数

*解析函数*类由定义域上每一点都有导数的复变量的复函数组成. 术语*全纯函数*也常用来表示同样的意义. 就初步研究的目的，读者可以首先考虑定义在整个平面上的函数.

两个解析函数的和与积仍是解析的. 同样，只要解析函数 $g(z)$不为零，两个解析函数的商 $f(z)/g(z)$也是解析的. 在一般情形下，必须除去使 $g(z)=0$ 的点. 严格地说，这种非常典型的情形将不在我们的讨论范围之内，但是除了进行一些明显的修正之外，我们所得的结果显然普遍有效.

导数的定义可以重新写成如下的形式：

$$f(z) = \lim_{h\to 0}\frac{f(z+h)-f(z)}{h}.$$

作为第一个推论，$f(z)$必须是连续的. 事实上，从 $f(z+h)-f(z)=h\cdot(f(z+h)-f(z))/h$可以得到

$$\lim_{h\to 0}(f(z+h)-f(z)) = 0\cdot f'(z) = 0.$$

而且，如果我们记 $f(z)=u(z)+\mathrm{i}v(z)$，则得到 $u(z)$及 $v(z)$也都是连续的.

不管 h 以什么样的方式趋近 0，差商的极限都应相同. 如果我们选取 h 为实数值，则虚部 y 应保持常数，从而导数变为对 x 的偏导数. 因此有

$$f'(z) = \frac{\partial f}{\partial x} = \frac{\partial u}{\partial x} + \mathrm{i}\,\frac{\partial v}{\partial x}.$$

24

同样，如果我们选取 h 为纯虚数值 $\mathrm{i}k$，则得到

$$f'(z) = \lim_{k\to 0}\frac{f(z+\mathrm{i}k)-f(z)}{\mathrm{i}k} = -\mathrm{i}\,\frac{\partial f}{\partial y} = -\mathrm{i}\,\frac{\partial u}{\partial y} + \frac{\partial v}{\partial y}.$$

由此可知，$f(z)$必须满足偏微分方程

$$\frac{\partial f}{\partial x} = -\mathrm{i}\,\frac{\partial f}{\partial y} \tag{5}$$

此式可分解为实方程组

$$\frac{\partial u}{\partial x} = \frac{\partial v}{\partial y},\quad \frac{\partial u}{\partial y} = -\frac{\partial v}{\partial x}. \tag{6}$$

这是*柯西-黎曼微分方程组*，任何解析函数的实部和虚部都必须满足这个方程组[⊖].

注意，(6)式中四个偏导数的存在是 $f'(z)$的存在所决定的. 用(6)式我们可以写出 $f'(z)$四个形式上不同的表达式，最简单的是

⊖ Augustin Cauchy(1789—1857)和 Bernhard Riemann(1826—1866)是公认的复函数论的奠基人. Riemann 的工作着重于几何方面，而 Cauchy 的工作着重于纯解析方面.

$$f'(z)=\frac{\partial u}{\partial x}+\mathrm{i}\,\frac{\partial v}{\partial x}.$$

例如，对于量 $|f'(z)|^2$，有

$$|f'(z)|^2=\left(\frac{\partial u}{\partial x}\right)^2+\left(\frac{\partial u}{\partial y}\right)^2=\left(\frac{\partial u}{\partial x}\right)^2+\left(\frac{\partial v}{\partial x}\right)^2$$
$$=\frac{\partial u}{\partial x}\frac{\partial v}{\partial y}-\frac{\partial u}{\partial y}\frac{\partial v}{\partial x}.$$

最后一个表达式表明 $|f'(z)|^2$ 是 u 及 v 关于 x 及 y 的雅可比行列式.

后面我们将证明解析函数的导数本身也是解析的. 根据这一事实可知 u 及 v 将具有各阶连续偏导数，特别是其混合导数相等. 由此从(6)可得

$$\Delta u=\frac{\partial^2 u}{\partial x^2}+\frac{\partial^2 u}{\partial y^2}=0,$$

$$\Delta v=\frac{\partial^2 v}{\partial x^2}+\frac{\partial^2 v}{\partial y^2}=0.$$

满足拉普拉斯方程 $\Delta u=0$ 的函数 u 称为*调和函数*. 因此，一个解析函数的实部和虚部是调和的. 如果两个调和函数 u 及 v 满足柯西-黎曼方程组(6)，那么就称 v 为 u 的*共轭调和函数*. 实际上，v 只能确定到不计一个附加常数. 在同样的意义下，u 是 $-v$ 的共轭调和函数.

25

这里我们不讨论可加于调和函数的最弱的正规条件. 不过，我们要证明由一对共轭调和函数所确定的函数 $u+\mathrm{i}v$ 始终是解析的，为此，我们作出明确的假设，设 u 及 v 具有连续的一阶偏导数. 在微积分学中曾经证明，正是在这些正规条件下，可以有

$$u(x+h,y+k)-u(x,y)=\frac{\partial u}{\partial x}h+\frac{\partial u}{\partial y}k+\varepsilon_1,$$

$$v(x+h,y+k)-v(x,y)=\frac{\partial v}{\partial x}h+\frac{\partial v}{\partial y}k+\varepsilon_2,$$

其中余数 ε_1，ε_2 比 $h+\mathrm{i}k$ 更快地趋于零，即当 $h+\mathrm{i}k\to 0$ 时 $\varepsilon_1/(h+\mathrm{i}k)\to 0$ 并且 $\varepsilon_2/(h+\mathrm{i}k)\to 0$. 记 $f(z)=u(x,\ y)+\mathrm{i}v(x,\ y)$，由关系式(6)得

$$f(z+h+\mathrm{i}k)-f(z)=\left(\frac{\partial u}{\partial x}+\mathrm{i}\,\frac{\partial v}{\partial x}\right)(h+\mathrm{i}k)+\varepsilon_1+\mathrm{i}\varepsilon_2,$$

因此

$$\lim_{h+\mathrm{i}k\to 0}\frac{f(z+h+\mathrm{i}k)-f(z)}{h+\mathrm{i}k}=\frac{\partial u}{\partial x}+\mathrm{i}\,\frac{\partial v}{\partial x}.$$

故 $f(z)$ 是解析的.

如果 $u(x,\ y)$ 和 $v(x,\ y)$ 具有满足柯西-黎曼微分方程组的连续一阶偏导数，则 $f(z)=u(z)+\mathrm{i}v(z)$ 是解析的，并且具有连续导数 $f'(z)$，反之亦然.

一个调和函数的共轭函数可以用积分来求得，在一些简单的情形，可以很明显地计算出来. 例如，$u=x^2-y^2$ 是调和的，而且 $\partial u/\partial x=2x$，$\partial u/\partial y=-2y$. 因此共轭函数必须满足

$$\frac{\partial v}{\partial x}=2y,\quad \frac{\partial v}{\partial y}=2x.$$

从第一式得 $v=2xy+\varphi(y)$，其中 $\varphi(y)$仅是 y 的函数．代入第二式得 $\varphi'(y)=0$．因此 $\varphi(y)$是一个常数，x^2-y^2 的最一般的共轭函数是 $2xy+c$，其中 c 是常数．注意到 $x^2-y^2+2\mathrm{i}xy=z^2$，因此实部为 x^2-y^2 的解析函数为 $z^2+\mathrm{i}c$.

26

有一个有趣的形式方法，它可以突出解析函数的本质．我们提出这一方法时要清楚地告诉读者，这个方法纯粹是形式的，不具有任何证明力．

考察两个实变量的复函数 $f(x,\ y)$．引入复变量 $z=x+\mathrm{i}y$ 及其共轭 $\bar{z}=x-\mathrm{i}y$，我们可以记 $x=\frac{1}{2}(z+\bar{z})$，$y=-\frac{1}{2}\mathrm{i}(z-\bar{z})$．采用这种变量变换就认为$f(x,\ y)$是$z$ 和 $\bar{z}$ 的函数，而把 z 和 $\bar{z}$ 看成自变量(不去考虑它们是互相共轭的这一事实)．如果微积分法则可用，那么可以得到

$$\frac{\partial f}{\partial z}=\frac{1}{2}\left(\frac{\partial f}{\partial x}-\mathrm{i}\frac{\partial f}{\partial y}\right),\quad \frac{\partial f}{\partial \bar{z}}=\frac{1}{2}\left(\frac{\partial f}{\partial x}+\mathrm{i}\frac{\partial f}{\partial y}\right).$$

这些表达式作为极限定义时并不方便，但我们仍然可以把它们作为对于 z 及 $\bar{z}$ 的符号导数．与(5)式相比，我们知道解析函数以条件 $\partial f/\partial\bar{z}=0$ 为特征．因此可以说一个解析函数与 $\bar{z}$ 无关，而仅是 z 的函数．

这就是我们把解析函数看成确实是一个复变量的函数而不视为两个实变量的复函数的理由．

根据同样的形式论据，可以推导出一个非常简单的方法，通过这个方法，可以不用积分就能算出实部已知的调和函数 $u(x,\ y)$的解析函数 $f(z)$．首先注意到共轭函数$\overline{f(z)}$关于 z 的导数为零，并且因此可以把它看成 $\bar{z}$ 的函数，我们记这个函数为 $\bar{f}(\bar{z})$．用这个记法可写出恒等式

$$u(x,y)=\frac{1}{2}[f(x+\mathrm{i}y)+\bar{f}(x-\mathrm{i}y)].$$

有理由认为这是一个形式恒等式，而且即使 x，y 是复数，等式也成立．如果代入$x=z/2$，$y=z/2\mathrm{i}$，得

$$u(z/2,z/2\mathrm{i})=\frac{1}{2}[f(z)+\bar{f}(0)].$$

由于所需确定的 $f(z)$可相差一个纯虚数常数，因此我们可以假设 $f(0)$为实数，即 $\bar{f}(0)=u(0,\ 0)$．从而函数 $f(z)$可以用公式

$$f(z)=2u(z/2,z/2\mathrm{i})-u(0,0)$$

计算．可任意加上一个纯虚数常数．

27

在这种形式中，所用的方法明确地限制函数 $u(x,\ y)$是 x，y 的有理函数，因为函数对讨论的复数值必须有意义．显然这个方法可以推广到一般情形，并且可以给出完全的证明．

练 习

1. 如果 $g(w)$ 和 $f(z)$ 都是解析函数，证明 $g(f(z))$ 也是解析函数.

2. 对函数 z^2 和 z^3，验证柯西-黎曼微分方程组.

3. 求形如 $ax^3+bx^2y+cxy^2+dy^3$ 的最一般的调和多项式. 用积分和形式方法确定共轭调和函数及相应的解析函数.

4. 证明一个不为常数的解析函数不能有常数的绝对值.

5. 严格证明函数 $f(z)$ 和 $\overline{f(\bar{z})}$ 是同时解析的.

6. 证明函数 $u(z)$ 和 $u(\bar{z})$ 是同时调和的.

7. 证明一个调和函数满足形式微分方程

$$\frac{\partial^2 u}{\partial z \partial \bar{z}} = 0.$$

2.1.3 多项式

每一个常数都是导数为0的解析函数. 最简单的不为常数的解析函数是 z，其导数为1. 由于两个解析函数的和与积仍是解析的，因此每一个多项式

$$P(z) = a_0 + a_1 z + \cdots + a_n z^n \tag{7}$$

都是解析函数. 其导数为

$$P'(z) = a_1 + 2a_2 z + \cdots + na_n z^{n-1}.$$

(7)中的记法应要求 $a_n \neq 0$，所以这个多项式称为 n 次多项式. 常数0也可作为一个多项式，但在很多方面是除外的，而且在我们的讨论中将不包括这种情况[⊖].

当 $n>0$ 时，方程 $P(z)=0$ 至少有一个根. 这就是所谓代数学的基本定理，我们将在后面证明. 如果 $P(\alpha_1)=0$，在初等代数学中已经证明了 $P(z)=(z-\alpha_1)P_1(z)$，其中 $P_1(z)$ 为 $n-1$ 次多项式. 重复这个过程，最终得到完全因式分解

28

$$P(z) = a_n(z-\alpha_1)(z-\alpha_2)\cdots(z-\alpha_n), \tag{8}$$

其中 α_1，α_2，…，α_n 不必互不相同. 由这个因式分解可以推断，当 z 不同于 α_1，α_2，…，α_n 时 $P(z)$ 不为零. 此外，除了因式的次序之外，因式分解是唯一确定的.

如果正好有 h 个 α_j 重合，则它们的公共值称为 $P(z)$ 的 h 阶零点. 可以发现，一个多项式的零点的阶数总和等于多项式的次数. 更简单地说，如果每一个零点有几阶就计数几次，则一个 n 次多项式就有 n 个零点.

一个零点 α 的阶数也可以从 $P(z)$ 的逐次导数在 $z=\alpha$ 点的值来确定. 假设 α 是一个 h 阶零点，则可以得到 $P(z)=(z-\alpha)^h P_h(z)$，$P_h(\alpha)\neq 0$. 逐次求导数得 $P(\alpha)=P'(\alpha)=\cdots=P^{(h-1)}(\alpha)=0$，$P^{(h)}(\alpha)\neq 0$. 也就是说，一个零点的阶数等于逐次求导中第一个不为零导数的

⊖ 形式上，如果常数0作为一个多项式，则其次数为 $-\infty$.

阶数．1 阶零点称为简单零点，并以条件 $P(\alpha)=0$，$P'(\alpha)\neq 0$ 为其特征．

作为一个应用，我们来证明下面的定理，即著名的卢卡斯定理：

定理 1　如果多项式 $P(z)$的所有零点都在一个半平面内，则导数 $P'(z)$的所有零点也都在同一个半平面内．

从(8)可以得到

$$\frac{P'(z)}{P(z)}=\frac{1}{z-\alpha_1}+\cdots+\frac{1}{z-\alpha_n}. \tag{9}$$

假定半平面 H 定义为平面上使 $\operatorname{Im}(z-a)/b<0$ 的部分(见 1.2.3 节)．如果 α_k 在平面 H 上而 z 不在，则有

$$\operatorname{Im}\frac{z-\alpha_k}{b}=\operatorname{Im}\frac{z-a}{b}-\operatorname{Im}\frac{\alpha_k-a}{b}>0.$$

但是倒数的虚部符号相反．因此，在同一假设下，$\operatorname{Im} b(z-\alpha_k)^{-1}<0$．如果这对所有的 k 都成立，则从(9)得到

$$\operatorname{Im}\frac{bP'(z)}{P(z)}=\sum_{k=1}^{n}\operatorname{Im}\frac{b}{z-\alpha_k}<0,$$

因此 $P'(z)\neq 0$．

这个定理的简明形式告诉我们：包含 $P(z)$零点的最小凸多边形也包含$P'(z)$的零点．　29

2.1.4　有理函数

我们现在考虑作为两个多项式之商的有理函数

$$R(z)=\frac{P(z)}{Q(z)} \tag{10}$$

的情形．假设 $P(z)$和 $Q(z)$没有公因子，这是基本的要求，因而没有公共零点．在$Q(z)$的零点上 $R(z)$将取值∞．因此我们必须把它看成扩充平面上的函数，而且它是连续的．$Q(z)$的零点称为 $R(z)$的极点，由定义可知极点的阶数等于$Q(z)$的对应零点的阶数．

导数

$$R'(z)=\frac{P'(z)Q(z)-Q'(z)P(z)}{Q(z)^2} \tag{11}$$

存在当且仅当 $Q(z)\neq 0$．不过，作为(11)式右端所定义的有理函数，$R'(z)$与$R(z)$具有同样的极点，但每一个极点的阶数增加 1．如果 $Q(z)$有重零点，则应注意表达式(11)并不以简化形式出现．

如果令变量 z 和函数 $R(z)$都以整个扩充平面为取值范围，则可以达到较大的一致．我们可以定义 $R(\infty)$为当 $z\to\infty$时 $R(z)$的极限，但是这个定义不能确定∞处的零点或极点的阶数．因此可以考虑函数 $R(1/z)$，我们可以记这个函数为有理函数 $R_1(z)$，而令

$$R(\infty)=R_1(0).$$

如果 $R_1(0)=0$ 或∞，则∞处的零点或极点的阶数就定义为 $R_1(z)$在原点处的零点或极点的

阶数.

记

$$R(z)=\frac{a_0+a_1z+\cdots+a_nz^n}{b_0+b_1z+\cdots+b_mz^m},$$

可以得到

$$R_1(z)=z^{m-n}\frac{a_0z^n+a_1z^{n-1}+\cdots+a_n}{b_0z^m+b_1z^{m-1}+\cdots+b_m},$$

其中 z^{m-n} 属于分子或者分母．因此，若 $m>n$ 则 $R(z)$ 在 ∞ 处有一个 $m-n$ 阶零点，若 $m<n$ 则 $R(z)$ 在 ∞ 处有一个 $n-m$ 阶极点，若 $m=n$ 则

30

$$R(\infty)=a_n/b_m\neq 0,\infty.$$

现在我们可以计算扩充平面上零点和极点的总数．这个计数表明包括 ∞ 处的零点在内，零点的个数等于 m、n 两个数中较大的数．极点的个数也一样．零点和极点的共同个数称为有理函数的阶.

如果 a 为任意常数，则函数 $R(z)-a$ 和 $R(z)$ 有相同的极点，因此有相同的阶．$R(z)-a$ 的零点是方程 $R(z)=a$ 的根，而且如果根的个数按零点有几阶就计数几次，则我们有下面的结果：

p 阶有理函数 $R(z)$ 有 p 个零点和 p 个极点，并且每一个方程 $R(z)=a$ 恰好有 p 个根.

一阶有理函数是线性分式

$$S(z)=\frac{\alpha z+\beta}{\gamma z+\delta},$$

其中 $\alpha\delta-\beta\gamma\neq 0$．这样的分式或者线性变换，将在3.3节详细研究．目前我们仅指出方程 $w=S(z)$ 恰好有一个根，事实上可以得到

$$z=S^{-1}(w)=\frac{\delta w-\beta}{-\gamma w+\alpha}.$$

变换 S 和 S^{-1} 互为逆变换.

线性变换 $z+a$ 称为平行移动，$1/z$ 称为逆．前者在 ∞ 处有一个不动点，后者将 0 和 ∞ 互换.

每一个有理函数具有一个部分分式表示法．为了导出这个表示法，我们先设 $R(z)$ 在 ∞ 处有一个极点．计算 $P(z)$ 除以 $Q(z)$，直到余式的次数不大于分母的次数为止．结果可以写成

$$R(z)=G(z)+H(z),\tag{12}$$

其中 $G(z)$ 为没有常数项的多项式，$H(z)$ 在 ∞ 处是有限的．$G(z)$ 的次数是 ∞ 处极点的阶数，多项式 $G(z)$ 称为 $R(z)$ 在 ∞ 处的奇部.

设 $R(z)$ 的互不相同的有限极点为 β_1，β_2，…，β_q．函数 $R\left(\beta_j+\frac{1}{\xi}\right)$ 是 ξ 的有理函数，在 $\xi=\infty$ 处有一个极点．利用分解式(12)，可以记

$$R\left(\beta_j+\frac{1}{\xi}\right)=G_j(\xi)+H_j(\xi),$$

31

或者作变量替换

$$R(z)=G_j\left(\frac{1}{z-\beta_j}\right)+H_j\left(\frac{1}{z-\beta_j}\right).$$

其中$G_j\left(\frac{1}{z-\beta_j}\right)$是$\frac{1}{z-\beta_j}$的多项式，没有常数项，称为$R(z)$在$\beta_j$处的奇部．当$z=\beta_j$时，函数$H_j\left(\frac{1}{z-\beta_j}\right)$是有限的．

现在考虑表达式

$$R(z)-G(z)-\sum_{j=1}^{q}G_j\left(\frac{1}{z-\beta_j}\right). \tag{13}$$

这是一个有理函数，它不能有异于β_1，β_2，…，β_q和∞的极点．在$z=\beta_j$处，变为无穷大的二项之差为$H_j\left(\frac{1}{z-\beta_j}\right)$，它具有有限的极点，在$z=\infty$处也是一样．因此(13)式既没有任何有限的极点，也没有在∞处的极点．一个没有极点的有理函数应当转化为一个常数，如果将这个常数并入$G(z)$，则得到

$$R(z)=G(z)+\sum_{j=1}^{q}G_j\left(\frac{1}{z-\beta_j}\right). \tag{14}$$

此表达式是微积分中熟知的公式，它在积分理论中被作为一种技巧．然而，只有在引入复数后它才成功地趋于完整．

练 习

1．利用文中的方法将下面的式子分解为部分分式：

$$\frac{z^4}{z^3-1}\quad\text{和}\quad\frac{1}{z(z+1)^2(z+2)^3}.$$

2．如果多项式Q具有不同的根α_1，…，α_n，并且假设多项式P的次数小于n，证明

$$\frac{P(z)}{Q(z)}=\sum_{k=1}^{n}\frac{P(\alpha_k)}{Q'(\alpha_k)(z-\alpha_k)}.$$

3．利用上题的公式证明：存在唯一的次数小于n的多项式P，在点α_k处具有给定值c_k（拉格朗日插值多项式）．

32

4．给出在圆$|z|=1$上绝对值为1的有理函数的一般形式．特别地，其零点和极点之间的关系如何？

5．如果有理函数在$|z|=1$上是实的，其零点和极点如何分布？

6．如果$R(z)$为n阶有理函数，则$R'(z)$的阶有多大和多小？

2.2 幂级数的基础理论

多项式和有理函数是非常特殊的解析函数．要得到较大的簇，最简单的方法是构造极

限．例如，收敛级数的和就是这样一个极限．如果级数的项都是一个变量的函数，那么和也是这个变量的函数，而如果项都是解析函数，那么和也将是解析的．

在项为解析函数的所有级数中，以复系数的幂级数最为简单．本节中我们只研究幂级数的最基本的性质．之所以在还没证明最一般的性质(依赖于积分的那些性质)之前就作这样的介绍，是因为我们需要用幂级数去构造指数函数(2.3节)．

2.2.1 序列

序列$\{a_n\}_1^\infty$具有极限A，如果对于任一$\varepsilon>0$，存在一个n_0使得当$n\geqslant n_0$时$|a_n-A|<\varepsilon$．一个具有有限极限的序列称为*收敛的*，任意不收敛的序列称为*发散的*．如果$\lim\limits_{n\to\infty}a_n=\infty$，则称这一序列*发散到无穷*．

只有在很特殊的情况下，才能用求出极限的办法来证明序列的收敛性，因此，非常需要找一种方法，以便在极限不能明显确定时也能证明其存在．符合这个目的的检验法叫作柯西准则．一个序列称为*基本序列*或者*柯西序列*，如果它满足下列条件：给定任意$\varepsilon>0$，存在一个n_0使得当$n\geqslant n_0$和$m\geqslant n_0$时$|a_n-a_m|<\varepsilon$．这个检验法即：

一个序列收敛当且仅当它是一个柯西序列．

必要性是很明显的．如果$a_n\to A$，则我们可以找到n_0使得对$n\geqslant n_0$有$|a_n-A|<\varepsilon/2$成立；当m，$n\geqslant n_0$时，由三角形不等式可得$|a_n-a_m|\leqslant|a_n-A|+|a_m-A|<\varepsilon$．

充分性和实数的定义密切相关，引入实数的一个方法就是假设柯西条件的充分性．然而，我们只想用每个有界单调的实数序列都有极限这个性质．

33

柯西序列的实部和虚部仍然是柯西序列，如果它们收敛，则原序列也收敛．为此，我们只需要证明对实数序列的充分性．我们回忆一下*上极限*和*下极限*的概念．给定一个实序列$\{\alpha_n\}_1^\infty$，设$a_n=\max\{\alpha_1，\cdots，\alpha_n\}$，即$a_n$是数$\alpha_1，\cdots，\alpha_n$中的最大者．序列$\{a_n\}_1^\infty$是非减的，因此它有极限$A_1$，$A_1$或者有限或者是$+\infty$．数$A_1$称为数$\alpha_n$的*最小上界*或者*上确界*(l. u. b. 或 sup)，事实上，它是大于等于所有α_n的最小数．从原序列中删去$\alpha_1，\cdots，\alpha_{k-1}$，用同样的方法构造，可以得到序列$\{\alpha_n\}_k^\infty$的最小上界$A_k$．显然$\{A_k\}$是非增序列，我们把它的极限记为$A$．它可能是有限的，也可能是$+\infty$或者$-\infty$．在任何情况下，我们记

$$A=\lim_{n\to\infty}\sup\alpha_n.$$

容易用上极限的性质来刻画上极限．如果A是有限的，且$\varepsilon>0$，则存在一个n_0，使得$A_{n_0}<A+\varepsilon$，由此可知，当$n\geqslant n_0$时，$\alpha_n\leqslant A_{n_0}<A+\varepsilon$．相反，如果当$n\geqslant n_0$时有$\alpha_n\leqslant A-\varepsilon$，则$A_{n_0}\leqslant A-\varepsilon$，这是不可能的．换句话说，存在一个任意大的$n$，使得$\alpha_n>A-\varepsilon$．如果$A=+\infty$，则存在任意大的$\alpha_n$；而$A=-\infty$当且仅当$\alpha_n\to-\infty$．在所有情况下，都不能有多于一个数$A$具有这些性质．

下极限可同样定义，只需把不等式反过来．非常明显，下极限和上极限相等，当且仅当序列收敛到一个有限的极限或者发散到$+\infty$或$-\infty$．上、下极限常简记为$\overline{\lim}$和$\underline{\lim}$．读

者可以证明如下关系：

$$\underline{\lim}\alpha_n + \underline{\lim}\beta_n \leqslant \underline{\lim}(\alpha_n + \beta_n) \leqslant \underline{\lim}\alpha_n + \overline{\lim}\beta_n,$$

$$\underline{\lim}\alpha_n + \overline{\lim}\beta_n \leqslant \overline{\lim}(\alpha_n + \beta_n) \leqslant \overline{\lim}\alpha_n + \overline{\lim}\beta_n.$$

现在我们返回来证明柯西条件的充分性．当 $n \geqslant n_0$ 时，由 $|\alpha_n - \alpha_{n_0}| < \varepsilon$ 可以得到 $|\alpha_n| < |\alpha_{n_0}| + \varepsilon$．因此 $A = \overline{\lim}\,\alpha_n$ 和 $a = \underline{\lim}\,\alpha_n$ 都是有限的．如果 $a \neq A$，选

$$\varepsilon = \frac{(A - a)}{3}$$

并确定相应的 n_0．由 a 和 A 的定义，存在 $\alpha_n < a + \varepsilon$ 和 $\alpha_m > A - \varepsilon$，其中 m，$n \geqslant n_0$．于是得到 $A - a = (A - \alpha_m) + (\alpha_m - \alpha_n) + (\alpha_n - a) < 3\varepsilon$，这和 ε 的选取矛盾．因此$a = A$，序列收敛．

34

2.2.2 级数

柯西条件的一个非常简单的应用就是它使我们可以从一个序列的收敛性得到另一个序列的收敛性．如果对于所有各对下标 m、n，都有 $|b_m - b_n| \leqslant |a_m - a_n|$ 成立，则序列$\{b_n\}$可以称为序列$\{a_n\}$(这不是一个标准项)的收缩．在这个条件下，如果$\{a_n\}$是一个柯西序列，则$\{b_n\}$也是．因此，由$\{a_n\}$的收敛性可得到$\{b_n\}$的收敛性．

一个无穷级数就是一个形式无穷和

$$a_1 + a_2 + \cdots + a_n + \cdots. \tag{15}$$

和这一级数相联系的是其部分和

$$s_n = a_1 + a_2 + \cdots + a_n$$

的序列．级数是收敛的当且仅当相应的部分和序列收敛，此时序列的极限就是级数的和．

将柯西收敛检验法应用到级数，得到下述条件：级数(15)收敛当且仅当对每一个 $\varepsilon > 0$，都存在一个 n_0 使得对所有的 $n \geqslant n_0$ 及 $p \geqslant 0$，有 $|a_n + a_{n+1} + \cdots + a_{n+p}| < \varepsilon$．对 $p = 0$，则得到特例 $|a_n| < \varepsilon$．因此一个收敛级数的一般项趋于零．这个条件是必要的，不过当然不是充分的．

如果级数的有限多个项被省略，则新级数与(15)同时收敛或发散．在收敛的情形下，设从项 a_{n+1} 开始的级数之和为 R_n，则整个级数的和为 $S = s_n + R_n$．

级数(15)可与各项绝对值组成的级数

$$|a_1| + |a_2| + \cdots + |a_n| + \cdots \tag{16}$$

相比较．(15)的部分和序列是相应于(16)的序列的收缩，因为 $|a_n + a_{n+1} + \cdots + a_{n+p}| \leqslant |a_n| + |a_{n+1}| + \cdots + |a_{n+p}|$．因此，(16)的收敛意味着原级数(15)收敛．一个级数的各项的绝对值所组成的级数如果收敛，则称原级数为绝对收敛．

2.2.3 一致收敛性

考察函数 $f_n(x)$的一个序列，设所有函数都定义在同一集 E 上．如果对每一个 $x \in E$，值序列$\{f_n(x)\}$收敛，则极限 $f(x)$仍是 E 上的一个函数．由定义，如果$\varepsilon > 0$，$x \in E$，则存

在一个 n_0，使得当 $n \geqslant n_0$ 时有 $|f_n(x)-f(x)|<\varepsilon$，但允许 n_0 依赖于 x. 例如，对所有的

35

x，有

$$\lim_{n\to\infty}\left(1+\frac{1}{n}\right)x = x$$

成立，但为了在 $n \geqslant n_0$ 时有 $|(1+1/n)x-x|=|x|/n<\varepsilon$，需要 $n_0>|x|/\varepsilon$. 这样一个 n_0 对每一个固定的 x 存在，但不能对所有的 x 同时成立.

在这种情况下，我们称序列点态收敛，但非一致收敛. 正面表述如下：*序列 $\{f_n(x)\}$ 在集 E 上一致收敛于 $f(x)$ 是指：对任意 $\varepsilon>0$，存在一个 n_0，使得对所有的 $n \geqslant n_0$ 和所有的 $x \in E$，都有 $|f_n(x)-f(x)|<\varepsilon$.*

一致收敛性最重要的推论是：

一个一致收敛的连续函数序列，其极限函数本身也是连续的.

设函数 $f_n(x)$ 在集 E 上连续，且一致收敛于 $f(x)$. 对于任意 $\varepsilon>0$，可以找到一个 n，使得对于所有的 $x \in E$，有 $|f_n(x)-f(x)|<\varepsilon/3$. 设 x_0 是 E 的一点. 由于 $f_n(x)$ 在 x_0 处连续，故可以找到 $\delta>0$，使得对所有的 $x \in E$，只要 $|x-x_0|<\delta$，就有 $|f_n(x)-f_n(x_0)|<\varepsilon/3$. 于是，在关于 x 的相同条件下，有

$$|f(x)-f(x_0)| \leqslant |f(x)-f_n(x)| + |f_n(x)-f_n(x_0)| + |f_n(x_0)-f(x_0)| < \varepsilon,$$

于是我们证明了 $f(x)$ 在 x_0 处连续.

在解析函数的理论中，我们将发现一致收敛性要比点态收敛性重要得多. 然而，在大多数情形，仅在函数有定义的部分集合上收敛才是一致的.

对一致收敛性，有类似于柯西准则的充分必要条件，即，

序列 $\{f_n(x)\}$ 在 E 上一致收敛，当且仅当对于每一个 $\varepsilon>0$，存在一个 n_0，使得对所有的 $m, n \geqslant n_0$ 和所有的 $x \in E$，有 $|f_m(x)-f_n(x)|<\varepsilon$.

必要性仍是很明显的. 对于充分性，注意到根据柯西准则的原来形式可知极限函数 $f(x)$ 存在. 在不等式 $|f_m(x)-f_n(x)|<\varepsilon$ 中，我们可以固定 n，而令 m 趋于 ∞. 于是可知对 $n \geqslant n_0$ 和所有的 $x \in E$，有 $|f(x)-f_n(x)| \leqslant \varepsilon$，因此收敛是一致的.

在实际应用中下面的判别法最为适用：如果函数序列 $\{f_n(x)\}$ 是常数收敛序列 $\{a_n\}$ 的一

36

个收缩，则序列 $\{f_n(x)\}$ 一致收敛. 这里的假设条件意味着在 E 上有 $|f_m(x)-f_n(x)| \leqslant |a_m-a_n|$ 成立，然后由柯西条件立即得到所要的结论.

在级数的情形，这个判别准则用稍弱的形式表达时变得特别简单. 我们说函数项级数

$$f_1(x)+f_2(x)+\cdots+f_n(x)+\cdots$$

以正项级数

$$a_1+a_2+\cdots+a_n+\cdots$$

作为*强级数*，是指对某个常数 M 和所有充分大的 n 有 $|f_n(x)| \leqslant Ma_n$. 相反，称第一级数为第二级数的*弱级数*. 在这些情况下，有

$$|f_n(x)+f_{n+1}(x)+\cdots+f_{n+p}(x)|\leqslant M(a_n+a_{n+1}+\cdots+a_{n+p}).$$

因此，如果强级数收敛，则弱级数一致收敛．这个条件常称为魏尔斯特拉斯 M 判别法．它比较弱，只适用于绝对收敛的级数．收缩的一般原理比较复杂，但是应用范围更广．

练 习

1．证明收敛序列是有界的．

2．如果 $\lim\limits_{n\to\infty}z_n=A$，证明

$$\lim_{n\to\infty}\frac{1}{n}(z_1+z_2+\cdots+z_n)=A.$$

3．证明：一个绝对收敛级数的和在级数的项重新排列以后并不改变．

4．完整地讨论序列 $\{nz^n\}_1^{\infty}$ 的收敛性和一致收敛性．

5．对 x 的实值讨论级数

$$\sum_{n=1}^{\infty}\frac{x}{n(1+nx^2)}$$

的一致收敛性．

6．如果 $U=u_1+u_2+\cdots$，$V=v_1+v_2+\cdots$ 都是收敛级数，证明：只要两个级数至少有一个是绝对收敛的，那么 $UV=u_1v_1+(u_1v_2+u_2v_1)+(u_1v_3+u_2v_2+u_3v_1)+\cdots$ 收敛．（如果两个级数都绝对收敛很容易证明．如果第二个级数不是绝对收敛的，试给出简短的证明．）

37

2.2.4 幂级数

幂级数具有如下的形式：

$$a_0+a_1z+a_2z^2+\cdots+a_nz^n+\cdots,\tag{17}$$

其中系数 a_n 和变量 z 都是复数．更一般地，我们可以考虑级数

$$\sum_{n=0}^{\infty}a_n(z-z_0)^n,$$

它是关于中心 z_0 的幂级数，但差异微不足道，不必在形式上这样做．

作为一个近乎平常的例子，我们考虑几何级数

$$1+z+z^2+\cdots+z^n+\cdots,$$

它的部分和可写成以下形式：

$$1+z+\cdots+z^{n-1}=\frac{1-z^n}{1-z}.$$

因为 $|z|<1$ 时 $z^n\to0$，而 $|z|\geqslant1$ 时 $|z^n|\geqslant1$，所以我们可以得出结论：几何级数当 $|z|<1$时收敛到 $1/(1-z)$，当 $|z|\geqslant1$ 时发散．

几何级数的这个性质是典型的．事实上，我们会发现：每个幂级数在一个圆的内部收敛，而在这个圆的外部发散．除非发生这样两种情况：这个级数只对 $z=0$收敛，或者它对 z 的所

有值收敛．更精确地，我们要证明下面的阿贝尔定理．

定理 2 对于每个幂级数(17)，存在一个数 R，$0\leqslant R\leqslant\infty$，称为收敛半径，它具有下列性质：

(i) 对于每一个满足 $|z|<R$ 的 z，级数绝对收敛．如果 $0\leqslant\rho<R$，则对于 $|z|\leqslant\rho$，级数的收敛是一致的．

(ii) 如果 $|z|>R$，级数的项是无界的，因此级数是发散的．

(iii) 在 $|z|<R$ 内，级数的和是一个解析函数．它的导数可以通过逐项微分求得，并且得到的级数与原级数有相同的收敛半径．

圆 $|z|=R$ 称为收敛圆．在收敛圆的圆周上收敛性不确定．我们来证明定理的断言成立，如果 R 按下式选取：

38

$$1/R=\limsup_{n\to\infty}\sqrt[n]{|a_n|}. \tag{18}$$

这称为收敛半径的阿达马公式．

如果 $|z|<R$，则可找到 ρ 使得 $|z|<\rho<R$．于是 $1/\rho>1/R$，根据上极限的定义，存在一个 n_0，使得对于 $n\geqslant n_0$，有 $|a_n|^{1/n}<1/\rho$，即 $|a_n|<1/\rho^n$．于是推知，对于充分大的 n，$|a_nz^n|<(|z|/\rho)^n$，所以幂级数(17)以一个收敛的几何级数为强级数，因此(17)收敛．为证明对 $|z|\leqslant\rho<R$ 的一致收敛性，我们选取 ρ'，$\rho<\rho'<R$，则对 $n\geqslant n_0$ 有 $|a_nz^n|\leqslant(\rho/\rho')^n$．由于强级数收敛，而且有常数项，因此由魏尔斯特拉斯 M 判别法可知幂级数一致收敛．

如果 $|z|>R$，我们选取 ρ 使得 $R<\rho<|z|$．由于 $1/\rho<1/R$，因此存在任意大的 n，使得 $|a_n|^{1/n}>1/\rho$，即 $|a_n|>1/\rho^n$．这样，对于无穷多个 n，$|a_nz^n|>(|z|/\rho)^n$，因此项是无界的．

由于 $\sqrt[n]{n}\to1$，所以导出级数 $\sum_1^\infty na_nz^{n-1}$ 具有相同的收敛半径．证明：设 $\sqrt[n]{n}=1+\delta_n$．则 $\delta_n>0$，并且应用二项式定理 $n=(1+\delta_n)^n>1+\frac{1}{2}n(n-1)\delta_n^2$，这给出 $\delta_n^2<2/n$，因此 $\delta_n\to0$．

对 $|z|<R$，我们可以记

$$f(z)=\sum_0^\infty a_nz^n=s_n(z)+R_n(z),$$

其中

$$s_n(z)=a_0+a_1z+\cdots+a_{n-1}z^{n-1},\quad R_n(z)=\sum_{k=n}^\infty a_kz^k,$$

且

$$f_1(z)=\sum_1^\infty na_nz^{n-1}=\lim_{n\to\infty}s'_n(z).$$

我们来证明 $f'(z)=f_1(z)$.

考虑恒等式

$$\frac{f(z)-f(z_0)}{z-z_0}-f_1(z_0)=\left(\frac{s_n(z)-s_n(z_0)}{z-z_0}-s_n{}'(z_0)\right)+(s_n{}'(z_0)-f_1(z_0))+\left(\frac{R_n(z)-R_n(z_0)}{z-z_0}\right),\tag{19}$$

其中我们假定 $z\neq z_0$，并且 $|z|$，$|z_0|<\rho<R$. 最后一项可重新写成

$$\sum_{k=n}^{\infty}a_k(z^{k-1}+z^{k-2}z_0+\cdots+zz_0^{k-2}+z_0^{k-1}),$$

39

因此我们得出结论

$$\left|\frac{R_n(z)-R_n(z_0)}{z-z_0}\right|\leqslant\sum_{k=n}^{\infty}k\,|a_k|\,\rho^{k-1}.$$

右边的表达式是一个收敛级数的余项. 因此我们可以找到 n_0，使得对 $n\geqslant n_0$，有

$$\left|\frac{R_n(z)-R_n(z_0)}{z-z_0}\right|<\frac{\varepsilon}{3}.$$

还有一个 n_1 使得当 $n\geqslant n_1$ 时 $|s_n'(z_0)-f_1(z_0)|<\varepsilon/3$. 选取固定的 $n\geqslant n_0$，n_1. 由导数的定义，我们可以找到 $\delta>0$ 使得 $0<|z-z_0|<\delta$ 意味着

$$\left|\frac{s_n(z)-s_n(z_0)}{z-z_0}-s'_n(z_0)\right|<\frac{\varepsilon}{3}.$$

联合上述所有不等式，由(19)得当 $0<|z-z_0|<\delta$ 时，有

$$\left|\frac{f(z)-f(z_0)}{z-z_0}-f_1(z_0)\right|<\varepsilon.$$

我们已经证明了 $f'(z_0)$存在并等于 $f_1(z_0)$.

由于上述推理可以重复进行，所以我们实际上已经证明了一个具有正的收敛半径的幂级数具有各阶导数，并且它们可以如下显式表示：

$$\begin{aligned}
f(z)&=a_0+a_1z+a_2z^2+\cdots\\
f'(z)&=a_1+2a_2z+3a_3z^2+\cdots\\
f''(z)&=2a_2+6a_3z+12a_4z^2+\cdots\\
&\vdots\\
f^{(k)}(z)&=k!a_k+\frac{(k+1)!}{1!}a_{k+1}z+\frac{(k+2)!}{2!}a_{k+2}z^2+\cdots
\end{aligned}$$

特别地，由最后一行我们发现 $a_k=\dfrac{f^{(k)}(0)}{k!}$，幂级数变成

$$f(z)=f(0)+f'(0)z+\frac{f''(0)}{2!}z^2+\cdots+\frac{f^{(n)}(0)}{n!}z^n+\cdots$$

这是熟知的泰勒-麦克劳林展开式，但我们只是在 $f(z)$具有一个幂级数展开式的假设下证明的. 我们确实知道，展开式如果存在，那就是唯一确定的，但主要部分，即每一个解析

40

函数具有一个泰勒展开式仍未得到.

练　习

1. 将$(1-z)^{-m}$（m为正整数）展开为z的幂.

2. 将$\frac{2z+3}{z+1}$展开为$z-1$的幂. 收敛半径是什么？

3. 求下列幂级数的收敛半径：

$$\sum n^p z^n,\quad \sum \frac{z^n}{n!},\quad \sum n!z^n,\quad \sum q^{n^2} z^n (|q|<1),\quad \sum z^{n!}.$$

4. 如果$\sum a_n z^n$的收敛半径为R，求$\sum a_n z^{2n}$和$\sum a_n^2 z^n$的收敛半径.

5. 如果$f(z)=\sum a_n z^n$，则$\sum n^3 a_n z^n$是什么？

6. 如果$\sum a_n z^n$和$\sum b_n z^n$的收敛半径分别为R_1和R_2，证明$\sum a_n b_n z^n$的收敛半径至少是$R_1 R_2$.

7. 如果$\lim\limits_{n\to\infty} |a_n|/|a_{n+1}|=R$，证明$\sum a_n z^n$的收敛半径为$R$.

8. 对什么样的z值，级数

$$\sum_0^\infty \left(\frac{z}{1+z}\right)^n$$

收敛？

9. 对什么样的z值，级数

$$\sum_0^\infty \frac{z^n}{1+z^{2n}}$$

收敛？

2.2.5　阿贝尔极限定理

阿贝尔第二定理涉及一个幂级数在收敛圆圆周的一点上收敛的情形. 不失一般性，我们可设$R=1$，并设收敛发生在点$z=1$处.

定理3　*如果$\sum\limits_0^\infty a_n$收敛，则当z趋近于1而保持$|1-z|/(1-|z|)$有界时，$f(z)=\sum\limits_0^\infty a_n z^n$趋于$f(1)$.*

注　从几何上看，定理中的条件意味着z始终位于一个顶点在1且关于实轴的$(-\infty, 1)$部分对称而小于$180°$的角内. 习惯上称这种趋近发生在一个斯托尔茨角内.

41

证明　我们可以假设$\sum\limits_0^\infty a_n=0$，因为对$a_0$加一个常数就可做到这一点. 记$s_n=a_0+$

$a_1+\cdots+a_n$，并利用恒等式(部分求和)

$$\begin{aligned}s_n(z)&=a_0+a_1z+\cdots+a_nz^n=s_0+(s_1-s_0)z+\cdots+(s_n-s_{n-1})z^n\\&=s_0(1-z)+s_1(z-z^2)+\cdots+s_{n-1}(z^{n-1}-z^n)+s_nz^n\\&=(1-z)(s_0+s_1z+\cdots+s_{n-1}z^{n-1})+s_nz^n.\end{aligned}$$

但 $s_nz^n\to 0$，因此得到表达式

$$f(z)=(1-z)\sum_0^\infty s_nz^n.$$

不妨设 $|1-z|\leqslant K(1-|z|)$，并设 $s_n\to 0$. 取 m 足够大使得对 $n\geqslant m$ 有 $|s_n|<\varepsilon$. 于是级数 $\sum s_nz^n$ 从 $n=m$ 的项以后的余项受几何级数 $\varepsilon\sum_m^\infty|z|^n=\varepsilon|z|^m/(1-|z|)<\varepsilon/(1-|z|)$ 控制. 由此得到

$$|f(z)|\leqslant|1-z|\left|\sum_\infty^{m-1}s_kz^k\right|+K\varepsilon.$$

选取 z 充分接近于1，可以使右端第一项任意小，因此我们得出结论：在所给的限制条件下，当 $z\to 1$ 时 $f(z)\to 0$. □

2.3 指数函数和三角函数

纯粹从实数观点处理微积分的人不指望指数函数 e^x 和三角函数 $\cos x$、$\sin x$ 之间有任何关系. 事实上，这些函数按照不同的目的，似乎可以从完全不同的来源导出. 无疑，他会注意到这些函数的泰勒展开式之间的相似性，如果使用虚自变量，就可以导出欧拉公式 $e^{ix}=\cos x+i\sin x$ 作为一个正式的恒等式. 但是分析其全部深度，则要归功于高斯(Gauss).

有了前一节的预备知识，容易对复数 z 定义 e^z、$\cos z$ 和 $\sin z$，并推导出这些函数之间的关系. 同时由指数函数的反函数可以定义对数，而对数又导出复数辐角的正确定义，因此导出角的非几何定义.

2.3.1 指数函数

一开始，我们可以把指数函数定义为如下微分方程的解： 42

$$f'(z)=f(z),\tag{20}$$

初值为 $f(0)=1$. 为了求解，令

$$\begin{aligned}f(z)&=a_0+a_1z+\cdots+a_nz^n+\cdots\\f'(z)&=a_1+2a_2z+\cdots+na_nz^{n-1}+\cdots\end{aligned}$$

如果要使(20)成立，必须有 $a_{n-1}=na_n$，而初始条件给出 $a_0=1$. 由归纳法得到$a_n=1/n!$.

将方程的解记为 e^z 或 $\exp z$，至于用哪一种记法，完全由印刷上的方便决定. 当然，我们必须证明级数

$$e^z=1+\frac{z}{1!}+\frac{z^2}{2!}+\cdots+\frac{z^n}{n!}+\cdots\tag{21}$$

收敛．由于$\sqrt[n]{n!}\to\infty$，它确实在整个平面上收敛(证明留给读者)．

作为微分方程的一个推论，e^z 满足加法定理

$$e^{a+b}=e^a\cdot e^b. \tag{22}$$

实际上，我们发现$D(e^z\cdot e^{c-z})=e^z\cdot e^{c-z}+e^z\cdot(-e^{c-z})=0$．因此$e^z\cdot e^{c-z}$是常数．令$z=0$就可求得这个常数的值．于是得到结论$e^z\cdot e^{c-z}=e^c$，令$z=a$，$c=a+b$即得(22)式．

注　我们使用了如下事实：如果$f'(z)$恒等于零，则$f(z)$是常数．如果f定义在整个平面上，则这个结论一定成立．因为如果$f=u+iv$，那么我们得到$\frac{\partial u}{\partial x}=\frac{\partial u}{\partial y}=\frac{\partial v}{\partial x}=\frac{\partial v}{\partial y}=0$，而定理的实形式表明，在每一条水平线和每一条垂直线上，f是常数．

作为加法定理的一个特殊情形，$e^z\cdot e^{-z}=1$．这表明e^z绝不为零．对于实的x，级数展开式(21)表明$x>0$时$e^x>1$，又因为e^x和e^{-x}互为倒数，所以$x<0$时$0<e^x<1$．而级数具有实系数这一事实表明，$\exp\bar{z}$是$\exp z$的复共轭．因此，$|e^{iy}|^2=e^{iy}\cdot e^{-iy}=1$，$|e^{x+iy}|=e^x$．

2.3.2　三角函数

三角函数由下式定义：

$$\cos z=\frac{e^{iz}+e^{-iz}}{2},\quad \sin z=\frac{e^{iz}-e^{-iz}}{2i}. \tag{23}$$

代入(21)表明它们有级数展开式

43

$$\cos z=1-\frac{z^2}{2!}+\frac{z^4}{4!}-\cdots$$

$$\sin z=z-\frac{z^3}{3!}+\frac{z^5}{5!}-\cdots$$

对于实的z，它们化成熟知的$\cos x$和$\sin x$的泰勒展开式，值得注意的是，我们现在不用几何概念而重新定义了这些函数．

从(23)式可以进一步得到欧拉公式

$$e^{iz}=\cos z+i\sin z,$$

以及恒等式

$$\cos^2 z+\sin^2 z=1.$$

还可以得到

$$D\cos z=-\sin z,\quad D\sin z=\cos z.$$

加法公式

$$\cos(a+b)=\cos a\cos b-\sin a\sin b$$

$$\sin(a+b)=\cos a\sin b+\sin a\cos b$$

是(23)式和指数函数加法定理的直接推论.

另外的几个三角函数 $\tan z$，$\cot z$，$\sec z$，$\operatorname{cosec} z$ 都是次要的，它们可以按惯例用 $\cos z$ 和 $\sin z$ 来定义. 例如，

$$\tan z=-\mathrm{i}\,\frac{\mathrm{e}^{\mathrm{i}z}-\mathrm{e}^{-\mathrm{i}z}}{\mathrm{e}^{\mathrm{i}z}+\mathrm{e}^{-\mathrm{i}z}}.$$

注意：所有的三角函数都是 $\mathrm{e}^{\mathrm{i}z}$ 的有理函数.

练 习

1. 求 $\sin(\mathrm{i})$、$\cos(\mathrm{i})$和 $\tan(1+\mathrm{i})$的值.

2. 双曲余弦和双曲正弦定义为 $\cosh z=(\mathrm{e}^{z}+\mathrm{e}^{-z})/2$，$\sinh z=(\mathrm{e}^{z}-\mathrm{e}^{-z})/2$. 用 $\cos(\mathrm{i}z)$和 $\sin(\mathrm{i}z)$表示它们. 推导出加法公式，以及 $\cosh 2z$、$\sinh 2z$ 的公式.

3. 用加法公式将 $\cos(x+\mathrm{i}y)$、$\sin(x+\mathrm{i}y)$分解为实部和虚部.

4. 证明

$$|\cos z|^2=\sinh^2 y+\cos^2 x=\cosh^2 y-\sin^2 x=\frac{1}{2}(\cosh 2y+\cos 2x)$$

和

$$|\sin z|^2=\sinh^2 y+\sin^2 x=\cosh^2 y-\cos^2 x=\frac{1}{2}(\cosh 2y-\cos 2x).$$

2.3.3 周期性

如果 $f(z+c)=f(z)$对所有的 z 成立，我们称 $f(z)$具有周期 c. 这样，e^z 的一个周期满足 $\mathrm{e}^{z+c}=\mathrm{e}^z$ 或者 $\mathrm{e}^c=1$. 因此 $c=\mathrm{i}\omega$，ω 为实数，称为 $\mathrm{e}^{\mathrm{i}z}$ 的一个周期. 我们将证明有几个周期，而这些周期都是一个正周期 ω_0 的整数倍. 44

在证明周期存在的许多方法中，我们选取下面的方法：对 $y>0$，由 $D\sin y=\cos y\leqslant 1$ 和 $\sin 0=0$，通过积分或者应用中值定理，得到 $\sin y<y$. 用同样的方法，$D\cos y=-\sin y>-y$ 和 $\cos 0=1$ 给出 $\cos y>1-y^2/2$，由此又得到 $\sin y>y-y^3/6$，最终得到 $\cos y<1-y^2/2+y^4/24$. 这个不等式表明 $\cos\sqrt{3}<0$，因此在 0 和$\sqrt{3}$之间存在一个 y_0 使得 $\cos y_0=0$. 由于

$$\cos^2 y_0+\sin^2 y_0=1,$$

我们有 $\sin y_0=\pm 1$，即 $\mathrm{e}^{\mathrm{i}y_0}=\pm\mathrm{i}$，因此 $\mathrm{e}^{4\mathrm{i}y_0}=1$. 这证明了 $4y_0$ 是一个周期.

实际上，它是最小正周期. 为了证明这一点，取 $0<y<y_0$. 于是$\sin y>y(1-y^2/6)>y/2>0$，这表明 $\cos y$ 是严格递减的. 由于 $\sin y$ 是正的，并且 $\cos^2 y+\sin^2 y=1$，故 $\sin y$ 是严格递增的，由此 $\sin y<\sin y_0=1$. 双边不等式 $0<\sin y<1$保证了 $\mathrm{e}^{\mathrm{i}y}$既不等于± 1，也不等于$\pm\mathrm{i}$. 因此 $\mathrm{e}^{4\mathrm{i}y}\neq 1$，实际上 $4y_0$ 是最小正周期，记为 ω_0.

现在考虑一个任意的周期 ω. 存在一个整数 n 使得 $n\omega_0\leqslant\omega<(n+1)\omega_0$. 如果 ω 不等于

$n\omega_0$，则 $\omega-n\omega_0$ 将是一个小于 ω_0 的正周期．由于这是不可能的，所以每个周期必是 ω_0 的一个整倍数．

e^{iz} 的最小正周期记为 2π.

在证明过程中，我们证明了

$$e^{\pi i/2}=i,\quad e^{\pi i}=-1,\quad e^{2\pi i}=1.$$

这些方程说明了数 e 和 π 之间的密切关系．

当 y 从 0 增大到 2π 时，点 $w=e^{iy}$ 按正方向描出单位圆 $|w|=1$，即从 1 经 i 到 -1，再回过来经 $-i$ 到 1．对于适合 $|w|=1$ 的每一个 w，在半开区间 $0\leqslant y<2\pi$ 中，有且只有一个 y，使得 $w=e^{iy}$．所有这些不难从如下已知事实得到：$\cos y$ 在"第一象限"即 0 和 $\pi/2$ 之间是严格递减的．

从代数观点看，映射 $w=e^{iy}$ 建立了实数加法群和绝对值为 1 的复数乘法群之间的一个同态．同态的核是由所有整倍数 $2\pi n$ 形成的子群．

45

2.3.4　对数函数

与指数函数一起，我们还必须研究它的反函数——对数函数．根据定义，$z=\log w$ 是方程 $e^z=w$ 的一个根．首先，由于 e^z 总是不为 0，所以数 0 没有对数．对 $w\neq 0$，方程 $e^{x+iy}=w$ 等价于

$$e^x=|w|,\quad e^{iy}=w/|w|. \tag{24}$$

第一个方程有唯一的解 $x=\log|w|$，即正数 $|w|$ 的实对数．(24)式的第二个方程的右端是绝对值为 1 的复数．因此，正如我们刚刚看到的，它在区间 $0\leqslant y<2\pi$ 上有且只有一个解．此外，所有和这个解相差 2π 的整数倍的 y 也满足这个方程．于是，每一个不为 0 的复数具有无穷多个对数，它们彼此相差 $2\pi i$ 的倍数．

$\log w$ 的虚部也叫 w 的辐角，记为 $\arg w$，从几何上解释，它是正实轴与从 0 点出发过 w 点的射线之间的夹角，以弧度度量．相应于这个定义，辐角具有无穷多个值，它们彼此相差 2π 的倍数，而且

$$\log w=\log|w|+i\arg w.$$

改变一下记法，如果 $|z|=r$ 且 $\arg z=\theta$，则 $z=re^{i\theta}$．这一记法很方便，是经常采用的，即使在并不另外涉及指数函数时也如此．

按照习惯，一个正数的对数总是指实对数，除非另有说明．记号 a^b 总解释为 $\exp(b\log a)$，其中 a、b 是任意复数且 $a\neq 0$．如果限制 a 为正数，则 $\log a$ 是实的，a^b 有单一值．否则，$\log a$ 是复对数，a^b 一般有无穷多个值，彼此相差 $e^{2\pi inb}$ 的倍数．a^b 取单一值当且仅当 b 为整数 n，这时 a^b 可解释为 a 或 a^{-1} 的幂．如果 b 是一个有理数，具有简化形式 p/q，则 a^b 恰有 q 个值，并可表示成 $\sqrt[q]{a^p}$.

指数函数的加法定理明显地意味着

$$\log(z_1z_2) = \log z_1 + \log z_2,$$

$$\arg(z_1z_2) = \arg z_1 + \arg z_2,$$

但只在这样的意义下成立，即两边表示复数的同一无穷集．如果我们要将左边的一个值同右边的一个值比较，则可断定它们相差 $2\pi i$(或者 2π)的倍数．(与 1.2.1 节的注比较．)

46

最后讨论反余弦函数，它是由解下列方程得到的：

$$\cos z = \frac{1}{2}(e^{iz} + e^{-iz}) = w.$$

这是 e^{iz} 的一个二次方程，有根

$$e^{iz} = w \pm \sqrt{w^2 - 1},$$

因此

$$z = \arccos w = -i\log(w \pm \sqrt{w^2 - 1}).$$

也可以将这些值写成形式

$$\arccos w = \pm i\log(w + \sqrt{w^2 - 1}),$$

因为 $w+\sqrt{w^2-1}$ 与 $w-\sqrt{w^2-1}$ 互为倒数．$\arccos w$ 的无穷多个值反映了 $\cos z$ 的偶性和周期性．反正弦函数容易由下式定义：

$$\arcsin w = \frac{\pi}{2} - \arccos w.$$

应该指出，在复解析函数论中，所有的初等超越函数都可用 e^z 及其逆 $\log z$ 表示．换句话说，基本上只有一个初等超越函数．

练 习

1. 对实的 y，证明在 $\cos y$ 和 $\sin y$ 的级数中，每一个余项具有与首项相同的符号(这推广了证明周期时用到的不等式，见 2.3.3 节)．

2. 证明 $3<\pi<2\sqrt{3}$．

3. 对 $z=-\frac{\pi i}{2}$，$\frac{3}{4}\pi i$，$\frac{2}{3}\pi i$，求 e^z 的值．

4. 当 z 分别为何值时，e^z 等于 2，-1，i，$-i/2$，$-1-i$，$1+2i$?

5. 求 $\exp(e^z)$的实部和虚部．

6. 确定 2^i，i^i，$(-1)^{2i}$的所有值．

7. 确定 z^z 的实部和虚部．

8. 用对数表示 $\arctan w$．

9. 说明如何在一个三角形中定义“角”，记住这些角位于 0 与 π 之间．根据这个定义，证明各角之和为 π．

47~48

10. 证明二项方程 $z^n=a$ 的根是正多边形(相等的边和角)的顶点．

第3章 作为映射的解析函数

函数 $w=f(z)$ 可以看成是一个映射，它把点 z 用它的象 w 表示. 本章的目的是以初等方式研究解析函数所规定的映射的一些特殊性质.

为了实现这一计划，需要推导出一些具有普遍性的基础概念，否则势必被迫引入许多特定的定义，而它们之间的相互关系却是不易辨清的. 由于现在的学生在早期阶段就接受抽象和普遍性的教育，所以无须多说. 但是，提出这样的警告可能较为恰当，即最大程度的普遍性不应当成为目的.

在 3.1 节，我们将介绍点集拓扑和度量空间的一些基础知识. 由于我们只涉及研究解析函数所必需的一些基本性质，所以不需作更深入的讨论. 如果读者认为自己已经完全熟悉了这部分内容，那就只需读一下专门术语就可以了.

作者认为：要熟练地研究解析函数，既需要几何直觉，又需要计算技巧. 为此，在与 3.1 节仅有较少联系的 3.2、3.3 节中，特意通过详细研究一些初等映射来讨论几何直觉. 同时我们将几何图像作为推理的指南而不是推理的基础，由此尝试培养严密的几何思维.

49

3.1 初等点集拓扑

拓扑学是数学的一个分支，它所研究的是与连续性直接或间接有关的一切问题. 传统上，这一术语是广义的，一般没有严格的限制. 作拓扑的考察对解析函数论的基础有着极为重要的意义，我们对拓扑学作初步系统的研究就出于这样的需要.

集合论的逻辑基础属于另一个学科. 我们的讨论将是非常朴素的，所有的应用都针对大家熟悉的对象. 在这样的限定框架内，不会出现逻辑上的矛盾.

3.1.1 集和元素

所谓集，是指一些可识别对象的一个集族，这些对象称为集的*元素*. 读者应当熟悉记号 $x\in X$，它表示 x 是 X 的一个元素(我们约定用大写字母表示集，用小写字母表示元素). 两个集相等当且仅当它们有相同的元素. 如果 X 的每个元素也是 Y 的元素，则说 X 是 Y 的一个子集，这个关系表示为 $X\subset Y$ 或 $Y\supset X$(我们并不排斥 $X=Y$ 的可能性). 空集记为 $\varnothing$.

一个集也可看成一个*空间*，而把它的一个元素看成一*点*. 给定空间的各个子集通常叫作点集. 这给语言增加了几何味，但不应当过分按字面理解. 例如，我们考虑以函数为元素的空间，这时一个“点”就是一个函数.

两个集 X 与 Y 的所有共同元素组成的集称为 X 与 Y 的*交*，记为 $X\cap Y$；由或者属于 X

或者属于 Y 的所有元素(其中包括既属于 X 又也属于 Y 的那些元素)组成的集称为 X 与 Y 的并，记为 $X\cup Y$. 当然，我们可以作任意多个集的交和并，这里所说的“任意多”，可以是有限，也可以是无穷.

集 X 的余集由不在 X 中的所有点组成，记为 $\sim X$. 注意余集与所讨论的点的总体有关. 例如，一个实数集对于实轴来说有一个余集，而对于复平面来说有另一个余集. 更一般地，如果 $X\subset Y$，可考虑相对余集 $Y\sim X$，它由在 Y 中但不在 X 中的所有点组成(可看到仅当 $X\subset Y$ 时用这种记法才更清楚一些).

记住下述分配律

$$X\cup(Y\cap Z)=(X\cup Y)\cap(X\cup Z)$$
$$X\cap(Y\cup Z)=(X\cap Y)\cup(X\cap Z)$$

50

和德·摩根律

$$\sim(X\cup Y)=\sim X\cap\sim Y$$
$$\sim(X\cap Y)=\sim X\cup\sim Y$$

是有帮助的. 这些纯粹是逻辑恒等式，把它们推广到任意多个集合可以轻易得到.

3.1.2　度量空间

对于极限和连续性的所有考察中，本质的一点是要给出术语“充分接近”和“任意接近”的精确意义. 在实数空间 **R** 和复数空间 **C** 中，这样的接近程度可以用一个定量关系 $|x-y|<\varepsilon$ 来表达. 例如，我们说集合 X 包含充分接近 y 的所有 x 是指：存在一个 $\varepsilon>0$ 使得只要 $|x-y|<\varepsilon$ 就有 $x\in X$. 类似地，X 包含任意接近 y 的点，是指对任一 $\varepsilon>0$ 存在一个 $x\in X$ 使得 $|x-y|<\varepsilon$.

需要以定量的词汇来描述接近程度的显然是两点之间的距离 $d(x, y)$. 集 S 称为度量空间，是指对于每一对 $x\in S$，$y\in S$，定义了一个非负实数 $d(x, y)$ 使下面的条件得到满足：

1) $d(x, y)=0$ 当且仅当 $x=y$.

2) $d(y, x)=d(x, y)$.

3) $d(x, z)\leqslant d(x, y)+d(y, z)$.

最后一个条件是三角形不等式.

例如，**R** 和 **C** 都是度量空间，具有距离 $d(y, x)=|x-y|$. n 维欧几里得空间 $\mathbf{R}^n$ 是实 n 元组

$$x=(x_1,\cdots,x_n)$$

的集合，其中距离定义为 $d(x,y)^2=\sum_{i=1}^{n}(x_i-y_i)^2$. 我们曾经定义过扩充复平面中的距离为

$$d(z,z')=\frac{2|z-z'|}{\sqrt{(1+|z|^2)(1+|z'|^2)}}$$

(见 1.2.4 节). 因为这表示黎曼球面上球极象之间的欧几里得距离，所以三角形不等式显

然成立．函数空间的一个例子是 $C[a, b]$，即定义在区间 $a \leqslant x \leqslant b$ 上的所有连续函数的集合．如果定义其中的距离为 $d(f, g)=\max |f(x)-g(x)|$，它就成为一个度量空间．

我们引入下面用距离表示的术语：对于任一 $\delta>0$ 和任一 $y \in S$，所有的 $x \in S$ 组成的集 $B(y, \delta)$，其中的距离 $d(x, y)<\delta$，称为中心为 y、半径为 δ 的球，又称为 y 的 δ 邻域．邻域的一般定义如下：

51

定义1　集 $N \subset S$ 称为 $y \in S$ 的一个邻域，如果它包含球 $B(y, \delta)$．

换句话说，y 的一个邻域是一个集合，由所有充分接近 y 的点组成．我们用邻域的概念来定义开集：

定义2　一个集称为开集，如果它是其每一个元素的一个邻域．

由该定义可解释空集是开的(条件是满足的，因为集合没有元素)．下面是三角形不等式的一个直接推论：

每一个球是一个开集．

事实上，如果 $z \in B(y, \delta)$，则 $\delta'=\delta-d(y, z)>0$．由于 $d(x, z)<\delta'$ 给出 $d(x, y)<\delta'+d(y, z)=\delta$，所以三角形不等式表明 $B(z, \delta') \subset B(y, \delta)$．因此 $B(y, \delta)$ 是 z 的一个邻域，又因为 z 是 $B(y, \delta)$ 中的任一点，所以 $B(y, \delta)$ 是一个开集．为了强调，一个球有时称为开球，以区别于全体 $x \in S$ 组成的闭球，其中 $d(x, y) \leqslant \delta$．

在复平面上 $B(z_0, \delta)$ 是一个开圆盘，中心为 z_0，半径为 δ，它由所有满足严格不等式 $|z-z_0|<\delta$ 的复数 z 组成．我们刚证明了它是一个开集，读者可用几何术语来解释该证明．

开集的余集称为闭集．在任一度量空间中，空集和全空间是既开又闭的，可能还有其他集具有同样的性质．

下列是开集和闭集的基本性质：

有限多个开集的交是开的．

任意多个开集的并是开的．

有限多个闭集的并是闭的．

任意多个闭集的交是闭的．

证明是很明显的，留给读者．应当指出的是，后两个命题可用德·摩根律从前两个命题导出来．

有许多通常使用的名词术语与开集的概念直接有关，全部列出来会引起混乱，所以我们将只限于使用下面一些：内部、闭包、边界、外部．

52

(i) 集 X 的内部是包含在 X 中的最大开集．它是存在的，因为它可以刻画成所有开集 $\subset X$ 的并．也可以把它说成是以 X 为邻域的所有点组成的集合．记为 $\mathrm{Int} X$．

(ii) X 的闭包是包含 X 的最小闭集，或者所有闭集 $\supset X$ 的交．一个点属于 X 的闭包，当且仅当所有它的邻域都与 X 相交．闭包常记为 X^{-}，有时记为 $\mathrm{Cl} X$．

(iii) X 的边界是闭包减去内部．一个点属于边界，当且仅当所有它的邻域与 X 和 $\sim X$

都相交. 记为 $\mathrm{Bd}X$ 或 ∂X.

(iv) X 的外部是 $\sim X$ 的内部. 它也是闭包的余集, 记为 $\sim X^-$.

注意 $\mathrm{Int}X \subset X \subset X^-$, 如果 $\mathrm{Int}X = X$, 则 X 是开的; 如果 $X^- = X$, 则 X 是闭的. 又 $X \subset Y$ 蕴涵着 $\mathrm{Int}X \subset \mathrm{Int}Y$, $X^- \subset Y^-$. 为了方便, 下面引进孤立点和聚点的概念: 我们说 $x \in X$ 是 X 的一个孤立点, 是指如果 x 有一个邻域, 此邻域与 X 的交是点 x; 聚点是 X^- 的一个点, 但不是一个孤立点. 显然 x 是 X 的一个聚点, 当且仅当 x 的每个邻域包含 X 的无穷多个点.

练　习

1. 如果 S 是一个度量空间, 其距离函数为 $d(x, y)$, 试证明 S 以 $\delta(x, y) = d(x, y)/[1 + d(x, y)]$ 为距离函数时也是一个度量空间. 后一个空间在所有距离不超过一个固定界的意义下是有界的.

2. 假设在同一个空间 S 上, 给定了两个距离函数 $d(x, y)$ 和 $d_1(x, y)$. 如果它们确定相同的开集, 则称它们是等价的. 证明: 如果对每一个 $\varepsilon > 0$, 存在一个 $\delta > 0$, 使得 $d(x, y) < \delta$ 蕴涵着 $d_1(x, y) < \varepsilon$, 反之亦然, 则 d 与 d_1 等价. 验证这个条件在上题中也成立.

3. 直接用定义证明 $|z - z_0| < \delta$ 的闭包是 $|z - z_0| \leqslant \delta$.

4. 如果 X 是一个复数集合, 其实部和虚部均为有理数, 问 $\mathrm{Int}X$、X^-、∂X 是什么?

5. 印刷上有时把 $\sim X$ 简写为 X', 用这一记法, $X^{-\prime-\prime}$ 与 X 的关系如何? 证明: $X^{-\prime-\prime-\prime-\prime} = X^{-\prime-\prime}$.

6. 一个集合称为离散的, 是指它的所有点都是孤立点. 证明: $\mathbf{R}$ 或 $\mathbf{C}$ 中的一个离散集是可数的.

7. 证明: 任一集合的聚点组成一个闭集.

53

3.1.3 连通性

若 E 是度量空间 S 的任一非空子集, 从 E 本身来看, 可以把它考虑为 S 上具有同一距离函数 $d(x, y)$ 的一个度量空间. E 上的邻域和开集就像在任何度量空间上一样定义, 但 E 上的开集在看成 S 的子集时不需要是开的. 为了避免混乱, E 上的邻域和开集经常叫作相对邻域和相对开集. 作为一个例子, 我们把闭区间 $0 \leqslant x \leqslant 1$ 看成 $\mathbf{R}$ 的一个子空间, 于是半闭区间 $0 \leqslant x < 1$ 是相对开的, 但在 $\mathbf{R}$ 中不是开的. 因此, 当我们说一个子集 E 具有某种特定的拓扑性质时, 总是指它作为子空间时具有这个性质, 它的子空间拓扑就称为相对拓扑.

直观地说, 一个空间是连通的, 如果它由单一的片组成. 为使这一说法有意义, 必须用接近程度来定义这一陈述. 最容易的办法是给出一个反面的表征: 如果存在一个划分 $S = A \cup B$, 分成开子集 A 和 B, 则 S 不是连通的. 应当理解 A 和 B 是不相交的、非空的.

一个空间的连通性通常以如下的方式使用：假设可以构造 S 的两个互补的开子集 A 和 B，如果 S 是连通的，那么 A 或 B 之一是空集.

子集 $E\subset S$ 称为是连通的，如果它在相对拓扑下是连通的. 不避迂腐，我们重复：

定义 3　度量空间的一个子集是连通的，是指它不能表示成两个不相交的非空的相对开集之并.

如果 E 是开的，E 的一个子集是相对开的当且仅当它是开的. 类似地，如果 E 是闭的，则相对闭就意味着闭. 因此我们可以说：一个开集是连通的，是指它不能分解为两个开集；一个闭集是连通的，是指它不能分解成两个闭集. 另外，这些集中没有一个可以是空集.

连通集的平凡例子就是空集以及只由一个点组成的任何集.

在实线的情形，可以命名所有的连通集. 最重要的结果是整个直线是连通的，这实际上是实数系的基本性质之一.

一个区间由下列四种类型的不等式之一定义：$a<x<b$，$a\leqslant x<b$，$a<x\leqslant b$，$a\leqslant x\leqslant b$[㊀]. 对于 $a=-\infty$ 或 $b=+\infty$，这包括半无限区间和整个直线.

54

定理 1　实线的非空连通子集都是区间.

我们在这里采用经典证法之一，其根据是任一单调序列必有一个有限或无穷的极限.

设实线 $\mathbf{R}$ 用两个互不相交的闭集的并集表示为：$\mathbf{R}=A\cup B$. 如果 A 及 B 都不是空集，则可以找到 $a_1\in A$ 及 $b_1\in B$，不妨设 $a_1<b_1$. 现在将区间 (a_1, b_1) 平分，平分所得的两个半区间中必有一个有左端点在 A 中，而右端点在 B 中. 把这一区间记为 (a_2, b_2)，仿此继续进行下去，于是可得区间套 (a_n, b_n) 的一个序列，且 $a_n\in A$，$b_n\in B$. 序列 $\{a_n\}$ 及 $\{b_n\}$ 具有同一极限 c. 由于 A 及 B 是闭集，c 应为 A 及 B 的一个公共点. 这一矛盾说明 A 或 B 中有一个应是空集，因此 $\mathbf{R}$ 是连通的.

上述证法稍作修改后可适用于任何区间.

在完成定理证明之前我们插入一个重要的注记. 设 E 是 $\mathbf{R}$ 的一个任意子集，如果对于所有的 $x\in E$ 有 $\alpha\leqslant x$，则称 α 为 E 的下界. 现在考察所有下界组成的集 A. 显然 A 的余集是开集. 至于 A 本身，则很容易看出只要它不包含任何最大数，它必是开集. 由于直线是连通的，A 及其余集不能同时是开集，除非其中之一为空集. 因此产生了三种可能：或者 A 是空集，或者 A 包含一个最大数，或者 A 是整个直线. 如果存在的话，A 的最大数 a 称为 E 的下确界，通常，对于 $x\in E$，其下确界用 g. l. b. x 或 $\inf x$ 来表示. 如果 A 是空集，则令 $a=-\infty$，如果 A 是整个直线，则令 $a=+\infty$. 根据这一约定，实数的每一个集具有唯一确定的下确界. 很清楚，要使 $a=+\infty$，当且仅当 E 为空集. 对应地，可定义上确界[㊁]，对于 $x\in E$，我们以 l. u. b. x 或 $\sup x$ 表示上确界.

㊀ 我们把开区间记成 (a, b)，闭区间记成 $[a, b]$；另一种常用的记法是把开区间记成 $]a, b[$，半闭区间记成 $]a, b]$ 或 $[a, b[$，这里总是应理解为 $a<b$.

㊁ 序列的上确界在 2.2.1 节已经介绍过了.

现在再回到定理的证明上来，设 E 是一连通集，具有下确界 a 及上确界 b. E 的所有点包括极限点，都位于 a 与 b 之间. 设区间(a, b)中有一点 ξ 不属于 E，则开集 $x<\xi$ 及 $x>\xi$ 将覆盖 E，而由于 E 是连通的，故这两个开集之一将不与 E 相交. 不妨设 E 中没有点位于 ξ 的左边. 在这种情况下，如果 ξ 是下界就将与 a 是下确界相矛盾. 相反的假设也将导致同样的矛盾，因此可得结论 ξ 必属于 E. 由此可知 E 是一个开的、闭的或半闭的区间，端点为 a 和 b，而 $a=-\infty$ 和 $b=+\infty$ 的情形也包括在内. [55]

在证明过程中，我们引入了下确界与上确界的概念. 如果集是闭的而且上确界与下确界均为有限，则它们必属于集，此时把下确界与上确界分别称为极小与极大. 为了确信界为有限，必须先知道集为非空而且具有某一有限的下界与某一有限的上界. 换句话说，这时的集必位于一个有限的区间之内，这样的集称为有界集. 于是就证明了下面的定理：

定理 2 实数的任一非空有界闭集必有一个极小值与一个极大值.

平面上连通集的结构不像数轴上那样简单，但下面关于连通开集的特性基本上包括了我们所需的全部信息.

定理 3 平面上一个非空开集是连通的，当且仅当该集中的任意两点可用整个位于该集内的折线连接起来.

连接折线的概念比较简单，这里不再作形式定义了.

我们先证条件的必要性：设 A 为一个连通开集，选定一点 $a\in A$. 将 A 中的点加以区分，凡可以用 A 中的折线与 a 相连的点记为 A_1，而不能用 A 中的折线与 a 相连的点记为 A_2. 现在我们来证明 A_1 和 A_2 均为开集. 首先，如果设 $a_1\in A_1$，则存在 a_1 的一个邻域 $|z-a_1|<\varepsilon$ 包含于 A 中. 这个邻域中的所有点都可以用一条线段与 a_1 相连，由此可用折线与 a 相连. 故知整个邻域包含于 A_1 之内，从而 A_1 是开集. 其次，如果 $a_2\in A_2$，令 $|z-a_2|<\varepsilon$ 为包含在 A 中的一个邻域. 如果这个邻域中有一点可用折线与 a 相连，则 a_2 必可用一条线段和这个点相连. 但这与 A_2 的定义矛盾，故知 A_2 是开集. 由于 A 是连通的，故其子集 A_1、A_2 中必有一个是空集. 但 A_1 包含点 a，因此 A_2 是空集，从而所有的点都可与 a 相连. 最后，A 中的任意两点可以经由 a 相连，这就证明了条件的必要性.

此后我们甚至可以把任意两点用边平行于坐标轴的折线来连接. 其证明与上述相同.

为了证明条件的充分性，设 A 可用 $A=A_1\cup A_2$(即两个互不相交的开集的并)来表示. 选取 $a_1\in A_1$，$a_2\in A_2$，并设这两点可用 A 中的折线来连接. 于是该折线必有一段连接 A_1 中的一点到 A_2 中的一点，据此我们只要考虑 a_1、a_2 可用一条线段来连接的情形就够了. 这一线段的参数表示式为 $z=a_1+t(a_2-a_1)$，其中参数 t 取值于区间 $0\leqslant t\leqslant 1$. 在区间 $0<t<1$ 中，分别与 A_1 及 A_2 中的点对应的两个子集显然是开集、互不相交而且非空. 但这与区间的连通性矛盾，于是证明了条件的充分性. [56]

该定理很容易推广到 $\mathbf{R}^n$ 和 $\mathbf{C}^n$.

定义 4 一个非空的连通开集称为域.

根据定理3可知：整个平面、一个开圆盘$|z-a|<\rho$和一个半平面都是域．同样，$\mathbf{R}^n$中的任一δ邻域也是域．域是一个开区间的多维模拟．一个域的闭包称为闭域．显然，不同的域可以有相同的闭包．

通常，例如在证明过程中，我们需要分析那些定义得非常含糊的集的结构．在这种情况下，第一步就是把所考察的集分解成若干个最大连通分集．这里所谓分集就是一个连通子集，它不包含在任何更大的连通子集中．

定理4　*每一个集具有唯一的分成分集的分解．*

如果E是给定的集，考虑一点$a\in E$，并设$C(a)$表示E的包含a的所有连通子集的并．由于由单一的点a组成的集是连通的，所以$C(a)$肯定包含a．如果能证明$C(a)$是连通的，则它是一个最大的连通集，换句话说，是一个分集．但是任何两个分集或是不相交的，或是完全相同的，而这正是需要我们证明的．事实上，如果$c\in C(a)\cap C(b)$，则由$C(c)$的定义以及$C(a)$的连通性，有$C(a)\subset C(c)$．因此$a\in C(c)$，同理可推出，$C(c)\subset C(a)$，所以事实上$C(a)=C(c)$．类似地，$C(b)=C(c)$，因此$C(a)=C(b)$．我们称$C(a)$是a的分集．

假设$C(c)$不是连通的，则我们要找相对开集A、$B\neq\varnothing$，使得$C(a)=A\cup B$，$A\cap B=\varnothing$．可以假设$a\in A$，而B包含一点b．由于$b\in C(a)$，所以存在一个连通集$E_0\subset E$，它包含a和b．表达式$E_0=(E_0\cap A)\cup(E_0\cap B)$将是分解为相对开子集的一个分解，又因为$a\in E_0\cap A$，$b\in E_0\cap B$，所以没有一个部分是空的．这是一个矛盾，因此$C(a)$是连通的．

57

定理5　*在$\mathbf{R}^n$中，任何开集的分集是开的．*

这是下列事实的推论：在$\mathbf{R}^n$中δ邻域都是连通的．考察$a\in C(a)\subset E$．如果E是开的，它包含$B(a,\delta)$，因为$B(a,\delta)$是连通的，所以$B(a,\delta)\subset C(a)$．因此，$C(a)$是开的．更一般些，论断对任何局部连通的空间S是正确的，这是指点a的任何邻域包含a的一个连通邻域．这个证明留给读者．

此外，在$\mathbf{R}^n$的情形，可以得出结论：分集的数目是可数的．为了看出这一点，注意每一个开集必须包含具有有理坐标的点．而具有有理坐标的点集是可数的，这样，就可表示成序列$\{p_k\}$．对每个分集$C(a)$，确定最小的k，使得$p_k\in C(a)$．不同的k对应不同的分集，于是得出结论：分集与自然数子集成一一对应，因此分集是可数的．

例如，$\mathbf{R}$的每一个开子集是不相交开区间的可数并．

另外，可以分析一下证明，从而得到更一般的结果．我们说集E在S中是稠密的，是指$E^-=S$．一个度量空间是可分的，是指存在一个可数子集，它在S中稠密．这样就得到下列结果：

在局部连通可分空间中，每个开集是不相交区域的可数并．

练　习

1．如果$x\subset S$，试证明：X的相对开(闭)子集是这样的集合，即它们可以表示为X与S的一个开(闭)子集的交．

2. 证明：两个区域的并是一个区域，当且仅当它们有一个公共点.

3. 证明：连通集的闭包是连通的.

4. 设 A 是点 $(x, y)\in\mathbf{R}^2$ 且 $x=0$、$|y|\leqslant 1$ 的集合，并设 B 是 $x>0$、$y=\sin 1/x$ 的集合. 问 $A\cup B$ 是不是连通的？

5. 设 E 是点 $(x, y)\in\mathbf{R}^2$ 的集合，适合 $0\leqslant x\leqslant 1$，对于某一正整数 n，或者 $y=0$，或者 $y=1/n$. 问 E 的分集是什么？它们是否都是闭的？它们是相对开的吗？验证 E 不是局部连通的.

6. 证明：闭集的各分集都是闭的(应用练习 3).

7. 如果集合的所有点都是孤立的，则称它为*离散的*. 证明：可分度量空间中的一个离散集是可数的.

58

3.1.4 紧致性

收敛序列和柯西序列的概念显然在任何度量空间中都是有意义的. 事实上，如果 $d(x_n, x)\to 0$，我们就可以说 $x_n\to x$；如果 $d(x_n, x_m)$ 当 n、$m\to\infty$ 时趋于零，则说 $\{x_n\}$ 是一个柯西序列. 显然，每个收敛序列都是柯西序列. 对于 $\mathbf{R}$ 和 $\mathbf{C}$，我们已经证明其逆命题是成立的，即每个柯西序列都是收敛序列(见 2.2.1 节). 不难看出，这一性质可推广到任何 $\mathbf{R}^n$. 鉴于这个性质的重要性，我们给它一个特殊的名称.

定义 5 *一个度量空间称为是完备的，是指每个柯西序列都是收敛的.*

如果一个子集被看成一个子空间时是完备的，则称它为完备的，读者不难证明：*一个度量空间的完备子集是闭的；一个完备空间的闭子集是完备的.*

下面介绍紧致性这个较强的概念. 它比完备性强，是因为每个紧致空间或集合必是完备的，但反过来不成立. 事实上，$\mathbf{R}$ 和 $\mathbf{C}$ 的紧致子集都是有界闭集. 根据这一结果，似乎可以删掉紧致性这个概念，至少对于本书来说可以这样做. 但这是不明智的，因为这样做就意味着不去注意实数或复数的有界闭集的最明显的性质. 结果是，我们必须在许多不同的地方重复基本上相同的证明.

紧致性有几个等价的特性描述，至于选用哪一个作为定义，则根据各人的爱好而定. 无论怎样做，没有经验的读者总会感到有些模糊，因为他还不能识别定义的目的. 这是不足为奇的，因为为了使数学家对最好的方法表示赞同，经历了整整一代人. 目前的一致意见是：最好把注意力集中在可以使一个给定的集合能够用开集来覆盖的不同方法上.

我们说开集族是集合 X 的一个*开覆盖*，如果 X 包含在这些开集的并集之中. *子覆盖*就是具有同一性质的开集族的一个子集. *有限覆盖*是由有限数的集合组成的一个覆盖. 紧致性的定义如下：

定义 6 *集合 X 是紧致的，当且仅当 X 的每一个开覆盖包含一个有限的子覆盖.*

这里，我们把 X 设想为度量空间 S 的一个子集，并用 S 的开集来对它进行覆盖. 但如果 U 是 S 中的一个开集，则 $U\cap X$ 又是 X 的一个开子集(一个相对开集)；反之，X 的每

59

个开子集可以表示成这一形式(见 3.1.3 节练习 1). 因此，我们的定义究竟是对全空间阐述的，还是对一个子集阐述的，是没有区别的.

在定义中阐明的这个性质常称为海涅-博雷尔性质. 它的重要性在于：当用开覆盖来阐述时，许多证明变得特别简单.

首先，我们证明每个紧致空间必是完备的. 设 X 是紧致的，并设$\{x_n\}$是 X 中的一个柯西序列. 如果 y 不是$\{x_n\}$的极限，则存在一个 $\varepsilon>0$，使得对无穷多个 n，有$d(x_n, y)>2\varepsilon$. 确定 n_0，使得当 $m, n\geqslant n_0$ 时，$d(x_m, x_n)<\varepsilon$. 选取一个固定的 $n\geqslant n_0$，使 $d(x_n, y)>2\varepsilon$. 那么，对所有的 $m\geqslant n_0$，有 $d(x_m, y)\geqslant d(x_n, y)-d(x_m, x_n)>\varepsilon$. 于是得知：$\varepsilon$ 邻域 $B(y, \varepsilon)$只含有有限多个 x_n(更好地说，只对有限多个 n，包含 x_n).

现在考虑只包含有限多个 x_n 的所有开集 U 组成的集族. 若$\{x_n\}$不收敛，则根据上面的推理，得知这一集族是 X 的一个开覆盖. 因此它必含一个有限的子覆盖，由 $U_1, \cdots, U_N$ 组成. 但这显然不可能，因为每个 U_i 只包含有限多个 x_n，而这将意味着给定的序列是有限的.

其次，一个紧致集必是有界的(一个度量空间是有界的，是指所有距离都不超过一个有限的界). 为了看出这一点，选一点 x_0 并考虑所有的球 $B(x_0, r)$. 这些球组成 X 的一个开覆盖. 如果 X 是紧致的，那么它将包含一个有限的子覆盖. 换句话说，$X\subset B(x_0, r_1)\cup\cdots\cup B(x_0, r_m)$，这意味着 $X\subset B(x_0, r)$，其中 $r=\max(r_1, \cdots, r_m)$. 由此推知：对于任何 $x, y\in X$，都有 $d(x, y)\leqslant d(x, x_0)+d(y, x_0)<2r$，这就证明了 X 是有界的.

但是，有界性并不是我们所能证明的全部内容. 为方便起见，我们定义一个较强的性质，称为全有界性.

定义 7 集合 X 称为全有界的，是指对于任一 $\varepsilon>0$，可用有限多个半径为 ε 的球覆盖 X.

这对任何紧致集来说肯定是正确的. 因为半径为 ε 的所有球族是一个开覆盖，而紧致性蕴涵着可以抽取有限多个来覆盖 X. 注意：一个全有界集必是有界的，因为如果 $X\subset B(x_1, \varepsilon)\cup\cdots\cup B(x_m, \varepsilon)$，则 X 的任意两点之间的距离小于$2\varepsilon+\max d(x_i, x_j)$. (上面关于任一紧致集是有界集这一证明现在变成多余的了.)

我们已经证明了下列定理的一部分.

60

定理 6 一个集合是紧致的，当且仅当它是完备且全有界的.

为了证明这个定理的另一部分，假定度量空间 S 是完备且全有界的. 设存在一个开覆盖，它不包含任何有限子覆盖，记 $\varepsilon_n=2^{-n}$. 我们知道 S 可用有限多个$B(x, \varepsilon_1)$覆盖. 如果每一个都有一个有限的子覆盖，则 S 亦然. 因此存在一个球 $B(x_1, \varepsilon_1)$，它不允许有一个有限的子覆盖. 由于 $B(x_1, \varepsilon_1)$本身是全有界的，所以可找到一个 $x_2\in B(x_1, \varepsilon_1)$，使得 $B(x_2, \varepsilon_2)$没有有限的子覆盖[⊖]. 如何使构造继续下去是很清楚的：我们得到一个序列 x_n，

⊖ 这里用了这样的事实：一个全有界集的任何一个子集是全有界的，读者可以证明之.

它满足$B(x_n, \varepsilon_n)$没有有限子覆盖并且$x_{n+1}\in B(x_n, \varepsilon_n)$这样的性质. 后一个性质意味着$d(x_n, x_{n+1})<\varepsilon_n$，因此$d(x_n, x_{n+p})<\varepsilon_n+\varepsilon_{n+1}+\cdots+\varepsilon_{n+p-1}<2^{-n+1}$. 这说明$x_n$是一个柯西序列. 它收敛到极限$y$，而这个$y$属于给定的覆盖中的开集之一$U$. 由于$U$是开的，它包含球$B(y, \delta)$. 取较大的$n$使得$d(x_n, y)<\delta/2$和$\varepsilon_n<\delta/2$，于是$B(x_n, \varepsilon_n)\subset B(y, \delta)$，因为$d(x, x_n)<\varepsilon_n$蕴涵着$d(x, y)\leqslant d(x, x_n)+d(x_n, y)<\delta$. 所以$B(x_n, \varepsilon_n)$有一个有限的子覆盖，它由单个集合$U$组成. 这是一个矛盾，因此$S$具有海涅-博雷尔性质.

推论 *$\mathbf{R}$或$\mathbf{C}$的一个子集是紧致的，当且仅当它是闭且有界的.*

我们已经提及过这一特殊的推论. 在一个方向，结论是显而易见的：我们知道一个紧致集是有界且完备的，但是$\mathbf{R}$和$\mathbf{C}$都是完备的，而一个完备空间的完备子集都是闭的. 对于相反的结论，需要证明$\mathbf{R}$或$\mathbf{C}$中每一个有界集是全有界的. 我们就$\mathbf{C}$的情形来讨论. 如果X是有界的，那么它包含在一个圆盘中，因而包含在一个正方形中. 这个正方形可以分成有限多个边长任意小的正方形，而这些小正方形又可用半径任意小的圆盘来覆盖，这证明了X是全有界的，除了一个不应掩盖的小点之外. 当把定义7应用到子集$X\subset S$上时，多少有点不明确，因为ε邻域究竟是关于X的还是关于S的并不清楚，也就是说，我们是否要求它们的中心落在X上是不明确的. 看来这是没有什么作用的. 事实上，假设已用中心不一定落在X上的ε邻域覆盖了X. 如果这样一个邻域不与X相交，那么它是多余的，可以弃去. 如果它确实包含X的一个点，那么就可用那一点的一个2ε邻域代替它，并得到一个用中心在X上的一些2ε邻域覆盖的有限覆盖. 根据这一理由，不明确仅是表观上的，因此关于$\mathbf{C}$的有界子集都是全有界的这个证明是正确的.

61

紧致性还有第三个特性描述，它与*极限点*(有时称为*聚点值*)的概念有关：我们称y是序列$\{x_n\}$的一个极限点，如果存在一个子序列$\{x_{n_k}\}$收敛于y. 一个极限点几乎与点x_n组成的集合的一个聚点相同，区别仅仅在于一个序列可以允许同一点重复出现. 若y是一个极限点，则y的每一邻域包含无穷多个x_n. 反之亦然. 事实上，设$\varepsilon_k\to 0$. 如果每个球$B(y, \varepsilon_k)$包含无穷多个x_n，则可归纳地选取下标n_k，使得$x_{n_k}\in B(y, \varepsilon_k)$且$n_{k+1}>n_k$，显然$\{x_{n_k}\}$收敛于$y$.

定理7 *一个度量空间是紧致的，当且仅当每个无穷序列具有一个极限点.*

这一定理常称为*波尔查诺-魏尔斯特拉斯定理*. 原来的陈述是这样的：复数的每个有界序列具有一个收敛的子序列. 之所以认为它是一个重要定理，是因为它在解析函数论中有重要作用.

证明的第一部分是以前论据的重复. 如果y不是$\{x_n\}$的一个极限点，则y有一个只包含有限多个x_n的邻域. 如果没有极限点，则只包含有限多个x_n的那些开集组成一个开覆盖. 在紧致的情形，我们可选取一个有限的子覆盖，这样可推知序列是有限的. 以前我们使用这一推理证明一个紧致空间是完备的，实质上证明了每个序列具有一个极限点，然后注意到，具有一个极限点的柯西序列必是收敛的. 为了顺理成章，最好在证明定理6之前先证明定理7，但我们更喜欢尽早强调全有界性的重要性.

接下来证明其逆命题. 首先，波尔查诺-魏尔斯特拉斯性质显然意味着完备性. 事实上，刚才指出：一个具有极限点的柯西序列必是收敛的. 现在设空间不是全有界的，则存在一个 $\varepsilon>0$，使得空间不能用有限多个 ε 邻域来覆盖. 我们构造序列$\{x_n\}$如下：x_1 是任意的，当 x_1，…，x_n 选定时，选 x_{n+1} 使得它不落在$B(x_1, \varepsilon)\cup B(x_2, \varepsilon)\cup\cdots\cup B(x_n, \varepsilon)$中. 这总是可能的，因为这些邻域并不覆盖全空间. 但很明显$\{x_n\}$没有收敛的子序列，因为对于所有的 m 和 n 都有 $d(x_m, x_n)>\varepsilon$. 由此得到结论：波尔查诺-魏尔斯特拉斯性质意味着全有界性. 考虑到定理6，这就是我们所要证明的.

62

读者应对下列事实进行思考：我们介绍了紧致性的三种特性描述，它们的逻辑等价性并不是明显的. 应当清楚，这类结果对于尽可能简明地呈现证明来说是具有特殊价值的.

练　习

1. 试给出下列事实的另一证明：复数的每个有界序列具有一个收敛的子序列(例如运用下极限).

2. 证明海涅-博雷尔性质也可表达如下：彼此不交的闭集，其每一个集族包含一个有限的子族，它们彼此不相交.

3. 用紧致性证明实数的一个有界闭集具有一个极大值.

4. 如果 $E_1\supset E_2\supset E_3\supset\cdots$是非空紧致集的一个递减序列，则交 $\bigcap_1^\infty E_n$ 非空(康托尔引理). 用例子说明：如果集合仅仅是闭的，则上面的结论不一定成立.

5. 设 S 是实数的所有序列 $x=\{x_n\}$的集合，使得 x_n 只有有限多个不为0. 定义 $d(x, y)=\max|x_n-y_n|$. 问这个空间是完备的吗？证明：δ 邻域不是全有界的.

3.1.5 连续函数

考虑定义在度量空间 S 上而取值于另一度量空间 S'上的函数 f. 函数也常称为映射：称 f 将 S 映入 S'，记为 f：$S\to S'$. 很自然地，我们主要讨论实值或复值函数. 后者偶尔也可取值于扩充的复平面，这时通常的距离就要换为黎曼球面上的距离了.

空间 S 是函数的定义域. 当然可以考虑只以 S 的一个子集为定义域的函数 f，这时，把定义域看成一个子空间. 在大多数情形，我们对 S 上的函数与它限制于一个子集上的约束不作区分，用同一记号表示之. 如果 $X\subset S$，则当 $x\in S$ 时，$f(x)$的所有值称为 X 在 f 下的象，记为 $f(X)$. $X'\subset S'$的逆象 $f^{-1}(X')$由使 $f(x)\in X'$的所有 $x\in S$ 组成. 注意 $f(f^{-1}(X'))\subset X'$，$f^{-1}(f(X))\supset X$.

一个连续函数的定义实际上不需修改：我们说 f 在 a 连续，是指：对任一$\varepsilon>0$存在$\delta>0$，使得 $d(x, a)<\delta$ 蕴涵 $d'(f(x), f(a))<\varepsilon$. 我们主要讨论在定义域的所有点上都连续的函数. 下面的特性描述是定义的直接推论：

63

一个函数是连续的，当且仅当每一个开集的逆象是开的.

一个函数是连续的，当且仅当每一个闭集的逆象是闭的.

如果 f 不是定义在全部 S 上，则当涉及逆象时，“开”和“闭”当然应该相对于 f 的定义域来理解. 此处必须特别注意的是：这些性质仅对逆象成立，而对直接的象不成立. 例如，将 $\mathbf{R}$ 映入 $\mathbf{R}$ 的映射 $f(x)=x^2/(1+x^2)$ 具有象 $f(\mathbf{R})=\{y;\ 0\leqslant y<1\}$，它既不是开的，也不是闭的. 在这个例子中，$f(\mathbf{R})$ 不是闭的，因为 $\mathbf{R}$ 不是紧致的. 事实上，有下列定理成立：

定理 8 在连续映射下，任一紧致集的象必是紧致的，因而是闭的.

设 f 在紧致集 X 上定义并连续. 考虑 $f(X)$ 的一个由开集 U 组成的覆盖. 逆象 $f^{-1}(U)$ 都是开的，并组成 X 的一个覆盖. 由于 X 是紧致的，故可选取一个有限的子覆盖：$X\subset f^{-1}(U_1)\cup\cdots f^{-1}(U_m)$. 由此推知，$f(X)\subset U_1\cup\cdots\cup U_m$，这就证明了 $f(X)$ 是紧致的.

推论 紧致集上一个实值连续函数必有一个极大值和一个极小值.

象是 $\mathbf{R}$ 的一个有界闭子集. 极大值和极小值的存在可从定理 2 推出来.

定理 9 在连续映射下，任一连通集的象是连通的.

我们假定 f 在全空间 S 上定义并连续，并设 $f(S)$ 是 S' 的全体. 设 $S'=A\cup B$，其中 A 和 B 是不相交的开集. 那么

$$S=f^{-1}(A)\cup f^{-1}(B)$$

是 S 作为不相交的开集之并的一个表示. 若 S 是连通的，即 $f^{-1}(A)=0$ 或 $f^{-1}(B)=0$，则 $A=0$ 或 $B=0$，从而得出结论 S' 是连通的.

一个典型的应用是断言：在连通集上连续的非零实值函数或者恒正或者恒负. 事实上，象是连通的，因此是一个区间. 但是，一个包含正数和负数的区间必包含零.

64

对于映射 f：$S\rightarrow S'$ 如果 $f(x)=f(y)$ 仅当 $x=y$ 时成立，则称 f 为一对一的；如果 $f(S)=S'$，则称为是映上的[㊀]. 同时具有这两种性质的映射具有逆 f^{-1}，定义在 S' 上，满足 $f^{-1}(f(x))=x$ 和 $f(f^{-1}(x'))=x'$. 在这种情况下，如果 f 和 f^{-1} 都连续，就说 f 是一个拓扑映射或同胚映射. 一个集合的一种性质如果为这个集合的所有拓扑映像所共有，则称这一性质是一种拓扑性质. 例如，已经证明的紧致性和连通性都是拓扑性质(定理 8 和定理 9). 在这方面应当指出，成为一个开子集的这一性质并不是拓扑性质. 如果 $X\subset S$ 和 $Y\subset S'$，并且 X 同胚映为 Y，那么就没有理由说明 X 和 Y 为什么同时是开的. 看来当 $S=S'=\mathbf{R}^n$ (域的不变性)时这是正确的，但这是一个深奥的定理，我们不需要.

一致连续的概念今后将经常用到. 一般来说，一个条件如果可以用不含某一参数的不等式来表示，那么就称这个条件关于这一参数一致地成立. 由此，如果对于任意一个 $\varepsilon>0$，存在一个 $\delta>0$，使得对所有的点对 $(x_1,\ x_2)$，只要 $d(x_1,\ x_2)<\delta$，就有 $d'(f(x_1),\ f(x_2))<\varepsilon$，则称函数 f 在 X 上一致连续. 这里强调 δ 不能依赖于 x_1.

㊀ 这些语言上笨拙的术语可换为单射(对于一对一)和满射(对于映上). 具有这两种性质的映射称为双射.

定理 10　在紧致集上，每一个连续函数必是一致连续的.

该定理的证明在使用海涅-博雷尔性质的方法中是典型的，设 f 在紧致集 X 上是连续的. 对每一个 $y \in X$，存在一个球 $B(y, \rho)$，使得当 $x \in B(y, \rho)$ 时有 $d'(f(x), f(y)) < \varepsilon/2$（这里 ρ 可以依赖于 y）. 考虑 X 的由小球 $B(y, \rho/2)$ 组成的覆盖. 存在一个有限的子覆盖：$X \subset B(y_1, \rho_1/2) \cup \cdots \cup B(y_m, \rho_m/2)$. 设 δ 是数 $\rho_1/2, \cdots, \rho_m/2$ 中的最小者，并设 $d(x_1, x_2) < \delta$. 存在一个 y_k 使 $d(x_1, y_k) < \rho_k/2$，并得到 $d(x_2, y_k) < \rho_k/2 + \delta \leqslant \delta_k$. 因此，$d'(f(x_1), f(y_k)) < \varepsilon/2$，$d'(f(x_2), f(y_k)) < \varepsilon/2$，从而得到所需要的 $d'(f(x_1), f(x_2)) < \varepsilon$.

在非紧致集上，有些连续函数是一致连续的，有些则不是. 例如，函数 z 在整个复平面上是一致连续的，但函数 z^2 就不是.

65

练　习

1. 构造一个将开圆盘 $|z| < 1$ 映成整个平面的拓扑映射.

2. 证明：与一个开区间拓扑等价的实线的一个子集是一个开区间.（考虑移去一点的效果.）

3. 证明：一个紧致空间的每个连续一对一的映射是拓扑映射.（证明闭集映成闭集.）

4. 设 X 与 Y 是完备度量空间中的紧致集，证明：存在 $x \in X$，$y \in Y$，使得 $d(x, y)$ 是一个极小值.

5. 下列函数中，哪几个在整个实线上是一致连续的？

$$\sin x, \quad x\sin x, \quad x\sin(x^2), \quad |x|^{\frac{1}{2}}\sin x.$$

3.1.6　拓扑空间

把接近程度用距离来表示是不必要的，而且常常是不方便的. 细心的读者可能已注意到前几小节中的大多数结果都是通过开集来描述的. 确实，我们已用了距离定义开集，不过这样做实在没有强有力的理由. 如果我们决定把开集看成基本对象，那就必须假设一些它们应该满足的公理. 下面几条公理给出了普遍可接受的拓扑空间的定义：

定义 8　一个集合 T 连同它的一族称为开集的子集是一个拓扑空间，如果它们满足下列条件：

（ⅰ）空集（$\varnothing$）与整个空间 T 都是开集；

（ⅱ）任何两个开集的交是一个开集；

（ⅲ）任意多个开集的并是一个开集.

可以看到，这一术语与我们早先关于度量空间开子集的定义是相容的. 事实上，性质（ⅱ）和（ⅲ）要着重强调，而（ⅰ）是平凡的.

闭集是开集的余集，因此怎样定义内部、闭包、边界等就显而易见了. 邻域是可以避免的，但它们却是很方便的：如果存在一个开集 U，使得 $x \in U$ 且 $U \subset N$，则 N 是 x 的一个邻域.

连通性纯粹是用开集定义的. 因此, 这个定义转到拓扑空间后, 各定理仍保持正确. 海涅-博雷尔性质也是只涉及开集的一种性质, 所以说紧致拓扑空间是完全有意义的. 但是, 定理 6 变为无意义, 定理 7 变为不正确.

实际上, 我们遇到的第一个严重困难是收敛序列. 定义是清楚的: 我们说$x_n \to x$, 如果 x 的任一邻域包含除有限个之外的全部 x_n. 但如果 $x_n \to x$ 且 $x_n \to y$, 并不能证明 $x=y$. 如果引进一条新的公理, 把拓扑空间刻画为豪斯多夫空间, 那么这一棘手的情况就可改善了. 66

定义 9 一个拓扑空间称为豪斯多夫空间, 如果它的任意两个相异的点包含在不相交的开集之中.

换句话说, 如果 $x \neq y$, 则要求存在开集 U 与 V, 使得 $x \in U$, $y \in V$, 并且 $U \cap V = \varnothing$. 这一条件成立时, 一个收敛序列的极限显然是唯一的. 在本书中, 我们不考虑非豪斯多夫空间.

这里无法给出一些不能从一个距离函数导出的拓扑的例子. 这样的例子是非常复杂的, 也不是本书讨论的目的. 要记住: 在实际中不需要距离的场合引进一个距离可能是不自然的. 将其纳入本小节的理由是要提醒读者, 距离并不是必需的.

3.2 共形性

现在回到所有函数和变量都限于实数或复数的原来情况. 度量空间的作用将变得相当小: 我们实际需要的仅是连通性和紧致性的某些简单应用.

本节主要是描述性的, 重点是导数存在的几何推论.

3.2.1 弧与闭曲线

平面中弧 γ 的方程用参数形式来表示最为方便, 那就是 $x=x(t)$, $y=y(t)$, 其中 t 取值于区间 $\alpha \leqslant t \leqslant \beta$, 且 $x(t)$、$y(t)$都是连续函数. 我们也可以用复数记法 $z=z(t)=x(t)+\mathrm{i}y(t)$, 这一记法有若干方便的地方. 习惯上也常把弧 γ 与$[\alpha, \beta]$的连续映射等同起来. 按照这种习惯, 最好把映射记为 $z=\gamma(t)$.

把一段弧看成是一个点集, 那么它就是一个有限闭区间在一连续映射下的象. 所以它是紧致的, 也是连通的. 但是, 一段弧还不仅仅是一个点集, 更主要的它还是一个点列, 按参数的递增值排出顺序. 如果一个非降函数 $t=\varphi(\tau)$将区间 $\alpha' \leqslant \tau \leqslant \beta'$ 映成 $\alpha \leqslant t \leqslant \beta$, 则 $z=z(\varphi(\tau))$所定义的有序点列就和 $z=z(t)$所定义的点列相同. 我们说第一个方程是由第二个方程经参数变换而产生的. 要使这一变换是可逆的, 当且仅当 $\varphi(\tau)$为严格递增. 例如, 方程 $z=t^2+\mathrm{i}t^4$ $(0 \leqslant t \leqslant 1)$就是由参数的可逆变换从方程 $z=t+\mathrm{i}t^2$ $(0 \leqslant t \leqslant 1)$导出来的. 参数区间$(\alpha, \beta)$的变换常可由参数的线性变换来完成, 这种线性变换具有形式如 $t=a\tau+b(a>0)$. 67

在逻辑上, 最简单的办法是把两段具有不同方程的弧看成是不同的弧, 而不管其中一个方程是否可以从另一个方程经参数变换来得到. 采用这一办法(下面我们正是采用这个办法)，证明弧的某些性质在参数变换下保持不变就很重要．例如，一段弧的起点和终点经参数变换后保持不变．

如果导数$z'(t)=x'(t)+\mathrm{i}y'(t)$存在且不为0，那么弧$\gamma$具有一条切线，其方向由$\arg z'(t)$确定．我们称弧是可微的，是指$z'(t)$存在而且连续(用连续可微这个名词太不方便)；如果再有$z'(t)\neq 0$，则称弧是正则的．如果上面列举的条件对除去有限个t的值以外成立，则称弧为分段可微或者分段正则；而在这些除外的点上，$z(t)$仍将以具有左导数与右导数而连续，这些导数分别等于$z'(t)$的左极限和右极限，而且，在分段正则弧的情形，这些导数不等于零．

一段弧的可微性与正则性在参数变换$t=\varphi(\tau)$下保持不变，只要$\varphi'(\tau)$是连续的，而对于正则性，还要求$\varphi'(\tau)\neq 0$．这时，我们就称参数变换是可微的或正则的．

一段弧，如果仅当$t_1=t_2$时有$z(t_1)=z(t_2)$，则称为简单弧或若尔当弧．如果弧的两端点重合，即$z(\alpha)=z(\beta)$，则称之为闭曲线．对于闭曲线，我们把参数的移换(shift)定义如下：如果原来的方程为$z=z(t)(\alpha\leqslant t\leqslant\beta)$，从区间$(\alpha,\beta)$中选定一点$t_0$，定义一条新的闭曲线，对于$t_0\leqslant t\leqslant\beta$，它的方程为$z=z(t)$，而对于$\beta\leqslant t\leqslant t_0+\beta-\alpha$，它的方程为$z=z(t-\beta+\alpha)$．这一移换的目的在于移去起点的明显位置．可微的或正则的闭曲线及简单闭曲线(或若尔当曲线)的正确定义是显然的．

弧$z=z(t)(\alpha\leqslant t\leqslant\beta)$的反向弧是指弧$z=z(-t)(-\beta\leqslant t\leqslant-\alpha)$．两段相互反向的弧，根据具体情况，有时用$\gamma$及$-\gamma$表示，有时用$\gamma$及$\gamma^{-1}$表示．常值函数$z(t)$定义一条点曲线．

原来用轨迹$|z-a|=r$定义的圆C，可以看成是一条闭曲线，它的方程为$z=a+re^{it}(0\leqslant t\leqslant 2\pi)$．我们在说到有限圆的时候，将都用这一标准参数表示．这一约定可使我们不必随时写出方程．更为重要的一个目的是，它可以作为区别C与$-C$的一个固定的法则．

68

3.2.2 域内的解析函数

设$f(x)$是定义在复平面的集合A上的一个复值函数，当我们考虑导数

$$f'(z)=\lim_{h\to 0}\frac{f(z+h)-f(z)}{h}$$

时，自然应理解为$z\in A$，并且极限是关于h，$z+h\in A$取的．因此，导数的存在在z是A的内点或边界点时有不同的意义．避免这种歧义的方法是坚持所有的解析函数都定义在开集上．

我们给出定义的形式叙述如下：

定义10 定义在开集Ω上的一个复值函数$f(z)$，如果它在Ω上的每一点都可导，则称这一函数为Ω内的解析函数．

为了更明确些，有时称$f(z)$是复解析的．通用的一个同义词是亚纯函数．

要着重指出开集Ω是定义的一部分．作为一条规则，必须避免只讲一个解析函数$f(z)$而不指明函数所处的特定开集Ω，但若这个集合从上下文看已经很清楚时，可以不遵守这

条规则．注意，f 首先必须是一个函数，因此是单值的．若 Ω' 是 Ω 的一个开子集，而 $f(z)$ 在 Ω 内解析，则 f 限制在 Ω' 上的约束是在 Ω' 内解析的．习惯上，把函数和它的约束用同一字母 f 表示．特别地，由于一个开集的分集都是开的，所以不失一般性，可以只考虑 Ω 是连通的情形，也就是说，Ω 是一个域的情形．

为了措词上更大的“弹性”，我们引入定义 10 的补充如下：

定义 11　如果一个函数 $f(z)$ 是某一函数限制于一个任意点集 A 上的约束，而这个函数在包含 A 的某一开集内解析，则称 $f(z)$ 在 A 上解析．

这个定义只是使用了一个比较方便的术语．这是不需要将集合 Ω 明确指出的一种情形，因为 Ω 的特殊选择通常是无关重要的，只要它包含 A．另一种可以不指明 Ω 的情况是“设 $f(z)$ 在 z_0 解析”．它的意思是函数 $f(z)$ 在 z_0 的某一未规定的开邻域中有定义并且可导．

69

虽然，上面的定义要求所有的解析函数应该是单值的，但也可以研究像$\sqrt{z}$、$\log z$ 或 $\arccos z$ 等多值函数，只要把它们限制于一个一定的域，在其中可以选择函数的一个单值而解析的分支．

例如，我们可以选择 Ω 为负实轴 $z\leqslant 0$ 的余集，这个集合当然是开的且连通的．在 Ω 内，$\sqrt{z}$有且只有一个值具有正的实部．如取这个值作为$\sqrt{z}$，则 $w=\sqrt{z}$就变为 Ω 内的一个单值函数．现在我们来证明它是连续的．选定两点 z_1、$z_2\in\Omega$，并记 w 的对应值为 $w_1=u_1+\mathrm{i}v_1$，$w_2=u_2+\mathrm{i}v_2$，其中 u_1，$u_2>0$．于是

$$|z_1-z_2|=|w_1^2-w_2^2|=|w_1-w_2|\cdot|w_1+w_2|$$

且 $|w_1+w_2|\geqslant u_1+u_2>u_1$．因此

$$|w_1-w_2|<\frac{|z_1-z_2|}{u_1},$$

由此可知 $w=\sqrt{z}$在 z_1 处连续．连续性一经确立以后，就可从反函数 $z=w^2$ 的求导中证明其解析性．事实上，应用微积分学中所用的记法，$\Delta z\to 0$ 蕴涵 $\Delta w\to 0$．因此

$$\lim_{\Delta z\to 0}\frac{\Delta w}{\Delta z}=\lim_{\Delta w\to 0}\frac{\Delta w}{\Delta z},$$

于是得

$$\frac{\mathrm{d}w}{\mathrm{d}z}=\frac{1}{\dfrac{\mathrm{d}z}{\mathrm{d}w}}=\frac{1}{2w}=\frac{1}{2\sqrt{z}},$$

它具有与$\sqrt{z}$同样的分支．

对于 $\log z$，我们可以用同一个域 Ω，它由负实轴的余集组成，并以条件 $|\mathrm{Im}\log z|<\pi$ 定义对数的主支．它的连续性也必须加以证明，但现在没有代数恒等式可用，因此必须应用更一般的推理．以 $w=u+\mathrm{i}v=\log z$ 表示主支．对于给定的一点 $w_1=u_1+\mathrm{i}v_1$，$|v_1|<\pi$ 以及一给定的 $\varepsilon>0$，考虑 w 平面内由不等式 $|w-w_1|\geqslant\varepsilon$，$|v|\leqslant\pi$，$|u-u_1|\leqslant\log 2$ 所定义

的集 A. 这个集是闭且有界的，且对于充分小的 ε，它不是空集. 因此连续函数 $|e^w-e^{w_1}|$ 在 A 上具有一个极小值 ρ(定理 8 的推论). 因为 A 并不包含 $w_1+n\cdot 2\pi i$ 的任一点，故这一极小值是正的. 令 $\delta=\min\left(\rho,\ \frac{1}{2}e^{u_1}\right)$，并设

70

$$|z_1-z_2|=|e^{w_1}-e^{w_2}|<\delta,$$

则 w_2 不能位于 A 中，否则将使 $|e^{w_1}-e^{w_2}|\geqslant\rho\geqslant\delta$. 此外，也不可能有 $u_2<u_1-\log 2$ 或 $u_2>u_1+\log 2$. 在前一种情形下，将得到 $|e^{w_1}-e^{w_2}|\geqslant e^{u_1}-e^{u_2}>\frac{1}{2}e^{u_1}\geqslant\delta$，在后一种情形下，将得到 $|e^{w_1}-e^{w_2}|\geqslant e^{u_2}-e^{u_1}>e^{u_1}>\delta$. 因此 w_2 必在圆盘 $|w-w_1|<\varepsilon$ 中，这就证明 w 是 z 的连续函数. 像上面一样，从连续性可知其导数存在且等于 $1/z$.

$\arccos z$ 的无穷多个值就和 $i\log(z+\sqrt{z^2-1})$ 的值一样. 在这种情形下，我们把 z 限制于半直线 $x\leqslant-1$，$y=0$ 与 $x\geqslant 1$，$y=0$ 的余集 Ω' 之中. 因为 $1-z^2$ 在 Ω' 中不能为负实数或零，故可像前面的例子一样来定义 $\sqrt{1-z^2}$，然后令 $\sqrt{z^2-1}=i\sqrt{1-z^2}$. 不仅如此，$z+\sqrt{z^2-1}$ 在 Ω' 中不能为实数，这是因为 $z+\sqrt{z^2-1}$ 与 $z-\sqrt{z^2-1}$ 互为倒数，因此它们仅当 z 与 $\sqrt{z^2-1}$ 都是实数时才是实数，而这只发生在 z 位于实轴的被排除的部分时. 由于 Ω' 是连通的，故知 $z+\sqrt{z^2-1}$ 在 Ω' 中的所有值都位于实轴的同一侧，而由于 i 是这样的值，故它们都位于上半平面内. 这样，我们可以定义 $\log(z+\sqrt{z^2-1})$ 的一个解析分支，使它的虚部位于 0 与 π 之间. 于是得到 Ω' 中的一个单值解析函数

$$\arccos z=i\log(z+\sqrt{z^2-1}),$$

它的导数为

$$D\arccos z=i\frac{1}{z+\sqrt{z^2-1}}\left(1+\frac{z}{\sqrt{z^2-1}}\right)=\frac{1}{\sqrt{1-z^2}},$$

其中 $\sqrt{1-z^2}$ 具有正的实部.

在上面这些例子中，选定域和单值分支的方法并不是唯一的. 因此，在每次考虑像 $\log z$ 这样的函数的时候，分支的选择都要加以说明. 一个基本的事实是在某些域内要定义 $\log z$ 的单值而解析的分支是不可能的. 这一点将在积分一章中证明.

2.1.2 节的所有结果对于在开集内解析的函数都有效. 特别地，Ω 内的一个解析函数的实部和虚部满足柯西-黎曼方程组

$$\frac{\partial u}{\partial x}=\frac{\partial v}{\partial y},\quad \frac{\partial u}{\partial y}=-\frac{\partial v}{\partial x}.$$

反之，如果 u 及 v 在 Ω 内满足这些方程，并且偏导数连续，则 $u+iv$ 是 Ω 内的一个解析函数.

71

一个在 Ω 内解析的函数如果化为一常数，则称为退化. 在下面的定理中，我们列出一些具有这样结果的简单条件.

定理 11 在域 Ω 内的一个解析函数，如果其导数恒等于零，则必是一常数. 同样，如果 Ω 内的解析函数的实部、虚部、模或辐角为常数，则函数必是一常数.

导数恒等于零意味着 $\partial u/\partial x$，$\partial u/\partial y$，$\partial v/\partial x$，$\partial v/\partial y$ 都等于零. 由此可知 u 及 v 在 Ω 内的任何一条平行于坐标轴之一的线段上都为常数. 在 3.1.3 节定理 3 中我们已经指出，一个域内的任意两点都可以用整个位于域内而其线段与坐标轴平行的折线连接起来，故知 $u+\mathrm{i}v$ 为常数.

如果 u 或 v 为常数，则

$$f'(z)=\frac{\partial u}{\partial x}-\mathrm{i}\frac{\partial u}{\partial y}=\frac{\partial v}{\partial y}+\mathrm{i}\frac{\partial v}{\partial x}=0,$$

因此 $f(z)$必为常数. 如果 u^2+v^2 为常数，则

$$u\frac{\partial u}{\partial x}+v\frac{\partial v}{\partial x}=0,$$

且

$$u\frac{\partial u}{\partial y}+v\frac{\partial v}{\partial y}=-u\frac{\partial v}{\partial x}+v\frac{\partial u}{\partial x}=0.$$

由这些方程可知，只要行列式 u^2+v^2 不等于零，必有 $\partial u/\partial x=\partial v/\partial x=0$. 但如果在一点上 $u^2+v^2=0$，则它将恒等于零，从而 $f(z)$恒等于零. 因此，$f(z)$在任何情形下均为常数.

最后，如果 $\arg f(z)$为常数，可令 $u=kv$，其中 k 为常数(除非 v 恒等于零). 但 $u-kv$ 是$(1+\mathrm{i}k)f$ 的实部，因此仍得出 f 应为常数的结论.

注意，对于这一定理，从本质上说 Ω 应为一个域. 否则，我们只能断定$f(z)$在Ω 的每一分集上是常数.

练 习

1. 试在一个适当的域中给出$\sqrt{1+z}+\sqrt{1-z}$的一个单值分支的精确定义，并证明它是解析的.

2. 同样为 $\log\log z$ 定义一个单值分支，并证明它是解析的.

3. 设 $f(z)$ 在域 Ω 内解析，并满足条件 $|f(z)^2-1|<1$. 证明在整个 Ω 上或者 $\mathrm{Re}f(z)>0$，或者 $\mathrm{Re}f(z)<0$.

72

3.2.3 共形映射

设包含于域 Ω 内的一段弧 γ 的方程为 $z=z(t)(\alpha\leqslant t\leqslant\beta)$，并设 $f(z)$在 Ω 内有定义而且连续，则方程 $w=w(t)=f(z(t))$定义 w 平面上的一段弧 γ'，我们不妨称它为 γ 的象.

考察在 Ω 内解析的 $f(z)$. 如果 $z'(t)$存在，则 $w'(t)$也存在，且由下式确定：

$$w'(t)=f'(z(t))z'(t). \tag{1}$$

现在我们来研究这一方程在一点 $z_0=z(t_0)$处的意义，其中

$$z'(t_0) \neq 0, \quad f'(z_0) \neq 0.$$

第一个结论就是 $w'(t_0) \neq 0$. 因此 γ' 在 $w_0 = f(z_0)$ 处具有一条切线，其方向由下式确定：

$$\arg w'(t_0) = \arg f'(z_0) + \arg z'(t_0). \tag{2}$$

这一关系断言 γ 在 z_0 处的有向切线与 γ' 在 w_0 处的有向切线之间的夹角为 $\arg f'(z_0)$，因此它与曲线 γ 无关. 由于这一理由，通过 z_0 而互切的曲线将映成在 w_0 处互切的曲线. 此外，在 z_0 处交成一个角的两条曲线将映成两条曲线，保持其交角的大小和方向不变. 根据这一性质，我们把 $w=f(z)$ 所确定的映射在所有 $f'(z) \neq 0$ 的各点上称为是共形的.

映射的一个相关性质可以从模 $|f'(z_0)|$ 的分析中得到. 我们有

$$\lim_{z \to z_0} \frac{|f(z) - f(z_0)|}{|z - z_0|} = |f'(z_0)|,$$

这就是说以 z_0 为一端点的任意小线段在极限情形下以比例 $|f'(z_0)|$ 收缩或延伸. 换句话说，在 z_0 处，由变换 $w=f(z)$ 所引起的尺度上的线性变化与方向无关. 一般来说，这种尺度的变化将逐点不同.

反之，很明显地可以看出，两类共形性共同保证了 $f'(z_0)$ 的存在. 但是由一类共形性单独地得到 $f'(z_0)$ 的存在就不那么明显，至少在附加的正则性假设下如此.

更精确地说，假设偏导数 $\partial f/\partial x$ 及 $\partial f/\partial y$ 都是连续的，在这种情形下，$w(t)=f(z(t))$ 的导数可以表示成下面的形式：

$$w'(t_0) = \frac{\partial f}{\partial x} x'(t_0) + \frac{\partial f}{\partial y} y'(t_0),$$

73 其中偏导数取在 z_0 处. 如果用 $z'(t_0)$ 表示，则可以写成

$$w'(t_0) = \frac{1}{2}\left(\frac{\partial f}{\partial x} - \mathrm{i}\frac{\partial f}{\partial y}\right) z'(t_0) + \frac{1}{2}\left(\frac{\partial f}{\partial x} + \mathrm{i}\frac{\partial f}{\partial y}\right) \overline{z'(t_0)}.$$

如果保持角不变，$\arg[w'(t_0)/z'(t_0)]$ 应不依赖于 $\arg z'(t_0)$，因此表达式

$$\frac{1}{2}\left(\frac{\partial f}{\partial x} - \mathrm{i}\frac{\partial f}{\partial y}\right) + \frac{1}{2}\left(\frac{\partial f}{\partial x} + \mathrm{i}\frac{\partial f}{\partial y}\right) \frac{\overline{z'(t_0)}}{z'(t_0)} \tag{3}$$

应具有一个不变的辐角. 当 $\arg z'(t_0)$ 变化时，由(3)所表示的点画出一个以 $\frac{1}{2}|(\partial f/\partial x) + \mathrm{i}(\partial f/\partial y)|$ 为半径的圆. 在这个圆上辐角不可能为常数，除非圆的半径等于零，因此必须有

$$\frac{\partial f}{\partial x} = -\mathrm{i}\frac{\partial f}{\partial y}, \tag{4}$$

这就是柯西-黎曼方程的复形式.

同理，尺度的改变不依赖于方向这一条件意味着(3)式的模应不变. 在一个圆上，要使模为常数，仅当圆半径等于零或圆心在原点时才有可能. 在第一种情形下，我们得到(4)式，而在第二种情形下，有

$$\frac{\partial f}{\partial x} = \mathrm{i}\,\frac{\partial f}{\partial y}.$$

上式表示$\overline{f(z)}$是解析的. 由具有非零导数的解析函数的共轭函数所确定的映射称为是间接共形的. 显然，它将保持大小不变，但角的符号则相反.

如果由 $w=f(z)$所做的 Ω 的映射是拓扑的，那么反函数 $z=f^{-1}(w)$也是解析的. 这一断言在 $f'(z_0)\neq 0$ 时很容易证明，因为此时反函数的导数在点 $z=f^{-1}(w)$处必须等于 $1/f'(z)$. 后面我们将证明，在一个解析函数所做的映射是拓扑的情形下，$f'(z)$决不能等于零.

如果映射限制在 z_0 的一个充分小的邻域内，则由 $f'(z_0)\neq 0$ 就完全可以断言该映射是拓扑的. 这可从微积分学中的隐函数定理得到，因为函数 $u=u(x, y)$, $v=v(x, y)$在点 z_0 处的雅可比行列式是 $|f'(z_0)|^2$，因而不等于 0. 在后面，我们将介绍这一重要定理的一个简单证法.

但是，即使在整个区域 Ω 中都有 $f'(z)\neq 0$，我们也不能断言整个区域的映射一定是拓扑的. 为了说明这一点，可参看图 3-1. 其中子域 Ω_1 及 Ω_2 的映射都是一对一的，但它们的象则互相交迭. 我们可以把整个区域的象设想为一个透明的膜，它是部分地自相遮盖着的. 这就是黎曼(Riemann)在引入现在称为黎曼面的广义区域时所用的简明而有效的思想. 74

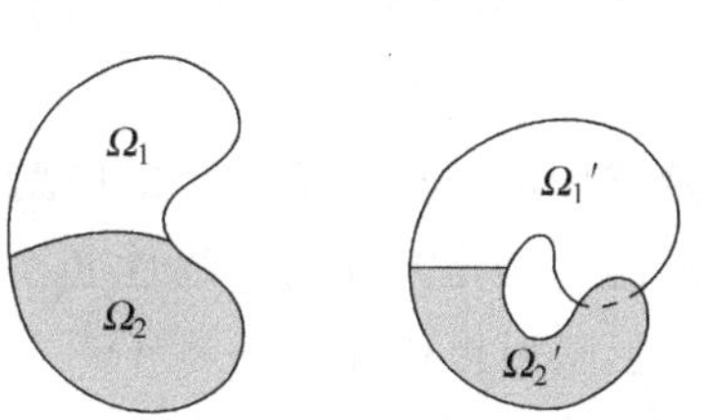

图 3-1 两层相互遮盖的区域

3.2.4 长度和面积

我们看到，在共形映射 $f(z)$下，一条无穷小线段的长度在点 z 被乘上因子 $|f'(z)|$. 由于形变在各个方向是相同的，所以无穷小面积显然应乘以 $|f'(z)|^2$.

现在我们将其置于严格的基础上. 从微积分可知，具有方程 $z=z(t)=x(t)+\mathrm{i}y(t)$, $a\leqslant t\leqslant b$ 的可微弧 γ 的长度由下式给出：

$$L(\gamma)=\int_a^b \sqrt{x'(t)^2+y'(t)^2}\,\mathrm{d}t=\int_a^b |z'(t)|\,\mathrm{d}t.$$

象曲线 γ'由 $w=w(t)=f(z(t))$确定，其导数为 $w'(t)=f'(z(t))\cdot z'(t)$. 这样，它的长度是

$$L(\gamma')=\int_a^b |f'(z(t))||z'(t)|\,\mathrm{d}t.$$

习惯上用下面较短的记号表示：

$$L(\gamma)=\int_{\gamma}|\mathrm{d}z|,\quad L(\gamma')=\int_{\gamma}|f'(z)||\mathrm{d}z|. \tag{5}$$

注意在复数的记法中，关于弧长积分常用的微积分记号 $\mathrm{d}s$ 要换为 $|\mathrm{d}z|$.

设 E 是平面中的一个点集，其面积

75

$$A(E)=\iint_E \mathrm{d}x\mathrm{d}y$$

可以表示成黎曼二重积分. 若 $f(z)=u(x, y)+\mathrm{i}v(x, y)$ 是一个双向可微映射，则根据积分变量的变换规则，象 $E'=f(E)$ 的面积由下式给出：

$$A(E')=\iint_E |u_x v_y-u_y v_x|\mathrm{d}x\mathrm{d}y.$$

但若 $f(z)$ 是一个包含 E 的开集的共形映射，则根据柯西-黎曼方程，$u_x v_y-u_y v_x=|f'(z)|^2$，因而得到

$$A(E')=\iint_E |f'(z)|^2\mathrm{d}x\mathrm{d}y. \tag{6}$$

公式(5)和(6)在复分析部分有重要应用，这部分通常称为几何函数论.

3.3 线性变换

在所有的解析函数中，一阶有理函数具有最简单的映射性质，因为这些函数确定的从扩充平面到自身的映射既是共形的，又是拓扑的. 线性变换还有非常奇特的几何性质. 因此，它们的重要性远不只是为共形映射提供简单的例子. 希望读者对这一几何方面予以特别重视，从此可以获得一些简单而非常有价值的技巧.

3.3.1 线性群

我们在 2.1.4 节已经提到线性分式变换

$$w=S(z)=\frac{az+b}{cz+d}, \tag{7}$$

其中 $ad-bc\neq 0$，有逆

$$z=S^{-1}(w)=\frac{dw-b}{-cw+a}.$$

特殊值 $S(\infty)=a/c$ 和 $S(-d/c)=\infty$ 可以作为约定而引入，也可以作为 $z\to\infty$ 和 $z\to -d/c$ 的极限而引入. 根据后一种解释，显见 S 是扩充平面映成自身的一个拓扑映射，其拓扑由黎曼球面上的距离定义.

76

对于线性变换，通常我们将 $S(z)$ 改记为 Sz. 在表示式(7)中，如果 $ad-bc=1$，则称它是规范化的. 很明显，每一个线性变换都有两个规范化的表示式，其中一个可以从另一个经改变系数符号而得到.

表示一个线性变换的方便办法是使用齐次坐标. 令 $z=z_1/z_2$，$w=w_1/w_2$，则如果

$$\begin{aligned} w_1 &= az_1 + bz_2, \\ w_2 &= cz_1 + dz_2, \end{aligned} \tag{8}$$

或写成矩阵形式

$$\begin{pmatrix} w_1 \\ w_2 \end{pmatrix} = \begin{pmatrix} a & b \\ c & d \end{pmatrix} \begin{pmatrix} z_1 \\ z_2 \end{pmatrix},$$

便有 $w=Sz$. 矩阵记法的方便之处主要在于它可使一个复合变换 $w=S_1S_2z$ 易于确定. 如果我们用下标来区分 S_1 与 S_2 对应的矩阵，则易证 S_1S_2 可用如下的矩阵乘积来确定：

$$\begin{pmatrix} a_1 & b_1 \\ c_1 & d_1 \end{pmatrix} \begin{pmatrix} a_2 & b_2 \\ c_2 & d_2 \end{pmatrix} = \begin{pmatrix} a_1a_2 + b_1c_2 & a_1b_2 + b_1d_2 \\ c_1a_2 + d_1c_2 & c_1b_2 + d_1d_2 \end{pmatrix}.$$

所有的线性变换组成一个群. 事实上，结合律 $(S_1S_2)S_3 = S_1(S_2S_3)$ 对任意变换都成立. 恒等式 $w=z$ 是一个线性变换，线性变换的反变换仍是线性的. 比 $z_1 : z_2 \neq 0 : 0$ 都是复射影线上的点，而(8)表明线性变换群就是复数的一维射影群，通常记为 $P(1, \mathbf{C})$. 如果我们只用规范化表示式，那么(8)就是行列式为 1 的 2 阶矩阵的群(记为 $SL(2, \mathbf{C})$)，不过有两个相反的矩阵对应于同一个线性变换.

对矩阵记法，我们不作进一步的使用，不过要指出：最简单的线性变换对应于如下形式的矩阵：

$$\begin{pmatrix} 1 & \alpha \\ 0 & 1 \end{pmatrix}, \begin{pmatrix} k & 0 \\ 0 & 1 \end{pmatrix}, \begin{pmatrix} 0 & 1 \\ 1 & 0 \end{pmatrix}.$$

其中第一个，$w=z+\alpha$，称为*平行移动*. 第二个，$w=kz$，当 $|k|=1$ 时是一*旋转*，而当 $k>0$ 时是*位似变换*. 对于任意复数 $k\neq 0$，令 $k=|k|\cdot k/|k|$，因此，$w=kz$ 可看成是一个位似变换之后接着作一旋转所得的结果. 第三个变换，$w=1/z$，称为*反演*.

如果 $c\neq 0$，则可以写为

$$\frac{az+b}{cz+d} = \frac{bc-ad}{c^2(z+d/c)} + \frac{a}{c},$$

77

这一分解说明最普通的线性变换是由一个平移、一个反演、一个旋转、一个位似变换与另一个平移所组成. 如果 $c=0$，反演不存在，最后一个平移也就不需要了.

练　习

1. 证明反射 $z \to \bar{z}$ 不是一个线性变换.

2. 如果

$$T_1z = \frac{z+2}{z+3}, \qquad T_2z = \frac{z}{z+1},$$

求 T_1T_2z、T_2T_1z 和 $T_1^{-1}T_2z$.

3. 证明保持原点和所有距离不变的一个最一般的变换或者是一个旋转，或者是一个旋转之后接着一个关于实轴的反射.

4. 证明将实轴变成它自身的任何线性变换都可以写成实系数式.

3.3.2 交比

在扩充平面上给定三个不同的点 z_2，z_3，z_4，则有一个将这些点变换为 1，0，∞的线性变换 S 存在. 如果已知各点中没有一点是∞，则 S 将由下式确定：

$$Sz=\frac{z-z_3}{z-z_4}:\frac{z_2-z_3}{z_2-z_4}. \tag{9}$$

如果 z_2、z_3 或 $z_4=\infty$，则变换分别化为

$$\frac{z-z_3}{z-z_4},\quad \frac{z_2-z_4}{z-z_4},\quad \frac{z-z_3}{z_2-z_3}.$$

如果 T 为具有同样性质的另一变换，则 ST^{-1}将置点 1，0，∞不变. 直接计算表明，这仅对恒等变换为真，因而有 $S=T$. 由此可知 S 是唯一确定的.

定义 12　在 z_2，z_3，z_4 变为 1，0，∞的线性变换下，z_1 的象称为 z_1，z_2，z_3，z_4 的交比，记做(z_1, z_2, z_3, z_4).

这一定义仅当 z_2，z_3，z_4 是不同的点时才有意义. 当四点中有三点相异时，可以引入约定数值，但这对我们是不重要的.

78

交比在线性变换下是不变的. 更精确的叙述是：

定理 12　如果 z_1，z_2，z_3，z_4 为扩充平面上的四个相异点，T 为任意一个线性变换，则

$$(Tz_1,Tz_2,Tz_3,Tz_4)=(z_1,z_2,z_3,z_4).$$

这一定理的证明是很显然的，因为如果 $Sz=(z_1, z_2, z_3, z_4)$，则 ST^{-1}将 Tz_2，Tz_3，Tz_4 变为 1，0，∞. 因此，根据定义有

$$(Tz_1,Tz_2,Tz_3,Tz_4)=ST^{-1}(Tz_1)=Sz_1=(z_1,z_2,z_3,z_4).$$

借助这一性质，我们立刻可以写出将已知点 z_1，z_2，z_3 变到规定位置 w_1，w_2，w_3 的线性变换. 这个变换应为

$$(w,w_1,w_2,w_3)=(z,z_1,z_2,z_3).$$

当然，一般还必须从该方程中解出 w.

定理 13　交比(z_1, z_2, z_3, z_4)为实数，当且仅当四点共圆或共线.

根据初等几何学原理，这一定理是很显然的，因为我们有

$$\arg(z_1,z_2,z_3,z_4)=\arg\frac{z_1-z_3}{z_1-z_4}-\arg\frac{z_2-z_3}{z_2-z_4},$$

如果这些点都位于一个圆上，则上式等于 0 或$\pm\pi$，依点的相对位置而定.

由于 $Tz=(z_1, z_2, z_3, z_4)$只在实轴经 T^{-1}变换后所成的象上取实数，因此要从分析上证明这一定理，只要证明在任一线性变换下实轴的象或者是一个圆或者是一条直线即可.

当 z 为实数时 $w=T^{-1}z$ 的值满足方程 $Tw=\overline{Tw}$. 显然，这一条件具有如下形式：

$$\frac{aw+b}{cw+d}=\frac{\bar{a}\,\bar{w}+\bar{b}}{\bar{c}\bar{w}+\bar{d}}.$$

交叉相乘后得

$$(a\bar{c}-c\bar{a})\,|\,w^2\,|+(a\bar{d}-c\bar{b})w+(b\bar{c}-d\bar{a})\bar{w}+b\bar{d}-d\bar{b}=0.$$

如果$a\bar{c}-c\bar{a}=0$，则上式为一条直线的方程，因为在这个条件下系数$a\bar{d}-c\bar{b}$不能同时为零.如果$a\bar{c}-c\bar{a}\neq 0$，我们可用这一系数除全式，并完成平方，经简单计算后得到 79

$$\left|w+\frac{\bar{a}d-\bar{c}b}{\bar{a}c-\bar{c}a}\right|=\left|\frac{ad-bc}{\bar{a}c-\bar{c}a}\right|,$$

这是一个圆的方程.

最后的结果表明，在线性变换的理论中，我们不用区别圆和直线. 这从它们在黎曼球面上都对应于圆这一事实可以进一步得到解释. 因此，我们今后将在这一广义的意义下使用圆这个词[⊖].

下面是定理12和定理13的直接推论：

定理 14　线性变换将圆变为圆.

练　习

1. 求出将0，i，−i变为1，−1，0的线性变换.

2. 将对应于四点的24个排列的交比用$\lambda=(z_1, z_2, z_3, z_4)$表示出来.

3. 如果一个四边形的相邻顶点z_1，z_2，z_3，z_4都位在一个圆上，证明

$$|z_1-z_3|\cdot|z_2-z_4|=|z_1-z_2|\cdot|z_3-z_4|+|z_2-z_3|\cdot|z_1-z_4|,$$

并从几何上解释这个结果.

4. 证明任意四个相异点可用线性变换变至1，−1，k，$-k$的位置，其中k的值依点而定. 这里共有多少个解？它们怎样相关？

3.3.3　对称性

点z及$\bar{z}$是关于实轴对称的. 实系数的线性变换把实轴变为实轴，并把点z，$\bar{z}$变为仍然是对称的点. 更一般地说，如果线性变换T把实轴变为一个圆C，则我们说点$w=Tz$及$w^*=T\bar{z}$关于C对称. 这是w、w^*及C之间的一种关系，与T无关. 事实上，如果S为将实轴变为C的另一变换，则$S^{-1}T$是一实变换，因此$S^{-1}w=S^{-1}Tz$及$S^{-1}w^*=S^{-1}T\bar{z}$也是共轭的. 这样，我们可把对称性定义如下； 80

定义 13　点z及z^*称为关于过点z_1，z_2，z_3的圆C对称，当且仅当$(z^*, z_1, z_2, z_3)=\overline{(z, z_1, z_2, z_3)}$.

C上的点，而且只有这些点，是关于它们自身对称的. 把点z变为z^*的映射是一一对

⊖　这一说法只在讨论线性变换时有效.

应的，称为关于 C 的反射．显然，两个反射组成一个线性变换．

现在我们来研究对称的几何意义．先设 C 为一条直线，可以取 $z_3=\infty$，则对称的条件变为

$$\frac{z^*-z_2}{z_1-z_2}=\frac{\bar{z}-\bar{z}_2}{\bar{z}_1-\bar{z}_2}. \tag{10}$$

取绝对值得到 $|z^*-z_2|=|z-z_2|$．此处 z_2 可以为 C 上的任意一个有限点，因此可知 z 及 z^* 至 C 上任一点的距离都相等．由(10)还可以得

$$\operatorname{Im}\frac{z^*-z_2}{z_1-z_2}=-\operatorname{Im}\frac{z-z_2}{z_1-z_2},$$

因此 z 及 z^* 位于 C 所确定的两个不同的半平面内[⊖]．C 是 z 及 z^* 连线的垂直平分线，这留给读者来证明．

现在我们来讨论 C 是一个有限圆的情形，设 C 的圆心为 a，半径为 R．多次应用交比的不变性可得如下结果：

$$\begin{aligned}\overline{(z,z_1,z_2,z_3)}&=\overline{(z-a,z_1-a,z_2-a,z_3-a)}\\&=\left(\bar{z}-\bar{a},\frac{R^2}{z_1-a},\frac{R^2}{z_2-a},\frac{R^2}{z_3-a}\right)\\&=\left(\frac{R^2}{\bar{z}-\bar{a}},z_1-a,z_2-a,z_3-a\right)\\&=\left(\frac{R^2}{\bar{z}-\bar{a}}+a,z_1,z_2,z_3\right).\end{aligned}$$

这一方程表明 z 的对称点为 $z^*=R^2/(\bar{z}-\bar{a})+a$，或者说 z 及 z^* 满足方程

$$(z^*-a)(\bar{z}-\bar{a})=R^2. \tag{11}$$

因此 z 及 z^* 至圆心的距离的乘积 $|z^*-a|\cdot|z-a|$ 等于 R^2．此外，比 $(z^*-a)/(z-a)$ 为正，这说明 z 及 z^* 位于由 a 引出的同一条半直线上．这提供了一个关于 z 的对称点的简单作图法(见图3-2)．注意 a 的对称点是 ∞．

81

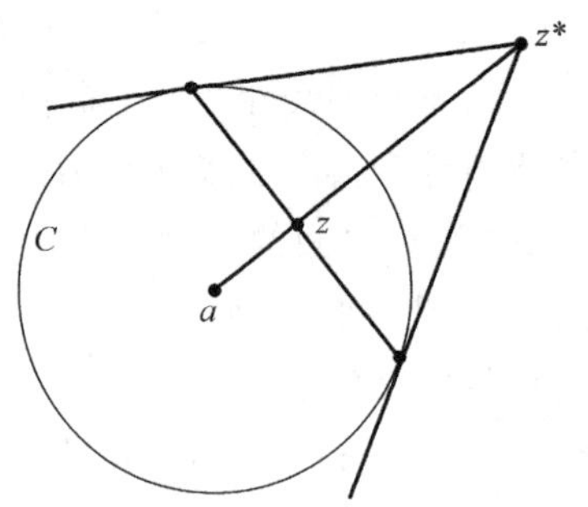

图3-2　关于圆的反射

⊖ 除非它们重合而且都位于 C 上．

定理 15（对称原理）　如果一个线性变换将一个圆 C_1 变为圆 C_2，则这一变换必将关于 C_1 对称的任一对点变换为关于 C_2 对称的一对点.

简略地说，线性变换保持对称性. 如果 C_1 或 C_2 为实轴，则这一原理可直接由对称的定义得出. 在一般的情形下，应用一个把圆 C_1 变为实轴的中间变换即可得到定理的证明.

有两种方法应用对称原理. 如果在某一线性变换下，C 及 z 的象为已知，则利用对称原理可求得 z^* 的象. 反之，如果 z 及 z^* 的象为已知，则 C 的象必为 z 及 z^* 象的对称轴. 虽然这还不足以确定 C 的象，但是我们所得的知识仍然是有价值的.

对称原理实际可应用于求圆 C 到圆 C' 的线性变换的问题上. 知道了 C 上的三点 z_1，z_2，z_3 的变换到 C' 上的三点 w_1，w_2，w_3，通常就可确定出这一变换. 此时的变换为 $(w, w_1, w_2, w_3)=(z, z_1, z_2, z_3)$. 如果规定 C 上的一点 z_1 对应于 C' 上的一点 w_1，不在 C 上的一点 z_2 变到不在 C' 上的一点 w_2，则变换也可确定. 因为由此可知 z_2^*（z_2 关于 C 的对称点）必须对应于 w_2^*（w_2 关于 C' 的对称点），因而从关系式 $(w, w_1, w_2, w_2^*)=(z, z_1, z_2, z_2^*)$ 可得到所求的变换.

练　习

82

1. 证明每一个反射将圆变为圆.
2. 试将虚轴、直线 $x=y$、圆 $|z|=1$ 反射到圆 $|z-2|=1$ 上.
3. 在上题中，试用几何作图法作出反射.
4. 试求可以将圆 $|z|=2$ 变为 $|z+1|=1$，将点 -2 变为原点，将原点变为 i 的线性变换.
5. 试求将圆 $|z|=R$ 变为它自身的线性变换的最一般形式.
6. 假定一个线性变换把一组同心圆变换为另一组同心圆，证明圆半径之比不变.
7. 求一个可以把 $|z|=1$ 与 $\left|z-\frac{1}{4}\right|=\frac{1}{4}$ 变换为同心圆的线性变换. 半径之比怎样变化?
8. 求一个可以把 $|z|=1$ 和 $x=2$ 变换为同心圆的线性变换.

3.3.4　有向圆

由于 $S(z)$ 是解析的，并且

$$S'(z)=\frac{ad-bc}{(cz+d)^2}\neq 0,$$

故对 $z\neq -d/c$ 和 ∞，映射 $w=S(z)$ 是共形的. 由此可知，两个相交的圆映成有相同交角的圆. 此外，角的方向保持不变. 从直觉的观点看，这意味着左和右保持不变，但需要一个更精确的阐述.

圆 C 的一个定向由 C 上的有序三重点 z_1、z_2、z_3 确定．相对于这一定向，如果 $\mathrm{Im}(z, z_1, z_2, z_3)>0$，不在 C 上的一点 z 称为位于 C 的*右边*；如果 $\mathrm{Im}(z, z_1, z_2, z_3)<0$，就称位于 C 的*左边*（这与日常的用法一致，因为 $(i, 1, 0, \infty)=i$）．这里主要是要证明只有两种不同的定向．这是指对于所有的三重点来说，左边和右边的意义可以不论，但左右之间存在着的区别则是共同的．由于交比是不变的，所以只要研究 C 是实轴的情形就够了．于是可以写成

$$(z,z_1,z_2,z_3)=\frac{az+b}{cz+d},$$

其中系数是实的，经简单计算得

$$\mathrm{Im}(z,z_1,z_2,z_3)=\frac{ad-bc}{|cz+d|^2}\mathrm{Im}z.$$

我们看到右边和左边之间的区别就像上半平面和下半平面之间的区别一样．至于哪一个是左哪一个是右，则依行列式 $ad-bc$ 的符号而定．

83

一个线性变换 S 把有向圆 C 变换为一个以三重点 Sz_1、Sz_2、Sz_3 定向的圆．从交比的不变性可知：C 的左边和右边将对应于象圆的左边和右边．

如果两圆相切，它们的定向就可以比较．事实上，我们可用一个线性变换将它们的切点变到 ∞，两圆就变为平行直线．至于怎样比较平行线的方向，是我们所熟知的．

在几何表示中，定向 z_1、z_2、z_3 可用箭头来表示，箭头的方向由 z_1 通过 z_2 指向 z_3．在普通的坐标系中，对这一箭头来说，左边和右边的意义与我们日常所感觉的左右意义一致．

当我们把一个未经推广的复平面考虑为扩充平面的一部分时，无穷远点是特殊的．因此，可以根据 ∞ 应位于有向圆右边这一要求来定义所有有限圆的绝对正定向，这样，左边的点组成圆的*内部*而右边的点则组成圆的*外部*．

练　习

1. 如果 z_1、z_2、z_3、z_4 为同一圆上的点，证明 z_1、z_3、z_4 和 z_2、z_3、z_4 当且仅当 $(z_1, z_2, z_3, z_4)>0$ 时确定同一定向．

2. 证明圆的切线垂直于过切点的半径（这样，圆的切线可以定义为与圆只有一个公共点的直线）．

3. 证明圆 $|z-a|=R$ 的内部由满足不等式 $|z-a|<R$ 的全部点 z 组成．

4. 两个有向圆在它们一个交点上的交角定义为它们在该点的相同取向的切线之间的夹角．用分析的推理而不是用几何观察证明：两个交点处的交角是互为反向的．

3.3.5 圆族

用某些圆族可使线性变换更趋于具体，这些圆族可以设想为圆坐标系的坐标线．

考察如下形式的线性变换：

$$w = k \cdot \frac{z-a}{z-b}.$$

此处 $z=a$ 对应于 $w=0$，而 $z=b$ 对应于 $w=\infty$. 由此可知在 w 平面内通过原点的直线都是通过 a 及 b 的圆的象. 反之，以原点为圆心的同心圆 $|w|=\rho$ 对应于如下方程所确定的圆：

84

$$\left|\frac{z-a}{z-b}\right| = \rho / |k|.$$

这些是具有极限点 a 及 b 的**阿波罗尼奥斯圆**. 从它们的方程可知，它们是到点 a 及 b 的距离有定比的点的轨迹.

以 C_1 表示通过 a、b 的圆，并以 C_2 表示以 a、b 为极限点的阿波罗尼奥斯圆. 由所有这些圆 C_1 及 C_2 组成的构形(见图 3-3)称为 a、b 所确定的**圆网**或**施泰纳圆族**. 它具有很多有趣的性质，略举几点如下：

1)通过平面上除了极限点以外的每一点只有一个 C_1 及一个 C_2.

2)每一个 C_1 与每一个 C_2 直交.

3)在关于一个 C_1 的反射下，每一个 C_2 变换为它本身，而每一个 C_1 变换为另一个 C_1. 在关于一个 C_2 的反射下，每一个 C_1 变换为它本身，而每一个 C_2 变换为另一个 C_2.

4)极限点关于每一个 C_2 都是对称的，但对任何其他的圆不对称.

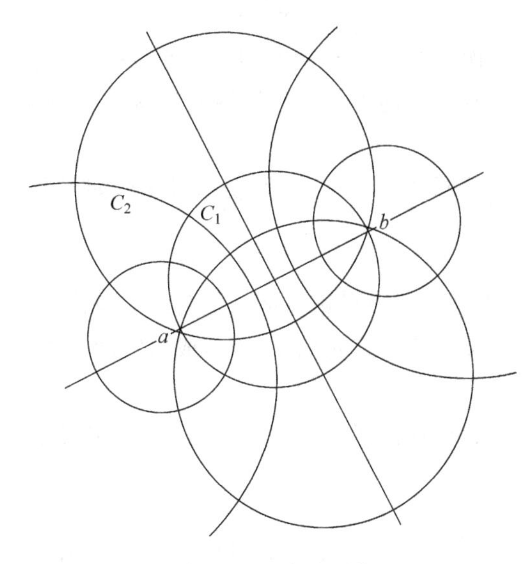

图 3-3 施泰纳圆族

85

当极限点为 0 及∞，即当 C_1 是通过原点的直线而 C_2 是同心圆时，这些性质是极为显而易见的. 因为这些性质在线性变换下保持不变，所以在一般情形下它们必继续为真.

如果一线性变换 $w=Tz$ 将 a、b 变为 a'、b'，它可以写成如下的形式：

$$\frac{w-a'}{w-b'}=k\cdot\frac{z-a}{z-b}. \tag{12}$$

显然，T 将圆 C_1 及 C_2 变换为以 a'、b'为极限点的圆 C_1'及 C_2'.

这种情形在 $a'=a$，$b'=b$ 时特别简单．这时点 a、b 称为 T 的*不动点*，且可方便地将 z 及 Tz 表示于同一平面．在这种情况下，整个圆网将在其自身上面映象．k 的值可以确定象圆 C_1'及 C_2'．事实上，在适当的定向下，在 C_1 与其象 C_1'上对应点的形如 $\arg\frac{z-a}{z-b}$之差为 $\arg k$，而在 C_2 及 C_2'上对应点的形如 $|z-a|/|z-b|$ 之比为 $|k|$.

所有的 C_1 或所有的 C_2 映成它们自身的特殊情形是非常重要的．对于所有的 C_1，如果 $k>0$，则 $C_1'=C_1$(如果 $k<0$，则圆仍然相等，但定向相反)．这时的变换称为*双曲变换*．当 k 增大时，点 $Tz(z\neq a,\ b)$将沿着圆 C_1 向 b 移动．考察这一移动就可得到双曲变换的一个十分清晰的形象化表示.

当 $|k|=1$ 时就有 $C_2'=C_2$．具有这种性质的变换称为*椭圆变换*．当 $\arg k$ 变化时，点 Tz 沿着圆 C_2 移动，这一移动沿着不同的方向环绕 a 及 b.

具有两个不动点的一般线性变换是具有相同不动点的一个双曲变换及一个椭圆变换的乘积.

一个线性变换的不动点可从下面的方程中求得：

$$z=\frac{\alpha z+\beta}{\gamma z+\delta}. \tag{13}$$

在一般情形下，这是一个二次方程，具有两个根．如果 $\gamma=0$，则不动点之一为∞．不过，可能有两根相重的情形．具有相重的不动点的线性变换称为*抛物型变换*．抛物型变换的条件是$(\alpha-\delta)^2=4\beta\gamma$.

86

如果方程(13)具有两个不同的根 a 及 b，则变换可写成如下形式：

$$\frac{w-a}{w-b}=k\frac{z-a}{z-b}.$$

因此可用 a、b 所确定的施泰纳圆族来讨论变换的性质．但应该注意，这一方法并不只限于这种情形．我们可把任一线性变换对任意的 a、b 写成(12)的形式，并根据便利性来应用两个圆网.

为了讨论抛物型变换，我们还需要引入另一种圆网．考虑变换

$$w=\frac{\omega}{z-a}+c.$$

显然 w 平面中的直线对应于过 a 的圆，平行线对应于互切的圆．特别是，如$w=u+iv$,则直线 $u=$常数及$v=$常数对应于两族互切的圆，它们彼此直交(见图 3-4)．这一构形可看成是一个退化的施泰纳圆族．它由点 a 及圆族之一的切线确定．以 C_1 表示直线$v=$常数的象，C_2 表示另一族圆．显然，直线$v=\mathrm{Im}c$ 对应于圆族 C_1 的切线，其方向为 $\arg\omega$.

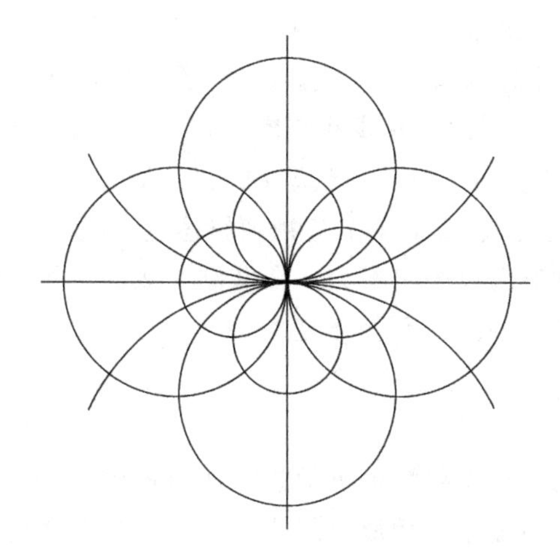

图 3-4　退化的施泰纳圆族

87

把 a 变换为 a' 的任一变换可写成如下形式：

$$\frac{\omega'}{w-a'}=\frac{\omega}{z-a}+c.$$

显然，圆 C_1 及 C_2 将变换为由 a' 及 ω' 所确定的圆 C_1' 及 C_2'. 现在设 $a=a'$ 为唯一不动点，则 $\omega=\omega'$，且

$$\frac{\omega}{w-a}=\frac{\omega}{z-a}+c. \tag{14}$$

用这一变换可将圆 C_1 及 C_2 组成的构形映成它自身. 在(14)中，一个乘数因子是任意的，因此可假设 c 为实数. 于是每一个 C_1 映成它自身，而抛物型变换可认为是沿着圆 C_2 的移动.

一个既不是双曲的、椭圆的又不是抛物型的线性变换称为斜驶变换.

练　习

1. 求如下线性变换的不动点：

$$w=\frac{z}{2z-1},\quad w=\frac{2z}{3z-1},\quad w=\frac{3z-4}{z-1},\quad w=\frac{z}{2-z}.$$

这些变换中哪些是椭圆变换、双曲变换或抛物型变换？

2. 设变换

$$Sz=\frac{az+b}{cz+d}$$

的系数用条件 $ad-bc=1$ 规范化，证明 S 是椭圆变换，当且仅当 $-2<a+d<2$；S 是抛物型变换，如果 $a+d=\pm 2$；S 是双曲变换，如果 $a+d<-2$ 或 $a+d>2$.

3. 试证明：对某个整数 n 满足条件 $S^n z=z$ 的线性变换必是椭圆变换.

4. 如果 S 是双曲的或斜驶的，证明当 $n\to\infty$ 时 $S^n z$ 收敛到一个不动点，对所有的 z，

除了 z 与另一个不动点重合外都如此.(极限情形的这个不动点是吸收的,另一不动点是排斥的.当 $n\to-\infty$ 时会发生什么情况?在抛物型情形又如何?)

5. 试求表示黎曼球面旋转的所有线性变换.

88

6. 求所有与 $|z|=1$ 及 $|z-1|=4$ 直交的圆.

7. 一族变换以明显的方式(我们不准备精确叙述)依赖于某一数量的实参数.在所有线性变换的族中,试问一共有多少个实参数?在椭圆、双曲、抛物型变换族中各有多少?有多少线性变换可以把一给定的圆 C 保持不变?

3.4 初等共形映射

与解析函数相联系的共形映射为解析函数的性质提供了一个极好的形象化表示,这与实函数用图像来形象化的情形十分相似.因此,一切与共形映射有关的问题自然应受到特别重视,在这一方面的进展大大增加了我们对解析函数的知识.此外,共形映射还自然地出现在数学物理的许多分支中,这正是直接用到复变函数论的原因.

这里最重要的问题之一就是要确定一个域映成另一个域的共形映射.在这一节里,我们将研究一些可以由初等函数来定义的映射.

3.4.1 阶层曲线的应用

当一个共形映射由一个解析的显函数 $w=f(z)$ 来定义时,我们自然想得到映射的特殊几何性质.要做到这一点,最有效的方法之一就是研究由点的变换所引起的曲线之间的对应关系.由于某些简单曲线可变换为具有熟知特性的曲线族中的曲线,所以函数 $f(z)$ 的特性可自行表达出来.任何这样的知识都将加强我们关于映射的具体概念.

用线性变换所做的映射就是这种情形.在3.3节中我们曾证明,只要把直线作为圆的一个特殊情形来看,那么线性变换就把圆变为圆.通过对施泰纳圆的研究,就可能得到关于对应关系的一个完整的图像.

对于更一般的情形,最好是从直线 $x=x_0$ 及 $y=y_0$ 的象曲线的研究入手.如果令 $f(z)=u(x,y)+iv(x,y)$,则 $x=x_0$ 的象由参数方程 $u=u(x_0,y)$,$v=v(x_0,y)$ 表示.这里 y 相当于一个参数,它可以消去或保留,视方便而定.$y=y_0$ 的象也可同样确定.这些曲线在 w 平面上共同组成一个正交网.同理,我们可以研究 z 平面上的曲线 $u(x,y)=u_0$ 及 $v(x,y)=v_0$.它们也是正交的,分别称为 u 及 v 的阶层曲线.

89

在其他情形下,应用极坐标并研究同心圆及通过原点的直线的象可能更方便些.

最简单的映射之一是由幂函数 $w=z^\alpha$ 所做的象.这里我们只考虑 α 为实数的情形,因此不妨设 α 是正数.由于

$$|w|=|z|^\alpha,$$

$$\arg w=\alpha\arg z,$$

所以围绕原点的同心圆变换为同族的圆,由原点引出的半直线对应于另外的一些半直线.

在所有不等于零的点 z 上，映射都是共形的，但张于原点的角 θ 变换为角 $\alpha\theta$. 对于 $\alpha\neq 1$，整个平面的变换不是一对一的，而如果 α 为分数，则 z^α 还不是单值的. 因此，一般来说，我们只能考虑一个扇形映成另一扇形的映射.

扇形 $S(\varphi_1, \varphi_2)(0\leqslant\varphi_2-\varphi_1\leqslant 2\pi)$ 由所有满足下列条件的点 z 组成：$z\neq 0$ 且 $\arg z$ 的一个值满足不等式

$$\varphi_1 < \arg z < \varphi_2. \tag{15}$$

容易证明 $S(\varphi_1, \varphi_2)$ 是一个域. 在这个域中，$w=z^\alpha$ 的唯一值由条件

$$\arg w = \alpha \arg z$$

所定义，其中 $\arg z$ 代表由条件(15)所界定的值. 这个函数是解析的，具有非零导数

$$De^{\alpha\log z} = \alpha\frac{w}{z}.$$

映射仅在 $\alpha(\varphi_2-\varphi_1)\leqslant 2\pi$ 时是一对一的，这时，扇形 $S(\varphi_1, \varphi_2)$ 映成 w 平面上的扇形 $S(\alpha\varphi_1, \alpha\varphi_2)$. 应当注意，$S(\varphi_1+n\cdot 2\pi, \varphi_2+n\cdot 2\pi)$ 在几何上与 $S(\varphi_1, \varphi_2)$ 完全一样，但可以确定 z^α 的一个不同的分支.

现在我们来更详细地研究映射 $w=z^2$. 因为 $u=x^2-y^2$，$v=2xy$，故知阶层曲线 $u=u_0$ 及 $v=v_0$ 都是等边双曲线，以分角线及坐标轴为渐近线. 它们当然是互相正交的. 另一方面，$x=x_0$ 的象是 $v^2=4x_0^2(x_0^2-u)$，$y=y_0$ 的象是 $v^2=4y_0^2(y_0^2+u)$. 这两族都是抛物线，以原点为焦点，它们的轴分别指向 u 轴的负向及正向. 从解析几何学可知它们是正交的. 阶层曲线族如图 3-5 及图 3-6 所示.

90

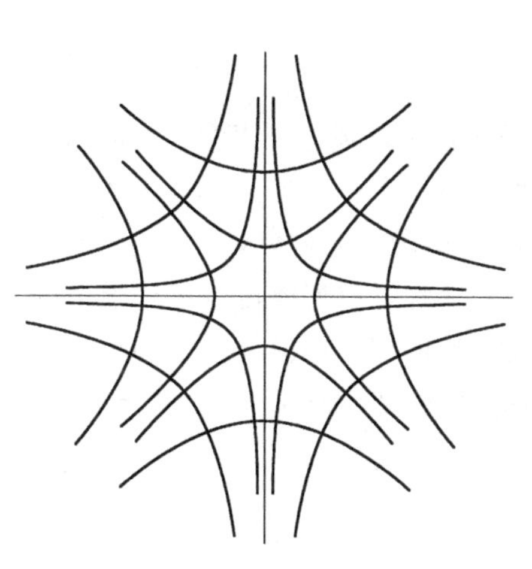

图 3-5 阶层曲线

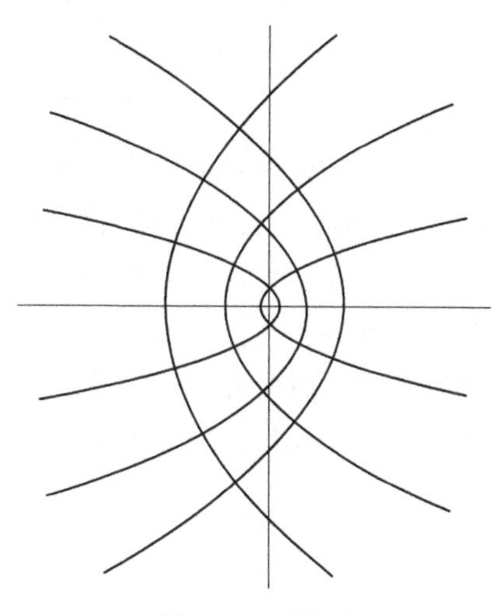

图 3-6 w 平面

为了研究其他不同的象曲线族，我们考虑 w 平面中的圆 $|w-1|=k$. 逆象的方程可以写成

$$(x^2+y^2)^2 = 2(x^2-y^2)+k^2-1,$$

它表示一族以±1为焦点的双纽线．正交族为

$$x^2 - y^2 = 2hxy + 1.$$

这是一族通过点±1并以原点为中心的等边双曲线．

在三次幂 $w=z^3$ 的情形，两个平面上的阶层曲线都是三次曲线．没有必要导出它们的方程，因为它们的一般形状不用计算也是很清楚的．例如，曲线 $u=u_0>0$ 应有图3-7所示的形状．同样，如果当 z 画出线 $x=x_0>0$ 时观察 $\arg w$ 的变化，则可知象曲线应具有一个圆环(见图3-8)．因此，它是笛卡儿叶形线．

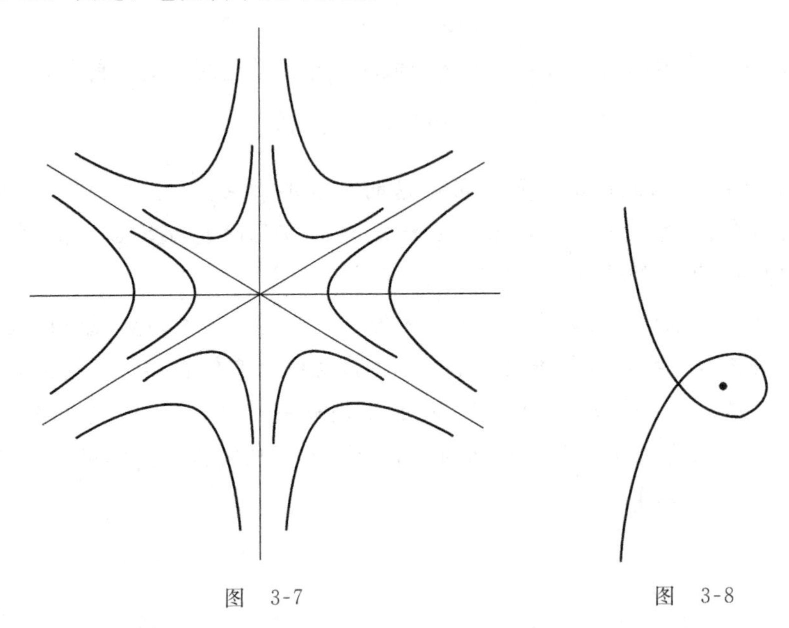

图　3-7　　　　图　3-8

用 $w=e^z$ 所做的映射是很简单的．线 $x=x_0$ 及 $y=y_0$ 映成以原点为中心的圆及辐角一定的射线．z 平面上的任何其他直线映成对数螺线．只要域中任意两点之差不等于 $2\pi i$ 的倍数，这个映射在这个域内就是一对一的．特别是，水平的带 $y_1<y<y_2$，$y_2-y_1\leqslant 2\pi$ 映成一个扇形，如果 $y_2-y_1=\pi$，则象是一个半平面．这样，我们就可以把一个平行的带映成一个半平面，从而映成任一圆形的域．带在虚轴左边的一半对应于一个半圆．

这里，我们写出几个映射的显式公式是有用的．函数 $\zeta=\xi+i\eta=e^z$ 将带 $-\pi/2<y<\pi/2$ 映成半平面 $\xi>0$，另一方面，

$$w = \frac{\zeta - 1}{\zeta + 1}$$

将 $\xi>0$ 映成 $|w|<1$．因此

$$w = \frac{e^z - 1}{e^z + 1} = \tanh \frac{z}{2}$$

将带 $|\mathrm{Im} z|<\pi/2$ 映成单位圆盘 $|w|<1$。

3.4.2 初等映射概述

当处理将一个域 Ω_1 共形地映成另一个域 Ω_2 的问题的时候，通常最好分两步进行．首先，把 Ω_1 映成一个圆形的域，而后把圆形的域映成 Ω_2．换句话说，共形映射的一般问题可以化为将一个域映成圆盘或半平面的问题．在第 6 章中，我们将证明这一映射问题对于每一个以简单闭曲线为边界的域恒有一个解．

在处理问题中所用到的主要工具是线性变换、幂变换、指数函数变换和对数变换．所有这些变换都有一个共同的特征，那就是将某一直线族或圆族映成相似的族．因此，它们的用途将主要限于以圆弧或线段为边界的域．幂变换可特别用于矫正角度，而指数函数变换则可用于将平行的带角变成直角．

91 ~ 93

利用这些方法，我们首先可以求得一个以两条共端点的圆弧为边界的任意域的标准映射．这样的域可以是一个圆楔形，它的角可以大于 π，或者也可以是它的余补形．设两条弧的端点为 a 及 b，我们先作预备映射 $z_1=(z-a)/(z-b)$，将所给的域映成一个扇形．再用一个适当的幂变换 $w=z_1{}^{\alpha}$ 就可将这个扇形映成一个半平面．

如果两个圆在点 a 互切，则变换 $z_1=1/(z-a)$将把两圆间的域映成一个平行带，而后用一个适当的指数函数变换将带映成半平面．

更一般些，同样的方法也可应用于具有两个直角的圆三角形．事实上，如果第三角的顶点为 a，且设由 a 引出的两边再交于 b，则线性变换 $z_1=(z-a)/(z-b)$将三角形映成一个扇形．用一个幂变换可将这一扇形变换为一个半圆．这一半圆是一个楔形域，它又可映成一个半平面．

在这一方面，我们来讨论一个经常遇到的特殊情形．设我们需要将一条线段的补区域映成一个圆的内部或外部．这个域是角为 2π 的楔形．不失一般性，可设线段的端点为 ± 1．预备变换

$$z_1=\frac{z+1}{z-1}$$

将楔形映成一个除去负实轴所得的全扇形．其次，定义平方根

$$z_2=\sqrt{z_1},$$

它的实部是正的，从而得到将全扇形映成右半平面的映射．最后，变换

$$w=\frac{z_2-1}{z_2+1}$$

把右半平面映成 $|w|<1$．

消去中间变量后可得到对应关系

$$z=\frac{1}{2}\left(w+\frac{1}{w}\right),$$

$$w=z-\sqrt{z^2-1}. \tag{16}$$

平方根的符号可以由条件 $|w|<1$ 唯一地确定，因为 $(z-\sqrt{z^2-1})(z+\sqrt{z^2-1})=1$. 如果符号相反，则得到映成 $|w|>1$ 的映射.

94

为了更详细地研究映射(16)，令 $w=\rho e^{i\theta}$，这样就得到

$$x=\frac{1}{2}\left(\rho+\frac{1}{\rho}\right)\cos\theta,$$

$$y=\frac{1}{2}\left(\rho-\frac{1}{\rho}\right)\sin\theta,$$

消去 θ，得

$$\frac{x^2}{\left[\frac{1}{2}(\rho+\rho^{-1})\right]^2}+\frac{y^2}{\left[\frac{1}{2}(\rho-\rho^{-1})\right]^2}=1, \tag{17}$$

又消去 ρ，得

$$\frac{x^2}{\cos^2\theta}-\frac{y^2}{\sin^2\theta}=1. \tag{18}$$

因此，圆 $|w|=\rho<1$ 的象是一个椭圆，长轴为 $\rho+\rho^{-1}$，短轴为 $\rho^{-1}-\rho$. 一个半径的象是双曲线一个分支的一半. 椭圆(17)及双曲线(18)是共焦的. 对应关系如图 3-9 所示.

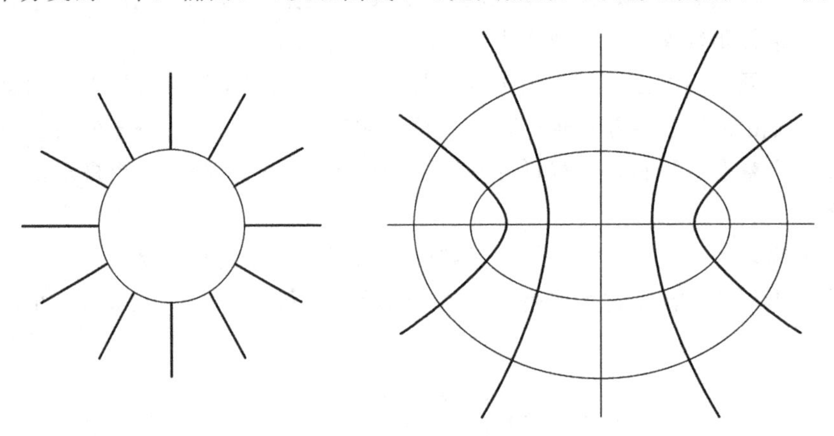

图 3-9　由 $z=\frac{1}{2}(w+w^{-1})$ 所做的映射

很明显，由于变换(16)，我们可以把一个椭圆的外部或一个双曲线的两分支之间的域映成一个圆域的映射也归属于初等共形映射类中. 但是这一变换却不能使我们作椭圆内部或双曲线两分支内部的映射.

作为最后一个比较复杂的例子，我们来研究三次多项式 $w=a_0z^3+a_1z^2+a_2z+a_3$ 所定义的映射. 利用熟知的变换 $z=z_1-a_1/3a_0$ 可消去方程中的二次项，经规格化以后，多项式可化为 $w=z^3-3z$. z 的系数是这样选定的，即使导数在 $z=\pm1$ 时等于零.

95

为了应用变换式(16)，引入辅助变量 ζ，ζ 由下式定义：

$$z=\zeta+\frac{1}{\zeta}.$$

于是三次多项式简化为

$$w=\zeta^3+\frac{1}{\zeta^3}.$$

我们看到每一个 z 确定两个 ζ 的值，但它们互为倒数，因而可产生同一个 w 值．为了求得一个唯一的 ζ，可以加入条件 $|\zeta|<1$，但这样以后，线段 $(-2,2)$ 必须从 z 平面上除去．

现在我们容易将 z 平面与 w 平面之间的对应关系加以具体化．与圆 $|\zeta|=\rho<1$ 对应的，在 z 平面中是以 $\rho^{-1}\pm\rho$ 为半轴的椭圆，而在 w 平面中则是以 $\rho^{-3}\pm\rho^3$ 为半轴的椭圆．同样，圆的一个半径 $\arg\zeta=\theta$ 对应于 z 平面及 w 平面中的双曲线的分支、z 平面中的双曲线以与正实轴的夹角为 $-\theta$ 的直线为一渐近线，而 w 平面中的双曲线的一条渐近线则与正实轴的夹角为 -3θ．共焦椭圆和双曲线的整个形状保持不变，但在 z 描出一个椭圆时，w 将画出对应的较大椭圆三次．因此，这里的情形和较简单的映射 $w=z^3$ 的情形十分相似．至于取向，可参看图 3-9．

对于渐近线之间的夹角小于等于 $2\pi/3$ 的双曲线，介于其两分支之间的域的映射是一对一的．特别是，双曲线 $3x^2-y^2=3$ 和 x 轴把 z 平面分成的六个域都映成半平面，其中三个映成上半平面，而另外三个映成下半平面．双曲线的右面一个分支的内部对应于整个 w 平面，但沿着负实轴到 -2 为止的一段有一个缺口．

练　习

下面所有的映射都应该是共形的：

1. 将圆盘 $|z|<1$ 及 $|z-1|<1$ 的公共部分映成单位圆的内部．选取映射使得保持两种对称性．

2. 将 $|z|=1$ 及 $\left|z-\frac{1}{2}\right|=\frac{1}{2}$ 之间的域映成一个半平面．

96

3. 将弧 $|z|=1$，$y\geqslant 0$ 的补区域映成单位圆的外部，使无穷远点互相对应．

4. 将抛物线 $y^2=2px$ 的外部映成圆盘 $|w|<1$，使 $z=0$ 及 $z=-p/2$ 对应于 $w=1$ 及 $w=0$．（林德勒夫）

5. 试将双曲线 $x^2-y^2=a^2$ 的右边分支的内部映成圆盘 $|w|<1$，使焦点对应于 $w=0$，顶点对应于 $w=-1$．（林德勒夫）

6. 试将双纽线 $|z^2-a^2|=\rho^2\,(\rho>a)$ 的内部映成圆盘 $|w|<1$，使对称性不变．（林德勒夫）

7. 将椭圆 $(x/a)^2+(y/b)^2=1$ 的外部映成圆盘 $|w|<1$，使对称性不变．

8. 试将 z 平面在双曲线 $x^2-y^2=1$ 右半支左边的部分映成一个半平面．（林德勒夫）

提示：一方面考虑域的上半部分在 $w=z^2$ 下的映射，另一方面考虑一个象限在

$$w = z^3 - 3z$$

下的映射.

3.4.3　初等黎曼面

用相应的映射将函数形象化的情形仅当映射为一对一时才是完全清晰的. 如果映射不是一对一的，那么，引入广义的域之后仍可使我们的设想得到必要的支持，所谓广义域就是在其中不同的点可以具有相同的坐标. 为了做到这一点，必须规定同一位置上的点可以用其他特征来加以区别，例如标号或颜色. 具有相同标号的各个点被认为位于同一叶或同一层.

这一想法引出了*黎曼面*的概念. 这里我们不想给这一概念下一个严格的定义，就我们的目的来说，以纯粹描述的方式介绍一下黎曼面就够了. 因为我们只用于帮助说明，不用于作逻辑的证明.

最简单的黎曼面与 $w=z^n$ 所做的映射有关，这里 $n>1$ 是一个整数. 我们知道在每一个扇形 $(k-1)(2\pi/n)<\arg z<k(2\pi/n)(k=1, \cdots, n)$ 与除去了正实轴以后的整个 w 平面之间存在着一一对应的关系. 因此，每一扇形的象可以在 w 平面上沿着正实轴作一“割痕”而求得. 这一割痕具有两个“边缘”，一个在下方，一个在上方. 对应于 z 平面中的 n 个扇形，我们来考察具有割痕的 w 平面的 n 个完全相同的副本. 这些副本将组成黎曼面的“叶”，不同的叶用标号 k 区分，每一个标号对应于一个扇形. 当 z 在 z 平面上移动时，对应的点 w 将在黎曼面上自由移动. 由于这一理由，我们必须把第一叶的下边缘接到第二叶的上边缘，第二叶的下边缘接到第三叶的上边缘，以此类推. 最后，将第 n 叶的下边缘接到第一叶的上边缘，完成一个循环. 从物理意义上看，这样做不可能不发生自交，但理想化的模型没有这一矛盾. 这样构造的结果就组成一个黎曼面，它上面的点与 z 平面上的点一一对应. 此外，如果连续性是根据构造情况来定义的，那么这一对应也是连续的.

97

沿着正轴的割痕可以用沿着任意一段由 0 至 ∞ 的简单弧的割痕来代替，这样构成的黎曼面应认为与原来构成的完全一样. 换言之，割痕不能由曲面上的线来区分，但为了便于描述，引入特殊的割痕还是必要的.

点 $w=0$ 处于一特殊位置. 它连接所有的叶，而一条曲线在闭合之前应环绕原点 n 次. 这样的点称为*支点*. 如果黎曼面是从扩充平面来考虑的，那么 ∞ 点也是一个支点. 在更一般的情形，一个支点不需要连接所有叶，如果它连接了 h 叶，则称它为 $h-1$ 阶支点.

对应于 $w=e^z$ 的黎曼面具有同样的性质. 在这种情况下，这一函数将每一平行带 $(k-1)2\pi<y<k\cdot 2\pi$ 映成一个叶，割痕是沿正轴切下的. 各叶彼此相连，因此组成一个没有尽头的螺旋. 原点将不是黎曼面上的一点，这与 e^z 永远不能等于零相对应.

读者应当不难构造出其他的黎曼面. 我们提出 $w=\cos z$ 所定义的黎曼面来作为方法的

说明．如果一个域，在一一对应下映成具有一个或几个割痕的整个平面，则称这个域为基本域．我们可以选定带$(k-1)\pi<x<k\pi$作为$w=\cos z$的基本域．每一个带映成带有割痕的整个w平面，这些割痕是沿着实轴由$-\infty$至-1以及由1至∞切下的．直线$x=k\pi$在k为偶数时对应于正向割痕的两个边缘，而在k为奇数时则对应于负向割痕的两个边缘．如果我们考察与直线$x=k\pi$相邻的两条带，就可以知道对应割痕的边缘应交叉粘合，以便在$w=\pm1$处生成一个简单的支点．所得的曲面在$w=1$及$w=-1$上具有无穷多个简单的支点，这些支点交替地连接奇数和偶数的叶．

叶与叶的粘合情形如图3-10所示．它表示割痕互相平行时的曲面的横截面．应记住同一水平线上的任何两点都可以用一条弧连接，弧不与任一割痕相交．

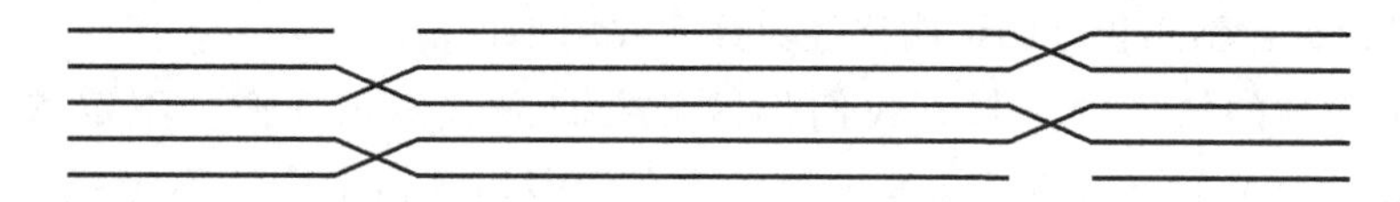

图3-10　$\cos z$的黎曼面

不论这种表示的优点怎样，黎曼面的最清晰图形是从z平面中基本域的直接研究中得出．如图3-11所示，如果我们引入对应于上半平面及下半平面的子域，则说明将更为简单．图中阴影部分是$\cos z$具有正虚部的域．每一个域对应于一个半平面，在这个半平面上标记边界点1及-1．对于任意两个黑白相邻的域，半平面应通过区间$(-\infty,-1)$、$(-1,1)$或$(1,\infty)$之一相连接，具体选择哪一个连接，可从z平面中的对应位置来确定．

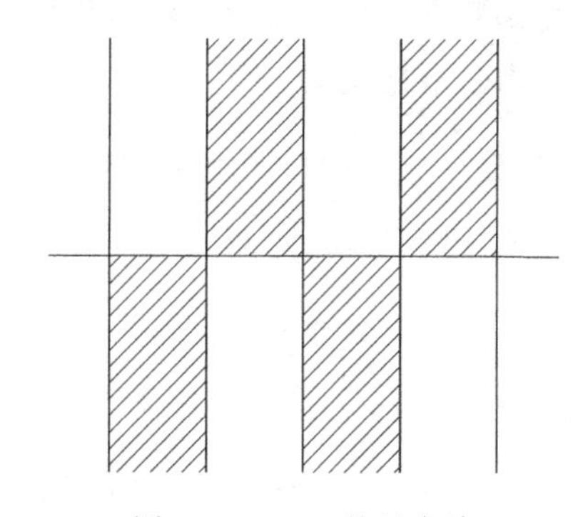

图3-11　$\cos z$的基本域

练　习

1. 说明函数$w=\frac{1}{2}\left(z+\frac{1}{z}\right)$的黎曼面．
2. 说明函数$w=(z^2-1)^2$的黎曼面．
3. 说明函数$w=z^3-3z$的黎曼面．

98～100

第4章 复 积 分

4.1 基本定理

解析函数的许多重要性质不用复积分是很难证明的. 举例来说, 不借助复积分或等价工具, 要证明一个解析函数的导数是连续的, 或证明高阶导数存在, 仅在最近才成为可能. 当前, 至少可以说, 不用积分的证明比经典证明要困难得多[⊖].

正像在实变量的情形中一样, 我们仍区分*定积分*和*不定积分*. 不定积分是一个函数, 它的导数等于一个域内的已知解析函数. 在许多初等情形中, 不定积分可以从已知求导公式的反演求得. 定积分是在可微弧或分段可微弧上进行的, 并不限于解析函数. 它们可以用实定积分定义中类似的极限法来定义. 实际上, 我们将应用实积分来定义复定积分. 这就使我们可以不必重复作存在性的证明, 因为它基本上和实变量的情形相同. 读者应对实连续函数的定积分理论十分熟悉.

4.1.1 线积分

实积分的最直接推广就是复函数在一个实区间上的定积分. 设 $f(t)=u(t)+\mathrm{i}v(t)$ 是一

101

个连续函数, 定义于区间 (a, b) 内. 根据定义, 令

$$\int_a^b f(t)\,\mathrm{d}t = \int_a^b u(t)\,\mathrm{d}t + \mathrm{i}\int_a^b v(t)\,\mathrm{d}t. \tag{1}$$

这一积分具有实积分的大部分性质. 特别是, 如果 $c=\alpha+\mathrm{i}\beta$ 为一个复常数, 则得

$$\int_a^b cf(t)\,\mathrm{d}t = c\int_a^b f(t)\,\mathrm{d}t, \tag{2}$$

因为两边都等于

$$\int_a^b (\alpha u - \beta v)\,\mathrm{d}t + \mathrm{i}\int_a^b (\alpha v + \beta u)\,\mathrm{d}t.$$

如果 $a\leqslant b$, 则对于任意复的 $f(t)$, 基本不等式

$$\left|\int_a^b f(t)\,\mathrm{d}t\right| \leqslant \int_a^b |f(t)|\,\mathrm{d}t \tag{3}$$

成立. 为了证明这一点, 在(2)中取 $c=\mathrm{e}^{-\mathrm{i}\theta}$, 这里 θ 为实数, 则得

$$\mathrm{Re}\left[\mathrm{e}^{-\mathrm{i}\theta}\int_a^b f(t)\,\mathrm{d}t\right] = \int_a^b \mathrm{Re}[\mathrm{e}^{-\mathrm{i}\theta}f(t)]\,\mathrm{d}t \leqslant \int_a^b |f(t)|\,\mathrm{d}t.$$

⊖ R. L. Plunkett 不用积分证明了导数的连续性(*Bull. Am. Math. Soc.* 65, 1959). E. H. Connell 和 P. Porcelli 证明了所有导数的存在(*Bull. Am. Math. Soc.* 67, 1961). 这两个证明都依赖 G. T. Whyburn 的一个拓扑定理.

如果 $\theta=\arg\int_a^b f(t)\mathrm{d}t$，则上式的左边成为积分的绝对值，于是得(3)[⊖].

现在我们来考虑一个分段可微的弧 γ，其方程为 $z=z(t)$，$a\leqslant t\leqslant b$. 如果函数 $f(z)$ 定义在 γ 上且在 γ 上连续，则 $f(z(t))$ 也连续，我们可以令

$$\int_\gamma f(z)\mathrm{d}z=\int_a^b f(z(t))z'(t)\mathrm{d}t. \tag{4}$$

这就是 $f(z)$ 沿着弧 γ 的复线积分的定义. 在(4)式的右边，如果 $z'(t)$ 不是到处连续，则积分区间应根据情况分成几个小区间. 当我们考虑弧 γ 上的线积分的时候，总是默认 γ 是分段可微的.

积分(4)的一个最重要的性质是它在参数变换下的不变性. 由增函数 $t=t(\tau)$ 确定的参数变换将区间 $\alpha\leqslant\tau\leqslant\beta$ 映射成区间 $a\leqslant t\leqslant b$，假设 $t(\tau)$ 是分段可微的. 根据积分变量的变换法则，我们有 102

$$\int_a^b f(z(t))z'(t)\mathrm{d}t=\int_\alpha^\beta f(z(t(\tau)))z'(t(\tau))t'(\tau)\mathrm{d}\tau.$$

但 $z'(t(\tau))t'(\tau)$ 是 $z(t(\tau))$ 关于 τ 的导数，因此，不论 γ 的方程为 $z=z(t)$ 还是为 $z=z(t(\tau))$，积分(4)都有相同的值.

在 3.2.1 节中，我们用等式 $z=z(-t)(-b\leqslant t\leqslant -a)$ 定义反向弧 $-\gamma$. 因此我们有

$$\int_{-\gamma} f(z)\mathrm{d}z=\int_{-b}^{-a} f(z(-t))(-z'(-t))\mathrm{d}t,$$

作变量变换，上面的积分可写成

$$\int_b^a f(z(t))z'(t)\mathrm{d}t.$$

于是得到

$$\int_{-\gamma} f(z)\mathrm{d}z=-\int_\gamma f(z)\mathrm{d}z. \tag{5}$$

积分(4)还有一个十分明显的加法性质. 把弧 γ 分成有限个子弧的意义是很明显的. 用符号等式来表示，有

$$\gamma=\gamma_1+\gamma_2+\cdots+\gamma_n,$$

对应的积分满足下面的关系：

$$\int_{\gamma_1+\gamma_2+\cdots+\gamma_n} f\mathrm{d}z=\int_{\gamma_1} f\mathrm{d}z+\int_{\gamma_2} f\mathrm{d}z+\cdots+\int_{\gamma_n} f\mathrm{d}z. \tag{6}$$

最后，沿着一条闭曲线的积分在参数代换下也保持不变. 老的起点和新的起点确定两段子弧 γ_1 及 γ_2，沿 $\gamma_1+\gamma_2$ 的积分等于沿 $\gamma_2+\gamma_1$ 的积分，这就证明了积分的不变性.

除了(4)式这种形式的积分外，我们还可以考虑关于 $\bar{z}$ 的线积分. 最方便的定义是用二重共轭符号

⊖ 如果 $\int_a^b f(t)\mathrm{d}t=0$，则 θ 没有定义，但这时也就没有什么要证明了.

$$\int_{\gamma} f\,\overline{\mathrm{d}z} = \overline{\int_{\gamma} \overline{f}\,\mathrm{d}z}.$$

使用这一记法，关于 x 或关于 y 的线积分可以写成

$$\int_{\gamma} f\,\mathrm{d}x = \frac{1}{2}\left(\int_{\gamma} f\,\mathrm{d}z + \int_{\gamma} f\,\overline{\mathrm{d}z}\right),$$

$$\int_{\gamma} f\,\mathrm{d}y = \frac{1}{2\mathrm{i}}\left(\int_{\gamma} f\,\mathrm{d}z - \int_{\gamma} f\,\overline{\mathrm{d}z}\right).$$

103 记 $f=u+\mathrm{i}v$，则(4)式的积分可写成下面的形式：

$$\int_{\gamma}(u\,\mathrm{d}x - v\,\mathrm{d}y) + \mathrm{i}\int_{\gamma}(u\,\mathrm{d}y + v\,\mathrm{d}x), \tag{7}$$

它把实部和虚部分开了.

当然，我们完全可以从定义如下形式的积分开始：

$$\int_{\gamma} p\,\mathrm{d}x + q\,\mathrm{d}y,$$

在这种情况下，(7)应作为积分(4)的定义．选用哪一种，纯属个人偏爱.

关于弧长作积分可得一个基本上不同的线积分．这种积分通常用两种记法，其定义为

$$\int_{\gamma} f\,\mathrm{d}s = \int_{\gamma} f\,|\,\mathrm{d}z\,| = \int_{\gamma} f(z(t))\,|\,z'(t)\,|\,\mathrm{d}t. \tag{8}$$

这一积分仍然不依赖于参数的选择．和(5)式对比，现在我们有

$$\int_{-\gamma} f\,|\,\mathrm{d}z\,| = \int_{\gamma} f\,|\,\mathrm{d}z\,|,$$

但(6)式仍保持有效．不等式

$$\left|\int_{\gamma} f\,\mathrm{d}z\right| \leqslant \int_{\gamma} |\,f\,|\cdot|\,\mathrm{d}z\,| \tag{9}$$

是(3)式的一个推论.

如果 $f=1$，则(8)的积分化为 $\int_{\gamma}|\,\mathrm{d}z\,|$，根据定义，这就是 γ 的长度．作为例子，我们来计算圆的周长．从一个整圆的参数方程 $z=z(t)=a+\rho\mathrm{e}^{\mathrm{i}t}\,(0\leqslant t\leqslant 2\pi)$ 可得 $z'(t)=\mathrm{i}\rho\mathrm{e}^{\mathrm{i}t}$，因此

$$\int_{0}^{2\pi} |\,z'(t)\,|\,\mathrm{d}t = \int_{0}^{2\pi} \rho\,\mathrm{d}t = 2\pi\rho,$$

与我们所希望的一致.

4.1.2 可求长的弧

一段弧的长度也可以定义为所有和

$$|\,z(t_1) - z(t_0)\,| + |\,z(t_2) - z(t_1)\,| + \cdots + |\,z(t_n) - z(t_{n-1})\,| \tag{10}$$

的上确界，其中 $a=t_0<t_1<\cdots<t_n=b$．如果这个上确界是有限的，就说该弧是可求长的.
104 易证分段可微的弧是可求长的，而且长度的两种定义是一致的.

由于 $|\,x(t_k)-x(t_{k-1})\,|\leqslant|\,z(t_k)-z(t_{k-1})\,|$，$|\,y(t_k)-y(t_{k-1})\,|\leqslant|\,z(t_k)-z(t_{k-1})\,|$，

$|z(t_k)-z(t_{k-1})|\leqslant|x(t_k)-x(t_{k-1})|+|y(t_k)-y(t_{k-1})|$，显见，和(10)及相应的和

$$|x(t_1)-x(t_0)|+\cdots+|x(t_n)-x(t_{n-1})|,$$
$$|y(t_1)-y(t_0)|+\cdots+|y(t_n)-y(t_{n-1})|$$

同时有界．当后面的和都有界时，就说函数 $x(t)$ 与 $y(t)$ 是有界变差的．*弧 $z=z(t)$ 是可求长的，当且仅当 $z(t)$ 的实部与虚部都是有界变差的．*

若 γ 是可求长的，$f(z)$ 在 γ 上连续，则可定义类型(8)的积分为极限

$$\int_\gamma f\,\mathrm{d}s=\lim\sum_{k=1}^{n}f(z(t_k))\,|z(t_k)-z(t_{k-1})|.$$

这里的极限与定积分定义中出现的极限是同类型的．

在初等解析函数论中，很少需要考虑可求长而不是分段可微的弧．但是，可求长的弧是每个数学家必须知道的一个概念．

4.1.3 线积分作为弧的函数

形如 $\int_\gamma p\,\mathrm{d}x+q\,\mathrm{d}y$ 的一般线积分常作为弧 γ 的函数(或泛函)来研究．这时我们假设 p 与 q 定义在同一个域 Ω 内，并在 Ω 内连续，而弧 γ 在 Ω 内是任意的．一类重要的积分以下面的性质为其特征：沿弧的积分值只依赖于弧的两个端点．换言之，如果 γ_1、γ_2 具有相同的起点与终点，则这一性质可表示为 $\int_{\gamma_1}p\,\mathrm{d}x+q\,\mathrm{d}y=\int_{\gamma_2}p\,\mathrm{d}x+q\,\mathrm{d}y$. 说一个积分只依赖于两个端点是指沿着任意闭曲线的积分值等于零．事实上，设 γ 为一条闭曲线，则 γ 与 $-\gamma$ 具有相同的端点，而如果积分只依赖于端点，则

$$\int_\gamma=\int_{-\gamma}=-\int_\gamma,$$

因此 $\int_\gamma=0$. 反之，如果 γ_1、γ_2 具有相同的端点，则 $\gamma_1-\gamma_2$ 是一条闭曲线，而如果沿着任意闭曲线的积分等于零，则 $\int_{\gamma_1}=\int_{\gamma_2}$.

105

下面的定理给出了线积分只依赖于两个端点的一个充要条件．

定理 1 *定义在 Ω 内的线积分 $\int_\gamma p\,\mathrm{d}x+q\,\mathrm{d}y$ 只依赖于 γ 的两个端点的充分必要条件是：在 Ω 内存在一个函数 $U(x,y)$，它具有偏导数 $\partial U/\partial x=p$，$\partial U/\partial y=q$.*

条件的充分性是立即可以看出来的，因为如果定理的条件得到满足，则用通常的记号，有

$$\begin{aligned}\int_\gamma p\,\mathrm{d}x+q\,\mathrm{d}y&=\int_a^b\left(\frac{\partial U}{\partial x}x'(t)+\frac{\partial U}{\partial y}y'(t)\right)\mathrm{d}t=\int_a^b\frac{\mathrm{d}}{\mathrm{d}t}U(x(t),y(t))\,\mathrm{d}t\\&=U(x(b),y(b))-U(x(a),y(a)),\end{aligned}$$

而这个差的值只依赖于两个端点．为了证明必要性，在 Ω 内任取一不动点 (x_0,y_0)，用 Ω

内的折线 γ 连接 $(x_0,\ y_0)$ 与 $(x,\ y)$，γ 的边平行于坐标轴(如图 4-1 所示)，并定义函数

$$U(x,y)=\int_\gamma p\,\mathrm{d}x+q\,\mathrm{d}y.$$

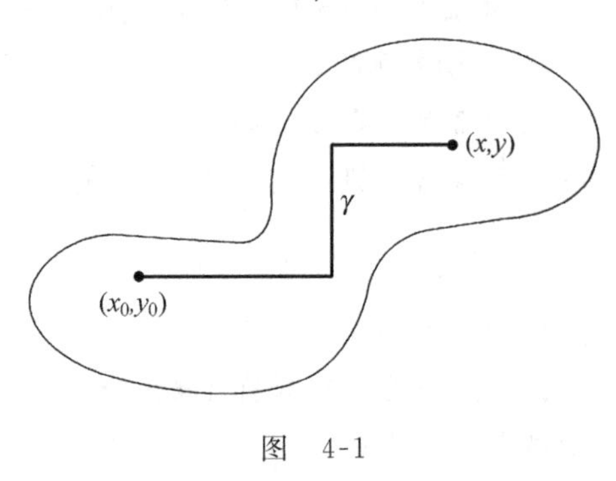

图　4-1

由于积分只依赖于两个端点，故知函数 U 是确切定义的. 另外，如果取 γ 的最后一段为水平的，则可将 y 保持固定而让 x 变化，并不影响其他的线段. 在最后一段上，可视 x 为参数，得到

$$U(x,y)=\int^x p(x,y)\,\mathrm{d}x+\text{常数},$$

106

这里，积分的下限是无关紧要的. 从上式立即可得$\dfrac{\partial U}{\partial x}=p$. 同理，取 γ 的最后一段平行于 y 轴，可证$\dfrac{\partial U}{\partial y}=q$.

习惯上我们常写 $\mathrm{d}U=(\partial U/\partial x)\mathrm{d}x+(\partial U/\partial x)\mathrm{d}y$，并把能写成这一形式的表达式 $p\mathrm{d}x+q\mathrm{d}y$ 称为恰当微分(或全微分). 这样，为使一个积分只依赖于两个端点，当且仅当被积函数是一个恰当微分. 应当注意，这里的 p、q 与 U 可以是实的，也可以是复的. 函数 U 如果存在的话，除了一个附加常数外是唯一确定的，这是因为如果两个函数具有相同的偏导数，则它们只差一个常数.

在什么条件下 $f(z)\mathrm{d}z=f(z)\mathrm{d}x+\mathrm{i}f(z)\mathrm{d}y$ 是一个恰当微分呢？根据定义，必须在 Ω 内存在一个函数 $F(z)$，使得

$$\frac{\partial F(z)}{\partial x}=f(z)$$

$$\frac{\partial F(z)}{\partial y}=\mathrm{i}f(z).$$

如果确实如此，则 $F(z)$ 必满足柯西-黎曼方程

$$\frac{\partial F}{\partial x}=-\mathrm{i}\,\frac{\partial F}{\partial y},$$

因为根据假设，$f(z)$ 是连续的(否则，$\int_\gamma \mathrm{d}z$ 将没有定义)，所以 $F(z)$ 是具有导数 $f(z)$ 的解析

函数(见 2.1.2 节).

连续函数 f 的积分 $\int_{\gamma} \mathrm{d}z$ 只依赖于 γ 的两个端点，当且仅当 f 为 Ω 内一个解析函数的导数.

在这种情况下，$f(z)$本身也是解析的，其证明将在后面讨论.

作为上面结果的一个直接应用，我们有：对于所有的闭曲线 γ，只要整数$n\geqslant 0$,则

$$\int_{\gamma}(z-a)^{n}\mathrm{d}z=0. \tag{11}$$

因为$(z-a)^{n}$ 是$(z-a)^{n+1}/(n+1)$的导数，而原函数是整个平面中的解析函数. 如果 n 为负数，但不等于-1，则对于所有不通过 a 的闭曲线，也有同样的结果，因为在点 a 的补区域中，不定积分仍然是解析且单值的. 如果 $n=-1$，则(11)不一定成立. 考察一个以 a 为圆心的圆 C，设其方程为 $z=a+\rho \mathrm{e}^{\mathrm{i}t}$，$0\leqslant t\leqslant 2\pi$，我们有

107

$$\int_{C}\frac{\mathrm{d}z}{z-a}=\int_{0}^{2\pi}\mathrm{i}\mathrm{d}t=2\pi\mathrm{i}.$$

这表明在圆环 $\rho_1<|z-a|<\rho_2$ 中，不可能为 $\log(z-a)$定义一个单值分支. 反之，如果闭曲线 γ 包含在不含点 a 的半平面中，则积分等于零，因为在这样的半平面中，可以定义 $\log(z-a)$的一个单值解析分支.

练 习

1. 计算

$$\int_{\gamma}x\,\mathrm{d}z,$$

其中 γ 为由 0 至 $1+\mathrm{i}$ 的有向线段.

2. 试对圆的正向按两种方法计算

$$\int_{|z|=r}x\,\mathrm{d}z,$$

第一种方法是应用一个参数，第二种方法是在圆上取 $x=\frac{1}{2}(z+\bar{z})=\frac{1}{2}\left(z+\frac{r^{2}}{z}\right)$.

3. 试对圆的正向计算

$$\int_{|z|=2}\frac{\mathrm{d}z}{z^{2}-1}.$$

4. 计算

$$\int_{|z|=1}|z-1|\cdot|\mathrm{d}z|.$$

5. 假设 $f(z)$在闭曲线 γ 上解析(即 f 在包含 γ 的一个区域内是解析的)，证明

$$\int_{\gamma}\overline{f(z)}f'(z)\mathrm{d}z$$

是纯虚数. ($f'(z)$被认为是连续的.)

6. 假设 $f(z)$在域 Ω 内解析，并满足不等式 $|f(z)-1|<1$，证明对 Ω 中的任意闭曲线γ，

$$\int_{\gamma}\frac{f'(z)}{f(z)}\mathrm{d}z=0.$$

（$f'(z)$被认为是连续的.）

108

7. 若 $P(z)$是一个多项式，C 表示圆 $|z-a|=R$，问 $\int_{C}P(z)\mathrm{d}\bar{z}$ 的值为多少？答：$-2\pi\mathrm{i}R^{2}P'(a)$.

8. 试描述一组圆周，使公式

$$\int_{\gamma}\log z\mathrm{d}z=0$$

在其上有意义并正确.

4.1.4　矩形的柯西定理

柯西定理有好几种形式，但是与其说它们在分析内容上有所不同，倒不如说它们的差异在于拓扑方面. 因此，我们自然从拓扑意义并不重要的情况开始.

我们在这里专门研究一个由不等式 $a\leqslant x\leqslant b$，$c\leqslant y\leqslant d$ 所界定的矩形 R. 这一矩形的周界可以看成一条简单的闭曲线，由四条相接的线段组成. 闭曲线的正向是这样选定的，那就是沿着这个方向，R 总位于各条有向线段的左方. 因此，四个顶点的顺序是(a,c)，(b,c)，(b,d)，(a,d). 我们把这条闭曲线称为 R 的边界线或周线，并记为 ∂R[⊖].

必须指出，这里的 R 是闭的点集，因此它不是一个域. 下面定理中讨论的是在矩形 R 上解析的函数. 请读者注意，这样的函数按其定义是在包含 R 的开集内确定和解析的.

下面就是柯西定理的一个初步形式：

定理 2　设函数 $f(z)$在 R 上解析，则

$$\int_{\partial R}f(z)\mathrm{d}z=0. \tag{12}$$

这一定理的证明是以平分法为基础的. 引入记号

$$\eta(R)=\int_{\partial R}f(z)\mathrm{d}z,$$

对于包含在所给矩形内的任意矩形也用这一记号. 如果将 R 分成四个全等的矩形 $R^{(1)}$，$R^{(2)}$，$R^{(3)}$，$R^{(4)}$，则因沿着公共边的积分互相抵消，故有

$$\eta(R)=\eta(R^{(1)})+\eta(R^{(2)})+\eta(R^{(3)})+\eta(R^{(4)}). \tag{13}$$

应当注意，这一事实可以直接证明，不一定要借助几何的直觉. 尽管如此，但参看一下图 4-2还是有助于理解的.

109

⊖　这是标准记法，我们要反复使用. 注意，根据早先的约定，∂R 也是作为一个点集 R 的边界(见 3.1.2 节).

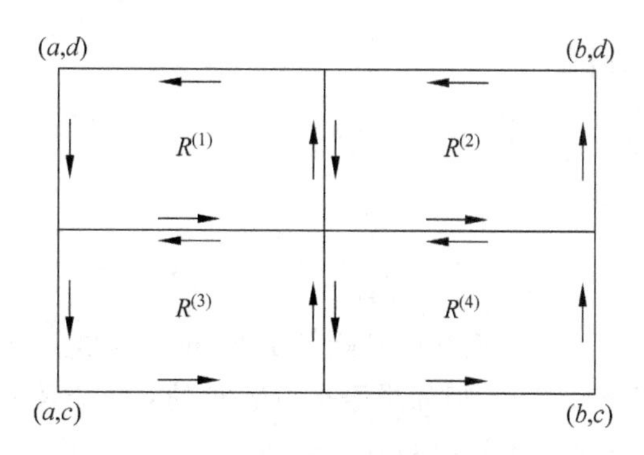

图 4-2　矩形的对分

从(13)可知，矩形 $R^{(k)}$($k=1$，2，3，4)之中至少有一个应满足条件

$$|\eta(R^{(k)})|\geqslant\frac{1}{4}|\eta(R)|.$$

我们把满足这一条件的矩形记为 R_1．如果有几个 $R^{(k)}$ 具有这一性质，那么可根据某一确定的规则来选定这个 R_1．

这一过程可无穷次地重复下去，于是得到矩形套序列

$$R\supset R_1\supset R_2\supset\cdots\supset R_n\supset\cdots,$$

具有如下的性质：

$$|\eta(R_n)|\geqslant\frac{1}{4}|\eta(R_{n-1})|,$$

因此

$$|\eta(R_n)|\geqslant 4^{-n}|\eta(R)|. \tag{14}$$

当 n 充分大时，R_n 将包含在一个规定的邻域 $|z-z^*|<\delta$ 之中，因此 R_n 将收敛于一点 $z^*\in R$．首先，我们选定很小的 δ，使得 $f(z)$在 $|z-z^*|<\delta$ 内有定义且解析．其次，如果给定了 $\varepsilon>0$，则可选定 δ，使得对于 $|z-z^*|<\delta$，有

$$\left|\frac{f(z)-f(z^*)}{z-z^*}-f'(z^*)\right|<\varepsilon$$

或

$$|f(z)-f(z^*)-(z-z^*)f'(z^*)|<\varepsilon|z-z^*|. \tag{15}$$

我们假设 δ 同时满足上面两个条件，并设 R_n 包含在 $|z-z^*|<\delta$ 之中．

现在来考察

$$\int_{\partial R_n}\mathrm{d}z=0,$$

$$\int_{\partial R_n}z\,\mathrm{d}z=0.$$

110

定理的这些特殊情形已在 4.1.1 节中证明．证明时是以 1 及 z 分别为 z 及 $z^2/2$ 的导数这一事实为根据的．

根据这两个方程，我们有

$$\eta(R_n)=\int_{\partial R_n}[f(z)-f(z^*)-(z-z^*)f'(z^*)]\mathrm{d}z,$$

而从(15)得到

$$|\eta(R_n)|\leqslant\varepsilon\int_{\partial R_n}|z-z^*|\cdot|\mathrm{d}z|. \tag{16}$$

在最后的积分中，$|z-z^*|$充其量只能等于 R_n 的对角线长 d_n. 如果令 R_n 的周长为 L_n，则这一积分必小于等于 d_nL_n. 但如果原来矩形 R 的对角线及周长为 d 及 L，则显然有 $d_n=2^{-n}d$ 及 $L_n=2^{-n}L$. 因此，根据(16)有

$$|\eta(R_n)|\leqslant 4^{-n}dL\varepsilon.$$

再与(14)式比较，可得

$$|\eta(R)|\leqslant dL\varepsilon.$$

由于 ε 是任意的，所以只能有 $\eta(R)=0$，于是定理得证.

这一由 E. Goursat 所提出的巧妙证法可能不是最简单的，他发现要求 $f'(z)$连续这个经典假设是多余的. 同时，这一证明方法要比经典方法简单，因为它既不用重积分也无须在积分号下进行微分.

定理 2 中的假设条件可以大大减弱. 下面我们将证明一个非常有用的较强定理.

定理 3　*从矩形 R 中去掉有限个内点 ζ_j 而得点集 R'，设 $f(z)$在 R'上解析. 如果对于所有的 j，有*

$$\lim_{z\to\zeta_j}(z-\zeta_j)f(z)=0,$$

则

$$\int_{\partial R}f(z)\mathrm{d}z=0.$$

很明显，R 可以分成较小的矩形，使这些小矩形至多包含一个 ζ_j，因此，我们只需研究一个例外点 ζ 的情形就够了.

我们将 R 分成 9 个小矩形，如图 4-3 所示，除了中央的一个矩形 R_0 以外，对于其他的矩形应用定理 2. 如果将每个矩形对应的方程(12)全部加起来，经过相消以后，可得

$$\int_{\partial R}f\mathrm{d}z=\int_{\partial R_0}f\mathrm{d}z. \tag{17}$$

如果 $\varepsilon>0$，可以把矩形 R_0 选择得足够小，使得在 ∂R_0 有不等式

$$|f(z)|\leqslant\frac{\varepsilon}{|z-\zeta|}$$

成立. 因此，根据(17)可得

$$\left|\int_{\partial R}f\mathrm{d}z\right|\leqslant\varepsilon\int_{\partial R_0}\frac{|\mathrm{d}z|}{|z-\zeta|}.$$

我们可假设 R_0 是一个以 ζ 为中心的正方形，则通过初等计算表明

$$\int_{\partial R_0} \frac{|\mathrm{d}z|}{|z-\zeta|} < 8.$$

因此得到

$$\left|\int_{\partial R'} f \mathrm{d}z\right| < 8\varepsilon,$$

由于 ε 是任意的，故定理得证.

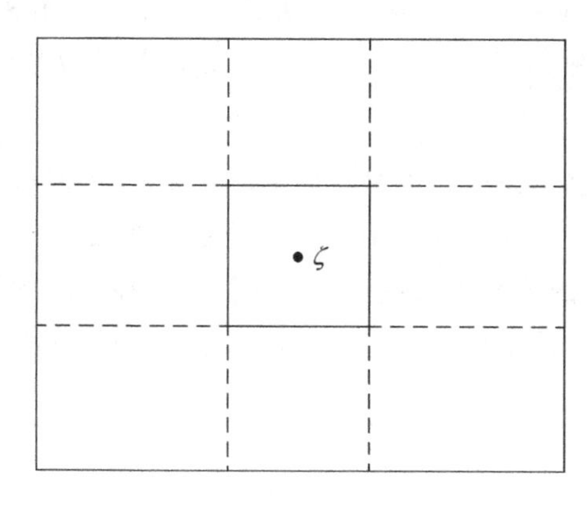

图 4-3

如果 $f(z)$在 R'上解析且有界，则定理的假设条件当然是满足的.

4.1.5 圆盘中的柯西定理

111 ~ 112

一个解析函数沿着一条闭曲线的积分并不永远等于零.

实际上，如果 C 是以 a 为圆心的圆，则

$$\int_C \frac{\mathrm{d}z}{z-a} = 2\pi\mathrm{i}.$$

设函数 $f(z)$在域 Ω 内解析，曲线 γ 限制在 Ω 内，为了确保积分等于零，我们必须对域 Ω 附加特殊的条件. 现在我们还不能列出这些条件，为此，我们的讨论必须限于非常特殊的情形. 下面设 Ω 是一个开圆盘 $|z-z_0|<\rho$，记为 Δ.

定理 4 设 $f(z)$在开圆盘 Δ 内解析，则对于 Δ 中的每一条闭曲线 γ，必有

$$\int_{\gamma} f(z) \mathrm{d}z = 0. \tag{18}$$

这一定理的证明是在定理 1 第二部分证明中所用的论断的重复. 定义一个函数

$$F(z) = \int_{\sigma} f \mathrm{d}z, \tag{19}$$

其中，σ 由中心(x_0, y_0)引至(x, y_0)的水平线段及由(x, y_0)引至(x, y)的垂直线段组成. 因此 $\partial F/\partial y=\mathrm{i}f(z)$. 另一方面，根据定理 2，$\sigma$ 可以用一条由一段垂直线接以一段水平线所组成的路径来代替. 这一选择定义出同一函数 $F(z)$，因而得到$\partial F/\partial x=f(z)$. 故知 $F(z)$在 Δ 内解析且具有导数 $f(z)$，而 $f(z)\mathrm{d}z$ 则为一个恰当微分.

很明显，对于任意域，只要它包含点 z_0 及 z，蕴涵着包含以 z 及 z_0 为对顶点的矩形，同样的证法也适用. 矩形、半平面及椭圆的内部都具有这种性质，因此定理4对于这些域也成立. 不过，应用这一方法还不能达到完全的一般性.

在应用中，很重要的一点就是定理4的结论在定理3的较弱条件下也成立. 我们现在把它作为另外一个定理.

113

定理5 设 $f(z)$ 在域 Δ' 内解析，这里 Δ' 由开圆盘 Δ 去掉有限个点 ζ_j 后组成. 如果对于所有的 j，$f(z)$ 满足条件 $\lim\limits_{z\to\zeta_j}(z-\zeta_j)f(z)=0$，则公式(18)对于 Δ' 内的任意闭曲线 γ 都成立.

这一定理的证明方法必须修改，因为我们不能让 σ 通过例外的点. 首先设没有点 ζ_j 位于直线 $x=x_0$ 及 $y=y_0$ 上. 于是令 σ 由图4-4中的三条线段组成就可绕过例外的点. 应用定理3知道(18)中的 $F(z)$ 的值是不依赖于中间线段的选择的. 此外，最后的线段既可以是垂直的，也可以是水平的. 像上面一样，我们得到结论：$F(z)$ 是 $f(z)$ 的一个不定积分，因而定理得证.

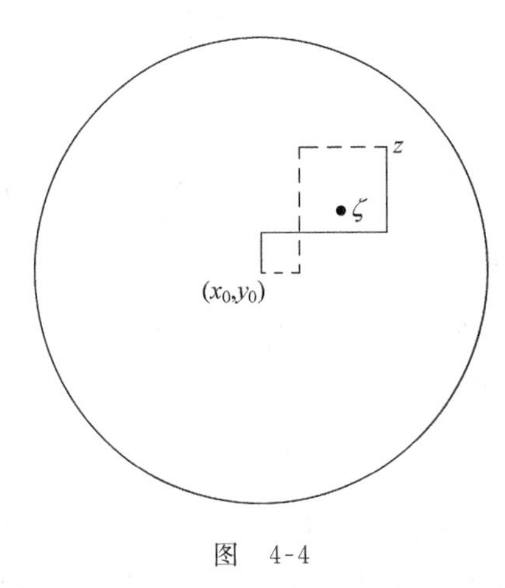

图 4-4

如果在直线 $x=x_0$ 和 $y=y_0$ 上有例外的点，读者容易相信要用四条线段代替三条线段，就可作出类似的证明.

4.2 柯西积分公式

通过柯西定理的一个极简单的应用，我们就有可能将解析函数 $f(z)$ 表示为一个线积分，其中变量 z 作为一个参数. 这一表示式称为柯西积分公式，它有着很多重要的用途. 最重要的是，它可以帮助我们详细地去研究解析函数的各种局部性质.

4.2.1 一点关于闭曲线的指数

在导出柯西公式之前，我们必须先介绍一个概念，它确切地指出一条闭曲线围绕不在曲线上的一个固定点的次数．如果曲线为分段可微（这样的假定并不失一般性），则下面的引理可以作为我们进行定义的依据．

114

引理 1 如果一条分段可微的闭曲线 γ 并不通过点 a，则积分

$$\int_\gamma \frac{dz}{z-a}$$

的值是 $2\pi i$ 的一个倍数．

这一引理看来很平凡，因为我们可以写成

$$\begin{aligned}&\int_\gamma \frac{dz}{z-a}\\ &=\int_\gamma d\log(z-a)\\ &=\int_\gamma d\log|z-a|+i\int_\gamma d\arg(z-a).\end{aligned}$$

当 z 描述一条闭曲线时，$\log|z-a|$ 回到它的初始值而 $\arg(z-a)$ 则增大或减小 2π 的一个倍数．这样似乎可肯定上面的引理，但再仔细想一下，就会发觉该推理是不充分的，除非 $\arg(z-a)$ 的值是唯一确定的．

最简单的证明是计算的证法．设 γ 的方程为 $z=z(t)$，$\alpha\leqslant t\leqslant\beta$，考察函数

$$h(t)=\int_\alpha^t \frac{z'(t)}{z(t)-a}dt.$$

它在闭区间 $[\alpha, \beta]$ 上有定义而且连续，只要 $z'(t)$ 连续，它就具有导数

$$h'(t)=\frac{z'(t)}{z(t)-a}.$$

从这一公式可知 $e^{-h(t)}(z(t)-a)$ 的导数可能除了有限个点以外都将等于零，而这一函数是连续的，所以它必为一个常数．因此有

$$e^{h(t)}=\frac{z(t)-a}{z(\alpha)-a}.$$

由于 $z(\beta)=z(\alpha)$，故得 $e^{h(\beta)}=1$，于是 $h(\beta)$ 必是 $2\pi i$ 的一个倍数．这就证明了引理．

现在我们可以把一点 a 关于曲线 γ 的指数用下面的等式来定义：

$$n(\gamma,a)=\frac{1}{2\pi i}\int_\gamma \frac{dz}{z-a}.$$

用示意性的术语，指数又称为曲线 γ 关于点 a 的卷绕数．

显然，$n(-\gamma, a)=-n(\gamma, a)$．

下面的性质是定理 4 的直接推论：

115

（ⅰ）若 γ 位于一个圆的内部，则对于该圆外部的所有点 a，有 $n(\gamma, a)=0$．

把 γ 作为点集，那么它是一个闭集而且有界．它的余集是开集，可用余集的分集即不相交的域的并集来表示．简言之，即 γ 确定这些域．如果这些域是在扩充平面上，那么，它们之中将肯定只有一个包含无穷远点．因此 γ 确定了一个而且只有一个无界的域．

（ⅱ）把 $n(\gamma, a)$ 看成 a 的一个函数，则它在 γ 所确定的各个域内是一个常数，而在无界域内则等于零.

由 γ 所确定的同一域中的任意两点都可用与 γ 不相交的折线连接起来．因此，如果 γ 与由 a 至 b 的线段不相交，则我们只要证明 $n(\gamma, a)=n(\gamma, b)$ 就够了．在该线段之外，函数 $(z-a)/(z-b)$ 绝对不取负实数与零．据此，$\log[(z-a)/(z-b)]$ 的主支在线段的余集中是解析的．它的导数等于 $(z-a)^{-1}-(z-b)^{-1}$，而如果 γ 不与该线段相交，则必有

$$\int_\gamma\left(\frac{1}{z-a}-\frac{1}{z-b}\right)\mathrm{d}z=0.$$

因此 $n(\gamma, a)=n(\gamma, b)$．如果 $|a|$ 足够大，使 γ 包含于一个圆盘 $|z|<\rho<|a|$ 之中，则根据（ⅰ）可知 $n(\gamma, a)=0$．这就证明了在无界域内 $n(\gamma, a)=0$.

我们将会看到 $n(\gamma, a)=1$ 的情形特别重要，因此需要为这一结论列出它的几何条件．为了简单起见，我们令 $a=0$.

引理 2　设 z_1，z_2 为不通过原点的闭曲线 γ 上的两点．在曲线方向将由 z_1 至 z_2 的子弧记为 γ_1，由 z_2 至 z_1 的子弧记为 γ_2．设 z_1 位于下半平面，而 z_2 位于上半平面．如果 γ_1 不与负实轴相交，γ_2 不与正实轴相交，则

$$n(\gamma,0)=1.$$

为了证明这一引理，从原点引过 z_1 及 z_2 的半直线 L_1 及 L_2（见图 4-5）．设 L_1，L_2 与以原点为圆心的圆 C 分别交于点 ζ_1，ζ_2．设 C 取正方向，并设由 ζ_1 至 ζ_2 的弧 C_1 不与负实轴相交，而由 ζ_2 至 ζ_1 的弧 C_2 不与正实轴相交．把 z_1 至 ζ_1 及 z_2 至 ζ_2 的有向线段分别记为 δ_1 及 δ_2．引入闭曲线 $\sigma_1=\gamma_1+\delta_2-C_1-\delta_1$，$\sigma_2=\gamma_2+\delta_1-C_2-\delta_2$，则彼此相消后可得 $n(\gamma, 0)=n(C, 0)+n(\sigma_1, 0)+n(\sigma_2, 0)$．但 σ_1 并不与负实轴相交，因此原点应属于 σ_1 所确定的无界域，于是得 $n(\sigma_1, 0)=0$．同理可得 $n(\sigma_2, 0)=0$，从而得到

116

$$n(\gamma,0)=n(C,0)=1.$$

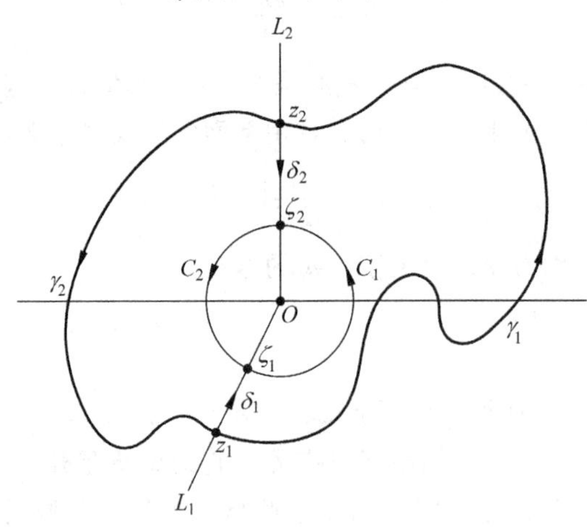

图　4-5

练 习

这些不是常规的练习，是用于说明卷绕数的拓扑用途的.

1. 把 γ 分成有限多个子弧，使在每一子弧上存在 $\arg(z-a)$ 的一个单值分支，以此来给出引理 1 的另一个证明. 要特别注意：为证明这样一个划分的存在性而需用的紧致性论据.

2. 对于不过点 a 的任何连续闭曲线 γ，不论它是否分段可微，总可能定义 $n(\gamma, a)$. 为此，将 γ 分成子弧 γ_1，…，γ_n，每段子弧都包含在不含 a 的一个圆盘中. 设 σ_k 是从 γ_k 的起点到终点的有向线段，并令 $\sigma=\sigma_1+\cdots+\sigma_n$. 定义 $n(\gamma, a)$ 为 $n(\sigma, a)$ 的值.

为验证该定义，证明：

(a) 结果不依赖于划分法；

(b) 如果 γ 是分段可微的，则新的定义等价于老的定义；

(c) 正文中的性质(ⅰ)和(ⅱ)继续有效.

117

3. *若尔当曲线定理*断言平面中的每一条若尔当曲线恰好确定两个区域. 卷绕数概念使定理的一部分的证明加快，也就是说，若尔当曲线 γ 的余集至少有两个分集. 如果存在一点 a，使 $n(\gamma, a)\neq 0$，情况就是这样.

可假定在 γ 上 $\operatorname{Re} z>0$，并设有点 z_1，$z_2\in\gamma$，且 $\operatorname{Im} z_1<0$，$\operatorname{Im} z_2>0$. 这些点可以这样选取，即使得 γ 上没有其他的点位于 0 到 z_1 和 0 到 z_2 的线段上. 设 γ_1 和 γ_2 是由 z_1 到 z_2 的 γ 的弧(不包括端点).

设 σ_1 是由从 0 到 z_1 的线段接上 γ_1 和从 z_2 到 0 的线段组成的闭曲线，并设 σ_2 的构造与 σ_1 相同，但 γ_1 换成 γ_2，于是 $\sigma_1-\sigma_2=\gamma$ 或 $-\gamma$.

正实轴与 γ_1 和 γ_2 都相交. (为什么?)选取这样的记号，使右边最远的交点 x_2 是与 γ_2 相交的点(见图 4-6).

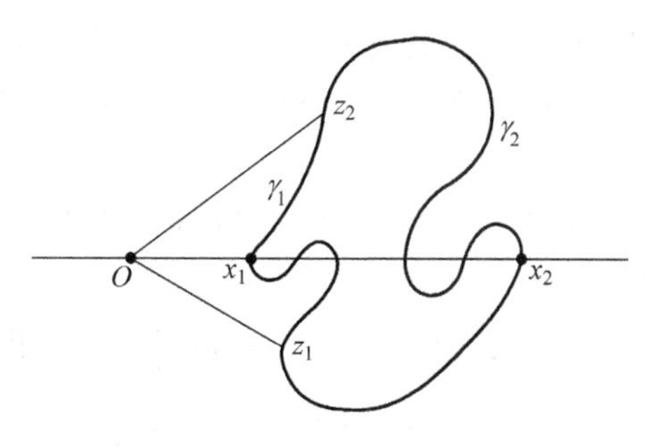

图 4-6 若尔当曲线定理的部分

证明：

(a) $n(\sigma_1, x_2)=0$，因此，对于 $z\in\gamma_2$，有 $n(\sigma_1, z)=0$；

(b) 对于小的 $x>0$，$n(\sigma_1, x)=n(\sigma_2, x)=1$(引理 2)；

(c) 正实轴与 γ 的第一个交点 x_1 位于 γ_1 上；

(d) $n(\sigma_2, x_1)=1$，因此，对于 $z\in\gamma_1$，有 $n(\sigma_2, z)=1$；

(e) 正实轴有一段，其一端在 γ_1 上，另一端在 γ_2 上，别无其他的点在 γ 上．这两个端点之间的点 x 满足 $n(\gamma, x)=1$ 或 -1.

4.2.2　积分公式

设 $f(z)$ 在一个开圆盘 Δ 内解析．考察 Δ 中的一条闭曲线 γ 及不在 γ 上的一点 $a\in\Delta$. 把柯西定理应用于函数

118

$$F(z)=\frac{f(z)-f(a)}{z-a}.$$

这个函数对于 $z\neq a$ 是解析的．如果 $z=a$，则没有定义，但它满足条件

$$\lim_{z\to a}F(z)(z-a)=\lim_{z\to a}(f(z)-f(a))=0.$$

这是定理 5 的条件．因此

$$\int_\gamma \frac{f(z)-f(a)}{z-a}\mathrm{d}z=0.$$

这一方程可写成下面的形式：

$$\int_\gamma \frac{f(z)\mathrm{d}z}{z-a}=f(a)\int_\gamma \frac{\mathrm{d}z}{z-a},$$

但右边的积分根据定义应等于 $2\pi\mathrm{i}\cdot n(\gamma, a)$，因此证明了下面的定理：

定理 6　*设 $f(z)$ 在开圆盘 Δ 内解析，并设 γ 是 Δ 中的一条闭曲线，那么对不在 γ 上的任一点 a，必有*

$$n(\gamma,a)\cdot f(a)=\frac{1}{2\pi\mathrm{i}}\int_\gamma \frac{f(z)}{z-a}\mathrm{d}z, \tag{20}$$

其中 $n(\gamma, a)$ 是点 a 关于 γ 的指数.

在上面的叙述中，我们不要求 a 是 Δ 中的一点，这主要是为了便于对 a 不属于 Δ 的情形解释公式(20)．事实上，当 $a\notin\Delta$ 时，$n(\gamma, a)$ 及右边的积分都等于零，因此不论 $f(a)$ 取怎样的值，公式(20)都正确.

很明显，对于任意可以应用定理 5 的域 Ω，定理 6 均成立．也可允许有应予除去的点 ζ_j，只要它们都不与 a 相重.

这个定理最普遍的应用就是用于 $n(\gamma, a)=1$ 的情形，这时我们有

$$f(a)=\frac{1}{2\pi\mathrm{i}}\int_\gamma \frac{f(z)\mathrm{d}z}{z-a}, \tag{21}$$

这个式子常称为*表示公式*．事实上，只要 $f(z)$ 在 γ 上的值为已知，且如果已知 $f(z)$ 在 Δ 内解析，则 $f(a)$ 的值就可以算出．在(21)式中，只要 a 关于 γ 的阶数始终保持等于 1，那么，我们也可以令 a 取不同的各种值．这样，我们就可以把 a 当成一个变量，为了方便起见，可将记法稍加改变，把(21)式写成

$$f(z)=\frac{1}{2\pi i}\int_{\gamma}\frac{f(\zeta)d\zeta}{\zeta-z}, \tag{22}$$ 119

这个公式通常称为柯西积分公式. 应当记住，这个公式当 $n(\gamma, z)=1$ 时正确，而且我们只对 $f(z)$ 在圆盘内解析时作了证明.

练 习

1. 计算

$$\int_{|z|=1}\frac{e^z}{z}dz.$$

2. 通过将被积函数分解为部分分式来计算

$$\int_{|z|=2}\frac{dz}{z^2+1}.$$

3. 计算

$$\int_{|z|=\rho}\frac{|dz|}{|z-a|^2},$$

条件是 $|a|\neq\rho$. 提示：应用方程 $z\bar{z}=\rho^2$ 及

$$|dz|=-i\rho\frac{dz}{z}.$$

4.2.3 高阶导数

表示式(22)给我们提供了一个研究解析函数局部性质的理想工具. 特别是，我们可以证明一个解析函数具有各阶导数，而各阶导函数也必是解析的.

现在来考察在一个任意域 Ω 内解析的函数 $f(z)$. 对于一点 $a\in\Omega$，我们确定一个包含于 Ω 中的 δ 邻域 Δ，并在 Δ 内确定一个以 a 为中心的圆 C. 对 Δ 内的 $f(z)$ 可以应用定理 6. 由于 $n(C, a)=1$，故知对于 C 内部的所有点 z，都有 $n(C, z)=1$. 对于 z，根据(22)式有

$$f(z)=\frac{1}{2\pi i}\int_{C}\frac{f(\zeta)d\zeta}{\zeta-z}.$$

只要这一积分可以在积分号下进行微分，则

$$f'(z)=\frac{1}{2\pi i}\int_{C}\frac{f(\zeta)d\zeta}{(\zeta-z)^2}, \tag{23}$$

$$f^{(n)}(z)=\frac{n!}{2\pi i}\int_{C}\frac{f(\zeta)d\zeta}{(\zeta-z)^{n+1}}. \tag{24}$$ 120

如果这些微分公式能够得到证明，那就证明了 C 内部各点上各阶导数的存在. 由于 Ω 中的每一点都位于某一圆 C 的内部，故在整个域 Ω 中各阶导数的存在得证. 同时我们也将得出一个便于求导数的表示公式.

这里的证明或者可参照实数情形中的相应定理来进行，或者证明一个关于线积分的一般定理，这一线积分的被积函数在分析意义上依赖于一个参数. 实际上，就目前需要来

说，我们只要证明下面的引理就够了：

引理3　设 $\varphi(\zeta)$ 是弧 γ 上的一个连续函数，则函数

$$F_n(z)=\int_\gamma \frac{\varphi(\zeta)\mathrm{d}\zeta}{(\zeta-z)^n}$$

在 γ 所确定的任意域内都解析，且其导数为 $F_n'(z)=nF_{n+1}(z)$.

先证 $F_1(z)$ 是连续的．设 z_0 为不在 γ 上的一点，选取邻域 $|z-z_0|<\delta$，使之不与 γ 相交．将 z 限制于较小的邻域 $|z-z_0|<\delta/2$ 之中，则对所有的 $\zeta\in\gamma$，可得 $|\zeta-z|>\delta/2$．从

$$F_1(z)-F_1(z_0)=(z-z_0)\int_\gamma \frac{\varphi(\zeta)\mathrm{d}\zeta}{(\zeta-z)(\zeta-z_0)}$$

立即可得

$$|F_1(z)-F_1(z_0)|<|z-z_0|\cdot\frac{2}{\delta^2}\int_\gamma |\varphi||\mathrm{d}\zeta|,$$

这一不等式证明了 $F_1(z)$ 在 z_0 处是连续的．

将引理的这一部分应用于函数 $\varphi(\zeta)/(\zeta-z_0)$，则知当 $z\to z_0$ 时，差商

$$\frac{F_1(z)-F_1(z_0)}{z-z_0}=\int_\gamma \frac{\varphi(\zeta)\mathrm{d}\zeta}{(\zeta-z)(\zeta-z_0)}$$

将趋于极限 $F_2(z_0)$．这就证明了 $F_1'(z)=F_2(z)$.

一般的情形可用归纳法来证明．假设已经证明 $F_{n-1}'(z)=(n-1)F_n(z)$．从恒等式

$$F_n(z)-F_n(z_0)=\left[\int_\gamma \frac{\varphi\mathrm{d}\zeta}{(\zeta-z)^{n-1}(\zeta-z_0)}-\int_\gamma \frac{\varphi\mathrm{d}\zeta}{(\zeta-z_0)^n}\right]$$
$$+(z-z_0)\int_\gamma \frac{\varphi\mathrm{d}\zeta}{(\zeta-z)^n(\zeta-z_0)}$$

121

可知 $F_n(z)$ 是连续的．事实上，根据归纳假设，应用于 $\varphi(\zeta)/(\zeta-z_0)$，上式右边第一项当 $z\to z_0$ 时将趋于零，而在第二项中，$z-z_0$ 的因子在 z_0 的一个邻域中有界．现在如果以 $z-z_0$ 除恒等式两边，并令 $z\to z_0$，则第一项中的商将趋于一个导数，根据归纳假设，它应等于 $(n-1)F_{n+1}(z_0)$．第二项中余下的因子是连续的，根据上面已经证明过的关系可知，它应具有极限 $F_{n+1}(z_0)$．这就证明了 $F_n'(z_0)$ 的存在，且等于 $nF_{n+1}(z_0)$.

很明显，引理3正是用严格方法导出公式(23)及(24)的依据．这样，我们就证明了任意解析函数具有各阶导数，它们都是解析的，且可用公式(24)来表示．

在这一结果的许多推论中，我们选出两个经典定理．第一个就是所谓的莫累拉定理，可叙述如下：

设 $f(z)$ 在域 Ω 内有定义且连续，如果对于 Ω 中的所有闭曲线 γ，有 $\int_\gamma f\mathrm{d}z=0$，则 $f(z)$ 在 Ω 内解析．

正像4.1.3节中所说明的，从假设条件可以推知 $f(z)$ 是一个解析函数 $F(z)$ 的导数，因此可知 $f(z)$ 本身是解析的．

第二个经典定理称为刘维尔定理：

在整个平面中有界的解析函数必是一个常数.

为了证明这一定理，我们应用一个从(24)式导出的简单估计式. 设 C 的半径为 r，并设在 C 上有 $|f(\zeta)|\leqslant M$. 应用(24)式，取 $z=a$，则得

$$|f^{(n)}(a)|\leqslant Mn!r^{-n}. \tag{25}$$

对于刘维尔定理，我们只需研究 $n=1$ 的情形. 定理的假设条件意味着在所有的圆上都有 $|f(\zeta)|\leqslant M$. 因此可令 $r\to\infty$，于是对于所有的 a，从(25)可得 $f'(a)=0$. 由此可知函数是一个常数.

刘维尔定理引出了代数基本定理的证明. 设 $P(z)$ 为次数大于 0 的多项式. 如果 $P(z)$ 恒不等于零，则 $1/P(z)$ 将是整个平面中的解析函数. 当 $z\to\infty$ 时，$P(z)\to\infty$，因此 $1/P(z)\to 0$. 这就表示函数是有界的(绝对值在黎曼球面上连续，因此具有一个有限的极大值)，根据刘维尔定理，$1/P(z)$ 应为常数. 但情形并不如此，因此方程 $P(z)=0$ 必有一个根.

不等式(25)称为*柯西估值*. 重要的是，它表明一个解析函数的逐阶导数不能是任意的，必有一个 M 及一个 r 存在，使(25)成立. 为了很好地应用这一不等式，适当地选择 r 就很重要，其目的就是使函数 $M(r)r^{-n}$ 尽量小，此处 $M(r)$ 是 $|f|$ 在 $|\zeta-a|=r$ 上的极大值. 122

练　习

1. 计算：

$$\int_{|z|=1}e^{z}z^{-n}dz;\quad \int_{|z|=2}z^{n}(1-z)^{m}dz;\quad \int_{|z|=\rho}|z-a|^{-4}|dz|\ (|a|\neq\rho).$$

2. 证明，在整个平面中解析的函数如果对于某些 n 及所有充分大的 $|z|$，能满足不等式 $|f(z)|<|z|^{n}$，则必为一个多项式.

3. 设 $f(z)$ 是解析函数，对于 $|z|\leqslant R$，有 $|f(z)|\leqslant M$，试求 $|f^{(n)}(z)|$ 在 $|z|\leqslant\rho<R$ 中的上界.

4. 设 $f(z)$ 在 $|z|<1$ 时解析，且 $|f(z)|\leqslant 1/(1-|z|)$，试由柯西不等式求 $|f^{(n)}(0)|$ 的最优估值.

5. 证明一个解析函数在一点上的逐阶导数绝不可能满足不等式 $|f^{(n)}(z)|>n!\,n^{n}$. 试作出一个同类的较明确的定理.

*6. 引理 3 的一个更为一般的形式如下：设函数 $\varphi(z,t)$ 在 z 位于域 Ω 中而 $\alpha\leqslant t\leqslant\beta$ 时，作为两个变量的函数是连续的. 再设 $\varphi(z,t)$ 对任何固定的 t，作为 $z\in\Omega$ 的函数是解析的，那么

$$F(z)=\int_{\alpha}^{\beta}\varphi(z,t)dt$$

关于 z 是解析的，且

$$F'(z)=\int_{\alpha}^{\beta}\frac{\partial\varphi(z,t)}{\partial z}\mathrm{d}t. \tag{26}$$

要证明上式，可将 $\varphi(z,t)$ 表示成柯西积分

$$\varphi(z,t)=\frac{1}{2\pi\mathrm{i}}\int_{C}\frac{\varphi(\zeta,t)}{\zeta-z}\mathrm{d}\zeta.$$

经过计算，得到

$$F(z)=\int_{C}\left(\frac{1}{2\pi\mathrm{i}}\int_{\alpha}^{\beta}\varphi(\zeta,t)\mathrm{d}t\right)\frac{\mathrm{d}\zeta}{\zeta-z},$$

123 并用引理 3 证明(26).

4.3 解析函数的局部性质

上面我们已经证明了解析函数具有各阶导数. 在本节中，我们将详细研究其局部性质，包括解析函数的各种孤立奇点的分类.

4.3.1 可去奇点和泰勒定理

在定理 3 中，我们提出了一个较弱的条件，用以代替有限个点上的解析性，而不影响最后的结果. 在定理 5 中，我们又证明，在这些较弱的条件下，圆盘中的柯西定理仍保持正确. 这就是我们导出柯西积分公式的主要依据，因为我们应用柯西定理于函数 $(f(z)-f(a))/(z-a)$.

最后，我们曾指出，如果有有限个例外点存在，都满足定理 3 的基本条件，则只要这样的点没有一个与 a 重合，柯西积分公式就仍然有效. 这一说明较之它表面上表现出来的更为重要. 事实上，柯西公式使我们能用依赖于 z 的一个积分来表示 $f(z)$，在例外点亦如在其他地方一样有此特性. 因此例外点只是缺乏了解的点，而不是本质上有何不同的点. 具有这一特性的点称为可去奇点. 现在我们来证明下面的定理：

定理 7　*设 Ω' 是一个由域 Ω 弃去一点 a 而成的区域，并设 $f(z)$ 是 Ω' 内的解析函数，则要使 Ω 内存在一个与 Ω' 内的 $f(z)$ 相重合的解析函数，其充要条件为 $\lim_{z\to a}(z-a)f(z)=0$. 延拓的函数是唯一确定的.*

这一定理的必要性和唯一性都是很明显的，因为延拓的函数必须在 a 上连续. 为了证明条件的充分性，可以以 a 为圆心作一个圆 C，使 C 及其内部都包含在 Ω 内. 这时柯西公式是适用的，对于 C 内部的所有 $z\neq a$，我们可以写出

$$f(z)=\frac{1}{2\pi\mathrm{i}}\int_{C}\frac{f(\zeta)\mathrm{d}\zeta}{\zeta-z}.$$

但右边的积分表示一个在 C 内部处处解析的 z 的函数. 因此，一个函数当 $z\neq a$ 时它等于 $f(z)$，而当 $z=a$ 时它的值为

124

$$\frac{1}{2\pi\mathrm{i}}\int_{C}\frac{f(\zeta)\mathrm{d}\zeta}{\zeta-a}. \tag{27}$$

这一函数必在 Ω 内解析. 我们自然可以以 $f(z)$ 表示延拓的函数，可以以 $f(a)$ 表示值(27).

将这一结果应用于证明柯西公式时所用的函数

$$F(z)=\frac{f(z)-f(a)}{z-a}.$$

这一函数在 $z=a$ 时没有定义，但它满足条件 $\lim\limits_{z\to a}(z-a)F(z)=0$. 当 $z\to a$ 时，$F(z)$ 的极限是 $f'(a)$. 因此，存在一个解析函数，它在 $z\neq a$ 时等于 $F(z)$，而在 $z=a$ 时等于 $f'(a)$. 以 $f_1(z)$ 表示这一函数. 重复这一过程，可得一个解析函数 $f_2(z)$，当 $z\neq a$ 时，它等于 $(f_1(z)-f_1(a))/(z-a)$，而当 $z=a$ 时它等于 $f_1'(a)$，如此等等.

用以定义 $f_n(z)$ 的递推关系可写成如下形式：

$$\begin{aligned}f(z)&=f(a)+(z-a)f_1(z),\\ f_1(z)&=f_1(a)+(z-a)f_2(z),\\ &\vdots\\ f_{n-1}(z)&=f_{n-1}(a)+(z-a)f_n(z).\end{aligned}$$

这些方程对 $z=a$ 也正确，从这些方程可得

$$\begin{aligned}f(z)=&f(a)+(z-a)f_1(a)+(z-a)^2f_2(a)+\cdots+\\ &(z-a)^{n-1}f_{n-1}(a)+(z-a)^nf_n(z).\end{aligned}$$

微分 n 次，并令 $z=a$ 得

$$f^{(n)}(a)=n!f_n(a).$$

这确定出系数 $f_n(a)$，因此得到如下形式的泰勒定理：

定理 8 设 $f(z)$ 在包含 a 的域 Ω 内解析，则有

$$\begin{aligned}f(z)=&f(a)+\frac{f'(a)}{1!}(z-a)+\frac{f''(a)}{2!}(z-a)^2+\cdots+\\ &\frac{f^{(n-1)}(a)}{(n-1)!}(z-a)^{n-1}+f_n(z)(z-a)^n,\end{aligned}\tag{28}$$

其中 $f_n(z)$ 在 Ω 内是解析的.

125

这一有限的展开式必须和后面即将讨论的无穷泰勒级数很好地区别. 不过，对于研究 $f(z)$ 的局部性质来说，最有用的还是有限展开式(28). 它之所以有用，是因为 $f_n(z)$ 有一个线积分的简单的显式表示.

应用上面的同一个圆 C，首先有

$$f_n(z)=\frac{1}{2\pi i}\int_C\frac{f_n(\zeta)d\zeta}{\zeta-z}.$$

而后用从(28)式所得的表达式代入 $f_n(\zeta)$. 包含 $f(\zeta)$ 的只有一项，其余的项除了常数因子外，都有如下的形式：

$$F_v(a)=\int_C\frac{d\zeta}{(\zeta-a)^v(\zeta-z)},\quad v\geqslant 1.$$

但对于 C 内部的所有 a，恒等地有

$$F_1(a)=\frac{1}{z-a}\int_C\left(\frac{1}{\zeta-z}-\frac{1}{\zeta-a}\right)\mathrm{d}\zeta=0.$$

根据引理3，有 $F_{v+1}(a)=F_1^{(v)}(a)/v!$，因此，对所有的 $v\geqslant1$，有 $F_v(a)=0$. 故 $f_n(z)$ 的表达式化为

$$f_n(z)=\frac{1}{2\pi\mathrm{i}}\int_C\frac{f(\zeta)\mathrm{d}\zeta}{(\zeta-a)^n(\zeta-z)}.\tag{29}$$

这一表达式在 C 内部是正确的.

4.3.2　零点和极点

如果 $f(a)$ 及所有的导数 $f^{(v)}(a)$ 都等于零，则根据(28)，对于任意 n，有

$$f(z)=f_n(z)(z-a)^n.\tag{30}$$

$f_n(z)$ 的估值可用(29)式求得. 具有周界 C 的圆盘应包含于域 Ω 中，在域 Ω 内，函数 $f(z)$ 有定义且解析. 绝对值 $|f(z)|$ 在 C 上具有一个极大值 M. 如果令 C 的半径为 R，则对于 $|z-a|<R$，有

$$|f_n(z)|\leqslant\frac{M}{R^{n-1}(R-|z-a|)}.$$

因此，根据(30)式，有

$$|f(z)|\leqslant\left(\frac{|z-a|}{R}\right)^n\cdot\frac{MR}{R-|z-a|}.$$

126　但在 $n\to\infty$ 时，$(|z-a|/R)^n\to0$，因为 $|z-a|<R$. 因此，在 C 的内部，$f(z)=0$.

现在我们来证明在整个 Ω 内 $f(z)$ 恒等于零. 设 E_1 为一个集，在其上 $f(z)$ 及其所有导数都等于零，并设 E_2 为另一个集，在其上函数或其导数之一不为零. 根据上面的推理可知 E_1 是开集，而由于函数及其所有导数都是连续的，故知 E_2 也是开集. 因此，E_1 或 E_2 必有一个为空集. 如果 E_2 为空集，则函数应恒等于零. 如果 E_1 是空集，则 $f(z)$ 及其所有导数不能同时等于零.

设 $f(z)$ 不恒等于零，那么，如果 $f(a)=0$，则存在第一个不等于零的导数 $f^{(h)}(a)$. 此时，我们称 a 为 h 阶零点，根据上面的证明，可知无穷阶零点是不存在的. 在这一方面，解析函数与多项式具有同样的局部性质，正像在多项式的情形一样，我们可写 $f(z)=(z-a)^hf_h(z)$，其中 $f_h(z)$ 是解析的，且 $f_h(a)\neq0$.

在同样情形中，由于 $f_h(z)$ 是连续的，故知在 a 的一个邻域中，$f_h(z)\neq0$，而 $z=a$ 就是 $f(z)$ 在这一邻域中的唯一零点. 换句话说，凡是一个不恒等于零的解析函数的诸零点都是孤立的. 这一性质也可叙述为下面的唯一性定理：*设 $f(z)$ 及 $g(z)$ 是 Ω 内的两个解析函数，如果有一个点集，它有一个聚点在 Ω 中，在这个集上 $f(z)=g(z)$，则 $f(z)$ 恒等于 $g(z)$.* 这一定理可用差 $f(z)-g(z)$ 来证明.

这一定理的特例中值得一提的是，如果点 $f(z)$ 在 Ω 的一个子域中恒等于零，则它在 Ω 内恒等于零，同样，如果 $f(z)$ 在一段不退化为一点的弧上恒等于零，则在整个域内恒等于

零．也可以这样说，一个解析函数可以用它在任何一个集上的值唯一确定，只要这个集有一个聚点包含在解析域中．不过，这并非意味着我们已经知道了计算函数值的任何方法．

现在我们来考察一个在 a 的邻域中解析的函数 $f(z)$，这个函数可能在 a 点本身上不解析，即 $f(z)$将在区域 $0<|z-a|<\delta$ 内解析．点 a 称为 $f(z)$的**孤立奇点**．上面我们已经讨论过可去奇点的情形．据此，我们可以定义 $f(a)$使得$f(z)$在圆盘 $|z-a|<\delta$ 内成为一个解析函数，因此这里就不需要作进一步的研究[⊖]．

如果$\lim\limits_{z\to a}f(z)=\infty$，则点 a 称为 $f(z)$的**极点**，而令 $f(a)=\infty$．存在一个 $\delta'\leqslant\delta$，使得当 $0<|z-a|<\delta'$时，$f(z)\neq 0$．在这个域中，函数 $g(z)=1/f(z)$有定义且解析．但 $g(z)$在 a 处的奇点是可去的，而且 $g(z)$具有一个解析延拓，$g(a)=0$．由于$g(z)$并不恒等于零，a 处的零点具有有限的阶数，可令$g(z)=(z-a)^h g_h(z)$，$g_h(a)\neq 0$．数 h 称为极点的阶数，$f(z)$的表示式为$f(z)=(z-a)^{-h}f_h(z)$，其中 $f_h(z)=1/g_h(z)$在 a 的一个邻域中解析且不等于零．这样，就可以看出一个极点的本质恰与有理函数情形中的一样．

127

一个在域 Ω 内除了极点以外到处解析的函数 $f(z)$称为 Ω 内的**亚纯函数**．更精确地说，对于每一个 $a\in\Omega$，在 Ω 内必存在一个邻域 $|z-a|<\delta$，使得函数$f(z)$或者在整个邻域中解析，或者在区域 $0<|z-a|<\delta$ 中解析，而孤立奇点是一个极点．一个亚纯函数的极点，根据定义是孤立的．在 Ω 内解析的两个函数之商 $f(z)/g(z)$，只要 $g(z)$不恒等于零，则是 Ω 内的亚纯函数．它可能有的极点都是 $g(z)$的零点，但 $f(z)$及 $g(z)$的公共零点也可以是一个可去奇点．若有这一情形存在，则商的值必须用连续性确定．更一般地说，两个亚纯函数的和、积及商都是亚纯的．除非把常数∞也当作是一个亚纯函数，否则分母恒等于零的情形应除外．

为了更详细地讨论孤立奇点，我们来考察两种情形：

(1) $\lim\limits_{z\to a}|z-a|^{\alpha}|f(z)|=0$；(2) $\lim\limits_{z\to a}|z-a|^{\alpha}|f(z)|=\infty$，此处 α 是一个实数．

如果对某一个 α，条件(1)成立，则对所有更大的 α，条件(1)也成立，因而对某一整数 m，(1)还是成立．因此，$(z-a)^m f(z)$具有一个可去奇点，而当 $z=a$ 时它等于零．这里又有两种情形，或者 $f(z)$恒等于零，此时(1)对所有的 α 都成立，或者$(z-a)^m f(z)$具有一个有限阶数 k 的零点．在后一种情形下，可知(1)对所有 $\alpha>h=m-k$ 成立，而(2)对所有 $\alpha<h$成立．现在设(2)对某一 α 成立，则对所有更小的 α 也成立，因而对某一整数 n，条件(2)成立．函数$(z-a)^n f(z)$具有一个有限阶数 l 的极点，如果令 $h=n+l$，则仍然有(1)对所有 $\alpha>h$ 成立而(2)对所有的 $\alpha<h$ 成立．这一讨论说明有三种可能情形：(ⅰ)条件(1)对所有的 α 成立，而 $f(z)$恒等于零；(ⅱ)存在一个整数 h，使条件(1)对所有 $\alpha>h$ 成立，而条件(2)对所有 $\alpha<h$ 成立；(ⅲ)无论条件(1)或(2)，对任一 α 都不成立．

第(ⅰ)种情形是没有意义的．在第(ⅱ)种情形中，我们可把 h 称为 $f(z)$在 a 处的代数阶．如果 a 为极点，则 h 是正的；如果 a 为零点，则 h 是负的；如果$f(z)$在a 处解析但不

⊖ 如果点 a 为一个可去奇点，则 $f(z)$常称为在 a 处正则．这个词有时候用作解析的同义词．

等于0，则 $h=0$. 值得注意的是，阶数永远是一个整数，没有一个单值解析函数能像 $|z-a|$ 的非整数次乘幂那样趋向于0或∞.

在 h 阶极点的情形，对解析函数 $(z-a)^h f(z)$ 应用定理8，得到如下展开式

128

$$(z-a)^h f(z) = B_h + B_{h-1}(z-a) + \cdots + B_1(z-a)^{h-1} + \varphi(z)(z-a)^h,$$

其中函数 $\varphi(z)$ 在 $z=a$ 处解析. 如果 $z\neq a$，则可用 $(z-a)^h$ 除上式，得到 $f(z)=B_h(z-a)^{-h}+B_{h-1}(z-a)^{-h+1}+\cdots+B_1(z-a)^{-1}+\varphi(z)$. 上面的展开式中，$\varphi(z)$ 前面的部分称为 $f(z)$ 在 $z=a$ 处的奇部. 由此可知，一个极点不仅有阶数，而且还有明确定义的奇部. 具有相同奇部的两个函数之差在 a 处是解析函数.

在(ⅲ)的情形，点 a 称为*本性孤立奇点*. 在一个本性奇点的邻域中，$f(z)$ 一方面是无界的，但同时又是任意地逼近于零的. 下面我们来证明魏尔斯特拉斯的一个经典定理，借以说明函数在本性奇点的邻域中复杂行为的特征.

定理 9　*一个解析函数在本性奇点的每一邻域中都将任意地逼近于任意复数值.*

如果这一断言不正确，那么一定可以找到一个复数 A 及一个 $\delta>0$，在 a 的一个邻域($z=a$ 除外)中满足条件 $|f(z)-A|>\delta$. 于是对于任意 $\alpha<0$，有 $\lim\limits_{z\to a}|z-a|^{\alpha}|f(z)-A|=\infty$，这样，$a$ 就不能是 $f(z)-A$ 的本性奇点. 因此，必存在一个 β 使 $\lim\limits_{z\to a}|z-a|^{\beta}|f(z)-A|=0$，而且可以选取 β 是一个正数. 在这种情形下，由于 $\lim\limits_{z\to a}|z-a|^{\beta}|A|=0$，故知 $\lim\limits_{z\to a}|z-a|^{\beta}|f(z)|=0$，而 a 就不能是 $f(z)$ 的本性奇点. 这与假设矛盾，因此定理得证.

孤立奇点的概念也适用于在∞的邻域 $|z|>R$ 中解析的函数. 由于 $f(\infty)$ 是没有定义的，我们把∞看作一个孤立奇点，根据约定，就像 $g(z)=f(1/z)$ 在 $z=0$ 上的奇性一样，它具有可去奇点、极点或本性奇点的同样特性. 如果奇点是非本性的，则 $f(z)$ 具有一个代数阶 h，使 $\lim\limits_{z\to\infty}z^{-h}f(z)$ 既不等于零，也不等于∞，因此对于一个极点，奇部也是 z 的多项式. 如果∞为一个本性奇点，则在∞的每一邻域中，函数具有定理9所说的性质.

练　习

1. 若函数 $f(z)$ 及 $g(z)$ 在 $z=a$ 处具有代数阶 h 及 k，证明 fg 的阶为 $h+k$；f/g 的阶为 $h-k$；$f+g$ 的阶不大于 $\max(h, k)$.

129

2. 证明，在整个平面上解析而在∞处具有一个非本性奇点的函数是一个多项式.

3. 证明，函数 e^z，$\sin z$ 及 $\cos z$ 在∞处具有本性奇点.

4. 证明，在扩充平面上的任意亚纯函数是有理函数.

5. 证明 $f(z)$ 的一个孤立奇点是可去的，只要 $\mathrm{Re}f(z)$ 或 $\mathrm{Im}f(z)$ 上有界或下有界. 提示：应用一个分式线性变换.

6. 证明 $f(z)$ 的一个孤立奇点不能是 $\exp f(z)$ 的一个极点. 提示：f 和 e^f 不能有公共的极点.（为什么?）然后再应用定理9.

4.3.3 局部映射

我们从证明一个可用于确定解析函数的零点个数的一般公式开始. 我们所要考虑的函数 $f(z)$在开圆盘 Δ 内解析且不恒等于零. 令 γ 为 Δ 内的一条闭曲线, 在 γ 上 $f(z)\neq 0$. 为了简单起见, 先设 $f(z)$在 Δ 内只有有限个零点, 记为 z_1, z_2, …, z_n, 这里, 每个零点有几阶就重复算几次.

反复应用定理 8 或其推论(30)式, 有 $f(z)=(z-z_1)(z-z_2)\cdots(z-z_n)g(z)$, 其中 $g(z)$在 Δ 内解析且不等于 0. 对于 $z\neq z_j$, 特别是对于 γ 上的 z, 作对数导数, 得到

$$\frac{f'(z)}{f(z)}=\frac{1}{z-z_1}+\frac{1}{z-z_2}+\cdots+\frac{1}{z-z_n}+\frac{g'(z)}{g(z)}.$$

由于在 Δ 内 $g(z)\neq 0$, 故由柯西定理得到

$$\int_\gamma \frac{g'(z)}{g(z)}\mathrm{d}z=0.$$

再根据 $n(\gamma, z_j)$的定义, 有

$$n(\gamma,z_1)+n(\gamma,z_2)+\cdots+n(\gamma,z_n)=\frac{1}{2\pi\mathrm{i}}\int_\gamma \frac{f'(z)}{f(z)}\mathrm{d}z. \tag{31}$$

若 $f(z)$在 Δ 内具有无穷多个零点, 上式仍正确. 事实上, γ 显然包含在一个小于 Δ 的同心圆盘 Δ'之中. 除非 $f(z)$恒等于零(这一情形显然应予排除), 否则它在 Δ'中只能有有限个零点. 这是波尔查诺-魏尔斯特拉斯定理的一个明显的推论, 因为如果有无穷多个零点, 则它们必有一个聚点在 Δ'的闭包内, 但这是不可能的. 现在对圆盘 Δ'应用公式(31). Δ'之外的零点满足条件 $n(\gamma, z_j)=0$, 因此对(31)中的和不影响. 这样就证明了下面的定理: [130]

定理 10 设函数 $f(z)$在圆盘 Δ 内解析且不恒等于零, z_j 为函数 $f(z)$的零点, 各个零点按其阶数重复计数. 对于 Δ 内每一条不通过零点的闭曲线 γ, 有

$$\sum_j n(\gamma,z_j)=\frac{1}{2\pi\mathrm{i}}\int_\gamma \frac{f'(z)}{f(z)}\mathrm{d}z, \tag{32}$$

其中, 和只有有限的项不为 0.

函数 $w=f(z)$将 γ 映成 w 平面中的闭曲线 Γ, 故得

$$\int_\Gamma \frac{\mathrm{d}w}{w}=\int_\gamma \frac{f'(z)}{f(z)}\mathrm{d}z.$$

因此, 公式(32)具有如下的解释:

$$n(\Gamma,0)=\sum_j n(\gamma,z_j). \tag{33}$$

这一定理最简单且最有用的应用是用于已知每个 $n(\gamma, z_j)$应等于 0 或 1 的情形. 这时, (32)式给出了计算 γ 内部零点总数的公式. 当 γ 是一个圆的时候显然就是这种情形.

设 a 为任意复数, 对 $f(z)-a$ 应用定理 10. $f(z)-a$ 的零点就是方程$f(z)=a$ 的根, 记为 $z_j(a)$. 代替公式(32), 得到公式

$$\sum_j n(\gamma, z_j(a)) = \frac{1}{2\pi i}\int_\gamma \frac{f'(z)}{f(z)-a}dz,$$

同时，(33)式变为

$$n(\Gamma, a) = \sum_j n(\gamma, z_j(a)).$$

这里，必须设在γ上$f(z)\neq a$.

如果a及b位于Γ所确定的同一个域中，则$n(\Gamma,a)=n(\Gamma,b)$，因此又有$\sum_j n(\gamma,z_j(a))=\sum_j n(\gamma,z_j(b))$. 如果$\gamma$为一个圆，则在$\gamma$内部，$f(z)$取值$a$及取值$b$的次数相等. 下面关于局部对应的定理就是这一结果的直接推论.

定理 11　设$f(z)$在z_0处解析，$f(z_0)=w_0$，设$f(z)-w_0$在z_0处具有一个n阶零点. 若$\varepsilon>0$足够小，则必存在一个对应的$\delta>0$，对于所有使$|a-w_0|<\delta$的a，方程$f(z)=a$在圆盘$|z-z_0|<\varepsilon$内恰具有n个根.

131

我们可以选择ε，使$f(z)$在圆盘$|z-z_0|\leqslant\varepsilon$内有定义而解析，且使$z_0$是$f(z_0)-w_0$在这个圆盘中唯一的一个零点. 设$\gamma$为圆$|z-z_0|=\varepsilon$，并设$\gamma$在映射$w=f(z)$下的象为$\Gamma$. 由于$w_0$属于闭集$\Gamma$的余集，故必存在一个不与$\Gamma$相交的邻域$|w-w_0|<\delta$(见图4-7). 由此直接可知，在$\gamma$内部取这一邻域中的任一值$a$的次数全相等. 但方程$f(z)=w_0$在$\gamma$内部恰有$n$个相重的根，故知每一值$a$在$\gamma$内部将取$n$次. 应当理解，重根是根据其相重数计数的，但如果$\varepsilon$取得充分小，使得$f'(z)$在$0<|z-z_0|<\varepsilon$上也不等于零，于是我们可以断言，当$a\neq w_0$时，方程$f(z)=a$的所有根都是单根.

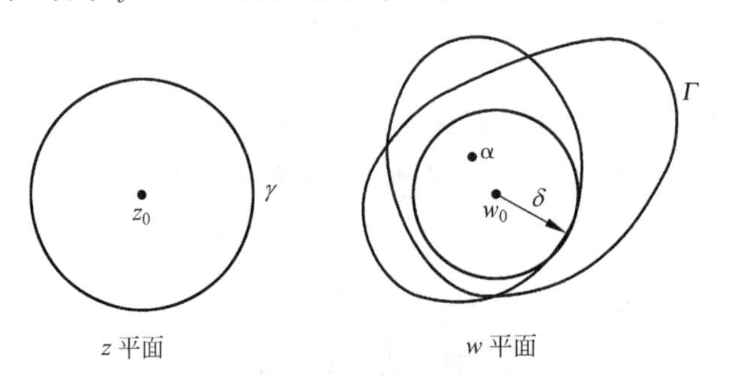

图4-7　局部对应

推论 1　一个非常数的解析函数将开集映成开集.

这就是说，每一个充分小的圆盘$|z-z_0|<\varepsilon$的象包含一个邻域$|w-w_0|<\delta$.

在$n=1$的情形，圆盘$|w-w_0|<\delta$与$|z-z_0|<\varepsilon$的一个开子集Δ之间存在一一对应的关系. 因为z平面上的开集对应于w平面上的开集，故$f(z)$的反函数是连续的，映射是拓扑的. 这个映射可以限制在Δ中z_0的一个邻域内，因此有如下推论：

推论 2　设$f(z)$在z_0处解析，且$f'(z_0)\neq0$，则它把z_0的一个邻域共形地而且拓扑地映成一个域.

从反函数的连续性，根据通常方法可知反函数是解析的，因此逆映射也是共形的．反之，如果局部映射是一对一的，则定理 11 只在 $n=1$ 时成立，因此 $f'(z_0)$ 必异于零． [132]

对于 $n>1$，局部对应仍可精确地描述．在定理 11 的假设条件下，我们可以记

$$f(z)-w_0=(z-z_0)^n g(z),$$

式中 $g(z)$ 在 z_0 处解析，并且 $g(z_0)\neq 0$．选取一个 $\varepsilon>0$，使得当 $|z-z_0|<\varepsilon$ 时有 $|g(z)-g(z_0)|<|g(z_0)|$．在这个邻域中，有可能定义 $\sqrt[n]{g(z)}$ 的一个单值解析分支，记为 $h(z)$．于是

$$f(z)-w_0=\zeta(z)^n,$$

$$\zeta(z)=(z-z_0)h(z).$$

由于 $\zeta'(z_0)=h(z_0)\neq 0$，故映射 $\zeta=\zeta(z)$ 在 z_0 的邻域中是拓扑的．另一方面，映射 $w=w_0+\zeta^n$ 是初等性质的，对于每一个 w 的值，确定 n 个等间隔的 ζ 值．如果我们分两步来完成这一映射，就可得到局部对应的一个很清晰的图．图 4-8 表示一个小圆盘的逆象以及映成正的半径的 n 段弧．

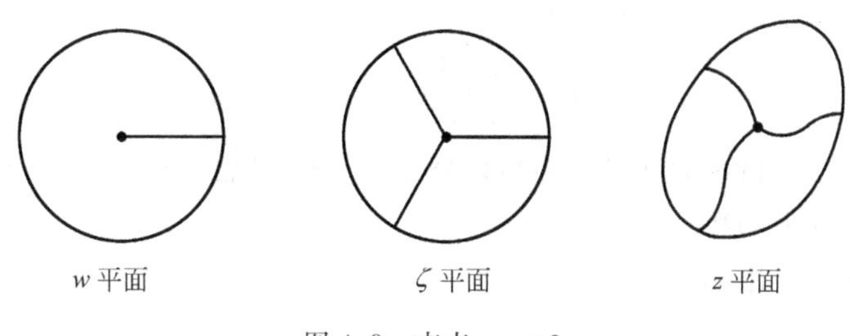

图 4-8 支点：$n=3$

练 习

1. 试确定原点周围的最大圆盘，它在映射 $w=z^2+z$ 下的象是一对一的．
2. 试对 $w=e^z$ 解上题．
3. 应用表示式 $f(z)=w_0+\zeta(z)^n$ 于 $\cos z$，其中 $z_0=0$．确定 $\zeta(z)$．
4. 如果 $f(z)$ 在原点解析，且 $f'(0)\neq 0$，证明：存在一个解析函数 $g(z)$，使得在原点的邻域中，有 $f(z^n)=f(0)+g(z)^n$．

4.3.4 最大值原理

定理 11 的推论 1 具有一个非常重要的分析推理，称为解析函数的最大值原理．由于它简单明显，所以是函数论中最有用的一般定理之一．通常，以最大值原理为根据的证明都非常简捷，故一般都十分乐于使用这一类的证明． [133]

定理 12（最大值原理） 设函数 $f(z)$ 在 Ω 内解析且不等于常数，则它的绝对值 $|f(z)|$ 在 Ω 内没有极大值．

这一定理的证明是很显然的．如果 $w_0=f(z_0)$ 为函数在 Ω 内所取的任意值，则在 Ω 的象之中必存在一个邻域 $|w-w_0|<\varepsilon$．在这个邻域中，存在若干个点，它们的模大于 $|w_0|$，因此 $|f(z_0)|$ 不是 $|f(z)|$ 的极大值．

这一定理也可正面表达如下：

定理 12′ 设 $f(z)$ 在一个有界闭集 E 上有定义且连续，并在 E 的内部解析，则 $|f(z)|$ 的极大值出现在 E 的边界上．

由于 E 是紧致的，所以 $|f(z)|$ 在 E 上有一个极大值，假定出现在 z_0 处．如果 z_0 是边界点，则定理的的断言已证明了．如果 z_0 是内点，那么 $|f(z_0)|$ 也将是 $|f(z)|$ 在包含于 E 中的圆盘 $|z-z_0|<\delta$ 内的极大值．但这是不可能的，除非 $f(z)$ 在包含 z_0 的 E 的内部的分集中是常数．于是由连续性可知，$|f(z)|$ 在该分集的整个边界上等于它的极大值．这一边界非空，且包含在 E 的边界中．因此，极大值总出现在边界上．

最大值原理也可用分析的观点来证明，作为柯西积分公式的一个推论．在公式(22)中，把 γ 取作一个圆，其圆心在 z_0，半径为 r，则在 γ 上，$\zeta=z_0+re^{i\theta}$，$d\zeta=ire^{i\theta}d\theta$，因此对于 $z=z_0$，有

$$f(z_0)=\frac{1}{2\pi}\int_0^{2\pi}f(z_0+re^{i\theta})d\theta. \tag{34}$$

这一公式表明：一个解析函数在其解析域内任意一个闭圆盘 $|z-z_0|\leqslant r$ 的圆心的值等于它在圆上的值的算术平均数．

从公式(34)可以导出不等式

134

$$|f(z_0)|\leqslant\frac{1}{2\pi}\int_0^{2\pi}|f(z_0+re^{i\theta})|d\theta. \tag{35}$$

假设 $|f(z_0)|$ 是一个极大值，于是将会有 $|f(z_0+re^{i\theta})|\leqslant|f(z_0)|$，如果严格的不等关系对于 θ 的某一个值成立，则根据连续性，它在整段弧上都成立．但这时 $|f(z_0+re^{i\theta})|$ 的平均值将严格地小于 $|f(z_0)|$，于是(35)将会引出矛盾 $|f(z_0)|<|f(z_0)|$．因此，$|f(z)|$ 在所有充分小的圆 $|z-z_0|=r$ 上必恒等于 $|f(z_0)|$，故 $|f(z)|$ 在 z_0 的一个邻域中也恒等于 $|f(z_0)|$．由此不难得出 $f(z)$ 必为一常数．这一推理提供了最大值原理的第二个证明方法．我们优先提出第一个证法，是由于它表明了最大值原理是用解析函数所做映射的拓扑性质的一个推论．

现在我们来考察在开圆盘 $|z|<R$ 内解析而在闭圆盘 $|z|\leqslant R$ 上连续的函数 $f(z)$．如果在 $|z|=R$ 上已知 $|f(z)|\leqslant M$，则根据前面的说明，在整个圆盘内将有 $|f(z)|\leqslant M$．等号仅当 $f(z)$ 是常数且绝对恒等于 M 时成立．因此，如果已知 $f(z)$ 取某一值，其模小于 M，则应当可以求得一个较优的估值．这一方面的定理很有用，下面的特殊结果称为施瓦茨引理．

定理 13 如果函数 $f(z)$ 对于 $|z|<1$ 解析，且满足条件 $|f(z)|\leqslant 1$，$f(0)=0$，则 $|f(z)|\leqslant|z|$，且 $|f'(0)|\leqslant 1$．等号仅当 $f(z)=cz$ 时成立此处 c 为一常数，其绝对

值等于 1.

设函数 $f_1(z)$在 $z\neq 0$ 时等于 $f(z)/z$，在 $z=0$ 时等于 $f'(0)$，对这一函数应用最大值原理. 在圆 $|z|=r<1$ 上，其绝对值小于等于 $1/r$，因此当 $|z|\leqslant r$ 时，$|f_1(z)|\leqslant 1/r$. 令 r 趋近于 1，则对于所有的 z，$|f_1(z)|\leqslant 1$，这就是定理的结论. 如果在某一点上等式成立，那就是 $|f_1(z)|$ 达到极大值，因而 $f_1(z)$应变为一个常数.

定理 13 的假设多少有点特殊，但这并不是主要的，应看成是规格化的结果. 例如，如果已知 $f(z)$在半径为 R 的圆盘内满足定理的条件，则可应用定理的原始形式于函数 $f(Rz)$. 结果得到 $|f(Rz)|\leqslant|z|$，这一式又可写为 $|f(z)|\leqslant|z|/R$. 同样，如果模的上界不是 1 而是 M，则可应用定理于 $f(z)/M$，或更一般地，应用于$f(Rz)/M$. 结果，不等式为 $|f(z)|\leqslant M|z|/R$.

更一般地来说，我们可把条件 $f(0)=0$ 换为任意条件 $f(z_0)=w_0$，其中 $|z_0|<R$，$|w_0|<M$. 设 $\zeta=Tz$ 为一个线性变换，它将 $|z|<R$ 映成 $|\zeta|<1$，以 z_0 对应于原点，并设 Sw 为一个线性变换，$Sw_0=0$，且将 $|w|<M$ 映成 $|Sw|<1$. 显然，函数 $Sf(T^{-1}\zeta)$满足原来定理的假设. 因此可得 $|Sf(T^{-1}\zeta)|\leqslant|\zeta|$ 或 $|Sf(z)|\leqslant|Tz|$. 135 更明显地表示时，这一不等式可写成如下形式：

$$\left|\frac{M(f(z)-w_0)}{M^2-\overline{w}_0 f(z)}\right|\leqslant\left|\frac{R(z-z_0)}{R^2-\overline{z}_0 z}\right|. \tag{36}$$

练 习

1. 用(36)式或直接证明，当 $|z|\leqslant 1$ 时 $|f(z)|\leqslant 1$ 蕴涵着

$$\frac{|f'(z)|}{(1-|f(z)|^2)}\leqslant\frac{1}{1-|z|^2}.$$

2. 若 $f(z)$解析，且当 $\mathrm{Im}z>0$ 时 $\mathrm{Im}f(z)\geqslant 0$，证明

$$\frac{|f(z)-f(z_0)|}{|f(z)-\overline{f(z_0)}|}\leqslant\frac{|z-z_0|}{|z-\overline{z}_0|}$$

和

$$\frac{|f'(z)|}{\mathrm{Im}f(z)}\leqslant\frac{1}{y}\quad(z=x+\mathrm{i}y).$$

3. 在练习 1 和练习 2 中，证明：等号成立就意味着 $f(z)$是一个线性变换.

4. 若 $f(z)$将 $|z|<1$ 映入上半平面，试导出相应的不等式.

5. 用施瓦茨引理证明：每一个将一个圆盘映成另一个圆盘(或半平面)的一一共形映射可通过线性变换来实现.

*6. 设 γ 是 $|z|<1$ 中的一个分段可微弧，积分

$$\int_\gamma\frac{|\mathrm{d}z|}{1-|z|^2}$$

称为 γ 的非欧长度或(双曲长度). 证明：当 $|z|<1$ 时，$|f(z)|<1$ 的解析函数 $f(z)$将

每一个 γ 映成一段具有较小或相等非欧长度的弧.

证明将单位圆盘映成自身的线性变换保持非欧长度不变，并用显式计算验证结果.

*7. 证明在单位圆盘中连接两个给定点且具有最小非欧长度的弧是正交于单位圆的圆弧.（使用一个将连接的一个端点变成原点，另一个端点变成正实轴上一点的线性变换.）

136

最短非欧长度称为两个端点之间的非欧距离. 试推导 z_1 与 z_2 之间的非欧距离的一个公式. 答：

$$\frac{1}{2}\log\frac{1+\left|\dfrac{z_1-z_2}{1-\bar{z}_1 z_2}\right|}{1-\left|\dfrac{z_1-z_2}{1-\bar{z}_1 z_2}\right|}.$$

*8. 在上半平面内应如何定义非欧长度?

4.4　柯西定理的一般形式

上面我们讨论柯西定理和积分公式的时候，所考虑的只是圆域的情形. 这在研究解析函数的局部性质时是十分适宜的，但从更一般的角度来看，我们不能满足于这样不完全的结果. 要把这一结果推广至一般情形可有两种方式：其一是求得柯西定理普遍有效的区域特性；其二是就任意区域找出曲线 γ，使柯西定理的论断在其上有效.

4.4.1　链和闭链

首先，我们必须将线积分的概念加以推广. 为此，考察等式

$$\int_{\gamma_1+\gamma_2+\cdots+\gamma_n} f\,dz=\int_{\gamma_1} f\,dz+\int_{\gamma_2} f\,dz+\cdots+\int_{\gamma_n} f\,dz. \tag{37}$$

这个式子在 γ_1，γ_2，…，γ_n 是弧 γ 的各分段时正确. 由于(37)式的右边对任何有限的组合都有意义，所以我们尽可以考虑任意的形式和 $\gamma_1+\gamma_2+\cdots+\gamma_n$，它不一定是一段弧，并用等式(37)直接定义对应的积分. 弧的这种形式和叫作链. 显然，考察沿着任意链的线积分将不会有损失，相反还可以得到很多方便.

正像一段弧的分割没有唯一的方法一样，不同的形式和可以代表同一个链. 指导原则是：两个链，如果对于所有的函数 f 得出同样的线积分，则应认为它们恒等. 将这一原则加以分析，可知下面的运算并不影响到链的恒等：1)两段弧的置换；2)一段弧的分割；3)各分段弧合并为单一弧；4)弧的再参数化；5)反向弧的相消. 从这一基础出发，不难得出一个

137

逻辑的等价关系，用它可形式地定义链的恒等. 但由于我们的研究并不包含任何逻辑的高度要求，所以这里不作深入的讨论.

两个链的和可用并列法按通常方式定义. 很明显，线积分的加法性质(37)对任意的链保持有效. 当恒等的链相加时，为了方便起见，可以用倍数来表示它们的和. 因此，每一个链可写成如下形式：

$$\gamma=a_1\gamma_1+a_2\gamma_2+\cdots+a_n\gamma_n, \tag{38}$$

式中 a_j 是正整数，γ_j 全不相同. 对于反向弧，可令 $a(-\gamma)=-a\gamma$ 而将(38)式化简，一直到任何两个 γ_j 都不相反时为止. 系数都是任意整数，具有零系数的项可任意加入. 这使得我们有可能用同样的弧来表示任意两个链，于是把对应系数相加就可得到两链之和. 零链是指空的链的和或指所有系数都等于零的链的和.

若一个链可用若干闭曲线的和来表示，则称这个链为闭链. 通过极为简单的组合分析就可以知道，要使一个链成为闭链，其充要条件是任何一个表示式中个别弧的起点和终点成对地相重. 这样，要看一个链是否为闭链就很容易.

在应用中，我们要讨论的是包含在给定开集 Ω 中的链. 这就是说，链可以用 Ω 中的弧来表示，而我们所要考虑的也只是这种表示式. 不难看出，以前我们列出的对域中闭曲线成立的所有定理事实上对域中的任意闭链都正确，特别是，一个恰当微分沿着任意闭链的积分等于零.

一点关于闭链的指数完全可仿照单一闭曲线情形的同样方法来定义. 它具有同样的性质，此外，我们还可将十分明显而又非常重要的加法定理表达为 $n(\gamma_1+\gamma_2, a)=n(\gamma_1, a)+n(\gamma_2, a)$.

4.4.2 单连通性

如果我们说一个域没有孔，它的意义无疑是为读者所了解的. 这样的域称为单连通域，而正是对于单连通域，柯西定理才是普遍成立的. 这句示意性的话不能代替数学的定义，但稍加修正即可使之精确化. 大家知道，一个没有孔的域显然就是这样的域，即它的余集是由单独的一整片组成，因此可得如下的定义：

138

定义 1 *一个域，如果它关于扩充平面的余集是连通的，则这个域是单连通的.*

这里要提醒该者，这一定义并不是普遍接受的一个定义，主要原因是此定义对高于二维的实情形不能用. 不过，在今后讨论过程中将会看到，由定义 1 表达的性质等价于许多或多或少同样重要的其他性质. 其中之一是说，任意闭曲线可以收缩成一点，而这个条件常常被选作定义. 我们所选的定义有其方便之处，即可很快地引导到复积分理论中的本质结果上去.

不难看出，圆盘、半平面、平行带域等都是单连通的. 最后一个例子说明余集应对扩充平面来取的重要性，因为带域在没有无穷远点的平面中的余集显然不是连通的. 这一定义也适用于黎曼球面上的域，显然，这是最对称的情形. 就我们的目的来说，最好还是约定所有的域除另有说明外总是指有限平面上的域. 根据这一约定，一个圆的外部就不是单连通的，因为它的余集由一个闭圆盘及无穷远点所组成.

定理 14 *要使一个域 Ω 是单连通的，当且仅当对于 Ω 内的所有闭链 γ 及不属于 Ω 的所有点 a，均有 $n(\gamma, a)=0$.*

这一备选条件也是颇有示意性的. 它说明单连通域中的一条闭曲线不能环绕域外的任何一点. 很容易看出，这一条件在域有孔时不能满足.

条件的必要性几乎是不证自明的．设 γ 为 Ω 中的任意闭链．如果 Ω 的余集是连通的，则它必包含于由 γ 所确定的一个域中，而因无穷远点属于这一余集，故知包含这一余集的域必无界．因此，对于余集中所有有限的点，必有 $n(\gamma, a)=0$.

为了精确证明条件的充分性，我们必须作出一个明显的构造．设 Ω 的余集可用两个不相交的闭集 A，B 的并 $A\cup B$ 来表示．二集之一包含∞，因此另一个是有界的；设 A 为有界集．集 A 与 B 的最短距离 $\delta>0$．用边长小于 $\delta\sqrt{2}$的正方形网 Q 遮盖整个平面．网可自由选定，使某一点 $a\in A$ 位于一个正方形的中心．Q 的边界曲线记为 ∂Q．设正方形 Q 是闭的，并设 Q 的内部位于组成 ∂Q 的有向线段的左边．

139

现在考察闭链

$$\gamma=\sum_j \partial Q_j, \tag{39}$$

其中的总和是按网中所有与 A 有一个公共点的正方形 Q_j 来取的(见图 4-9)．由于 a 包含于一个而且只包含于一个正方形之中，故显然有 $n(\gamma, a)=1$．不仅如此，曲线 γ 显然不与 B 相交．但如果进行相消之后，同样可以看出 γ 不与 A 相交．事实上，任何一条与 A 相交的边必然是包含于和式(39)中的两个正方形的公共边，由于它们的方向相反，故在 γ 的简化公式中不会有这种边出现．因此 γ 包含于 Ω，于是定理得证．

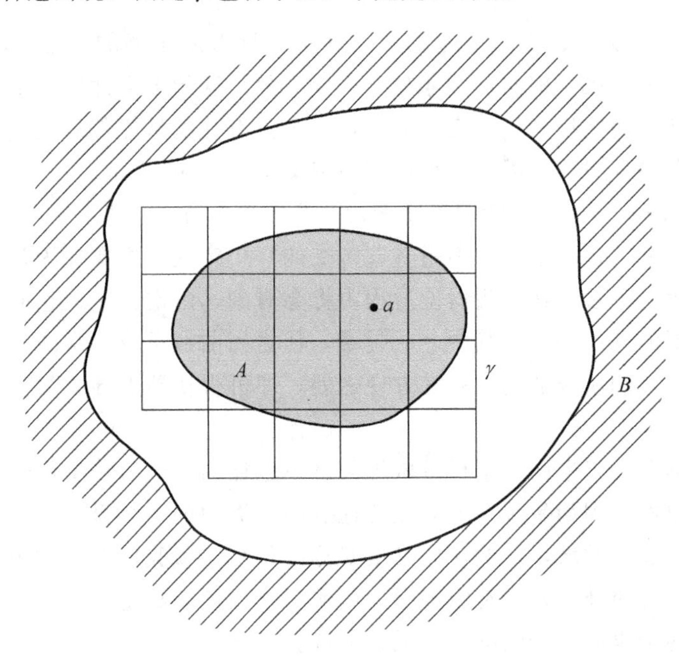

图 4-9　指数为 1 的曲线

现在我们来说明柯西定理对于不是单连通的区域肯定不成立．事实上，如果在 Ω 内有一个闭链 γ，对于 Ω 外的某一点 a，满足条件 $n(\gamma, a)\neq 0$，则 $1/(z-a)$在 Ω 内解析，而它

的积分

$$\int_{\gamma}\frac{\mathrm{d}z}{z-a}=2\pi i n(\gamma,a)\neq 0.$$

4.4.3 同调

由定理 14 刻画的单连通性为单连通区域中的所有闭链找出了一条共同的性质，但对于任意区域或任意开集中的闭链来说，可能具有这种性质，也可能不具有这种性质. 这一性质在拓扑学中起着重要作用，因而赋予一个特殊的名称.

定义 2 开集 Ω 内的闭链 γ 称为关于 Ω 同调于零，如果对于 Ω 的余集中的所有点 a，均有 $n(\gamma, a)=0$.

用记号表示，就是 $\gamma\sim 0(\mathrm{mod}\Omega)$. 当所参考的开集已经很明显时，$\Omega$ 就可省略. 记号 $\gamma_1\sim\gamma_2$ 等价于 $\gamma_1-\gamma_2\sim 0$. 同调关系可以相加与相减，而 $\gamma\sim 0(\mathrm{mod}\Omega)$ 就意味着对所有 $\Omega'\supset\Omega$，有 $\gamma\sim 0(\mathrm{mod}\Omega')$.

另外，我们的术语与标准用法并不完全一致. 用零卷绕数来刻画同调性是 Emil Artin 发现的. 正是他把同调性与柯西定理的一般形式所需的特性紧密地联系起来. 这一概念使早先的一些证明大大简化了.

4.4.4 柯西定理的一般叙述

现在，柯西定理的确定形式很容易陈述.

定理 15 如果 $f(z)$ 在 Ω 中解析，则对于 Ω 中同调于零的任意闭链 γ，恒有

$$\int_{\gamma}f(z)\mathrm{d}z=0. \tag{40}$$

在一种不同的叙述中，我们要求，如果 γ 使(40)对某一族解析函数成立，即对形如 $1/(z-a)$ 的解析函数族成立，其中 $a\notin\Omega$，则它对 Ω 中所有的解析函数成立.

与定理 14 结合起来，就得到下列的推论：

推论 1 如果 $f(z)$ 在一个单连通域 Ω 中解析，则(40)对 Ω 中所有的闭链 γ 成立.

在证明定理之前，我们先来看一看与 4.1.3 节相联系的事实. 在这一方面，如同已经指出的，(40)对域中的所有闭曲线 γ 成立就意味着 $f\mathrm{d}z$ 的线积分是与积分路径无关的，或者说，$f\mathrm{d}z$ 是一个恰当微分. 于是根据定理 1，有一个单值的解析函数 $F(z)$ 使得 $F'(z)=f(z)$(多余的词“单值的”只是用于强调). 这样，在单连通域中，任意解析函数都是一个导函数.

140~141

经常出现这一事实的一个特殊应用是：

推论 2 如果 $f(z)$ 在单连通域 Ω 中解析且不等于 0，则在 Ω 中，可定义 $\log f(z)$ 和 $\sqrt[n]{f(z)}$ 的单值解析分支.

事实上，我们知道在 Ω 中存在一个解析函数 $F(z)$ 使得 $F'(z)=f'(z)/f(z)$. 函数

$f(z)\mathrm{e}^{-F(z)}$ 的导数为零，因此是一个常数．选取一点 $z_0 \in \Omega$ 和无穷多个值$\log f(z_0)$之一，得

$$\mathrm{e}^{F(z)-F(z_0)+\log f(z_0)} = f(z),$$

因此可令 $\log f(z)=F(z)-F(z_0)+\log f(z_0)$．为定义 $\sqrt[n]{f(z)}$，只要将它写成形式 $\exp((1/n)\log f(z))$即可．

4.4.5　柯西定理的证明[⊖]

我们从一个与定理 14 的证明相平行的结构开始．先设 Ω 是有界的，而后则是任意的．给定 $\delta>0$，我们用边长为 δ 的正方形网覆盖平面，将 Ω 中所含网内的闭正方形记为 Q_j，$j\in J$．由于 Ω 是有界的，所以集 J 是有限的，如果 δ 充分小，则它是非空的．正方形 Q_j，$j\in J$ 的并由一些闭区域组成，这些闭区域的有向边界构成闭链

$$\Gamma_\delta = \sum_{j\in J} \partial Q_j .$$

很明显，Γ_δ 是一些有向线段的和，这些线段恰好都是一个 Q_j 的边．用 Ω_δ 表示并$\bigcup Q_j$的内部(见图 4-10)．

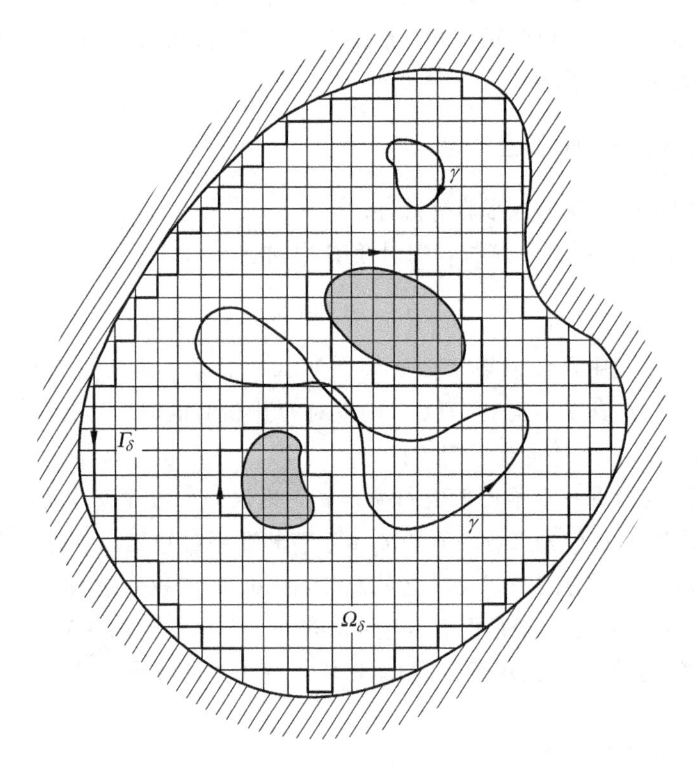

图　4-10

⊖　这一证明是根据 A. F. Beardom 的建议作出的，并且他慷慨地允许我在这里引用．

设 γ 是在 Ω 内同调于零的一个闭链．选 δ 充分小，使得 γ 含于 Ω_δ 内．考察一点 $\zeta\in\Omega-\Omega_\delta$．它至少属于一个 Q，该 Q 不是一个 Q_j．存在一点 $\zeta_0\in Q$，它不属于 Ω，可以用位于 Q 中的一条线段连接 ζ 和 ζ_0，因此该线段不与 Ω_δ 相交．由于 Γ 看作一个点集，含于 Ω_δ 中，故知 $n(\gamma,\zeta)=n(\gamma,\zeta_0)=0$．特别地，对于 Γ_δ 上的所有点 ζ，有 $n(\gamma,\zeta)=0$．

现在假设 f 在 Ω 中解析．如果 z 位于 Q_{j_0} 的内部，则

$$\frac{1}{2\pi\mathrm{i}}\int_{\partial Q_j}\frac{f(\zeta)\mathrm{d}\zeta}{\zeta-z}=\begin{cases}f(z) & 若\ j=j_0\\ 0 & 若\ j\neq j_0.\end{cases}$$

因此

$$f(z)=\frac{1}{2\pi\mathrm{i}}\int_{\Gamma_\delta}\frac{f(\zeta)\mathrm{d}\zeta}{\zeta-z}.\tag{41}$$

由于上式两边都是 z 的连续函数，所以上式对于所有的 $z\in Q_\delta$ 成立．

作为一个推论，我们得到

$$\int_\gamma f(z)\mathrm{d}z=\int_\gamma\left(\frac{1}{2\pi\mathrm{i}}\int_{\Gamma_\delta}\frac{f(\zeta)\mathrm{d}\zeta}{\zeta-z}\right)\mathrm{d}z.\tag{42}$$

142～143

内积分的被积函数是两个积分变量(即 Γ_δ 和 γ 的参数)的连续函数．因此，积分次序可以调换．换言之，

$$\int_\gamma\left(\frac{1}{2\pi\mathrm{i}}\int_{\Gamma_\delta}\frac{f(\zeta)\mathrm{d}\zeta}{\zeta-z}\right)\mathrm{d}z=\int_{\Gamma_\delta}\left(\frac{1}{2\pi\mathrm{i}}\int_\gamma\frac{\mathrm{d}z}{\zeta-z}\right)f(\zeta)\mathrm{d}\zeta.$$

右端的内层积分是 $-n(\gamma,\zeta)=0$．因此积分(42)为零，这样就对有界的 Ω 证明了定理．

如果 Ω 是无界的，我们就用 Ω 与足以包含 γ 的圆盘 $|z|<R$ 的交 Ω' 代替 Ω．在 Ω' 的余集中的任一点 a，或者落在 Ω 的余集中，或者位于圆盘的外部．不论哪种情况，总有 $n(\gamma,a)=0$，所以 $\gamma\sim 0(\mathrm{mod}\,\Omega')$．证明可应用于 Ω'，由此证明了定理对任意 Ω 成立．

4.4.6　局部恰当微分

微分 $p\mathrm{d}x+q\mathrm{d}y$ 称为在 Ω 中是*局部恰当的*，如果它在 Ω 的每一点的某个邻域中是恰当的．不难看出(下面的练习 1) $p\mathrm{d}x+q\mathrm{d}y$ 为局部恰当的充要条件是：对于所有的 $\gamma=\partial R$，有

$$\int_\gamma p\mathrm{d}x+q\mathrm{d}y=0,\tag{43}$$

其中 R 是 Ω 中的一个矩形．这一条件在 $p\mathrm{d}x+q\mathrm{d}y=f(z)\mathrm{d}z$ 时肯定满足，其中 f 在 Ω 中解析，于是由定理 15，对任何闭链 $\gamma\sim 0(\mathrm{mod}\,\Omega)$，(43)成立．

定理 16　*如果 $p\mathrm{d}x+q\mathrm{d}y$ 在 Ω 中局部恰当，则对于 Ω 中的任意闭链 $\gamma\sim 0$，有下式成立：*

$$\int_\gamma p\mathrm{d}x+q\mathrm{d}y=0.$$

看来这里并没有修改定理 15 的证明的任何直接途径可使之包容这一更为普遍的情况．因此，我们介绍柯西一般定理的两种证明方法．像本书早先两版中一样，定理 16 将用 Artin 的

证法. 柯西定理的个别证明由于其特殊吸引力也被收录.

对于定理16的证明，首先要证明γ可用一个具有水平边及垂直边的折线σ来代替，使得每一个局部恰当微分沿着σ的积分与沿着γ的积分相等. 特别是，这一性质意味着对于Ω的余集中的a，有$n(\sigma, a)=n(\gamma, a)$，因而$\sigma\sim 0$. 这样，只要对具有水平边与垂直边的折线证明定理就可以了.

作出σ，把它当作γ的一个近似. 设由γ至Ω的余集的距离为ρ，如果γ由$z=z(t)$给出，则函数$z(t)$在闭区间$[a, b]$上是一致连续的. 确定$\delta>0$，使得当$|t-t'|<\delta$时，$|z(t)-z(t')|<\rho$，并将$[a, b]$分成子区间，其长度小于δ. γ的对应子弧γ_i具有这样的性质：其每一个必包含在半径为ρ而整个位于Ω内的一个圆盘之中. γ_i的端点可在同一圆盘内用由水平线段和垂直线段组成的折线σ_i来连接. 由于所给的微分在圆盘内是恰当的，故

144

$$\int_{\sigma_i} p\,\mathrm{d}x+q\,\mathrm{d}y=\int_{\gamma_i} p\,\mathrm{d}x+q\,\mathrm{d}y,$$

令$\sigma=\sum\sigma_i$，即得到

$$\int_{\sigma} p\,\mathrm{d}x+q\,\mathrm{d}y=\int_{\gamma} p\,\mathrm{d}x+q\,\mathrm{d}y,$$

为继续证明，我们将构成σ的所有线段延长至无穷(见图4-11). 这些线段将平面分成若干个有限的矩阵R_i和一些无界的区域R'_j，这些R'_j可以看作无穷的矩形.

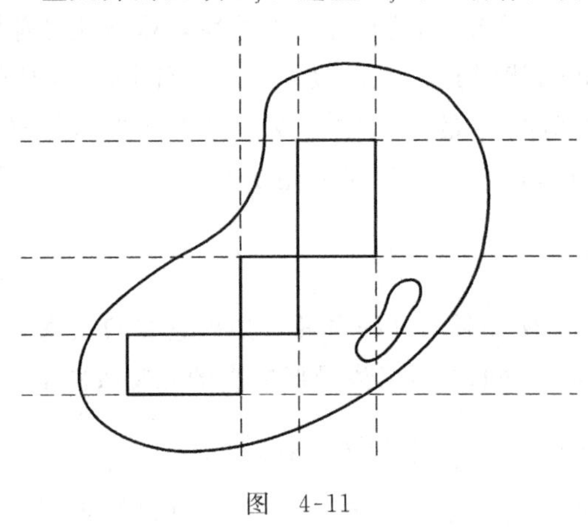

图 4-11

从每个R_i的内部取一点a_i，作成闭链

$$\sigma_0=\sum_i n(\sigma, a_i)\partial R_i, \tag{44}$$

其中的和取遍所有有限的矩形. 系数$n(\sigma, a_i)$是完全确定的，因为没有一个a_i位于σ上. 在下面的讨论中，我们也将用到从每个R'_j的内部选取的点a'_j.

很明显，若$k=i$，$n(\partial R_i, a_k)=1$；若$k\neq i$，$n(\partial R_i, a_k)=0$；类似地，对所有的j，$n(\partial R_i, a'_j)=0$. 据此，由(44)推得$n(\sigma_0, a_i)=n(\sigma, a_i)$和$n(\sigma_0, a'_j)=0$. 而对于处于$\sigma$

所确定的无界区域中的R_j'的内部，也有$n(\sigma, a_j')=0$成立. 这样，就证明了对于所有的$a=a_i$和$a=a_j'$，都有$n(\sigma-\sigma_0, a)=0$.

145

从$\sigma-\sigma_0$的这一性质，我们要得到σ_0与σ除了相差一些彼此互相抵消的线段之外是恒等的. 设σ_{ik}是两个相邻矩形R_i与R_k的公共边，取定向使得R_i位于σ_{ik}的左边. 假定$\sigma-\sigma_0$的简化后的表达式包含因子$c\sigma_{ik}$，则闭链$\sigma-\sigma_0-c\partial R_i$不含$\sigma_{ik}$，由此可知$a_i$与$a_k$关于这个闭链必具有相同的指数. 另一方面，这些指数分别是$-c$和0，故$c=0$. 同样的推理适用于σ_{ij}是有限矩形R_i与无穷矩形R_j'的公共边的情形. 这样，一个有限矩形的每一条边以系数零出现在$\sigma-\sigma_0$中，从而证明了

$$\sigma=\sum_i n(\sigma,a_i)\partial R_i. \tag{45}$$

现在证明对应系数$n(\sigma, a_i)$不为零的所有R_i实际上均含于Ω中. 设闭矩形R_i中的一点a不在Ω内，则因$\sigma\sim 0(\bmod \Omega)$，有$n(\sigma, a)=0$. 另一方面，$a$与$a_i$之间的连线不与$\sigma$相交，因此，$n(\sigma, a_i)=n(\sigma, a)=0$. 于是从局部恰当性可知，$p\mathrm{d}x+q\mathrm{d}y$在(45)中出现的任何$\partial R_i$上的积分等于零. 因此

$$\int_\sigma p\,\mathrm{d}x+q\,\mathrm{d}y=0,$$

于是定理16得证.

4.4.7 多连通域

一个不是单连通的域称为是多连通的. 更确切点说，如果一个域Ω的余集恰具有n个分集，则称Ω具有有限的连通数n. 如果它的余集具有无穷多个分集，则称Ω具有无穷的连通数. 用稍不严格但更能示意的话来说，那就是在黎曼球面上穿n个孔就得连通数为n的域.

在连通数为有限的情形，设A_1，A_2，…，A_n为Ω的余集的分集，并设∞属于A_n. 如果γ为Ω内的任意闭链，则就像在定理14中一样，可以证明，当a在任意分集A_i上变化时，$n(\gamma, a)$为常数，而且在A_n上$n(\gamma, a)=0$. 不仅如此，如果照样作出定理14证明中所用的构造，则可得闭链γ_i，$i=1$，…，$n-1$，使得对于$a\in A_i$，有$n(\gamma_i, a)=1$，而对于所有其他在Ω外部的点，有$n(\gamma_i, a)=0$.

146

对于Ω内一个已知闭链γ，当$a\in A_i$时设$n(\gamma, a)$的常数值为c_i. 我们知道Ω外部的任意点关于闭链$\gamma-c_1\gamma_1-c_2\gamma_2-\cdots-c_{n-1}\gamma_{n-1}$的指数等于零. 换言之，

$$\gamma\sim c_1\gamma_1+c_2\gamma_2+\cdots+c_{n-1}\gamma_{n-1}.$$

因此，每个闭链同调于闭链γ_1，…，γ_{n-1}的一个线性组合. 这个线性组合是唯一确定的，因为如果同时有两个线性组合同调于同一个闭链，则它们的差必是同调于0的一个线性组合. 但闭链$c_1\gamma_1+c_2\gamma_2+\cdots+c_{n-1}\gamma_{n-1}$显然环绕$A_i$中的点$c_i$次，因此它不能同调于0，除非所有的$c_i$都等于零.

根据这一情况，我们称闭链γ_1，γ_2，…，γ_{n-1}组成域Ω的同调基. 同调基不是唯一的，

但根据线性代数的基本定理可得结论：每一个同调基都具有同样个数的元素. 因此，具有有限个同调基的每一域必具有有限的连通数，而基元素的数目较连通数少 1.

对于 Ω 内的任意解析函数 $f(z)$，根据定理 18 可得

$$\int_{\gamma} f\mathrm{d}z = c_1\int_{\gamma_1} f\mathrm{d}z + c_2\int_{\gamma_2} f\mathrm{d}z + \cdots + c_{n-1}\int_{\gamma_{n-1}} f\mathrm{d}z.$$

数

$$P_i = \int_{\gamma_i} f\mathrm{d}z$$

只依赖于函数 f，而与 γ 无关. 这些数称为微分 $f\mathrm{d}z$ 的周期的模，或简称为不定积分的周期. 我们已证明 $f(z)$沿任意闭链的积分是周期的线性组合，组合中的系数都是整数，而且沿着一段由 z_0 至 z 的弧的积分除周期的倍数外可完全确定. 周期等于零是单值不定积分存在的必要和充分条件.

为了说明这一点，让我们考察由 $r_1<|z|<r_2$ 定义的一个圆环的最简单情形. 余集的分集为 $|z|\leqslant r_1$ 及 $|z|\geqslant r_2$，我们所考虑的将包括退化情形 $r_1=0$ 及 $r_2=\infty$在内. 圆环是双连通的，同调基由任意圆 $|z|=r$，$r_1<r<r_2$ 组成. 如果令这个圆为 C，则圆环中的任意闭链将满足条件 $\gamma\sim nC$，其中 $n=n(\gamma, 0)$. 一个解析函数沿闭链的积分等于单周期

147

$$P = \int_C f\mathrm{d}z$$

的一个倍数，其值当然不依赖于半径 r.

练　习

1. 不用定理 16，证明 $p\mathrm{d}x+q\mathrm{d}y$ 在 Ω 中局部恰当的充要条件是，对边平行于坐标轴的每一个矩形 $R\subset\Omega$，有

$$\int_{\partial R} p\,\mathrm{d}x + q\mathrm{d}y = 0.$$

2. 证明从一个单连通域中移去 m 个点所成的区域是 $m+1$ 连通的，并求一个同调基.

3. 证明由一条闭曲线所确定的有界域是单连通的，而无界域则是双连通的.

4. 证明 $\log z$，z^a 及 z^z 的单值解析分支可定义于任意不包含原点的单连通域内.

5. 试证明 $\sqrt{1-z^2}$的单值解析分支可定义在适合如下条件的任意区域中：点±1 落在该区域的余集的同一分集中. 试求出沿着域中一条闭曲线的积分

$$\int \frac{\mathrm{d}z}{\sqrt{1-z^2}}$$

的可能值.

4.5　留数计算

上一节的结果表明，解析函数沿闭曲线的线积分的确定可以归结为周期的确定. 在某

些情形下，周期可以不必通过计算或通过很少的计算而求得. 因此，我们有了一种在很多情况下不必通过计算即能求出积分的方法. 这在实用上以及在理论的进一步发展上都具有重大的意义.

为了使这一方法更加系统化，复积分理论的创始人柯西(Cauchy)提出了一个简单的形式体系，称为留数计算法. 从本书的角度来看，留数理论主要是4.4节中所证明的一些结果在某些特殊的简单场合下的应用.

4.5.1 留数定理

首先，我们按照4.4节的一般性定理回顾一下早先介绍的一些结果. 很明显，凡是可作为圆盘中柯西定理的推论的所有结果对于一切包含同调于0的闭链的任意域都保持有效. 举一个典型的例子来说，我们可将柯西积分公式表达成如下形式： 148

如果 $f(z)$ 在域 Ω 内解析，那么对于每一个在 Ω 内同调于0的闭链 γ，必有

$$n(\gamma,a)f(a)=\frac{1}{2\pi\mathrm{i}}\int_{\gamma}\frac{f(z)\mathrm{d}z}{z-a}.$$

这一定理的证明是定理6的证明的重复. 这里应当指出，在有可去奇点的情形，当然用不着再对定理15作另外的证明. 实际上，我们在讨论局部行为时已经证明了所有可去奇点都可不予理会.

现在我们来讨论一个在域 Ω 内除了若干孤立奇点外到处解析的函数 $f(z)$. 首先，假设函数只有有限个奇点，记为 a_1，a_2，…，a_n. 弃去点 a_j 后所成的域记为 Ω'.

对于每一个 a_j，存在一个 $\delta_j>0$，使得双连通域 $0<|z-a_j|<\delta_j$ 包含于 Ω' 之中. 以 a_j 为圆心，作一个半径小于 δ_j 的圆 C_j，并令 $f(z)$ 的对应周期为

$$P_j=\int_{C_j}f(z)\mathrm{d}z. \tag{46}$$

特殊的函数 $1/(z-a_j)$ 的周期为 $2\pi\mathrm{i}$. 因此，如果令 $R_j=P_j/2\pi\mathrm{i}$，则函数

$$f(z)-\frac{R_i}{z-a_j}$$

的周期等于零. 导致这一结果的常数 R_j 称为 $f(z)$ 在点 a_j 的留数. 定义如下：

定义3 设 a 是函数 $f(z)$ 的孤立奇点，R 是一个复数，如果函数 $f(z)-\dfrac{R}{z-a}$ 是圆环 $0<|z-a|<\delta$ 内某个单值解析函数的导数，则确定的复数 R 就称为函数 $f(z)$ 在孤立奇点 a 上的留数.

有时也用更为明显的记法：$R=\operatorname*{Res}_{z=a}f(z)$.

设 γ 为 Ω' 内的一个闭链，γ 关于 Ω 同调于0，则 γ 必满足关于 Ω' 的同调关系

$$\gamma\sim\sum_j n(\gamma,a_j)C_j.$$

实际上，很容易证明点 a_j 以及 Ω 外部的所有点关于两个闭链是同阶的. 根据同调关系，应 149

用(46)式的记法，得

$$\int_\gamma f\mathrm{d}z = \sum_j n(\gamma,a_j)P_j,$$

而由于 $P_j=2\pi\mathrm{i}\cdot R_j$，故最后得

$$\frac{1}{2\pi\mathrm{i}}\int_\gamma f\mathrm{d}z = \sum_j n(\gamma,a_j)R_j.$$

这就是留数定理，不过上面我们作了函数只有有限个奇点的限制性假设. 在一般情形，我们只要证明除了在有限个点 a_j 之外，到处有 $n(\gamma,a_j)=0$，其余的证明与上面一样. 这一断言可以根据惯用的推理来确立. 使得 $n(\gamma,a)=0$ 的所有点 a 的集合是一个开集，并且包含了一个大圆外部的所有点. 因此其余集是一个紧致集，所以它不能包含多于有限个孤立点 a_j. 这说明 $n(\gamma,a_j)\neq 0$ 只对有限个奇点成立，从而有：

定理 17　设 $f(z)$ 在域 Ω 内除了孤立奇点 a_j 之外到处解析，则对于任意在 Ω 内同调于 0 而不通过 a_j 中任一点的闭链 γ，必有

$$\frac{1}{2\pi\mathrm{i}}\int_\gamma f(z)\mathrm{d}z = \sum_j n(\gamma,a_j)\operatorname*{Res}_{z=a_j}f(z). \tag{47}$$

在应用中，常遇到的情形是 $n(\gamma,a_j)=0$ 或 $n(\gamma,a_j)=1$. 于是

$$\frac{1}{2\pi\mathrm{i}}\int_\gamma f(z)\mathrm{d}z = \sum_j \operatorname*{Res}_{z=a_j}f(z),$$

式中的和是对 γ 所围的全部奇点来求的.

如果我们没有一个简单的方法来确定留数，那么留数定理的价值就不大. 对于本性奇点来说，具有任何实用价值的方法是没有的，因此在有本性奇点的场合，留数定理很少应用. 至于极点的情形就完全不同. 考察展开式

$$f(z) = B_h(z-a)^{-h} + \cdots + B_1(z-a)^{-1} + \varphi(z),$$

可知留数就等于系数 B_1. 事实上，当略去项 $B_1(z-a)^{-1}$ 时，余下的显然是一个导数. 因为极点的奇部常是已知的，或者是很容易求得的，所以可得一个极为简单的求留数的方法. 150

对于单极点来说，方法更加直接，因为这时的留数就等于函数 $(z-a)f(z)$ 在 $z=a$ 处的值. 例如，让我们来求函数

$$\frac{\mathrm{e}^z}{(z-a)(z-b)}$$

在极点 a 及 $b\neq a$ 上的留数. 显然，在 a 上的留数等于 $\mathrm{e}^a/(a-b)$，而在 b 上的留数则为 $\mathrm{e}^b/(b-a)$. 如果 $b=a$，则情形稍复杂. 应先用泰勒定理将 e^z 展开为 $\mathrm{e}^z=\mathrm{e}^a+\mathrm{e}^a(z-a)+f_2(z)(z-a)^2$. 除以 $(z-a)^2$，于是得 $\mathrm{e}^z/(z-a)^2$ 在 $z=a$ 上的留数为 e^a.

注　在按照较为经典的方法引入柯西定理、积分公式和留数定理时，并不提到同调性，也不会用到指数的概念. 在经典方法中，定理中的曲线 γ 假定为 Ω 的一个子域的全部边界，其取向的选定是使子域位于 Ω 的左边. 在严格的著作中，要花费很大的力量来证明这些直观概念具有精确意义. 现在这一方法的主要目的是需

要腾出时间和注意力来研究主题以外更为精致的问题.

从我们所用的一般观点来看，我们仍然可以而且实际上也不难脱离经典的情形. 这只需采用下面的定义：

定义 4 一个闭链 γ 称为域 Ω 的围线，当且仅当对于所有的点 $a\in\Omega$，$n(\gamma, a)$有定义且等于 1，而对于所有不在 Ω 内的点 a，$n(\gamma, a)$或者没有定义，或者等于 0.

如果 γ 是 Ω 的围线，而且如果 $\Omega+\gamma$ 包含于一个较大的域 Ω' 中，则 γ 显然关于 Ω' 同调于 0. 因此得到定理 15 及定理 17 的如下推论：

如果 γ 是 Ω 的围线，并设 $f(z)$ 在集 $\Omega+\gamma$ 上解析，则

$$\int_{\gamma} f(z)\mathrm{d}z = 0,$$

而且对所有的 $z\in\Omega$，有

$$f(z) = \frac{1}{2\pi\mathrm{i}}\int_{\gamma}\frac{f(\zeta)\mathrm{d}\zeta}{\zeta - z}.$$

151

如果 $f(z)$ 在 $\Omega+\gamma$ 上除了 Ω 中的孤立奇点外到处解析，则

$$\frac{1}{2\pi\mathrm{i}}\int_{\gamma} f(z)\mathrm{d}z = \sum_{j}\operatorname*{Res}_{z=a_j} f(z),$$

这里该式是关于所有奇点 $a_j\in\Omega$ 取和.

作为 Ω 的围线的闭链，γ 必须包含集合论意义下 Ω 的边界. 事实上，如果 z_0 位于 Ω 的边界上，则 z_0 的每个邻域必同时包含属于 Ω 的点及不属于 Ω 的点. 如果这样的邻域中没有 γ 上的点，那么 $n(\gamma, z)$将在邻域中有定义且等于常数. 这与定义相矛盾，因此，z_0 的每个邻域必与 γ 相交，由于 γ 是闭集，故 z_0 必在 γ 上.

上面叙述的逆不成立，因为 γ 上的一点可以有一个不与 Ω 相交的邻域. 通常，应试着选择 γ，使它与 Ω 的边界完全重合，但对于柯西定理及有关研究，这一假设是不需要的.

4.5.2 辐角原理

柯西积分公式可以看成是留数定理的特例. 事实上，函数 $f(z)/(z-a)$ 在 $z=a$ 处具有一个单极点，其留数为 $f(a)$，应用公式(47)，即得积分公式.

在定理 10 的证明中有留数定理的另一个应用，应用这一定理可以确定一个解析函数的零点个数. 对于一个 h 阶零点，可令 $f(z)=(z-a)^h f_h(z)$，且 $f_h(a)\neq 0$，得 $f'(z)=h(z-a)^{h-1}f_h(z)+(z-a)^h f_h'(z)$. 因此，$f'(z)/f(z)=h(z-a)+f_h'(z)/f_h(z)$，故知 f'/f 具有一个单极点，其上的留数为 h. 在公式(32)中，这一留数要用若干项的对应重数来计算.

现在我们可以把定理 10 推广到亚纯函数的情形. 如果 f 具有一个 h 阶极点，则用上面同样的计算，以 $-h$ 代 h，得 f'/f 的留数 $-h$. 于是得如下定理：

定理 18 如果 $f(z)$ 是 Ω 内的亚纯函数，具有零点 a_j 和极点 b_k，则对于每一个在 Ω 内同调于 0 而不通过任意零点或极点的闭链 γ，必有

152

$$\frac{1}{2\pi i}\int_{\gamma}\frac{f'(z)}{f(z)}dz=\sum_{j}n(\gamma,a_j)-\sum_{k}n(\gamma,b_k).\tag{48}$$

这里，重零点及重极点应按其阶数重复计数．(48)式中的和是有限的．

定理18常称为辐角原理．这是因为(48)式的左边可以解释为$n(\Gamma, 0)$而得名，这里Γ是闭链γ的象闭链．若Γ位于一个不包含原点的圆盘中，则圆心$n(\Gamma, 0)=0$．这就是下面的推论的根据，这一推论常称为儒歇定理．

推论 设γ在Ω内同调于0，对于不在γ上的任一点z，满足关系$n(\gamma, z)=0$或1．设$f(z)$及$g(z)$在Ω内解析，并在γ上满足不等式$|f(z)-g(z)|<|f(z)|$，则$f(z)$及$g(z)$在γ内具有相同数目的零点．

这个假设条件意味着$f(z)$及$g(z)$在γ上没有零点．而且，它们在γ上满足不等式

$$\left|\frac{g(z)}{f(z)}-1\right|<1.$$

由此可知$F(z)=g(z)/f(z)$在γ上的值包含于以1为圆心、1为半径的开圆盘内．对$F(z)$应用定理18，得$n(\Gamma, 0)=0$，于是定理得证．

儒歇定理的一个典型应用如下：设我们要求函数$f(z)$在圆盘$|z|\leqslant R$内的零点数．应用泰勒定理，有

$$f(z)=P_{n-1}(z)+z^n f_n(z),$$

其中P_{n-1}是一个$n-1$次多项式．对于适当选择的n，可以证明不等式$R^n|f_n(z)|<|P_{n-1}(z)|$在$|z|=R$上成立．于是$f(z)$在$|z|\leqslant R$内的零点数将和$P_{n-1}(z)$的零点数相同，而这一零点数可以用多项式方程$P_{n-1}(z)=0$的近似解来确定．

定理18可按如下方式推广：如果$g(z)$在Ω内解析，则$g(z)\frac{f'(z)}{f(z)}$在一个h阶零点a上的留数为$hg(a)$，在一个极点上的留数为$-hg(a)$．于是得到公式：

$$\frac{1}{2\pi i}\int_{\gamma}g(z)\frac{f'(z)}{f(z)}dz=\sum_{j}n(\gamma,a_j)g(a_j)-\sum_{k}n(\gamma,b_k)g(b_k).\tag{49}$$

这一结果在研究反函数时很重要．使用定理11的记法，我们知道方程$f(z)=w$，

153

$(|w-w_0|<\delta)$在圆盘$|z-z_0|<\varepsilon$内具有n个根$z_j(w)$．应用公式(49)，令$g(z)=z$，则得

$$\sum_{j=1}^{n}z_j(w)=\frac{1}{2\pi i}\int_{|z-z_0|=\varepsilon}\frac{f'(z)}{f(z)-w}z\,dz.\tag{50}$$

如果$n=1$，则得反函数$f^{-1}(w)$的显表示式为

$$f^{-1}(w)=\frac{1}{2\pi i}\int_{|z-z_0|=\varepsilon}\frac{f'(z)}{f(z)-w}z\,dz.$$

如果对$g(z)=z^m$应用公式(49)，则方程(50)变为

$$\sum_{j=1}^{n}z_j(w)^m=\frac{1}{2\pi i}\int_{|z-z_0|=\varepsilon}\frac{f'(z)}{f(z)-w}z^m dz.$$

不难证明，上式的右端在$|w-w_0|<\delta$内是w的解析函数．由此可知，根$z_j(w)$的乘幂的

和都是 w 的单值解析函数. 但是大家知道，初等对称函数都可表示为乘幂的和的多项式，因此它们都是解析的，于是知道 $z_j(w)$是一个多项式方程

$$z^n + a_1(w)z^{n-1} + \cdots + a_{n-1}(w)z + a_n(w) = 0$$

的根. 这一方程的系数都是 $|w-w_0|<\delta$ 中的 w 的解析函数.

练 习

1. 方程 $z^7-2z^5+6z^3-z+1=0$ 在圆盘 $|z|<1$ 中有几个根? 提示：注意当 $|z|=1$ 时最大的项并应用儒歇定理.

2. 方程 $z^4-6z+3=0$ 有多少个模在 1 与 2 之间的根?

3. 方程 $z^4+8z^3+3z^2+8z+3=0$ 在右半平面内有几个根? 提示：作虚轴的象，再对一个大的半圆盘应用辐角原理.

4.5.3 定积分的计算

留数定理为定积分的计算提供了一个极为有效的工具. 这一方法在不可能明显地求得不定积分的情形下尤为重要，即使普通微积分方法可以使用，但应用留数也通常要省力得多. 复积分的计算显然相当于两个定积分的计算，但是有了留数计算，复积分较之实积分反而更加方便. 154

不过，这里还有某些重大的限制，而且这一方法也远不是没有缺点的. 首先，被积函数必须是解析的，但这还不是十分重大的限制，因为在通常情况下求积的都是初等函数，它们都可以延拓到复数域. 更大的限制是复积分的方法只适用于积分路线是闭曲线的情形，而实积分则总是在区间上计算的. 因此，必须应用特殊的方法，借以把问题转化为沿闭曲线的积分. 可以采用的方法很多，但它们都只能在比较特殊的场合下应用. 下面我们将以典型的例子来介绍这些方法，不过，应当声明，即使对这些方法精通熟练，也不能保证一定成功.

1）形如下式的积分可以很容易地用留数来计算：

$$\int_0^{2\pi} R(\cos\theta, \sin\theta)\,\mathrm{d}\theta, \tag{51}$$

其中被积函数是 $\cos\theta$ 及 $\sin\theta$ 的有理函数. 当然，这些积分也可以用普通积分法来计算，但一般都很费力. 作代换 $z=\mathrm{e}^{\mathrm{i}\theta}$，就可将(51)式变为如下形式的线积分：

$$-\mathrm{i}\int_{|z|=1} R\left[\frac{1}{2}\left(z+\frac{1}{z}\right),\quad \frac{1}{2\mathrm{i}}\left(z-\frac{1}{z}\right)\right]\frac{\mathrm{d}z}{z}.$$

现在只需确定被积函数在单位圆内部各极点上对应的留数即可得到积分的值.

让我们来计算

$$\int_0^{\pi} \frac{\mathrm{d}\theta}{a+\cos\theta},\quad a>1$$

的值作为例子．这一积分的积分区间不是$(0, 2\pi)$，但因$\cos\theta$在区间$(0, \pi)$及$(\pi, 2\pi)$上所取的值相同，故知由0至π的积分等于由0至2π的积分的一半．据此可知所给积分等于

$$-\mathrm{i}\int_{|z|=1}\frac{\mathrm{d}z}{z^2+2az+1}.$$

被积函数的分母可分解为$(z-\alpha)(z-\beta)$，其中

$$\alpha=-a+\sqrt{a^2-1},\quad \beta=-a-\sqrt{a^2-1}.$$

155 显然$|\alpha|<1$，$|\beta|>1$，而在α上的留数为$1/(\alpha-\beta)$，故积分的值为$\pi/\sqrt{a^2-1}$.

2）形如

$$\int_{-\infty}^{\infty}R(x)\mathrm{d}x$$

的积分收敛，当且仅当有理函数$R(x)$中分母的次数至少高于分子的次数二次，并且在实轴上没有极点．标准的方法是将复函数$R(z)$沿着一条由线段$(-\rho, \rho)$及上半平面中由ρ至$-\rho$的半圆组成的闭曲线进行积分．若ρ足够大，则这一曲线将包围上半平面中的所有极点，对应的积分就等于$2\pi\mathrm{i}$乘以上半平面上的留数之和．当$\rho\to\infty$时，估计表明，沿着半圆的积分趋向于0，因此得

$$\int_{-\infty}^{\infty}R(x)\mathrm{d}x=2\pi\mathrm{i}\sum_{y>0}\mathrm{Res}R(z).$$

3）同样的方法可应用于如下形式的积分：

$$\int_{-\infty}^{\infty}R(x)\mathrm{e}^{\mathrm{i}x}\mathrm{d}x,\tag{52}$$

它的实部和虚部确定了下面很重要的积分：

$$\int_{-\infty}^{\infty}R(x)\cos x\mathrm{d}x,\quad \int_{-\infty}^{\infty}R(x)\sin x\mathrm{d}x.\tag{53}$$

由于$|\mathrm{e}^{\mathrm{i}z}|=\mathrm{e}^{-y}$在上半平面是有界的，故知只要有理函数$R(z)$在无穷远点具有一个阶数至少等于2的零点，则沿着半圆的积分仍然是趋于0的．于是得

$$\int_{-\infty}^{\infty}R(x)\mathrm{e}^{\mathrm{i}x}\mathrm{d}x=2\pi\mathrm{i}\sum_{y>0}\mathrm{Res}R(z)\mathrm{e}^{\mathrm{i}z}.$$

当∞是$R(z)$的单零点时，同样的结果也成立．但在这种情况下应用半圆就不太方便了．这是因为：第一，估计沿着半圆的积分不是那么容易；第二，即使可以估计出这个积分，我们也只是证明了区间$(-\rho, \rho)$上的积分

$$\int_{-\rho}^{\rho}R(x)\mathrm{e}^{\mathrm{i}x}\mathrm{d}x$$

当$\rho\to\infty$时具有所需的极限．事实上，我们当然是要证明

156

$$\int_{-X_1}^{X_2}R(x)\mathrm{e}^{\mathrm{i}x}\mathrm{d}x$$

当X_1及X_2独立地趋向于∞时具有一个极限．在前面的例子中并不出现这样的问题，因为事先已经断定积分是收敛的．

为了证明这一点，可沿着一个矩形的周界进行积分，矩形的顶点为 X_2，$X_2+\mathrm{i}Y$，$-X_1+\mathrm{i}Y$，$-X_1$，其中 $Y>0$. 只要 X_1、X_2 及 Y 足够大，这个矩形就将包含上半平面上的所有极点. 在这一假设下 $|zR(z)|$ 是有界的. 因此沿着右面的垂直边的积分除了常数因子外，将小于

$$\int_0^Y \mathrm{e}^{-y}\frac{\mathrm{d}y}{|z|}<\frac{1}{X_2}\int_0^Y \mathrm{e}^{-y}\mathrm{d}y.$$

最后一个积分可以直接算出，其值小于 1. 因此，沿着右面的垂直边的积分小于一个常数乘以 $1/X_2$，对于左面的垂直边也可得到相应的结果. 沿着上面水平边的积分显然小于 $\mathrm{e}^{-Y}(X_1+X_2)/Y$ 乘以一个常数. 对于固定的 X_1 及 X_2，当 $Y\to\infty$ 时，它趋向于 0，于是得

$$\left|\int_{-X_1}^{X_2} R(x)\mathrm{e}^{\mathrm{i}x}\mathrm{d}x-2\pi\mathrm{i}\sum_{y>0}\mathrm{Res}R(z)\mathrm{e}^{\mathrm{i}z}\right|<A\left(\frac{1}{X_1}+\frac{1}{X_2}\right),$$

式中 A 代表一个常数. 这一不等式证明，在 $R(\infty)=0$ 的情形下，有

$$\int_{-\infty}^{\infty} R(x)\mathrm{e}^{\mathrm{i}x}\mathrm{d}x=2\pi\mathrm{i}\sum_{y>0}\mathrm{Res}R(z)\mathrm{e}^{\mathrm{i}z}.$$

在讨论中，我们曾经假设 $R(z)$ 在实轴上没有极点，因为否则积分(52)就没有意义. 不过，如果 $R(z)$ 具有与 $\sin x$ 或 $\cos x$ 的零点相重合的单极点，则(53)式中可有一个积分存在. 举例来说，设 $R(z)$ 以 $z=0$ 为一个单极点，则(53)的第二个积分具有意义，应予计算.

应用与前面同样的方法，但所用的积分路线应避过原点，这可在下半平面上作一个小的半圆，其半径为 δ，如图 4-12 所示. 容易看出，只要 X_1、X_2 及 Y 足够大而且 δ 足够小，则这一闭曲线将包含上半平面上的所有极点及原点处的极点，除此之外，别无其他. 设 0 上的留数为 B，因此可令 $R(z)\mathrm{e}^{\mathrm{i}z}=B/z+R_0(z)$，其中 $R_0(z)$ 在原点解析. 第一项沿半圆的积分等于 $\pi\mathrm{i}B$，而第二项的积分则随 δ 同时趋于 0，由此得 157

$$\lim_{\delta\to 0}\int_{-\infty}^{-\delta}+\int_{\delta}^{\infty}R(x)\mathrm{e}^{\mathrm{i}x}\mathrm{d}x=2\pi\mathrm{i}\left[\sum_{y>0}\mathrm{Res}R(z)\mathrm{e}^{\mathrm{i}z}+\frac{1}{2}B\right].$$

左边的极限称为积分的*柯西主值*，虽然在积分本身没有意义的时候，它也存在. 在上式的右边，包含 0 上留数的一半，这就好像说，这个极点的一半是在上半平面上.

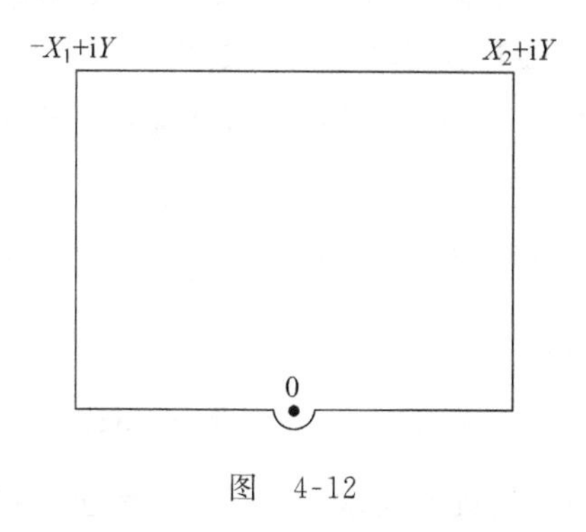

图 4-12

对于在实轴上具有若干个极点的一般情形，我们有

$$\text{pr. v.}\int_{-\infty}^{\infty} R(x)\mathrm{e}^{\mathrm{i}x}\mathrm{d}x = 2\pi\mathrm{i}\sum_{y>0}\mathrm{Res}R(z)\mathrm{e}^{\mathrm{i}z} + \pi\mathrm{i}\sum_{y=0}\mathrm{Res}R(z)\mathrm{e}^{\mathrm{i}z},$$

式中的记法是无须解释的. 主要假设是所有位于实轴上的极点都是单极点，而且必须假设 $R(\infty)=0$.

作为最简单的例子，我们有

$$\text{pr. v.}\int_{-\infty}^{\infty}\frac{\mathrm{e}^{\mathrm{i}x}}{x}\mathrm{d}x = \pi\mathrm{i}.$$

将实部与虚部分开，可知上式的实部是很平凡的，因为被积式是奇函数. 在虚部中不必取主值，而由于被积式是偶函数，故

$$\int_0^{\infty}\frac{\sin x}{x}\mathrm{d}x = \frac{\pi}{2}.$$

包含因子 $\cos^n x$ 或 $\sin^n x$ 的积分可用同样方法计算. 事实上，这些因子可写成 $\cos mx$ 及 $\sin mx$ 的线性组合，对应的积分也可以通过变量变换转化为(52)的形式：

158

$$\int_{-\infty}^{\infty} R(x)\mathrm{e}^{\mathrm{i}mx}\mathrm{d}x = \frac{1}{m}\int_{-\infty}^{\infty} R\left(\frac{x}{m}\right)\mathrm{e}^{\mathrm{i}x}\mathrm{d}x.$$

4）下面考虑如下形式的积分：

$$\int_0^{\infty} x^{\alpha}R(x)\mathrm{d}x,$$

其中指数 α 是实数，可假设这个指数的值位于区间 $0<\alpha<1$ 中. 为了保证收敛，$R(z)$在∞处应具有一个阶数至少为 2 的零点，而在原点处至多只能有一个单极点.

这种积分的特点是 $R(z)z^{\alpha}$ 并不是单值的. 但这正是对它可求 0 至∞的积分的原因.

最简单的方法是先作代换 $x=t^2$，将积分变换成如下形式：

$$2\int_0^{\infty} t^{2\alpha+1}R(t^2)\mathrm{d}t.$$

从函数 $z^{2\alpha}$ 中可选定辐角位于 $-\pi\alpha$ 及 $3\pi\alpha$ 之间的分支，它在弃去负虚轴所得的域内有定义且解析. 只要我们能避过负虚轴，就可以对函数 $z^{2\alpha+1}R(z^2)$ 应用留数定理. 我们所用的闭曲线由下列各部分组成：正实轴和负实轴上的两条线段；上半平面中的两个半圆，一个很大，一个很小. 如图 4-13 所示. 在我们的假设条件下，不难证明沿着半圆的积分趋于 0. 因此应用留数定理，得到积分

$$\int_{-\infty}^{\infty} z^{2\alpha+1}R(z^2)\mathrm{d}z = \int_0^{\infty}(z^{2\alpha+1}+(-z)^{2\alpha+1})R(z^2)\mathrm{d}z$$

的值. 但$(-z)^{2\alpha}=\mathrm{e}^{2\pi\mathrm{i}\alpha}z^{2\alpha}$，故积分等于

$$(1-\mathrm{e}^{2\pi\mathrm{i}\alpha})\int_0^{\infty} z^{2\alpha+1}R(z^2)\mathrm{d}z.$$

由于前面的因子不等于 0，故最后确定所求积分的值是完全可以办到的.

要计算积分，需要确定 $z^{2\alpha+1}R(z^2)$在上半平面上的留数. 这与 $z^{\alpha}R(z)$在整个平面上的

留数相同．实际上，可不必先作任何初等代换，直接沿图 4-14 所示的闭曲线求函数 $z^{a}R(z)$的积分．这样，就需应用 z^{a} 的一个分支，其辐角位于 0 与 $2\pi\alpha$ 之间．这一方法需作一定的验证，因为它与留数定理的假设并不一致．验证的方法是很普通的，在此不再赘述． 159

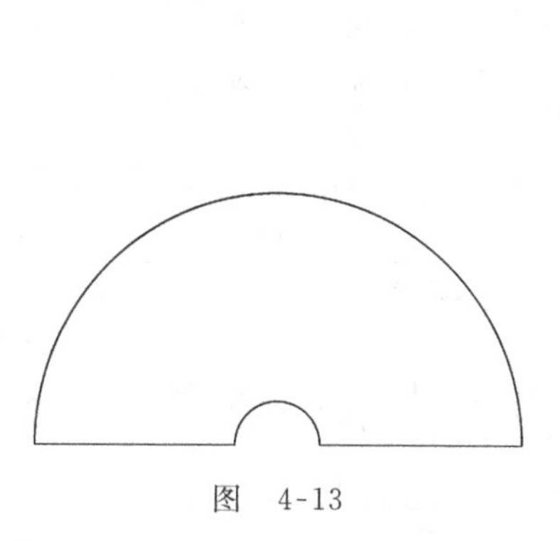

图 4-13

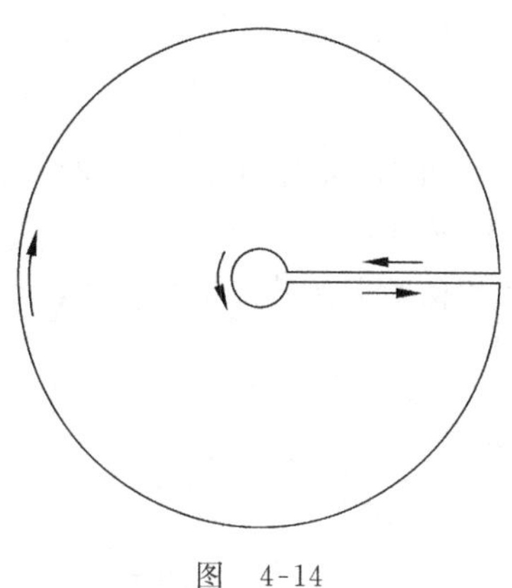

图 4-14

5）作为最后一个例子，我们计算下列特殊积分：

$$\int_0^{\pi}\log\sin\theta d\theta.$$

考察函数 $1-e^{2iz}=-2ie^{iz}\sin z$，从表示式 $1-e^{2iz}=1-e^{-2y}(\cos 2x+i\sin 2x)$可知，这一函数只在 $x=n\pi$，$y\leqslant 0$ 时是负实数．因此，函数 $\log(1-e^{2iz})$的主支在弃去这些半直线后所成的域内是单值而解析的．对顶点为 0，π，$\pi+iY$，iY 的矩形应用柯西定理，但应避开点 0 及 π，为此可在这两点处作半径为 δ 的四分之一小圆．

由于周期性，沿垂直边的积分互相抵消．当 $Y\to\infty$时，沿上面水平边的积分趋于 0．而当 $\delta\to 0$ 时，沿四分之一小圆的积分也趋于零．实际上，由于对数的虚部是有界的，所以只要考虑其实部就可以了．从 $z\to 0$ 时 $|1-e^{2iz}|/|z|\to 2$ 可见，$\log|1-e^{2iz}|$ 像 $\log\delta$ 一样趋于无穷，又因 $\delta\log\delta\to 0$，故沿着原点近旁四分之一小圆的积分趋于 0．

在顶点 π 附近也可应用同样的证明，于是得

$$\int_0^{\pi}\log(-2ie^{ix}\sin x)dx=0.$$

如果取 $\log e^{ix}=ix$，则虚部位于 0 与 π 之间．因此，为了求得虚部在 $-\pi$ 与 π 之间的主支，必须令 $\log(-i)=-\pi i/2$．于是方程可写成如下形式： 160

$$\pi\log 2-\left(\frac{\pi^2}{2}\right)i+\int_0^{\pi}\log\,\sin x dx+\left(\frac{\pi^2}{2}\right)i=0,$$

从而得

$$\int_0^{\pi}\log\,\sin x dx=-\pi\log 2.$$

练 习

1. 求下列函数的极点与留数：

(a) $\dfrac{1}{z^2+5z+6}$，　　(b) $\dfrac{1}{(z^2-1)^2}$，

(c) $\dfrac{1}{\sin z}$，　　(d) $\cot z$，

(e) $\dfrac{1}{\sin^2 z}$，　　(f) $\dfrac{1}{z^m(1-z)^n}$ (m，n 为正整数).

2. 试证明 4.5.3 节例 3 中的积分可以扩展为沿一个直角等边三角形的积分.（一名学生提出的建议.）

3. 试用留数方法计算下列积分：

(a) $\displaystyle\int_0^{\pi/2} \frac{\mathrm{d}x}{a+\sin^2 x}$，$|a|>1$，　　(b) $\displaystyle\int_0^{\infty} \frac{x^2\mathrm{d}x}{x^4+5x^2+6}$，

(c) $\displaystyle\int_{-\infty}^{\infty} \frac{x^2-x+2}{x^4+10x^2+9}\mathrm{d}x$，　　(d) $\displaystyle\int_0^{\infty} \frac{x^2\mathrm{d}x}{(x^2+a^2)^3}$，$a$ 为实数，

(e) $\displaystyle\int_0^{\infty} \frac{\cos x}{x^2+a^2}\mathrm{d}x$，$a$ 为实数，　　(f) $\displaystyle\int_0^{\infty} \frac{x\sin x}{x^2+a^2}\mathrm{d}x$，$a$ 为实数，

(g) $\displaystyle\int_0^{\infty} \frac{x^{1/3}}{1+x^2}\mathrm{d}x$，　　(h) $\displaystyle\int_0^{\infty}(1+x^2)^{-1}\log x\,\mathrm{d}x$，

(i) $\displaystyle\int_0^{\infty}\log(1+x^2)\frac{\mathrm{d}x}{x^{1+\alpha}}$ $(0<\alpha<2)$.（试用分部积分.）

4. 计算

$$\int_{|z|=\rho}\frac{|\mathrm{d}z|}{|z-a|^2},\quad |a|\neq\rho.$$

提示：用 $z\bar{z}=\rho^2$ 把积分变成一个有理函数的线积分.

*5. 有时可用复积分来计算面积分. 作为说明，证明如果当 $|z|<1$ 时 $f(z)$ 解析且有界，又若 $|\zeta|<1$，则

$$f(\zeta)=\frac{1}{\pi}\iint_{|z|<1}\frac{f(z)\mathrm{d}x\mathrm{d}y}{(1-\bar{z}\zeta)^2}.$$

注　这称为伯格曼核公式. 为证明这个公式，将面积分表示成极坐标，然后把内层的积分变换成一个线积分，可用留数计算.

161

4.6　调和函数

一个解析函数的实部和虚部是共轭的调和函数. 因此，有关解析函数的所有定理也是一对共轭调和函数的定理. 不过，调和函数有它本身的重要性，而且它们的研究常不能用复分析方法来简化. 这一点在共轭调和函数不是单值函数时尤为突出.

在这一节里，我们把有关调和函数与柯西定理紧密联系的某些事实汇集在一起. 至于调和函数更精致的性质，将在下一章介绍.

4.6.1 定义和基本性质

在域Ω内有定义且为单值的实值函数$u(z)$或$u(x, y)$称为在Ω内调和(或称为位函数)的前提是它本身及其一阶、二阶偏导数在Ω中连续，并且满足拉普拉斯方程

$$\Delta u = \frac{\partial^2 u}{\partial x^2} + \frac{\partial^2 u}{\partial y^2} = 0. \tag{54}$$

后面我们将会看到，这里的正则性条件是可以减弱的，但这一点并不重要.

两个调和函数的和以及一个调和函数的常数倍数仍然是调和函数，这可由拉普拉斯方程的线性性质得到. 最简单的调和函数是线性函数$ax+by$. 用极坐标(r, θ)，方程(54)变为

$$r\frac{\partial}{\partial r}\left(r\frac{\partial u}{\partial r}\right)+\frac{\partial^2 u}{\partial \theta^2} = 0^{㊀}.$$

这表明$\log r$是一个调和函数，而且表明，任意只依赖于r的调和函数必具有$a\log r+b$的形式. 只要辐角θ能唯一地定义，它也是调和的.

如果u在Ω内调和，则

$$f(z) = \frac{\partial u}{\partial x} - \mathrm{i}\frac{\partial u}{\partial y} \tag{55}$$

解析，因为令$U=\frac{\partial u}{\partial x}$，$V=-\frac{\partial u}{\partial y}$，我们得到

$$\frac{\partial U}{\partial x} = \frac{\partial^2 u}{\partial x^2} = -\frac{\partial^2 u}{\partial y^2} = \frac{\partial V}{\partial y},$$

$$\frac{\partial U}{\partial y} = \frac{\partial^2 u}{\partial x \partial y} = -\frac{\partial V}{\partial x}.$$

162

应当记住，这是从调和函数过渡到解析函数的最自然的方法.

从(55)可得微分

$$f\mathrm{d}z = \left(\frac{\partial u}{\partial x}\mathrm{d}x + \frac{\partial u}{\partial y}\mathrm{d}y\right)+\mathrm{i}\left(-\frac{\partial u}{\partial y}\mathrm{d}x + \frac{\partial u}{\partial x}\mathrm{d}y\right). \tag{56}$$

在上式中，实部是u的微分，

$$\mathrm{d}u = \frac{\partial u}{\partial x}\mathrm{d}x + \frac{\partial u}{\partial y}\mathrm{d}y.$$

如果u有一个共轭调和函数v，则虚部可写成如下形式：

$$\mathrm{d}v = \frac{\partial v}{\partial x}\mathrm{d}x + \frac{\partial v}{\partial y}\mathrm{d}y = -\frac{\partial u}{\partial y}\mathrm{d}x + \frac{\partial u}{\partial x}\mathrm{d}y.$$

不过，一般并没有单值的共轭函数，因此最好不用记号$\mathrm{d}v$，而使用

$$^*\mathrm{d}u = -\frac{\partial u}{\partial y}\mathrm{d}x + \frac{\partial u}{\partial x}\mathrm{d}y,$$

㊀ 方程的这种形式对$r=C$不适用.

并称 $^*du$ 为 du 的共轭微分. 从(56)得到

$$f dz = du + i\,{}^* du. \tag{57}$$

根据柯西定理可知，$f dz$ 沿着在 Ω 内同调于 0 的任一闭链的积分等于 0. 另一方面，恰当微分 du 沿任何闭链的积分都等于 0. 故从(57)可知，对于在 Ω 内同调于零的所有闭链 γ，

$$\int_\gamma {}^* du = \int_\gamma -\frac{\partial u}{\partial y}dx + \frac{\partial u}{\partial x}dy = 0. \tag{58}$$

(58)式中的积分有一个重要的解释，应当在此提一下. 令 γ 为一条正则曲线，其方程为 $z=z(t)$，切线方向由角 $\alpha=\arg z'(t)$确定，我们可令 $dx=|dz|\cos\alpha$，$dy=|dz|\sin\alpha$. 指向切线右方的法线的方向为 $\beta=\alpha-\pi/2$，因此 $\cos\alpha=-\sin\beta, \sin\alpha=\cos\beta$. 表达式

$$\frac{\partial u}{\partial n} = \frac{\partial u}{\partial x}\cos\beta + \frac{\partial u}{\partial y}\sin\beta$$

是 u 的一个方向导数，即关于曲线 γ 的右法向导数. 于是得到 $^*du=(\partial u/\partial n)|dz|$，而

163

(58)式可写成如下形式：

$$\int_\gamma \frac{\partial u}{\partial n}|dz| = 0. \tag{59}$$

这是经典的记法. 这一记法的主要好处是 $\partial u/\partial n$ 实际表示出了垂直于 γ 的方向上的变化率. 例如，如果 γ 为一个取正向的圆 $|z|=r$，则 $\partial u/\partial n$ 就可用偏导数$\partial u/\partial r$代替. 这一记法的缺点就是(59)式已不是一个普通曲线积分，而是一个关于弧长的积分. 为此，经典记法在同调论中不很适用，还是使用记法 $^*du$ 为好.

在一个单连通域内，$^*du$ 沿所有闭链的积分都等于零，而 u 则具有一个单值的共轭函数 v，这个函数除了一个附加的常数外，可以完全确定. 在多连通的情形，共轭函数具有对应于同调基上的闭链 γ_i 的周期：

$$\int_{\gamma i}^* du = \int_{\gamma i} \frac{\partial u}{\partial n}|dz|.$$

对于一对调和函数，公式(58)有一个重要的推广. 设 u_1 及 u_2 为 Ω 内的调和函数，可以断言，对于在 Ω 内同调于零的每个闭链 γ，必有

$$\int_\gamma u_1{}^* du_2 - u_2{}^* du_1 = 0. \tag{60}$$

根据 4.4.6 节的定理 16，我们只要对 $\gamma=\partial R$ 证明公式(60)就够了，其中 R 为 Ω 中的一个矩形. 在 R 中，u_1 及 u_2 具有单值的共轭函数 v_1 及 v_2，因此可写作

$$u_1{}^* du_2 - u_2{}^* du_1 = u_1 dv_2 - u_2 dv_1 = u_1 dv_2 + v_1 du_2 - d(u_2 v_1),$$

此处，$d(u_2 v_1)$为恰当微分，而 $u_1 dv_2 + v_1 du_2$ 是

$$(u_1 + iv_1)(du_2 + idv_2)$$

的虚部. 最后一个微分可写成 $F_1 f_2 dz$ 的形式，其中 $F_1(z)$及 $f_2(z)$都在 R 上解析. 根据柯西定理，$F_1 f_2 dz$ 的积分等于零，因此其虚部的积分也等于零. 故知(60)式对 $\gamma=\partial R$ 成立，

这就证明了下面的定理：

定理 19 设 u_1 及 u_2 都在域 Ω 内调和，则对于在 Ω 内同调于零的任意闭链 γ，必有

164

$$\int_\gamma u_1{}^* du_2 - u_2{}^* du_1 = 0.$$

如果 $u_1=1$ 而 $u_2=u$，则上式化成(58)式．如果用经典记法，(60)式可写成

$$\int_\gamma\left(u_1\frac{\partial u_2}{\partial n}-u_2\frac{\partial u_1}{\partial n}\right)|\,dz\,|=0.$$

4.6.2 均值性质

现在我们来应用定理 19，令 $u_1=\log r$，$u_2=u$，u 在 $|z|<\rho$ 中调和．取有孔圆盘 $0<|z|<\rho$ 作为 Ω，闭链 C_1-C_2 作为 γ，其中 C_i 是一个取正向的圆 $|z|=r_i<\rho$．在圆 $|z|=r$ 上，有

$${}^* du = r(\partial u/\partial r)d\theta,$$

因此，由(60)得

$$\log r_1\int_{C_1} r_1\frac{\partial u}{\partial r}d\theta-\int_{C_1}u d\theta=\log r_2\int_{C_2} r_2\frac{\partial u}{\partial r}d\theta-\int_{C_2}u d\theta.$$

换言之，表达式

$$\int_{|z|=r}u\,d\theta-\log r\int_{|z|=r}r\frac{\partial u}{\partial r}d\theta$$

是一个常数，这一点即使在所给的 u 只在一个圆环中调和时也正确，从(58)可知，如果 u 在一个圆环中调和，则

$$\int_{|z|=r}r\frac{\partial u}{\partial r}d\theta$$

是一个常数，而若 u 在整个圆盘内调和，则等于零．合并上述结果，就得到：

定理 20 一个调和函数在同心圆 $|z|=r$ 上的算术平均值是 $\log r$ 的一个线性函数，

$$\frac{1}{2\pi}\int_{|z|=r}u\,d\theta=\alpha\log r+\beta, \tag{61}$$

如果 u 在一个圆盘内调和，则 $\alpha=0$，而 u 的算术平均是一个常数．

在后一种情形，根据连续性，$\beta=u(0)$，变换到一个新的原点后，得到

$$u(z_0)=\frac{1}{2\pi}\int_0^{2\pi}u(z_0+re^{i\theta})d\theta. \tag{62}$$

公式(62)显然也可直接从 4.3.4 节中的解析函数的对应公式(34)中导出．这就直接引出了调和函数的最大值原理：

165

定理 21 一个不等于常数的调和函数在其定义域中既没有极大值，也没有极小值．因此，在一个有界闭集 E 上其极大值和极小值必在 E 的边界上取得．

这一定理的证明和解析函数的最大值原理的证明相仿，在此不再重复．它也可应用于极小值的考虑，因为如果 u 为调和函数，则 $-u$ 也必是调和函数．在解析函数的情形，要

作相应的处理就必须将最大值原理应用于 $1/f(z)$，但这是不恰当的，除非 $f(z)\neq 0$. 注意，解析函数的最大值原理可从调和函数的最大值原理导出，只要将后者应用于 $\log|f(z)|$ 即可，这一函数在 $f(z)\neq 0$ 时是调和的.

练 习

1. 设 u 在 $0<|z|<\rho$ 中有界且调和，证明：原点是 u 的可去奇点，这就是说，当 $u(0)$ 经过适当定义以后，u 变成在 $|z|<\rho$ 中调和.

2. 设 $f(z)$ 在圆环 $r_1<|z|<r_2$ 中解析，并在闭圆环上连续. 当 $|z|=r$ 时，以 $M(r)$ 表示 $|f(z)|$ 的极大值，证明：

$$M(r)\leqslant M(r_1)^{\alpha}M(r_2)^{1-\alpha},$$

其中 $\alpha=\log(r_2/r):\log(r_2/r_1)$（阿达马三圆定理）. 并讨论等号成立的情形. 提示：对 $\log|f(z)|$ 和 $\log|z|$ 的一个线性组合应用最大值原理.

4.6.3 泊松公式

最大值原理具有一个如下的重要推论：设 $u(z)$ 在一个有界闭集 E 上连续，并在 E 的内部调和，则这一函数将由它在 E 的边界上的值唯一确定. 实际上，如果设 u_1 及 u_2 为两个具有同样边值的调和函数，则 u_1-u_2 将是边值为 0 的调和函数. 应用最大值原理可知，u_1-u_2 应在 E 上恒等于零.

这里产生了当 u 的边值已经给定时，如何求出 u 的问题. 在这方面，我们将只对最简单的情形(即一个闭的圆盘)给出问题的解.

公式(62)确定 u 在圆盘中心的值. 这正是我们所需要的，因为存在一个线性交换，它可把任何一点变到圆心. 为明确起见，设 $u(z)$ 在闭圆盘 $|z|\leqslant R$ 中调和. 线性变换

166

$$z=S(\zeta)=\frac{R(R\zeta+a)}{R+\bar{a}\zeta}$$

将 $|\zeta|\leqslant 1$ 映成 $|z|\leqslant R$，以点 $\zeta=0$ 与点 $z=a$ 对应. 函数 $u(S(\zeta))$ 在 $|\zeta|\leqslant 1$ 中调和，根据(62)，得到

$$u(a)=\frac{1}{2\pi}\int_{|\zeta|=1}u(S(\zeta))\mathrm{d}\arg\zeta.$$

从

$$\zeta=\frac{R(z-a)}{R^2-\bar{a}z}$$

我们计算

$$\mathrm{d}\arg\zeta=-\mathrm{i}\frac{\mathrm{d}\zeta}{\zeta}=-\mathrm{i}\left(\frac{1}{z-a}+\frac{\bar{a}}{R^2-\bar{a}z}\right)\mathrm{d}z$$
$$=\left(\frac{z}{z-a}+\frac{\bar{a}z}{R^2-\bar{a}z}\right)\mathrm{d}\theta.$$

代入 $R^2=z\bar{z}$，则最后一式中 $\mathrm{d}\theta$ 的系数可改写为

$$\frac{z}{z-a}+\frac{\bar{a}}{\bar{z}-\bar{a}}=\frac{R^2-|a|^2}{|z-a|^2}$$

或

$$\frac{1}{2}\left(\frac{z+a}{z-a}+\frac{\bar{z}+\bar{a}}{\bar{z}-\bar{a}}\right)=\mathrm{Re}\,\frac{z+a}{z-a}.$$

于是得到泊松公式的两种形式如下：

$$u(a)=\frac{1}{2\pi}\int_{|z|=R}\frac{R^2-|a|^2}{|z-a|^2}u(z)\,\mathrm{d}\theta=\frac{1}{2\pi}\int_{|z|=R}\mathrm{Re}\,\frac{z+a}{z-a}u(z)\,\mathrm{d}\theta. \tag{63}$$

在极坐标系中，

$$u(re^{\mathrm{i}\varphi})=\frac{1}{2\pi}\int_0^{2\pi}\frac{R^2-r^2}{R^2-2rR\cos(\theta-\varphi)+r^2}u(Re^{\mathrm{i}\theta})\,\mathrm{d}\theta.$$

在导出泊松公式的过程中，我们假设了 $u(z)$在闭圆盘中调和．但是，在较弱的条件，即 $u(z)$在开圆盘中调和，在闭圆盘中连续之下，结论仍是正确的．事实上，如果 $0<r<1$，则 $u(rz)$在闭圆盘中调和，于是得到

167

$$u(ra)=\frac{1}{2\pi}\int_{|z|=R}\frac{R^2-|a|^2}{|z-a|^2}u(rz)\,\mathrm{d}\theta.$$

现在我们需要做的是令 r 趋于 1．因为 $u(z)$在 $|z|\leqslant R$ 上一致连续，因此对于 $|z|=R$，一致地有 $u(rz)\to u(z)$，故知(63)保持正确．

我们把该结果阐述成如下定理：

定理 22 假设 $u(z)$在 $|z|<R$ 调和，在 $|z|\leqslant R$ 连续，则对所有 $|a|<R$，恒有

$$u(a)=\frac{1}{2\pi}\int_{|z|=R}\frac{R^2-|a|^2}{|z-a|^2}u(z)\,\mathrm{d}\theta. \tag{64}$$

由该定理立即得到 u 的共轭函数的一个明显表达式．实际上，由公式(63)得

$$u(z)=\mathrm{Re}\left[\frac{1}{2\pi\mathrm{i}}\int_{|\zeta|=R}\frac{\zeta+z}{\zeta-z}u(\zeta)\frac{\mathrm{d}\zeta}{\zeta}\right]. \tag{65}$$

当 $|z|<R$ 时方括号内的表达式是 z 的一个解析函数．由此可知 $u(z)$是

$$f(z)=\frac{1}{2\pi\mathrm{i}}\int_{|\zeta|=R}\frac{\zeta+z}{\zeta-z}u(\zeta)\frac{\mathrm{d}\zeta}{\zeta}+\mathrm{i}C \tag{66}$$

的实部，其中 C 是一个任意的实常数．这一公式称为施瓦茨公式．

作为(64)的一种特殊情形，注意 $u=1$ 给出

$$\int_{|z|=R}\frac{R^2-|z|^2}{|z-a|^2}\mathrm{d}\theta=2\pi \tag{67}$$

对所有的 $|a|<R$ 成立．

4.6.4 施瓦茨定理

定理 22 可用于将一个给定的调和函数通过它在一个圆周上的值来表达．但是公式(64)

的右端当 u 在 $|z|=R$ 上有定义时，只要是充分正则的，例如是分段连续的，就有意义. 像在(65)中一样，积分仍可写成一个解析函数的实部，因此它是一个调和函数. 问题是：它在 $|z|=R$ 上是否有边值 $u(z)$？

168　有理由来澄清一下记号. 取 $R=1$，对于 $0\leqslant\theta\leqslant 2\pi$ 中的任意分段连续函数 $U(\theta)$，定义

$$P_U(z)=\frac{1}{2\pi}\int_0^{2\pi}\mathrm{Re}\,\frac{e^{i\theta}+z}{e^{i\theta}-z}U(\theta)\mathrm{d}\theta,$$

并称它为 U 的泊松积分. 注意：$P_U(z)$不仅是 z 的函数，而且还是函数 U 的函数，称它为一个泛函. 如果

$$P_{U+V}=P_U+P_V,$$

并对一个常数 c，有

$$P_{cU}=cP_U,$$

成立，则称这个泛函是线性的. 此外，$U\geqslant 0$ 就意味着 $P_U(z)\geqslant 0$. 由于这一性质，所以称 P_U 为正线性泛函.

从(67)可推得 $P_c=c$. 从这一性质，再加上泛函的线性和正的特性，使我们得出结论：不等式 $m\leqslant U\leqslant M$ 蕴涵着 $m\leqslant P_U\leqslant M$.

边值的问题是用下列基本定理来处理的，该定理是施瓦茨(H. A. Schwarz)首先证明的：

定理 23　只要函数 U 在 θ_0 处连续，则函数 $P_U(z)$在 $|z|<1$ 内调和，且

$$\lim_{z\to e^{i\theta_0}}P_U(z)=U(\theta_0).\tag{68}$$

我们已经指出，P_U 是调和的. 为了研究边界行为，设 C_1 和 C_2 是单位圆上两段互余的弧，并以 U_1 表示在 C_1 上等于 U 而在 C_2 上等于零的函数，以 U_2 表示在 C_2 上等于 U 而在 C_1 上等于零的函数. 显然，$P_U=P_{U_1}+P_{U_2}$.

由于 P_{U_1} 可以看作沿着 C_1 的一个线积分，故根据前面同样的推理，它在除闭弧 C_1 之外处处调和. 对于 $z\neq e^{i\theta}$，表达式

$$\mathrm{Re}\,\frac{e^{i\theta}+z}{e^{i\theta}-z}=\frac{1-|z|^2}{|e^{i\theta}-z|^2}$$

在 $|z|=1$ 上等于零. 故知 P_{U_1} 在开弧 C_2 上等于零，又因它是连续的，所以当 $z\to e^{i\theta}\in C_2$ 时，$P_{U_1}(z)\to 0$.

要证明(68)，可以假设 $U(\theta_0)=0$，因为如果情形不如此，则只需以 $U-U(\theta_0)$代替 U 即可. 给定一个 $\varepsilon>0$，可以找到 C_1 和 C_2 使得 $e^{i\theta_0}$ 是 C_2 的一个内点，并对 $e^{i\theta}\in C_2$，有 $|U(\theta)|<\varepsilon/2$. 在这一条件下，对于所有的 θ，必有 $|U_2(\theta)|<\varepsilon/2$,因此，对于 $|z|<1$，就有 $|P_{U_2}(z)|<\varepsilon/2$. 另一方面，由于 U_1 连续并在 $e^{i\theta_0}$ 处等于零，故存在一个 δ，只要 $|z-e^{i\theta_0}|<\delta$ 便有 $|P_{U_1}(z)|<\varepsilon/2$. 由此可知，只要 $|z|<1$，$|z-e^{i\theta_0}|<\delta$，就有 $|P_U(z)|\leqslant|P_{U_1}|+|P_{U_2}|<\varepsilon$，这就是所要证明的.

169

泊松公式有一个有趣的几何解释，也是施瓦茨提出的. 给定单位圆内部的一个固定点 z，对每一个 $e^{i\theta}$，确定点 $e^{i\theta^*}$，使 $e^{i\theta}$，z 与 $e^{i\theta^*}$ 在一条直线上(见图 4-15). 经几何考察或通

过直接计算，有

$$1-|z|^2=|e^{i\theta}-z||e^{i\theta^*}-z|. \tag{69}$$

但$(e^{i\theta}-z)/(e^{i\theta^*}-z)$是负的，故必有

$$1-|z|^2=-(e^{i\theta}-z)(e^{-i\theta^*}-\bar{z}).$$

把θ^*看作θ的函数进行求导．由于z是常数，故得

$$\frac{e^{i\theta}d\theta}{e^{i\theta}-z}=\frac{e^{-i\theta^*}d\theta^*}{e^{-i\theta^*}-\bar{z}},$$

取绝对值，得

$$\frac{d\theta^*}{d\theta}=\left|\frac{e^{i\theta^*}-z}{e^{i\theta}-z}\right|. \tag{70}$$

从(69)和(70)得

$$\frac{1-|z|^2}{|e^{i\theta}-z|^2}=\frac{d\theta^*}{d\theta},$$

因此

$$P_U(z)=\frac{1}{2\pi}\int_0^{2\pi}U(\theta)d\theta^*=\frac{1}{2\pi}\int_0^{2\pi}U(\theta^*)d\theta.$$

170

换言之，为求$P_U(z)$，可将$U(\theta)$的每一个值换为z对面的点上的值，并沿圆取平均值即可.

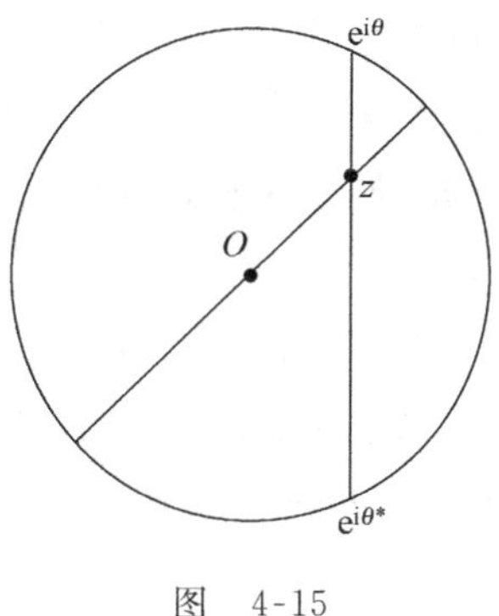

图 4-15

练 习

1. 设$U(\xi)$对所有实的ξ是分段连续而有界的，证明：

$$P_U(z)=\frac{1}{\pi}\int_{-\infty}^{\infty}\frac{y}{(x-\xi)^2+y^2}U(\xi)d\xi$$

表示上半平面中的一个调和函数，在连续点有边值$U(\xi)$(半平面的泊松积分).

2. 证明：在上半平面中调和而有界、在实轴上连续的函数可以表示成一个泊松积分

（练习1）.

注　无穷远点的出现增加了困难，因为我们不能直接对 $u-P_u$ 应用最大值和最小值原理．一个好的尝试是对 $\varepsilon>0$ 应用最大值原理于 $u-P_u-\varepsilon y$，记住要令 ε 趋于0．这几乎总是可行的，因为当 $y\to0$ 时函数趋于0，而当 $y\to\infty$ 时，函数趋于 $-\infty$，但当 $|x|\to\infty$ 时就不能控制．试证明：若应用于 $u-P_u-\varepsilon\mathrm{Im}(\sqrt{\mathrm{i}z})$，则推理可成功地作出．

3．在练习1中，假设 U 在0有一个跳跃，例如 $U(+0)=0$，$U(-0)=1$．试证明：当 $z\to0$ 时，$P_U(z)-\frac{1}{\pi}\arg z$ 趋于0．试将结果推广到任意跳跃和圆的情形．

4．设 C_1 及 C_2 为单位圆上两段互余的弧，在 C_1 上，令 $U=1$，在 C_2 上，令 $U=0$．求 $P_U(z)$ 的显式，并证明与 C_1 相对、由过 z 及 C_1 的两端点的直线所截出的弧的长度等于 $2\pi P_U(z)$．

5．证明均值公式(62)对 $u=\log|1+z|$，$z_0=0$，$r=1$ 仍成立，应用这一点，计算积分

$$\int_0^\pi \log\sin\theta\mathrm{d}\theta.$$

6．若 $f(z)$ 在整个平面内解析，并设 $z\to\infty$ 时 $z^{-1}\mathrm{Re}f(z)\to0$，试证 f 是一个常数．提示：利用(66)．

7．若 $f(z)$ 在 ∞ 的一个邻域内解析，并设 $z\to\infty$ 时 $z^{-1}\mathrm{Re}f(z)\to0$，试证 $\lim\limits_{z\to\infty}f(z)$ 存在．（换言之，在 ∞ 的弧立奇点是可去的．）

提示：首先用柯西积分公式证明 $f=f_1+f_2$，其中 $z\to\infty$，$f_1(z)\to0$，$f_2(z)$ 在整个平面内解析．

171

*8．若 $u(z)$ 在 $0<|z|<\rho$ 上调和并且 $\lim\limits_{z\to0}zu(z)=0$，试证明 u 可写成形式 $u(z)=\alpha\log|z|+u_0(z)$，其中 α 是一个常数，u_0 在 $|z|<\rho$ 中是调和的．

提示：选取 α 如(61)．然后证明 u_0 是一个解析函数 $f_0(z)$ 的实部，并用上一练习得出结论——在0的奇点是可去的．

4.6.5　反射原理

对称原理或反射原理的一种初等情形已在线性变换中讨论过（见3.3.3节）．另外，还有许多更为一般的形式，都是由 H. A. Schwarz 首先阐述的．

反射原理的依据是：若 $u(z)$ 是调和函数，则 $u(\bar{z})$ 也必是调和函数，若 $f(z)$ 是解析函数，则 $\overline{f(\bar{z})}$ 也必是解析函数．更精确地说，若 $u(z)$ 在域 Ω 内调和，$f(z)$ 在 Ω 内解析，则作为 z 的函数，$u(\bar{z})$ 必然在域 Ω^* 内调和，$\overline{f(\bar{z})}$ 必在域 Ω^* 内解析，这里 Ω^* 是由 Ω 对实轴反射而成的．也就是说，当且仅当 $\bar{z}\in\Omega$ 时 $z\in\Omega^*$．这些叙述可由通常的检验来证明．

考虑一个对称区域的情形：$\Omega^*=\Omega$. 由于Ω是连通的，它必然与实轴沿至少一个开区间相交. 设$f(z)$在Ω内解析，并设$f(z)$至少在实轴的一个区间中是实的. 由于$f(z)-\overline{f(\bar{z})}$是解析的，并且在一个区间等于零，因此它必在$\Omega$内恒等于零，于是在$\Omega$内，$f(z)=\overline{f(\bar{z})}$. 用记号$f=u+\mathrm{i}v$，这样就有$u(z)=u(\bar{z}),v(z)=-v(\bar{z})$.

这是重要的，但确切地说，还是一个较弱的结果. 因为我们假设了$f(z)$在Ω内已知是解析的. 现在记Ω与上半平面的交为Ω^+、Ω与实轴的交为σ. 假设$f(z)$在$\Omega^+\cup\sigma$上有定义，在Ω^+解析，在σ上连续并且是实的. 在这些条件下，我们来证明$f(z)$是一个在Ω内解析并满足对称条件$f(z)=\overline{f(\bar{z})}$的函数限制在$\Omega^+$上的约束. 换言之，我们的定理的一部分断言$f(z)$具有一个扩张到$\Omega$的解析延拓.

即使在这一阐述中，假设仍是太强了. 事实上，主要的是求虚部$v(z)$在σ上等于零，至于实部，不需作任何假设. 所以，在反射原理的确切叙述中，侧重点是在调和函数上.

定理 24 设Ω^+是一个对称区域Ω在上半平面的部分，σ是实轴在Ω中的部分. 假设$v(x)$在$\Omega^+\cup\sigma$中连续，在Ω^+中调和而在σ上等于零，则v具有一个扩张到Ω的调和延拓，满足对称关系$v(\bar{z})=-v(z)$. 在相同条件下，如果v是Ω^+中的一个解析函数$f(z)$的虚部，则$f(z)$具有一个满足$f(z)=\overline{f(\bar{z})}$的解析延拓.

172

为证明这个定理，作函数$V(z)$，使之在Ω^+内等于$v(z)$，在σ上等于零，而在Ω^+的镜象中等于$-v(\bar{z})$. 我们要证明V在σ上调和. 对于点$x_0\in\sigma$，考虑一个中心x_0含于Ω中的圆盘，以P_V表示相对于这一圆盘的由边值V组成的泊松积分. 差$V-P_V$在圆盘的上半部分是调和的. 根据定理 23，它在半圆周上以及在直径上都等于零. 因为按定义，$V\to 0$，而按对称性，P_V等于零. 最大值和最小值原理蕴涵着在上半圆盘中$V=P_V$，而对下半圆盘，可重复同样的证明，因此得出结论：V在整个圆盘中调和，特别是在x_0调和.

至于定理的余下部分，仍考察中心在σ的一个圆盘，我们已经将v扩张到整个圆盘，并且v在同一圆盘中有一个共轭调和函数$-u_0$，对它可加以正规化而使得在上半圆盘内$u_0=\mathrm{Re}f(z)$. 考虑

$$U_0(z)=u_0(z)-u_0(\bar{z}).$$

显然，在实直径上$\partial U_0/\partial x=0$，又

$$\frac{\partial U_0}{\partial y}=2\frac{\partial u_0}{\partial y}=-2\frac{\partial v}{\partial x}=0.$$

由此可知，解析函数$\partial U_0/\partial x-\mathrm{i}\partial U_0/\partial y$在实轴上等于零，因而恒等于零. 所以$U_0$是一个常数，而这一常数显然是零. 这样就证明了$u_0(z)=u_0(\bar{z})$.

该构造可对任意圆盘重复做. 显然，在互相交迭的圆盘中，u_0重合在一起，定义可扩张到整个Ω，于是定理得证.

该定理有明显的推广. 域Ω可取为关于圆C对称，而不是关于一条直线对称，当z趋于C时，可以假设$f(z)$趋于另一个圆C'. 在这样的条件下，$f(z)$有一个解析延拓，它把关于C对称的点映成关于C'对称的点.

练 习

1. 如果 $f(z)$ 在整个平面中解析，在实轴上取实值，在虚轴上为纯虚数，证明 $f(z)$ 是奇函数.

2. 证明在对称区域 Ω 中解析的任意函数 f 可以写成形式 $f_1+\mathrm{i}f_2$，其中 f_1，f_2 在 Ω 中解析，并在实轴上取实值.

173

3. 如果 $f(z)$ 在 $|z|\leqslant 1$ 时解析并在 $|z|=1$ 时满足 $|f|=1$，证明 $f(z)$ 是有理函数.

4. 用(66)导出 $f'(z)$ 的公式，用 $u(z)$ 表示.

5. 如果 $u(z)$ 是调和函数，且当 $y>0$ 时，$0\leqslant u(z)\leqslant Ky$，证明 $u=ky$，其中 $0\leqslant k\leqslant K$.(对实轴反射，使其成为完整的解析函数 $f(z)=u+\mathrm{i}v$，用练习4证明 $f'(z)$ 是有界的.)

174

第5章　级数与乘积展开

非常一般的定理在解析函数理论中有它们固有的地位，但必须记住，整个理论起源于这样的愿望，即希望能处理明显的解析表达式．这些表达式取无穷级数、无穷乘积和其他极限的形式．本章的一部分将讨论这些极限所遵从的一些规则，另一部分讨论初等超越函数和其他特殊函数的显式表示式．

5.1　幂级数展开式

第2章我们已经初步研究过幂级数，主要是为了定义指数函数和三角函数．不用积分不可能证明任意解析函数都有一个幂级数展开式．对这个问题现在将作肯定的回答，基本上作为柯西定理的一个应用．

下面讨论解析函数序列的更一般的性质．

5.1.1　魏尔斯特拉斯定理

有关解析函数序列收敛性的主要定理断言，解析函数的一致收敛序列的极限仍是一个解析函数．我们必须妥善地叙述其假设条件，使之精确，而且还不能使之限制过严．

175

考察函数序列 $\{f_n(z)\}$，其中每一个 $f_n(z)$ 都是定义在一个域 Ω_n 内的解析函数．对于这一序列的极限函数 $f(z)$，我们应当在某个域 Ω 内来加以考虑，显然，如果 $f(z)$ 定义在 Ω 内，则 Ω 的每一点必属于所有的 Ω_n，此处 n 是大于某个 n_0 的数．一般来说，对于 Ω 的所有点，n_0 都是不同的，因此就不必要求 Ω 内的收敛是一致的．事实上，在大多数典型的情况下，诸域 Ω_n 组成一个递增序列：$\Omega_1\subset\Omega_2\subset\cdots\subset\Omega_n\subset\cdots$，而 Ω 则是 Ω_n 的并集．在这种场合，$\{f_n(z)\}$ 中没有一个函数是定义在 Ω 内的．尽管收敛不可能是一致的，但是在 Ω 的所有点上，极限 $f(z)$ 仍可以存在．

我们取 $f_n(z)=z/(2z^n+1)$ 并令 Ω_n 为圆盘 $|z|<2^{-1/n}$ 来作为一个非常简单的例子．如果取圆盘 $|z|<1$ 作为域 Ω，则在这个圆盘之中，显然有 $\lim\limits_{n\to\infty}f_n(z)=z$．为了研究收敛的一致性，作差

$$f_n(z)-z=-2z^{n+1}/(2z^n+1).$$

对于 z 的任意给定的值，取 $n>\log(4/\varepsilon)/\log(1/|z|)$ 即可令 $|z^n|<\varepsilon/4$．如果 $\varepsilon<1$，则 $2|z|^{n+1}<\varepsilon/2$，$|1+2z^n|>\dfrac{1}{2}$，因此 $|f_n(z)-z|<\varepsilon$．由此可知，在任意闭圆盘 $|z|\leqslant r<1$ 中，或在这样一个闭圆盘的任意子集上，收敛是一致的．

用另一种方式来说，上例中的序列 $\{f_n(z)\}$ 在域 Ω 的任意紧致子集上一致收敛于极限

函数 $f(z)$. 事实上，在一个紧致集上，$|z|$ 具有一个极大值 $r<1$，因此这个集包含于闭圆盘 $|z|\leqslant r$ 之中. 这是属于典型的情形. 一般说来，我们常可以证明在 Ω 的任意紧致子集上的收敛总是一致的. 另一方面，这正是我们下面所要证明的定理的自然条件.

定理 1　设 $f_n(z)$是定义在域 Ω_n 内的解析函数，序列$\{f_n(z)\}$在域 Ω 内收敛于极限函数 $f(z)$，而且在 Ω 的任意紧致子集上收敛是一致的，那么 $f(z)$必在 Ω 内解析. 而且，$f_n'(z)$在 Ω 的任意紧致子集上一致收敛于 $f'(z)$.

应用莫累拉定理(见 4.2.3 节)即可很容易地证明 $f(z)$的解析性. 令 $|z-a|\leqslant r$ 为包含在 Ω 中的一个闭圆盘. 由定理的假设条件可以推知，对于大于某个 n_0 的所有 n，这个圆盘包含在全部 Ω_n 之中[㊀]. 令 γ 为 $|z-a|<r$ 中的任意闭曲线，则根据柯西定理，对于 $n>n_0$，有

176

$$\int_\gamma f_n(z)\,\mathrm{d}z=0.$$

由于在 γ 上的一致收敛性，故得

$$\int_\gamma f(z)\,\mathrm{d}z=\lim_{n\to\infty}\int_\gamma f_n(z)\,\mathrm{d}z=0,$$

又根据莫累拉定理，$f(z)$在 $|z-a|<r$ 内解析，因此 $f(z)$在整个域 Ω 内解析.

另一种更直接的证法以积分公式

$$f_n(z)=\frac{1}{2\pi\mathrm{i}}\int_C\frac{f_n(\zeta)\,\mathrm{d}\zeta}{\zeta-z}$$

为依据，其中 C 为圆 $|\zeta-a|=r$ 且 $|z-a|<r$. 令 n 趋向于∞，根据一致收敛性可得

$$f(z)=\frac{1}{2\pi\mathrm{i}}\int_C\frac{f(\zeta)\,\mathrm{d}\zeta}{\zeta-z},$$

这个公式表明 $f(z)$在圆盘内解析. 应用公式

$$f'_n(z)=\frac{1}{2\pi\mathrm{i}}\int_C\frac{f_n(\zeta)\,\mathrm{d}\zeta}{(\zeta-z)^2},$$

根据上面的同样推理可得

$$\lim_{n\to\infty}f'_n(z)=\frac{1}{2\pi\mathrm{i}}\int_C\frac{f(\zeta)\,\mathrm{d}\zeta}{(\zeta-z)^2}=f'(z),$$

通过简单的估计即可看出，对于 $|z-a|\leqslant\rho<r$，收敛是一致的. Ω 的任意紧致子集都可用有限个这样的闭圆盘来遮盖，因此可知每个紧致子集上的收敛是一致的. 于是定理得证，重复应用这一定理可知，在 Ω 的每个紧致子集上 $f_n^{(k)}(z)$一致收敛于 $f^{(k)}(z)$.

定理 1 是由魏尔斯特拉斯(Weierstrass)提出的，他写成一个等价的形式. 将这一定理应用于以解析函数为项的级数具有特别重要的意义. 这一定理于是可表述如下：

设级数

㊀　事实上，域 Ω_n 组成 $|z-a|\leqslant r$ 的一个开覆盖. 圆盘是紧致的，因此它具有一个有限的子覆盖. 这就是说，它包含在一个固定的 Ω_{n_0} 中.

$$f(z)=f_1(z)+f_2(z)+\cdots+f_n(z)+\cdots$$

的每一项都是解析函数，并设这一级数在域 Ω 的每个紧致子集上一致收敛，则级数的和 $f(z)$ 必在 Ω 内解析，而且级数可逐项微分.

利用最大值原理可以更容易地证明紧致点集 A 上的一致收敛性. 事实上，使用定理 1 的记法，差 $|f_m(z)-f_n(z)|$ 在 A 的边界上达到其在 A 中的最大值. 因此在 A 的边界上的一致收敛就意味着在 A 上的一致收敛. 例如，设函数 $f_n(z)$ 在圆盘 $|z|<1$ 内解析，如果我们能够证明序列在每一个圆 $|z|=r_m$ 上一致收敛，其中 $\lim\limits_{m\to\infty} r_m=1$，应用魏尔斯特拉斯定理，可证极限函数必是解析的.

177

下面的定理是由 A. Hurwitz 提出的：

定理 2 *设函数 $f_n(z)$ 在域 Ω 中解析且不等于 0，并设 $f_n(z)$ 在 Ω 的任意紧致子集上一致收敛于 $f(z)$，则 $f(z)$ 在 Ω 中或者恒等于零，或者永不等于零.*

假设 $f(z)$ 不恒等于零. $f(z)$ 的零点在任何情况下都是孤立的. 因此，对任意点 $z_0\in\Omega$，存在一个数 $r>0$，使得 $f(z)$ 在 $0<|z-z_0|\leqslant r$ 上有定义且不等于 0. 特别是，$f(z)$ 在圆 $|z-z_0|=r$ 上有一个正的极小值，记该圆为 C. 由此可知，在 C 上，$1/f_n(z)$ 一致收敛于 $1/f(z)$. 因为在 C 上还一致地有 $f_n'(z)\to f'(z)$ 成立，故可断定

$$\lim_{n\to\infty}\frac{1}{2\pi i}\int_C\frac{f'_n(z)}{f_n(z)}dz=\frac{1}{2\pi i}\int_C\frac{f'(z)}{f(z)}dz.$$

但左端的积分全都是零，因为它们给出方程 $f_n(z)=0$ 在 C 内部的根的个数. 所以右端的积分是零，因此，根据积分的同一解释 $f(z_0)\neq 0$. 由于 z_0 是任意的，所以定理得证.

练 习

1. 对 $\log(1+z/n)$ 的一个分支应用泰勒定理，证明：

$$\lim_{n\to\infty}\left(1+\frac{z}{n}\right)^n=e^z$$

在所有紧致集上是一致的.

2. 证明级数

$$\zeta(z)=\sum_{n=1}^{\infty}n^{-z}$$

在 $\operatorname{Re} z>1$ 时收敛，并将其导数表示成级数形式.

3. 证明：

$$(1-2^{1-z})\zeta(z)=1^{-z}-2^{-z}+3^{-z}-\cdots$$

并证明右边的级数当 $\operatorname{Re} z>0$ 时是 z 的解析函数.

4. 作为定理 2 的一个推广，证明：若 $f_n(z)$ 在 Ω 内至多有 m 个零点，则 $f(z)$ 或者恒等于零，或者至多有 m 个零点.

178

5. 证明：

$$\sum_{n=1}^{\infty} \frac{nz^n}{1-z^n} = \sum_{n=1}^{\infty} \frac{z^n}{(1-z^n)^2}$$

对 $|z|<1$ 成立.（展开成一个二重级数，并反转求和的次序.）

5.1.2　泰勒级数

现在我们来证明每个解析函数都可展开为收敛的泰勒级数. 这实际上是 4.3.1 节定理 8 的有限泰勒展开式对应的余项表示的一个直接推论. 根据该定理，如果 $f(z)$ 在包含 z_0 的一个域 Ω 内解析，则

$$f(z) = f(z_0) + \frac{f'(z_0)}{1!}(z-z_0) + \cdots + \frac{f^n(z_0)}{n!}(z-z_0)^n + f_{n+1}(z)(z-z_0)^{n+1},$$

其中

$$f_{n+1}(z) = \frac{1}{2\pi i}\int_C \frac{f(\zeta)d\zeta}{(\zeta-z_0)^{n+1}(\zeta-z)}.$$

上式中的 C 是任意一个包含于 Ω 内的闭圆盘 $|z-z_0|\leqslant\rho$ 的圆 $|z-z_0|=\rho$.

令 M 为 $|f(z)|$ 在 C 上的最大值，则可得估计值

$$|f_{n+1}(z)(z-z_0)^{n+1}| \leqslant \frac{M|z-z_0|^{n+1}}{\rho^n(\rho-|z-z_0|)}.$$

我们得出结论——余项在任意圆盘 $|z-z_0|\leqslant r<\rho$ 中一致地趋于零. 另一方面，可取 ρ 任意地接近于 z_0 至 Ω 的边界的最短距离，这样就证明了下述定理：

定理 3　设 $f(z)$ 在域 Ω 内解析，z_0 为 Ω 内一点，则在 Ω 中以 z_0 为圆心的最大开圆盘内，下列表示式成立：

179

$$f(z) = f(z_0) + \frac{f'(z_0)}{1!}(z-z_0) + \cdots + \frac{f^{(n)}(z_0)}{n!}(z-z_0)^n + \cdots.$$

由此可知，泰勒级数的收敛半径至少应等于点 z_0 至 Ω 边界的最小距离. 收敛半径可大于这个数，但此时就不能保证级数在所有既属于域 Ω 又属于收敛圆的点上仍代表函数 $f(z)$.

我们回忆展开式

$$e^z = 1 + z + \frac{z^2}{2!} + \cdots + \frac{z^n}{n!} + \cdots,$$

$$\cos z = 1 - \frac{z^2}{2!} + \frac{z^4}{4!} - \frac{z^6}{6!} + \cdots,$$

$$\sin z = z - \frac{z^3}{3!} + \frac{z^5}{5!} - \frac{z^7}{7!} + \cdots,$$

可用来作为它们所代表的函数的定义. 当然，正如我们早已指出的，每一个收敛幂级数是它自身的泰勒级数. 前面我们已给出了幂级数可以逐项微分的一个直接证明，这也是魏尔斯特拉斯定理的一个直接推论.

如果要将 z 的非整数幂或 $\log z$ 用幂级数来表示，则首先应选择一个明确定义的分支，

而后选定一个中心为 $z_0 \neq 0$. 同样，如果要将函数 $(1+z)^\mu$ 或 $\log(1+z)$ 在原点附近展开，则应选择在原点上分别等于 1 或 0 的那一个分支. 因为这个分支在 $|z|<1$ 内是单值而且解析的，故知收敛半径至少等于 1. 计算系数就很简单，结果有

$$(1+z)^\mu = 1 + \mu z + \binom{\mu}{2} z^2 + \cdots + \binom{\mu}{n} z^n + \cdots,$$

$$\log(1+z) = z - \frac{z^2}{2} + \frac{z^3}{3} - \frac{z^4}{4} + \frac{z^5}{5} - \cdots,$$

上式中的二项式系数规定为

$$\binom{\mu}{n} = \frac{\mu(\mu-1)\cdots(\mu-n+1)}{1 \cdot 2 \cdots n}.$$

如果对数级数的收敛半径大于 1，则 $\log(1+z)$ 将在 $|z|<1$ 时有界. 但这种情形并不存在，故知收敛半径恰好等于 1. 同样，如果二项式级数可在半径大于 1 的圆内收敛，则函数 $(1+z)^\mu$ 及其所有导数将在 $|z|<1$ 内有界. 除非 μ 是一个正整数，否则导数之一将为 $1+z$ 的负数次乘幂，因此无界. 由此可知收敛半径也恰等于 1，但在二项式级数简化为多项式的情形除外.

180

函数 $\arctan z$ 及 $\arcsin z$ 的级数展开可从导出级数来求. 展开式

$$\frac{1}{1+z^2} = 1 - z^2 + z^4 - z^6 + \cdots$$

经积分后可得

$$\arctan z = z - \frac{z^3}{3} + \frac{z^5}{5} - \frac{z^7}{7} + \cdots,$$

其中，所选择的分支唯一地由

$$\arctan z = \int_0^z \frac{dz}{1+z^2}$$

所确定，积分是沿单位圆内的任意一条路线进行的. 根据一致收敛性或者应用定理 1 即可验证上式. 上述级数的收敛半径不能大于导出级数的收敛半径，因此恰好等于 1.

如果 $\sqrt{1-z^2}$ 为具有正实部的分支，则对于 $|z|<1$，有

$$\frac{1}{\sqrt{1-z^2}} = 1 + \frac{1}{2} z^2 + \frac{1 \cdot 3}{2 \cdot 4} z^4 + \frac{1 \cdot 3 \cdot 5}{2 \cdot 4 \cdot 6} z^6 + \cdots,$$

经积分后可得

$$\arcsin z = z + \frac{1}{2}\frac{z^3}{3} + \frac{1 \cdot 3}{2 \cdot 4}\frac{z^5}{5} + \frac{1 \cdot 3 \cdot 5}{2 \cdot 4 \cdot 6}\frac{z^7}{7} + \cdots.$$

这一级数表示 $\arcsin z$ 的主支，其实部介于 $-\pi/2$ 及 $\pi/2$ 之间.

对于初等函数的组合，在大多数情形下不可能找到求系数的一般规律. 不过为了求得前面几个系数，我们并不需要算出逐阶导致. 有几种较为简单的方法，可用来算出我们所需要的全部系数.

为了方便起见，我们用记号$[z^n]$表示任意解析函数，它在原点处具有一个阶数至少为 n 的零点，或者说，$[z^n]$代表一个“包含因子 z^n”的函数．应用这一记法，可将任意在原点处解析的函数写成如下形式：

$$f(z)=a_0+a_1z+\cdots+a_nz^n+[z^{n+1}],$$

式中的系数都是唯一确定的，而且等于 $f(z)$的泰勒系数．这样，为了求得泰勒展开中的前 n 个系数，我们只要确定一个多项式 $P_n(z)$，使得 $f(z)-P_n(z)$在原点处具有一个阶数至少为 $n+1$ 的零点就够了．$P_n(z)$的次数无关紧要．可以肯定，在任何情况下，$z^m(m\leqslant n)$的系数就是 $f(z)$的泰勒系数．

181

举例来说，设

$$f(z)=a_0+a_1z+a_2z^2+\cdots+a_nz^n+\cdots,$$
$$g(z)=b_0+b_1z+b_2z^2+\cdots+b_nz^n+\cdots.$$

为了简单起见，应用记法 $f(z)=P_n(z)+[z^{n+1}]$和 $g(z)=Q_n(z)+[z^{n+1}]$．显然，$f(z)g(z)=P_n(z)Q_n(z)+[z^{n+1}]$，在 P_nQ_n 中，次数小于等于 n 的项的系数就是积 $f(z)g(z)$的泰勒系数．故得

$$f(z)g(z)=a_0b_0+(a_0b_1+a_1b_0)z+\cdots+(a_0b_n+a_1b_{n-1}+\cdots+a_nb_0)z^n+\cdots.$$

在导出这个展开式的时候，我们没有提到收敛性的问题，但是因为这个展开式与 $f(z)g(z)$的泰勒展开式完全一样，故根据定理 3 可知，其收敛半径至少应等于所给级数 $f(z)$及$g(z)$的收敛半径中的较小的一个数．在 P_nQ_n 的实际计算中，当然不需要去确定次数高于 n 的项．

对于商 $f(z)/g(z)$，只要 $g(0)=b_0\neq 0$，其展开式即可用同样的方法求得．作普通的除法，一直除到余数中包含有因子 z^{n+1}，此时即可确定一个多项式 R_n，它满足关系 $P_n=Q_nR_n+[z^{n+1}]$．于是 $f-R_ng=[z^{n+1}]$，而因 $g(0)\neq 0$，故得 $f/g=R_n+[z^{n+1}]$．R_n 的系数就是 $f(z)/g(z)$的泰勒系数．这种系数可写成行列式，但因过于复杂，所以并不实用．

求复合函数 $f(g(z))$的展开式也是一个重要的问题．此时，如果将 $g(z)$在 z_0 附近展开，则 $f(w)$的展开式应是 $w-g(z_0)$的幂级数．为了简化，设$z_0=0$，$g(0)=0$. 于是可以令 $f(w)=a_0+a_1w+\cdots+a_nw^n+\cdots$，且 $g(z)=b_1z+b_2z^2+\cdots+b_nz^n+\cdots$．仍用上面的记法，令 $f(w)=P_n(w)+[w^{n+1}]$，$g(z)=Q_n(z)+[z^{n+1}]$，$Q_n(0)=0$．在代入 $w=g(z)$时，应注意到

182

$$P_n(Q_n+[z^{n+1}])=P_n(Q_n(z))+[z^{n+1}],$$

且形如$[w^{n+1}]$的任意表达式变为一个$[z^{n+1}]$．这样，就得到

$$f(g(z))=P_n(Q_n(z))+[z^{n+1}],$$

$f(g(z))$的泰勒系数就是多项式 $P_n(Q_n(z))$的次数小于等于 n 的项的系数．

最后，我们来讨论解析函数 $w=g(z)$的反函数的展开问题．此处不妨设$g(0)=0$，并需求得反函数 $z=g^{-1}(w)$的一个分支，它在原点的邻域中解析而且当 $w=0$ 时等于零．反

函数存在的充要条件是 $g'(0)\neq 0$，因此设

$$g(z)=a_1z+a_2z^2+\cdots=Q_n(z)+[z^{n+1}],$$

其中 $a_1\neq 0$. 现在的问题就是要确定一个多项式 $P_n(w)$，使得 $P_n(Q_n(z))=z+[z^{n+1}]$. 事实上，由于 $a_1\neq 0$，故 $[z^{n+1}]$ 及 $[w^{n+1}]$ 是可以互换的，而从 $z=P_n(Q_n(z))+[z^{n+1}]$ 可得 $z=P_n(g(z)+[z^{n+1}])+[z^{n+1}]=P_n(w)+[w^{n+1}]$. 因此，$P_n(w)$ 可确定 $g^{-1}(w)$ 的系数.

为了证明多项式 P_n 的存在，可用归纳法. 显然，我们可取 $P_1(w)=w/a_1$，如果 P_{n-1} 已给定，则令 $P_n=P_{n-1}+b_nw^n$，于是

$$\begin{aligned}P_n(Q_n(z))&=P_{n-1}(Q_n(z))+b_na_1^nz^n+[z^{n+1}]\\&=P_{n-1}(Q_{n-1}(z)+a_nz^n)+b_na_1^nz^n+[z^{n+1}]\\&=P_{n-1}(Q_{n-1}(z))+P'_{n-1}(Q_{n-1}(z))a_nz^n+b_na_1^nz^n+[z^{n+1}].\end{aligned}$$

在最后一式中，前两项组成一个多项式，它的形式为 $z+c_nz^n+[z^{n+1}]$，因此只要令 $b_n=-c_na_1^{-n}$ 即可.

实际上，反函数的展开式可用逐次代入法来求. 为了说明这一方法，我们从级数

$$w=\arctan z=z-\frac{z^3}{3}+\frac{z^5}{5}-\cdots$$

来确定 $\tan w$ 的展开式. 如果我们要求展开式包含 z 的 5 次幂，可以令

$$z=w+\frac{z^3}{3}-\frac{z^5}{5}+[z^7],$$

将这个表达式代入右边的项内，除了适当的余项外，有

$$\begin{aligned}z&=w+\frac{1}{3}\left(w+\frac{z^3}{3}+[w^5]\right)^3-\frac{1}{5}(w+[w^3])^5+[w^7]\\&=w+\frac{1}{3}w^3+\frac{1}{3}w^2z^3-\frac{1}{5}w^5+[w^7]\\&=w+\frac{1}{3}w^3+\frac{1}{3}w^2(w+[w^3])^3-\frac{1}{5}w^5+[w^7]\\&=w+\frac{1}{3}w^3+\frac{2}{15}w^5+[w^7].\end{aligned}$$

183

由此可得 $\tan w$ 展开式的前几项为

$$\tan w=w+\frac{1}{3}w^3+\frac{2}{15}w^5+\cdots.$$

练　习

1. 将 $1/(1+z^2)$ 展开为 $z-a$ 的幂级数，其中 a 为实数. 求系数的通项公式，如果 $a=1$，试化为最简形式.

2. 勒让德多项式定义为下述展开式中的系数 $P_n(\alpha)$，即

$$(1-2\alpha z+z^2)^{-\frac{1}{2}}=1+P_1(\alpha)z+P_2(\alpha)z^2+\cdots.$$

试求 P_1，P_2，P_3，P_4.

3. 试将 $\log(\sin z/z)$展开成 z 的幂级数，写到项 z^6.

4. 在 $\tan z$ 的泰勒展开式中，试求 z^7 的系数.

5. 裴波那契数定义为 $c_0=0$，$c_1=1$，

$$c_n = c_{n-1} + c_{n-2}.$$

证明 c_n 是一个有理函数的泰勒系数，并确定 c_n 的表达式.

5.1.3　洛朗级数

级数

$$b_0 + b_1 z^{-1} + b_2 z^{-2} + \cdots + b_n z^{-n} + \cdots \tag{1}$$

可看成是变量 $1/z$ 的一个普通幂级数. 因此，这个级数应在某个圆 $|z|=R$ 的外部收敛，$R=\infty$的情形除外. 在每一个域 $|z|\geqslant\rho>R$ 中级数的收敛是一致的，因此，这一级数就表示一个在域 $|z|>R$ 内的解析函数. 如果级数(1)与一个普通的幂级数组合，则得更一般的级数如下：

$$\sum_{n=-\infty}^{+\infty} a_n z^n. \tag{2}$$

这一级数仅当非负数次乘幂部分以及负数次乘幂部分分别收敛时收敛. 由于非负数次乘幂部分在圆盘 $|z|<R_2$ 内收敛，而负数次乘幂部分在域 $|z|>R_1$ 中收敛，故知只有在 $R_1<R_2$时才能有一个共同的收敛域，此时(2)表示圆环 $R_1<|z|<R_2$ 内的一个解析函数.

反之，我们可从一个解析函数 $f(z)$来考虑，它的定义域包含一个圆环 $R_1<|z|<R_2$，或者更一般地包含圆环$R_1<|z-a|<R_2$. 我们将证明，这样的函数常可以展开为一个一般的幂级数，其形式为

184

$$f(z) = \sum_{n=-\infty}^{+\infty} A_n (z-a)^n.$$

证明很简单. 我们所要证明的是 $f(z)$可写成 $f_1(z)+f_2(z)$的形式，此处 $f_1(z)$在 $|z-a|<R_2$ 内解析，而 $f_2(z)$则对 $|z-a|>R_1$ 解析，并且在∞处有一个可去奇点. 在这种情况下，$f_1(z)$就可以展开为 $z-a$ 的非负数次幂级数，而$f_2(z)$则可展开为 $1/(z-a)$的非负数次幂级数.

为确定表示式 $f(z)=f_1(z)+f_2(z)$，对于 $|z-a|<r<R_2$，以下式定义 $f_1(z)$：

$$f_1(z) = \frac{1}{2\pi i}\int_{|\zeta-a|=r} \frac{f(\zeta)d\zeta}{\zeta - z},$$

而对于 $R_1<r<|z-a|$，则以下式定义 $f_2(z)$：

$$f_2(z) = -\frac{1}{2\pi i}\int_{|\zeta-a|=r} \frac{f(\zeta)d\zeta}{\zeta - z},$$

在两个积分式中，r 的值是无关紧要的，只要不等式能满足即可，因为根据柯西定理，当圆不通过点 z 时，积分的值并不随 r 变化. 因此，$f_1(z)$及 $f_2(z)$分别唯一地确定在 $|z-a|<$

R_2 及 $|z-a|>R_1$ 之中，且各表示这些域中的解析函数．此外，根据柯西积分定理有 $f(z)=f_1(z)+f_2(z)$．

$f_1(z)$的泰勒展开式为

$$f_1(z)=\sum_{n=0}^{\infty}A_n(z-a)^n,$$

其中

$$A_n=\frac{1}{2\pi i}\int_{|\zeta-a|=r}\frac{f(\zeta)d\zeta}{(\zeta-a)^{n+1}}. \tag{3}$$

为了求得 $f_2(z)$的展开式，作变换 $\zeta=a+1/\zeta'$，$z=a+1/z'$．这个变换把 $|\zeta-a|=r$ 变成 $|\zeta'|=1/r$，具有负的取向，经简单的运算后可得

$$f_2\left(a+\frac{1}{z'}\right)=\frac{1}{2\pi i}\int_{|\zeta'|=\frac{1}{r}}\frac{z'}{\zeta'}\frac{f\left(a+\frac{1}{\zeta'}\right)d\zeta'}{\zeta'-z'}=\sum_{n=1}^{\infty}B_n z'^n,$$

185

其中

$$B_n=\frac{1}{2\pi i}\int_{|\zeta'|=\frac{1}{r}}\frac{f\left(a+\frac{1}{\zeta'}\right)d\zeta'}{\zeta'^{n+1}}=\frac{1}{2\pi i}\int_{|\zeta-a|=r}f(\zeta)(\zeta-a)^{n-1}d\zeta.$$

这一公式表明

$$f(z)=\sum_{n=-\infty}^{+\infty}A_n(z-a)^n.$$

其中所有的系数 A_n 都由(3)确定．注意，只要 $R_1<r<R_2$，(3)中的积分就与 r 无关．

如果 $R_1=0$，则点 a 是一个孤立奇点，而 $A_{-1}=B_1$ 是 a 处的留数，因为$f(z)-A_{-1}(z-a)^{-1}$ 是 $0<|z-a|<R_2$ 中的一个单值函数的导数．

练　习

1．证明洛朗展开式是唯一的．

2．设 Ω 为双连通域，它的余集由分集 E_1、E_2 组成．证明域 Ω 内的每一个解析函数 $f(z)$可写成 $f_1(z)+f_2(z)$，此处 $f_1(z)$在 E_1 的外部解析，$f_2(z)$在 E_2 的外部解析．（精确的证明需要一个像 4.4.5 节中那样的结构．）

3．表达式

$$\{f,z\}=\frac{f'''(z)}{f'(z)}-\frac{3}{2}\left(\frac{f''(z)}{f'(z)}\right)^2$$

称为 f 的施瓦茨导数．若 f 只有一个重零点或极点，求$\{f, z\}$的洛朗展开式的首项．答：如果 $f(z)=a(z-z_0)^m+\cdots$，则$\{f, z\}=\frac{1}{2}(1-m)^2(z-z_0)^{-2}+\cdots$．

4．证明$(e^z-1)^{-1}$在原点处的洛朗展开式为

$$\frac{1}{z}-\frac{1}{2}+\sum_{1}^{\infty}(-1)^{k-1}\frac{B_k}{(2k)!}z^{2k-1},$$

其中 B_k 称为伯努利数，都是正的．求 B_1，B_2，B_3．（由 5.2.1 节练习 5，B_k 都是正的．）

186

5．试以伯努利数表示 $\tan z$ 的泰勒级数展开式及 $\cot z$ 的洛朗展开式．

5.2　部分分式与因子分解

一个有理函数有两种标准表示，一是部分分式表示，二是分子分母的因子分解表示．本节专门讨论任意亚纯函数的类似表示式．

5.2.1　部分分式

如果函数 $f(z)$是域 Ω 内的一个亚纯函数，则对应于每一个极点 b_ν，有 $f(z)$的一个奇部，由洛朗级数中包含 $z-b_\nu$ 的负数次乘幂的部分组成．它是一个多项式，记为 $P_\nu(1/(z-b_\nu))$．我们应当减去所有的奇部，借以求得如下的表示：

$$f(z)=\sum_{\nu}P_\nu\left(\frac{1}{z-b_\nu}\right)+g(z),\tag{4}$$

其中 $g(z)$应在 Ω 内解析．不过右侧的和一般是无穷的，而且不能保证级数一定收敛．尽管如此，在很多情形仍有级数收敛，而且常常可以从一般考察中来确定$g(z)$的显式．在这种情形下，结果是非常有意义的．我们可以得到一个十分有用的简单展开式．

如果(4)中的级数并不收敛，则所用的方法应加以修正．很明显，如果从每个奇部 P_ν 中减去一个解析函数 $p_\nu(z)$，将不致引起本质的变化．而适当选择函数 p_ν 就可使级数 $\sum_{\nu}(P_\nu-p_\nu)$ 收敛．我们甚至可把 $p_\nu(z)$取为多项式．

我们不准备用这一意义证明最一般的定理．但在 Ω 是整个平面的情形，我们将证明：每一个亚纯函数具有一个部分分式的展开式，而且奇部可以任意构造．这一定理及其在任意域上的推广是由 Mittag-Leffler 提出的．

定理 4　设$\{b_\nu\}$为一个复数序列，且$\lim_{\nu\to\infty}b_\nu=\infty$，并设 $P_\nu(\zeta)$为不具有常数项的多项式，则必存在一些函数，在整个平面中为亚纯，以点 b_ν 为极点，对应的奇部为 $P_\nu(1/(z-b_\nu))$．而且，这类亚纯函数的最一般形式可写成

187

$$f(z)=\sum_{\nu}\left[P_\nu\left(\frac{1}{z-b_\nu}\right)-p_\nu(z)\right]+g(z),\tag{5}$$

其中 $p_\nu(z)$是适当选择的固定多项式，$g(z)$是整个平面中的一个解析函数．

我们可以假设没有一个 b_ν 等于零．由于函数 $P_\nu(1/(z-b_\nu))$对于 $|z|<|b_\nu|$ 解析，故可在原点附近展开为泰勒级数．取这一级数的部分和，例如截止到 n_ν 次的项的部分和，作为 $p_\nu(z)$．差 $P_\nu-p_\nu$ 可用 4.3.1 节中的余项的显式来估计．如果对于 $|z|\leqslant|b_\nu|/2$，$|P_\nu|$ 的极大值记为 M_ν，则对所有的 $|z|\leqslant|b_\nu|/4$ 就有

$$\left|P_\nu\left(\frac{1}{z-b}\right)-p_\nu(z)\right|\leqslant 2M\left(\frac{2\mid z\mid}{\mid b_\nu\mid}\right)^{n_\nu+1}. \tag{6}$$

从这一估值显然可见，只要取 n_ν 充分大，就可使(5)式右侧的级数在整个平面中除了极点之外绝对收敛．例如，若取 n_ν 使 $2^{n_\nu}\geqslant M_\nu 2^\nu$，则估值(6)表明，对于充分大的 ν，级数的通项受控于 $2^{-\nu}$.

此外，这个估值在任意闭圆盘 $|z|\leqslant R$ 中一致成立，因而只要略去 $|b_\nu|\leqslant R$ 的项，余下的级数在该圆盘中的收敛实际上是一致的．根据魏尔斯特拉斯定理，余下的级数表示 $|z|\leqslant R$ 中的一个解析函数，由此可知，整个级数在整个平面上是亚纯的，其奇部为 $P_\nu(1/(z-b_\nu))$．至于定理的其余部分就不证自明了．

我们来考察函数 $\pi^2/\sin^2\pi z$ 作为第一个例子，这一函数在点 $z=n$(n 为整数)具有二阶极点．原点处的奇部为 $1/z^2$，又因 $\sin^2\pi(z-n)=\sin^2\pi z$，故知 $z=n$ 处的奇部为 $1/(z-n)^2$．级数

$$\sum_{n=-\infty}^{+\infty}\frac{1}{(z-n)^2} \tag{7}$$

对于 $z\neq n$ 收敛，这可与熟知的级数 $\sum\limits_1^\infty 1/n^2$ 比较后看出．在任意紧致集上，只要略去在这一集上变为无穷大的项就可使级数一致收敛，因此有

$$\frac{\pi^2}{\sin^2\pi z}=\sum_{n=-\infty}^{+\infty}\frac{1}{(z-n)^2}+g(z), \tag{8}$$

此处，$g(z)$在整个平面中解析．我们将断言 $g(z)$恒等于零.

为了证明这一点，注意 $\pi^2/\sin^2\pi z$ 及级数(7)都是周期函数，它们的周期都是 1．因此函数 $g(z)$具有相同周期．对于 $z=x+\mathrm{i}y$，有(见 2.3.2 节练习 4)

188

$$|\sin\pi z|^2=\cosh^2\pi y-\cos^2\pi x,$$

因此，当 $|y|\to\infty$时，$\pi^2/\sin^2\pi z$ 一致地趋于 0．容易看出，函数(7)也具有相同性质．事实上，对于 $|y|\geqslant 1$ 收敛是一致的，因此当 $|y|\to\infty$时的极限可逐项来求．于是得知，当 $|y|\to\infty$时 $g(z)$一致地趋于 0．这就足以断定 $|g(z)|$ 在一个周期带域 $0\leqslant x\leqslant 1$ 上有界，而根据周期性，$|g(z)|$ 将在整个平面中有界．由刘维尔定理可知，$g(z)$应为一个常数，又因其极限为 0，故这个常数必等于 0．这样，就证明了下面的恒等式：

$$\frac{\pi^2}{\sin^2\pi z}=\sum_{-\infty}^{\infty}\frac{1}{(z-n)^2}, \tag{9}$$

将这个等式积分后可得一个有关的恒等式．左侧部分是 $-\pi\cot\pi z$ 的导数，右侧的项则都是 $-1/(z-n)$的导数．通项为 $1/(z-n)$的级数是发散的，必须从 $n\neq 0$ 的所有项中减去泰勒级数的一个部分和．在有些情况下减去常数项就够了，因为级数

$$\sum_{n\neq 0}\left(\frac{1}{z-n}+\frac{1}{n}\right)=\sum_{n\neq 0}\frac{z}{n(z-n)}$$

可与 $\sum\limits_1^\infty 1/n^2$ 比较，因此它是收敛的．在每一个紧致集上，只要我们略去那些变成无穷大

的项，收敛还是一致的．由此可知可以逐项微分，因此得到

$$\pi\cot\pi z=\frac{1}{z}+\sum_{n\neq 0}\left(\frac{1}{z-n}+\frac{1}{n}\right),\tag{10}$$

其中还应有一个附加的常数．如果将对应于 n 及 $-n$ 的项合并起来，则(10)式可写成如下的等价形式：

$$\pi\cot\pi z=\lim_{m\to\infty}\sum_{n=-m}^{m}\frac{1}{z-n}=\frac{1}{z}+\sum_{n=1}^{\infty}\frac{2z}{z^2-n^2}.\tag{11}$$

从这一形式显然可见等式两边都是 z 的奇函数，因此，积分常数应该等于零．这就证明了(10)及(11)正确．

189　现在让我们把步骤倒过来进行，并求类似的和

$$\lim_{m\to\infty}\sum_{-m}^{m}\frac{(-1)^n}{z-n}=\frac{1}{z}+\sum_{1}^{\infty}(-1)^n\frac{2z}{z^2-n^2},\tag{12}$$

这个式子显然表示一个亚纯函数．将奇偶的项分开，得到

$$\sum_{-(2k+1)}^{2k+1}\frac{(-1)^n}{z-n}=\sum_{n=-k}^{k}\frac{1}{z-2n}-\sum_{n=-k-1}^{k}\frac{1}{z-1-2n}.$$

与(11)式比较，可知极限为

$$\frac{\pi}{2}\cot\frac{\pi z}{2}-\frac{\pi}{2}\cot\frac{\pi(z-1)}{2}=\frac{\pi}{\sin\pi z},$$

于是得证

$$\frac{\pi}{\sin\pi z}=\lim_{m\to\infty}\sum_{-m}^{m}(-1)^n\frac{1}{z-n}.\tag{13}$$

练　习

1. 比较 $\cot\pi z$ 的洛朗展开及其部分分式展开中的系数，求下列各级数的值：

$$\sum_{1}^{\infty}\frac{1}{n^2},\quad\sum_{1}^{\infty}\frac{1}{n^4},\quad\sum_{1}^{\infty}\frac{1}{n^6}.$$

对于所需的步骤，试给以严格的推证．

2. 试将

$$\sum_{-\infty}^{\infty}\frac{1}{z^3-n^3}$$

表示成闭合形式．

3. 用(13)求 $1/\cos\pi z$ 的部分分式展开，并证明由此可得 $\pi/4=1-\frac{1}{3}+\frac{1}{5}-\frac{1}{7}+\cdots$.

4. 求值：

$$\sum_{-\infty}^{\infty}\frac{1}{(z+n)^2+a^2}.$$

5. 用练习1的方法证明：

$$\sum_{1}^{\infty} \frac{1}{n^{2k}} = 2^{2k-1} \frac{B_k}{(2k)!} \pi^{2k}.$$

(B_k 的定义见 5.1.3 节练习 4.)

190

5.2.2　无穷乘积

无穷多个复数的乘积

$$p_1 p_2 \cdots p_n \cdots = \prod_{n=1}^{\infty} p_n \tag{14}$$

可以用求部分乘积 $P_n = p_1 p_2 \cdots p_n$ 的极限来计算. 如果这个极限存在且不等于零，则称该无穷乘积收敛于值 $P = \lim\limits_{n\to\infty} P_n$. 我们约定 P 不为零，这有几点理由，首先，如果允许 $P = 0$，则任何无穷乘积只要其中有一个因子等于零就将是收敛的，而这种收敛实际与乘数的整个序列无关. 其次，在某些方面这一约定是非常自然的. 事实上，我们需要将一个函数表示成一个无穷乘积，这不仅应当在一般情形下可能，而且即使函数具有零点时也应当可以这样做. 根据这一理由，我们作如下的约定：无穷乘积(14)称为是收敛的，当且仅当其因子中至多只有有限个等于零，而且其中不等于零的因子所组成的部分乘积趋于一个有限的非零极限.

在一个收敛的乘积中，一般因子 p_n 必趋于1. 这可将 p_n 写成 $p_n = P_n / P_{n-1}$ 而看出，这里应将零因子略去. 根据这一事实，我们将所有的无穷乘积写成下列形式：

$$\prod_{n=1}^{\infty} (1 + a_n), \tag{15}$$

因此，$a_n \to 0$ 就是乘积收敛的必要条件.

如果没有因子等于零，则自然可以将乘积(15)与无穷级数

$$\sum_{n=1}^{\infty} \log(1 + a_n) \tag{16}$$

相比较. 由于 a_n 都是复数，所以对数应规定在一定的分支上，我们决定在每一项中选主支. 将(16)式的部分和记为 S_n，即 $P_n = e^{S_n}$，又如果 $S_n \to S$，则 P_n 趋于一个不为 0 的极限 $P = e^S$. 换言之，(16)式的收敛是(15)式收敛的一个充分条件.

为了证明这一条件也是必要的，设 $P_n \to P \neq 0$. 一般说来，由主值形成的级数(16)并不收敛于 $\log P$ 的主值. 而我们所要证明的是它收敛于 $\log P$ 的某一值. 为更清楚起见，我们暂时采用把对数的主值记为 Log、其虚部记为 Arg 的记法.

191

由于 $P_n / P \to 1$，显然当 $n \to \infty$ 时，$\operatorname{Log}(P_n / P) \to 0$. 因此存在一个整数 h_n，使得 $\operatorname{Log}(P_n / P) = S_n - \operatorname{Log} P + h_n \cdot 2\pi i$. 过渡到差，可以求得 $(h_{n+1} - h_n) 2\pi i = \operatorname{Log}(P_{n+1} / P) - \operatorname{Log}(P_n / P) - \operatorname{Log}(1 + a_n)$，因此 $(h_{n+1} - h_n) 2\pi = \operatorname{Arg}(P_{n+1} / P) - \operatorname{Arg}(P_n / P) - \operatorname{Arg}(1 + a_n)$. 根据定义，$|\operatorname{Arg}(1 + a_n)| \leqslant \pi$，可知 $\operatorname{Arg}(P_{n+1} / P) - \operatorname{Arg}(P_n / P) \to 0$. 对于大的 n，这与前面的方程相矛盾，除非 $h_{n+1} = h_n$. 因此 h_n 最后必等于某一固定的整数 h，由此从

$\mathrm{Log}(P_n/P)=S_n-\mathrm{Log}P+h\cdot 2\pi i$ 得$S_n\to\mathrm{Log}P-h\cdot 2\pi i$. 这就证明了下面的定理：

定理 5 无穷乘积 $\prod_1^\infty(1+a_n)$(其中 $1+a_n\neq 0$) 与级数 $\sum_1^\infty\log(1+a_n)$ 同时收敛，级数的项表示对数主支的值.

这样，无穷乘积收敛的问题就可转化为级数收敛的问题. 如果注意到级数(16)在较简单级数$\sum|a_n|$收敛时为绝对收敛，则还可以得到进一步的简化. 这一论断可从下列事实直接得到：

$$\lim_{z\to 0}\frac{\log(1+z)}{z}=1.$$

事实上，如果级数(16)或 $\sum_1^\infty|a_n|$收敛，则 $a_n\to 0$，而对于一个给定的 $\varepsilon>0$，以及所有充分大的 n，有下面的不等式成立：

$$(1-\varepsilon)|a_n|<|\log(1+a_n)|<(1+\varepsilon)|a_n|.$$

由此立即可知级数(16)及$\sum|a_n|$实际上同时绝对收敛.

一个无穷乘积称为是绝对收敛的，当且仅当对应的级数(16)绝对收敛. 于是得到如下定理：

定理 6 乘积 $\prod_1^\infty(1+a_n)$ 绝对收敛的充分必要条件是级数 $\sum_1^\infty|a_n|$ 收敛.

192

在上一定理中，我们强调的是绝对收敛. 用一些简单的例子可以说明：$\sum_1^\infty a_n$ 的收敛既不是乘积 $\prod_1^\infty(1+a_n)$ 收敛的必要条件，也不是充分条件.

以一个变量的函数为因子组成的无穷乘积，其一致收敛的意义很容易理解. 因子中出现有等于零的函数时将引起一些困难，但如果我们只考虑至多只有有限个因子等于零的那些集合，就可以克服这种困难. 将这些等于零的因子略去，我们就完全可以研究余下乘积的一致收敛性. 对于函数因子的无穷乘积的一致收敛性，定理5及定理6显然可以照搬过来. 从两个定理的证明中可以看出，所有的估值都可使之合乎一致性的要求，从而得出一致收敛的结论，至少在紧致集上如此.

练 习

1. 证明：

$$\prod_{n=2}^\infty\left(1-\frac{1}{n^2}\right)=\frac{1}{2}.$$

2. 证明：对于 $|z|<1$，有

$$(1+z)(1+z^2)(1+z^4)(1+z^8)\cdots=\frac{1}{1-z}.$$

3. 证明：

$$\prod_{1}^{\infty}\left(1+\frac{z}{n}\right)e^{-z/n}$$

在每一个紧致集上绝对而且一致收敛.

4. 证明一个绝对收敛的乘积，其值在因子重新排列后并不改变.

5. 证明函数

$$\theta(z)=\prod_{1}^{\infty}(1+h^{2n-1}e^{z})(1+h^{2n-1}e^{-z})$$

在整个平面中解析，并满足函数方程

$$\theta(z+2\log h)=h^{-1}e^{-z}\theta(z),$$

其中 $|h|<1$.

5.2.3 典范乘积

在整个平面中解析的函数称为*整函数*. 不为多项式的最简单的整函数如 e^z，$\sin z$，$\cos z$ 等.

如果 $g(z)$为一个整函数，则 $f(z)=e^{g(z)}$也必为整函数，且不等于 0. 反之，如果 $f(z)$为任意不等于零的整函数，则可以证明 $f(z)$必具有形式 $e^{g(z)}$. 要证明这一点，首先注意到函数 $f'(z)/f(z)$在整个平面上解析，它是一个整函数 $g(z)$的导数. 从这一事实经过计算就可以推知 $f(z)e^{-g(z)}$的导数为零，故 $f(z)$必是 $e^{g(z)}$的常数倍数；这一常数可以并在 $g(z)$之内. 193

应用这一方法，我们还可以求得具有有限个零点的最一般整函数. 设函数$f(z)$在原点处具有 m 个零点(m 可以为零)，这一函数的其他零点记为 a_1，a_2，…，a_N，重零点重复计数. 于是显然有

$$f(z)=z^{m}e^{g(z)}\prod_{1}^{N}\left(1-\frac{z}{a_n}\right).$$

如果零点有无穷多个，我们可以试用无穷乘积来求得一个类似的表示. 这一推广显然是

$$f(z)=z^{m}e^{g(z)}\prod_{1}^{\infty}\left(1-\frac{z}{a_n}\right). \tag{17}$$

这一表示当无穷乘积在每一个紧致集上一致收敛时有效. 事实上，如果这一无穷乘积在每一个紧致集上一致收敛，则它将表示一个整函数，它的零点和 $f(z)$的零点相重(原点除外)，而且零点的重数也相同. 由此可知，商可以写成 $z^{m}e^{g(z)}$.

(17)式中的乘积当且仅当 $\sum_{1}^{\infty}1/|a_n|$ 收敛时绝对收敛，而且此时它在每一个闭圆盘 $|z|\leqslant R$ 中的收敛还是一致的. 只有在这种特殊情况下，我们才能有(17)式的那种表示.

至于在一般的情形，那就必须应用收敛化因子. 考察复数 $a_n\neq 0$ 的一个任意序列，此

处$\lim\limits_{n\to\infty}a_n=\infty$，我们来证明有这样的多项式 $p_n(z)$存在，使得

$$\prod_1^{\infty}\left(1-\frac{z}{a_n}\right)e^{p_n(z)} \tag{18}$$

收敛于一个整函数．这一无穷乘积和一个级数一起收敛，这个级数的通项为

194

$$r_n(z)=\log\left(1-\frac{z}{a_n}\right)+p_n(z),$$

式中，对数的分支应取得能够使 $r_n(z)$的虚部位于$-\pi$及π(包括π在内)之间．

对于一个给定的R，我们只考察$|a_n|>R$的项．在圆盘$|z|\leqslant R$上，$\log(1-z/a_n)$的主支可展开为泰勒级数：

$$\log\left(1-\frac{z}{a_n}\right)=-\frac{z}{a_n}-\frac{1}{2}\left(\frac{z}{a_n}\right)^2-\frac{1}{3}\left(\frac{z}{a_n}\right)^3-\cdots.$$

改变符号，并且取 $p_n(z)$为部分和

$$p_n(z)=\frac{z}{a_n}+\frac{1}{2}\left(\frac{z}{a_n}\right)^2+\cdots+\frac{1}{m_n}\left(\frac{z}{a_n}\right)^{m_n}.$$

于是 $r_n(z)$的表示式为

$$r_n(z)=-\frac{1}{m_n+1}\left(\frac{z}{a_n}\right)^{m_n+1}-\frac{1}{m_n+2}\left(\frac{z}{a_n}\right)^{m_n+2}-\cdots,$$

并可容易地求得如下的估值：

$$|r_n(z)|\leqslant\frac{1}{m_n+1}\left(\frac{R}{|a_n|}\right)^{m_n+1}\left(1-\frac{R}{|a_n|}\right)^{-1}. \tag{19}$$

现在设级数

$$\sum_{n=1}^{\infty}\frac{1}{m_n+1}\left(\frac{R}{|a_n|}\right)^{m_n+1} \tag{20}$$

收敛．根据估值(19)可知，$r_n(z)\to 0$，因此只要n足够大，$r_n(z)$的虚部就应位于$-\pi$及π之间．而且，从比较中可以看出级数$\sum r_n(z)$在$|z|\leqslant R$上绝对且一致收敛，因此乘积(18)就表示一个在$|z|<R$内解析的函数．在证明中我们必须将$|a_n|\leqslant R$的值排除，但(18)的一致收敛性在对应因子重复计入时显然并不改变．

剩下的我们只要证明对于所有的R都能使级数(20)收敛即可．但这是很明显的，因为如果取$m_n=n$，则(20)式将变成一个幂级数，它的收敛半径是无穷大，这可应用收敛半径公式来证明，或研究R取任意固定值时的强几何级数(公比小于1)来得到．

定理7　*存在一个具有任意规定的零点a_n的整函数，只要在零点为无穷多的情形下，$a_n\to\infty$．除这些零点之外别无其他零点的任意整函数可以表示成如下形式：*

$$f(z)=z^m e^{g(z)}\prod_{n=1}^{\infty}\left(1-\frac{z}{a_n}\right)e^{\frac{z}{a_n}+\frac{1}{2}\left(\frac{z}{a_n}\right)^2+\cdots+\frac{1}{m_n}\left(\frac{z}{a_n}\right)^{m_n}}, \tag{21}$$

195

其中，乘积是对所有的$a_n\neq 0$取的，m_n为某些整数，$g(z)$为整函数．

这一定理是由魏尔斯特拉斯提出的．它具有如下一条重要的推论：

推论　在整个平面上的任意亚纯函数必是两个整函数之商.

这是因为，如果设 $F(z)$ 在整个平面上是亚纯的，则可求得一个整函数 $g(z)$，以 $F(z)$ 的极点作为该函数的零点. 于是积 $F(z)g(z)$ 是一个整函数，记为 $f(z)$，即得 $F(z)=f(z)/g(z)$.

在表示式(21)中，如果能选择所有的 m_n 互等，则该表示式就更为重要. 上面的证明表明，只要级数 $\sum_{n=1}^{\infty}(R/|a_n|)^{h+1}/(h+1)$ 对所有的 R 收敛，也就是说，只要 $\sum 1/|a_n|^{h+1}<\infty$，则无穷乘积

$$\prod_1^{\infty}\left(1-\frac{z}{a_n}\right)e^{\frac{z}{a_n}+\frac{1}{2}\left(\frac{z}{a_n}\right)^2+\cdots+\frac{1}{h}\left(\frac{z}{a_n}\right)^h} \tag{22}$$

收敛，而且表示一个整函数. 设 h 为使上述级数收敛的最小整数，于是表达式(22)就称为与序列 $\{a_n\}$ 相关的典范乘积，h 称为典型乘积的亏格.

在表示式(21)中，只要可能的话，我们总应用典范乘积，因此这一表示式是唯一确定的. 如果在这一表示式中，$g(z)$ 化为一个多项式，则称函数 $f(z)$ 是有限亏格的，而根据定义，$f(z)$ 的亏格就等于这个多项式的次数或典范乘积的亏格二者之中较大的数. 例如，亏格等于零的整函数具有下列形式：

$$Cz^m\prod_1^{\infty}\left(1-\frac{z}{a_n}\right),$$

且 $\sum 1/|a_n|<\infty$. 亏格为 1 的整函数的典范表示或者为

$$Cz^m e^{\alpha z}\prod_1^{\infty}\left(1-\frac{z}{a_n}\right)e^{z/a_n},$$

其中，$\sum 1/|a_n|^2<\infty$，$\sum 1/|a_n|=\infty$，或者为

$$Cz^m e^{\alpha z}\prod_1^{\infty}\left(1-\frac{z}{a_n}\right),$$

196

其中 $\sum 1/|a_n|<\infty$，$\alpha\neq 0$.

作为一个应用，我们来考察 $\sin\pi z$ 的乘积表示. 这个函数的零点为整数 $z=\pm n$. 由于 $\sum 1/n$ 发散，而 $\sum 1/n^2$ 收敛，故应取 $h=1$，于是得如下的表示式：

$$\sin\pi z = ze^{g(z)}\prod_{n\neq 0}\left(1-\frac{z}{n}\right)e^{z/n}.$$

为了确定 $g(z)$，作式子两边的对数导数，得

$$\pi\cot\pi z = \frac{1}{z}+g'(z)+\sum_{n\neq 0}\left(\frac{1}{z-n}+\frac{1}{n}\right),$$

这里所用的方法可以很容易地用任意不包含点 $z=n$ 的紧致集上的一致收敛性来验证. 与前面的公式(10)比较，即知 $g'(z)=0$. 因此 $g(z)$ 是一个常数，而由于 $\lim_{z\to 0}\sin\pi z/z=\pi$，故必有 $e^{g(z)}=\pi$，于是得

$$\sin\pi z = \pi z \prod_{n\neq 0}\left(1-\frac{z}{n}\right)e^{z/n}. \tag{23}$$

在这个表示式中，对应于 n 及 $-n$ 的因子可以并在一起，从而得到较简洁的形式：

$$\sin\pi z = \pi z \prod_{1}^{\infty}\left(1-\frac{z^2}{n^2}\right). \tag{24}$$

由(23)式可知 $\sin\pi z$ 是亏格为1的整函数.

练 习

1. 设 $a_n \to \infty$，并设 A_n 为任意复数. 证明存在一个整函数 $f(z)$，它满足 $f(a_n)=A_n$. 提示：设 $g(z)$ 是在 a_n 有单零点的函数，证明：

$$\sum_{1}^{\infty} g(z)\,\frac{e^{\gamma_n(z-a_n)}}{z-a_n}\cdot\frac{A_n}{g'(a_n)}$$

对 γ_n 的某一选择收敛.

2. 证明：

[197]

$$\sin\pi(z+\alpha) = e^{\pi z\cot\pi\alpha}\prod_{-\infty}^{\infty}\left(1+\frac{z}{n+\alpha}\right)e^{-z/(n+\alpha)},$$

只要 α 不为整数. 提示：将典范乘积前的因子记为 $g(z)$，确定 $g'(z)/g(z)$.

3. 求 $\cos\sqrt{z}$ 的亏格.

4. 设 $f(z)$ 的亏格等于 h，问 $f(z^2)$ 的亏格能有多大及多小?

5. 证明：设 $f(z)$ 是亏格为0或1而且有实零点的函数，又如果 $f(z)$ 在 z 为实数时为实数，则 $f'(z)$ 的所有零点也为实数. 提示：考虑 $\mathrm{Im} f'(z)/f(z)$.

5.2.4 Γ函数

函数 $\sin\pi z$ 以所有整数为零点，它是具有这一性质的最简单函数，现在我们来介绍一种只以正整数或负整数为零点的函数. 以负整数为零点的最简单函数，举例来说，就是对应的典范乘积

$$G(z) = \prod_{1}^{\infty}\left(1+\frac{z}{n}\right)e^{-z/n}. \tag{25}$$

很明显，$G(-z)$ 必将以正整数为零点，与 $\sin\pi z$ 的乘积表示(23)比较，立即可得

$$zG(z)G(-z) = \frac{\sin\pi z}{\pi} \tag{26}$$

由 $G(z)$ 的构造方式可知，它应具有另外一些简单性质. 我们看出 $G(z-1)$ 具有与 $G(z)$ 同样的零点，另外还有一个零点在原点，因此，它显然可以写成

$$G(z-1) = ze^{\gamma(z)}G(z),$$

其中 $\gamma(z)$ 为一个整函数. 为了确定 $\gamma(z)$，可取式子两边的对数导数，于是得

$$\sum_{n=1}^{\infty}\left(\frac{1}{z-1+n}-\frac{1}{n}\right)=\frac{1}{z}+\gamma'(z)+\sum_{n=1}^{\infty}\left(\frac{1}{z+n}-\frac{1}{n}\right). \tag{27}$$

在左边的级数中，可以用 $n+1$ 代 n，因而

$$\begin{aligned}\sum_{n=1}^{\infty}\left(\frac{1}{z-1+n}-\frac{1}{n}\right)&=\frac{1}{z}-1+\sum_{n=1}^{\infty}\left(\frac{1}{z+n}-\frac{1}{n+1}\right)\\&=\frac{1}{z}-1+\sum_{n=1}^{\infty}\left(\frac{1}{z+n}-\frac{1}{n}\right)+\sum_{n=1}^{\infty}\left(\frac{1}{n}-\frac{1}{n+1}\right).\end{aligned}$$

最后一个级数的和为 1，因此方程(27)变成 $\gamma'(z)=0$. 故知 $\gamma(z)$是一个常数，记为 γ. 函数 $G(z)$具有一种再生性质，即 $G(z-1)=e^{\gamma}zG(z)$. 为了简单起见，考察函数 $H(z)=G(z)e^{\gamma z}$，它显然满足函数方程 $H(z-1)=zH(z)$. 198

γ 的值很容易确定. 令 $z=1$，则得

$$1=G(0)=e^{\gamma}G(1),$$

因此

$$e^{-\gamma}=\prod_{n=1}^{\infty}\left(1+\frac{1}{n}\right)e^{-1/n}.$$

此处，第 n 个部分乘积可写为

$$(n+1)e^{-(1+\frac{1}{2}+\frac{1}{3}+\cdots+1/n)},$$

于是得

$$\gamma=\lim_{n\to\infty}\left(1+\frac{1}{2}+\frac{1}{3}+\cdots+\frac{1}{n}-\log n\right).$$

常数 γ 称为欧拉常数，它的近似值为 0.577 22.

如果 $H(z)$满足关系 $H(z-1)=zH(z)$，则 $\Gamma(z)=1/[zH(z)]$必满足关系$\Gamma(z-1)=\Gamma(z)/(z-1)$，或

$$\Gamma(z+1)=z\Gamma(z). \tag{28}$$

这是一个非常有用的关系式，因此，习惯上把 $\Gamma(z)$也包括在初等函数之中，并称之为欧拉 Γ 函数.

从定义可得显表示式：

$$\Gamma(z)=\frac{e^{-\gamma z}}{z}\prod_{n=1}^{\infty}\left(1+\frac{z}{n}\right)^{-1}e^{z/n}, \tag{29}$$

而公式(26)变为

$$\Gamma(z)\Gamma(1-z)=\frac{\pi}{\sin\pi z}. \tag{30}$$

易见 $\Gamma(z)$是一个亚纯函数，有极点在 $z=0$，-1，-2，…，但没有零点.

我们有 $\Gamma(1)=1$，由函数方程得 $\Gamma(2)=1$，$\Gamma(3)=1\cdot 2$，$\Gamma(4)=1\cdot 2\cdot 3$，一般地，$\Gamma(n)=(n-1)!$. 因此，$\Gamma$ 函数可看成是阶乘的一种推广. 从(30)式可知 $\Gamma\left(\frac{1}{2}\right)=\sqrt{\pi}$.

从 $\log\Gamma(z)$的二阶导数可以很容易地发现 Γ 函数的其他性质，对于这个二阶导数，由 199

(29)式，可得简单表达式

$$\frac{\mathrm{d}}{\mathrm{d}z}\left(\frac{\Gamma'(z)}{\Gamma(z)}\right)=\sum_{n=0}^{\infty}\frac{1}{(z+n)^2}. \tag{31}$$

举例来说，不难看出 $\Gamma(z)\Gamma\left(z+\frac{1}{2}\right)$ 及 $\Gamma(2z)$ 具有同样的零点，事实上，应用(31)式，可得

$$\begin{aligned}\frac{\mathrm{d}}{\mathrm{d}z}\left(\frac{\Gamma'(z)}{\Gamma(z)}\right)+\frac{\mathrm{d}}{\mathrm{d}z}\left[\frac{\Gamma'\left(z+\frac{1}{2}\right)}{\Gamma\left(z+\frac{1}{2}\right)}\right]&=\sum_{n=0}^{\infty}\frac{1}{(z+n)^2}+\sum_{n=0}^{\infty}\frac{1}{\left(z+n+\frac{1}{2}\right)^2}\\&=4\left[\sum_{n=0}^{\infty}\frac{1}{(2z+2n)^2}+\sum_{n=0}^{\infty}\frac{1}{(2z+2n+1)^2}\right]\\&=4\sum_{m=0}^{\infty}\frac{1}{(2z+m)^2}=2\frac{\mathrm{d}}{\mathrm{d}z}\left(\frac{\Gamma'(2z)}{\Gamma(2z)}\right).\end{aligned}$$

积分后得

$$\Gamma(z)\Gamma\left(z+\frac{1}{2}\right)=\mathrm{e}^{az+b}\Gamma(2z),$$

其中，a 及 b 为待定常数．以 $z=\frac{1}{2}$ 及 $z=1$ 代入，并应用已知公式 $\Gamma\left(\frac{1}{2}\right)=\sqrt{\pi}$，$\Gamma(1)=1$，$\Gamma\left(1\frac{1}{2}\right)=\frac{1}{2}\Gamma\left(\frac{1}{2}\right)=\frac{1}{2}\sqrt{\pi}$，$\Gamma(2)=1$，于是得

$$\frac{1}{2}a+b=\frac{1}{2}\log\pi,\quad a+b=\frac{1}{2}\log\pi-\log2.$$

由此可得

$$a=-2\log2,\quad b=\frac{1}{2}\log\pi+\log2.$$

因此

$$\sqrt{\pi}\Gamma(2z)=2^{2z-1}\Gamma(z)\Gamma\left(z+\frac{1}{2}\right).$$

这个公式称为勒让德加倍公式．

练　习

1．证明下列高斯公式：

$$(2\pi)^{\frac{n-1}{2}}\Gamma(z)=n^{z-\frac{1}{2}}\Gamma\left(\frac{z}{n}\right)\Gamma\left(\frac{z+1}{n}\right)\cdots\Gamma\left(\frac{z+n-1}{n}\right).$$

2．证明：

$$\Gamma\left(\frac{1}{6}\right)=2^{-\frac{1}{3}}\left(\frac{3}{\pi}\right)^{\frac{1}{2}}\Gamma\left(\frac{1}{3}\right)^2.$$

200

3．$\Gamma(z)$ 在极点 $z=-n$ 处的留数是什么？

5.2.5　斯特林公式

在 Γ 函数的许多应用中，最为重要的就是要了解当 z 很大时 $\Gamma(z)$ 的行为. 应用一个经典的公式，就可以把 $\Gamma(z)$ 算得十分精确，而且也很省力. 这一经典公式称为斯特林公式，证明的方法非常多. 我们这里将用留数计算法来导出这一公式，主要是根据林德勒夫关于留数计算的经典著作. 这是一个非常简单而有指导意义的证明方法，它为我们提供了在稍复杂的情形中应用留数的机会.

我们从 $\log\Gamma(z)$ 的二阶导数公式(31)出发，先将部分和

$$\frac{1}{z^2}+\frac{1}{(z+1)^2}+\frac{1}{(z+2)^2}+\cdots+\frac{1}{(z+n)^2}$$

表示成线积分. 为此，需要有一个函数，它在整数点 v 上有留数 $1/(z+v)^2$. 最适当的是取

$$\Phi(\zeta)=\frac{\pi\cot\pi\zeta}{(z+\zeta)^2},$$

此处 ζ 是变量，而 z 则只作为一个参数，在推导的前半部分，我们将它保持于一个固定的值 $z=x+\mathrm{i}y$，其中 $x>0$.

我们现在将留数公式应用到矩形上，矩形的垂直边在 $\zeta=0$ 及 $\zeta=n+\frac{1}{2}$ 上，而水平边则为 $\eta=\pm Y$，并先令 Y 而后令 n 趋于∞. 令矩形的周线为 K，它通过 0 处的极点，但只要我们取积分的主值并将原点的留数的一半也算进去，则公式仍适用. 因此得

$$\text{pr. v.}\ \frac{1}{2\pi\mathrm{i}}\int_K\Phi(\zeta)\mathrm{d}\zeta=-\frac{1}{2z^2}+\sum_{v=0}^{n}\frac{1}{(z+v)^2}.$$

在矩形的水平边上，当 $Y\to\infty$ 时，$\cot\pi\zeta$ 一致地趋于$\pm\mathrm{i}$. 由于因子 $1/(z+\zeta)^2$ 趋于 0，故知对应积分的极限为 0. 现在只剩无限垂直线上的两个积分. 在 $\zeta=n+\frac{1}{2}$ 的各条直线上，$\cot\pi\zeta$ 是有界的，而由于这一函数的周期性，可知它的界不依赖于 n. 由此可知沿直线 $\zeta=n+\frac{1}{2}$ 的积分将小于一个常数与下列积分的积：

$$\int_{\zeta=n+\frac{1}{2}}\frac{\mathrm{d}\eta}{|\zeta+z|^2}.$$

积分是可以求值的，因为在积分的沿线

$$\bar{\zeta}=2n+1-\zeta$$

上应用留数可得

$$\frac{1}{\mathrm{i}}\int\frac{\mathrm{d}\zeta}{|\zeta+z|^2}=\frac{1}{\mathrm{i}}\int\frac{\mathrm{d}\zeta}{(\zeta+z)(2n+1-\zeta+\bar{z})}=\frac{2\pi}{2n+1+2x}.$$

因此，当 $n\to\infty$ 时，极限为零.

最后，沿虚轴$-\mathrm{i}\infty$至$+\mathrm{i}\infty$段的积分主值可写成

$$\frac{1}{2}\int_0^\infty \cot\pi \mathrm{i}\eta\left[\frac{1}{(\mathrm{i}\eta+z)^2}-\frac{1}{(\mathrm{i}\eta-z)^2}\right]\mathrm{d}\eta=-\int_0^\infty \coth\pi\eta\cdot\frac{2\eta z}{(\eta^2+z^2)^2}\mathrm{d}\eta.$$

符号应相反，于是得公式

$$\frac{\mathrm{d}}{\mathrm{d}z}\left(\frac{\Gamma'(z)}{\Gamma(z)}\right)=\frac{1}{2z^2}+\int_0^\infty \coth\pi\eta\cdot\frac{2\eta z}{(\eta^2+z^2)^2}\mathrm{d}\eta. \tag{32}$$

现在最好令

$$\coth\pi\eta=1+\frac{2}{\mathrm{e}^{2\pi\eta}-1},$$

代入上式，从值为 1 的项所得的积分其值为 $1/z$，因此(32)可以写成

$$\frac{\mathrm{d}}{\mathrm{d}z}\left(\frac{\Gamma'(z)}{\Gamma(z)}\right)=\frac{1}{z}+\frac{1}{2z^2}+\int_0^\infty \frac{4\eta z}{(\eta^2+z^2)^2}\cdot\frac{\mathrm{d}\eta}{\mathrm{e}^{2\pi\eta}-1}. \tag{33}$$

这里的积分是非常迅速地收敛的.

令 z 在右半平面上变化，则这一公式可以积分. 从而得到

$$\frac{\Gamma'(z)}{\Gamma(z)}=C+\log z-\frac{1}{2z}-\int_0^\infty \frac{2\eta}{\eta^2+z^2}\cdot\frac{\mathrm{d}\eta}{\mathrm{e}^{2\pi\eta}-1}, \tag{34}$$

其中，$\log z$ 为对数的主支，而 C 为积分常数. 最后一项的积分需要加以验证. 为此，必须证明(34)式中的积分可在积分号下进行微分. 这显然是可以的，因为这一积分当 z 取值于半平面 $x>0$ 中的任意紧致集上时是一致收敛的.

现在将(34)式再积分一次. 此时在积分中显然将出现 $\arctan(z/\eta)$，虽然我们可以定义一个单值分支，但多值函数的应用还是应尽量避免的. 要做到这一点，可先用部分积分来变换(34)中的积分. 这就有

202

$$\int_0^\infty \frac{2\eta}{\eta^2+z^2}\cdot\frac{\mathrm{d}\eta}{\mathrm{e}^{2\pi\eta}-1}=\frac{1}{\pi}\int_0^\infty \frac{z^2-\eta^2}{(\eta^2+z^2)^2}\log(1-\mathrm{e}^{-2\pi\eta})\mathrm{d}\eta,$$

此处的对数当然是实的. 现在可对 z 积分，得

$$\log\Gamma(z)=C'+Cz+\left(z-\frac{1}{2}\right)\log z+\frac{1}{\pi}\int_0^\infty \frac{z}{\eta^2+z^2}\log\frac{1}{1-\mathrm{e}^{-2\pi\eta}}\mathrm{d}\eta, \tag{35}$$

其中 C'是一个新的积分常数，而且为了方便起见，我们将 $C-1$ 写成 C. 这一公式表明，在右半平面上存在 $\log\Gamma(z)$的一个单值分支，它的值由方程的右侧给出. 如果适当选择 C'，则可得 $\log\Gamma(z)$的一个分支，它在 z 为实数时取实值.

现在余下的问题就是确定常数 C 及 C'. 为此，应该先研究(35)式中积分的行为，我们把这一积分记为

$$J(z)=\frac{1}{\pi}\int_0^\infty \frac{z}{\eta^2+z^2}\log\frac{1}{1-\mathrm{e}^{-2\pi\eta}}\mathrm{d}\eta, \tag{36}$$

实际上，只要 z 保持远离虚轴，则当 $z\to\infty$时，必有 $J(z)\to 0$. 设 z 取值于半平面 $x\geqslant c>0$. 将积分分为两部分，如下：

$$J(z)=\int_0^{\frac{|z|}{2}}+\int_{\frac{|z|}{2}}^\infty=J_1+J_2.$$

在第一个积分中，$|\eta^2+z^2|\geqslant|z|^2-|z/2|^2=3|z|^2/4$，因此

$$|J_1|\leqslant\frac{4}{3\pi|z|}\int_0^\infty\log\frac{1}{1-\mathrm{e}^{-2\pi\eta}}\mathrm{d}\eta.$$

在第二个积分中，$|\eta^2+z^2|=|z-\mathrm{i}\eta|\cdot|z+\mathrm{i}\eta|>c|z|$，因此

$$|J_2|<\frac{1}{\pi c}\int_{\frac{|z|}{2}}^\infty\log\frac{1}{1-\mathrm{e}^{-2\pi\eta}}\mathrm{d}\eta.$$

由于 $\log(1-\mathrm{e}^{-2\pi\eta})$ 的积分显然是收敛的，故知当 $z\to\infty$ 时，J_1 及 J_2 都趋于 0.

将(35)式代入函数方程 $\Gamma(z+1)=z\Gamma(z)$ 或 $\log\Gamma(z+1)=\log z+\log\Gamma(z)$ 中即可求得 C 的值．如果设 z 取正值，则对数的分支非常明确．代入后得　203

$$\begin{aligned}&C'+Cz+C+\left(z+\frac{1}{2}\right)\log(z+1)+J(z+1)\\&=C'+Cz+\left(z+\frac{1}{2}\right)\log z+J(z),\end{aligned}$$

由此得

$$C=-\left(z+\frac{1}{2}\right)\log\left(1+\frac{1}{z}\right)+J(z)-J(z+1).$$

令 $z\to\infty$，可知 $C=-1$.

其次，将(35)式应用于方程 $\Gamma(z)\Gamma(1-z)=\pi/\sin\pi z$，并令 $z=\frac{1}{2}+\mathrm{i}y$，则得

$$\begin{aligned}&2C'-1+\mathrm{i}y\log\left(\frac{1}{2}+\mathrm{i}y\right)-\mathrm{i}y\log\left(\frac{1}{2}-\mathrm{i}y\right)+J\left(\frac{1}{2}+\mathrm{i}y\right)+J\left(\frac{1}{2}-\mathrm{i}y\right)\\&=\log\pi-\log\cosh\pi y.\end{aligned}$$

上式中的对数应取主值．至此还有 $2\pi\mathrm{i}$ 的一个常数倍数需要确定．不过，对于 $y=0$，这一方程是成立的，因为(35)式确定了 $\log\Gamma\left(\frac{1}{2}\right)$ 的实值．由此可知它对所有的 y 成立．令 $y\to\infty$，可知 $J\left(\frac{1}{2}+\mathrm{i}y\right)$ 及 $J\left(\frac{1}{2}-\mathrm{i}y\right)$ 将趋于 0．将左边的对数展开为泰勒级数，就得到

$$\mathrm{i}y\log\frac{\frac{1}{2}+\mathrm{i}y}{\frac{1}{2}-\mathrm{i}y}=\mathrm{i}y\left(\pi\mathrm{i}+\log\frac{1+\frac{1}{2\mathrm{i}y}}{1-\frac{1}{2\mathrm{i}y}}\right)=-\pi y+1+\varepsilon_1(y),$$

而在方程的右侧，

$$\log\cosh\pi y=\pi y-\log 2+\varepsilon_2(y),$$

其中 $\varepsilon_1(y)$ 及 $\varepsilon_2(y)$ 趋于 0．从此可得 C' 的值为 $C'=\frac{1}{2}\log 2\pi$．这样，就证明了如下形式的斯特林公式：

$$\log\Gamma(z)=\frac{1}{2}\log 2\pi-z+\left(z-\frac{1}{2}\right)\log z+J(z),\tag{37}$$

或等价地，

$$\Gamma(z) = \sqrt{2\pi} z^{z-\frac{1}{2}} e^{-z} e^{J(z)}, \tag{38}$$

以及在右半平面中成立的余项表示式(36). 在半平面 $x \geqslant c > 0$ 中，当 $z \to \infty$ 时，$J(z)$ 趋于 0.

在 $J(z)$ 的表达式中，我们可将被积函数展开为 $1/z$ 的幂级数，得到

$$J(z) = \frac{C_1}{z} + \frac{C_2}{z^3} + \cdots + \frac{C_k}{z^{2k-1}} + J_k(z),$$

204 其中

$$C_v = (-1)^{v-1} \frac{1}{\pi} \int_0^{\infty} \eta^{2v-2} \log \frac{1}{1 - e^{-2\pi\eta}} d\eta, \tag{39}$$

且

$$J_k(z) = \frac{(-1)^k}{z^{2k+1}} \frac{1}{\pi} \int_0^{\infty} \frac{\eta^{2k}}{1 + (\eta/z)^2} \log \frac{1}{1 - e^{-2\pi\eta}} d\eta.$$

可以证明(例如，应用留数)，系数 C_v 与伯努利数(见 5.1.3 节练习 4)之间的关系为：

$$C_v = (-1)^{v-1} \frac{1}{(2v-1)2v} B_v. \tag{40}$$

因此，$J(z)$ 的展开式变成

$$J(z) = \frac{B_1}{1 \times 2} \times \frac{1}{z} - \frac{B_2}{3 \times 4} \times \frac{1}{z^3} + \cdots + (-1)^{k-1} \frac{B_k}{(2k-1) \times 2k} \times \frac{1}{z^{2k-1}} + J_k(z). \tag{41}$$

应当注意，这个式子与洛朗展开式不能相混. 函数 $J(z)$ 在 ∞ 的邻域中没有定义，因此，不能有洛朗展开式. 不仅如此，如果 $k \to \infty$，从(41)式所得的级数并不收敛. 只能说，对于一个固定的 k，当 $z \to \infty$ 时表达式 $J_k(z) z^{2k}$ 趋于 0(在半平面 $x \geqslant c > 0$ 上). 根据这一特性，我们把(41)作为一个*渐近展开式*. 这种展开式当 z 远比 k 大时非常有用，但对于固定的 z，在令 k 变成很大时，就没有什么方便可言.

应用斯特林公式可以证明下列公式：

$$\Gamma(z) = \int_0^{\infty} e^{-t} t^{z-1} dt, \tag{42}$$

这个式子当积分收敛时正确，也就是说它对于 $x > 0$ 成立. 把(42)中的积分记为 $F(z)$. 作分部积分，得到

$$F(z+1) = \int_0^{\infty} e^{-t} t^z dt = z \int_0^{\infty} e^{-t} t^{z-1} dt = zF(z).$$

因此，$F(z)$ 与 $\Gamma(z)$ 满足同一函数方程，从而知 $F(z)/\Gamma(z) = F(z+1)/\Gamma(z+1)$. 换言之，$F(z)/\Gamma(z)$ 是周期为 1 的周期函数. 这表明，虽然积分表示式仅在半平面中有效，但 $F(z)$ 仍可定义于整个平面.

为了证明 $F(z)/\Gamma(z)$ 是一个常数，可在一个周期带域(例如 $1 \leqslant x \leqslant 2$)内来估计 $|F/\Gamma|$.

205 首先，由(42)有

$$|F(z)| \leqslant \int_0^{\infty} e^{-t} t^{x-1} dt = F(x),$$

因此 $F(z)$ 在这个带中有界. 其次，应用斯特林公式，对于大的 y，求 $|\Gamma(z)|$ 的下界. 从

(37)可得

$$\log|\Gamma(z)|=\frac{1}{2}\log 2\pi-x+\left(x-\frac{1}{2}\right)\log|z|-y\arg z+\mathrm{Re}J(z).$$

在上式中，只有项$-y\arg z$变为负无穷大，因为它可与$-\pi|y|/2$相比．故知$|F/\Gamma|$不能增长得比$e^{\pi|y|/2}$更快．

对于一个任意函数，这并不足以得出结论，说函数必为一个常数，但对于周期为1的函数来说，这是很充分的．因为F/Γ显然可表示成一个以$\zeta=e^{2\pi iz}$为变量的单值函数，每一个$\zeta\neq 0$的值对应于无穷多个z的值，它们的差是1的倍数，因此对应于F/Γ的是同一个值．函数在$\zeta=0$及$\zeta=\infty$处具有孤立奇点，而我们的估计表明，$|F/\Gamma|$至多只能像$\zeta\to 0$时的$|\zeta|^{-\frac{1}{4}}$及$\zeta\to\infty$时的$|\zeta|^{\frac{1}{4}}$一样增长．由此可知，两个奇点都是可去的，所以F/Γ必为一个常数．最后，从$F(1)=\Gamma(1)=1$的关系可知$F(z)=\Gamma(z)$．

练　习

1. 证明展开式(41)．
2. 对于实的$x>0$，证明：

$$\Gamma(x)=\sqrt{2\pi}x^{x-\frac{1}{2}}e^{-x}e^{\theta(x)/12x},$$

其中$0<\theta(x)<1$．

3. 公式(42)使我们可以计算概率积分

$$\int_0^{\infty}e^{-t^2}dt=\frac{1}{2}\int_0^{\infty}e^{-x}x^{-\frac{1}{2}}dx=\frac{1}{2}\Gamma\left(\frac{1}{2}\right)=\frac{1}{2}\sqrt{\pi}.$$

用这个结果连同柯西定理计算菲涅耳积分

$$\int_0^{\infty}\sin(x^2)dx,\quad\int_0^{\infty}\cos(x^2)dx.$$

答：两个积分都等于$\frac{1}{2}\sqrt{\frac{\pi}{2}}$.

5.3　整函数

在5.2.3节我们已经讨论了整函数表示为无穷乘积的表示式，在一些特殊情形，表示为典范乘积的表示式．在这一节里，我们将研究乘积表示式与函数增长率之间的联系．这类问题是由阿达马(Hadamard)首先研究的，他把所得结果应用于对素数定理的著名证明中．本书的篇幅不允许我们介绍这一应用，但是阿达马因子分解定理的基本重要性是十分显而易见的．

206

5.3.1　詹森公式

如果$f(z)$为一个解析函数，则$\log|f(z)|$除了在$f(z)$的零点以外是调和的．因此，

如果 $f(z)$在 $|z|\leqslant\rho$ 中解析而且没有零点，则

$$\log|f(0)|=\frac{1}{2\pi}\int_0^{2\pi}\log|f(\rho e^{i\theta})|d\theta,\tag{43}$$

且 $\log|f(z)|$ 可用泊松公式来表示.

如果 $f(z)$在圆 $|z|=\rho$ 上有零点，则公式(43)仍成立. 最简单的证明就是用对应于每个零点的一个因子 $z-\rho e^{i\theta_0}$ 去除 $f(z)$. 然后只要证明

$$\log\rho=\frac{1}{2\pi}\int_0^{2\pi}\log|\rho e^{i\theta}-\rho e^{i\theta_0}|d\theta$$

或者

$$\int_0^{2\pi}\log|e^{i\theta}-e^{i\theta_0}|d\theta=0$$

就够了，这一积分显然不依赖于 θ_0，因此只需证明

$$\int_0^{2\pi}\log|1-e^{i\theta}|d\theta=0$$

即可. 但这是 4.5.3 节中所证明的公式(见 4.6.4 节练习 5)

$$\int_0^{\pi}\log\sin x dx=-\pi\log 2$$

的一个推论.

现在我们来研究在 $|z|<\rho$ 内部出现零点时公式(43)的情形. 把这些零点记为 a_1，a_2，…，a_n，重零点按重数重复计数，并先设 $z=0$ 不是一个零点，则函数

$$F(z)=f(z)\prod_{i=1}^{n}\frac{\rho^2-\bar{a}_i z}{\rho(z-a_i)}$$

在圆盘中没有零点，而在 $|z|=\rho$ 上有 $|F(z)|=|f(z)|$，于是得到

$$\log|F(0)|=\frac{1}{2\pi}\int_0^{2\pi}\log|f(\rho e^{i\theta})|d\theta,$$

[207] 代入 $F(0)$的值，即得

$$\log|f(0)|=-\sum_{i=1}^{n}\log\left(\frac{\rho}{|a_i|}\right)+\frac{1}{2\pi}\int_0^{2\pi}\log|f(\rho e^{i\theta})|d\theta.\tag{44}$$

这个公式称为*詹森公式*. 其重要性在于它表明了圆上的模 $|f(z)|$ 与各零点之模的关系.

如果 $f(0)=0$，则这个公式就比较复杂. 令 $f(z)=cz^h+\cdots$，对 $f(z)(\rho/z)^h$ 应用公式(44)，可知其左边应以 $\log|c|+h\log\rho$ 代替.

泊松公式有一个类似的推广. 为此只需对 $\log|F(z)|$ 应用一般的泊松公式. 只要 $f(z)\neq 0$，就得到

$$\log|f(z)|=-\sum_{i=1}^{n}\log\left|\frac{\rho^2-\bar{a}_i z}{\rho(z-a_i)}\right|+\frac{1}{2\pi}\int_0^{2\pi}\mathrm{Re}\frac{\rho e^{i\theta}+z}{\rho e^{i\theta}-z}\log|f(\rho e^{i\theta})|d\theta.\tag{45}$$

等式(45)常称为*泊松-詹森公式*.

严格来说，上面的证明仅当在 $|z|=\rho$ 上 $f\neq 0$ 时有效. 但(44)式表明右侧的积分是 ρ

的一个连续函数，由此就不难肯定(45)中的积分也是连续的. 因此，在一般情形，可令 ρ 趋近于一个极限而导出(45)式.

詹森公式及泊松-詹森公式在整函数理论中有很重要的应用.

5.3.2 阿达马定理

设 $f(z)$为一个整函数，其零点记为 a_n. 为了简单起见，设 $f(0)\neq 0$. 前面我们已经定义过，整函数 $f(z)$的亏格(见 5.2.3 节)就是使 $f(z)$能表示成以下形式的最小整数 h：

$$f(z)=e^{g(z)}\prod_n\left(1-\frac{z}{a_n}\right)e^{z/a_n+\frac{1}{2}(z/a_n)^2+\cdots+(1/h)(z/a_n)^h},\tag{46}$$

其中 $g(z)$为一个多项式，其次数小于等于 h，如果没有这样的表达式，那么亏格就是无穷大.

将 $f(z)$在 $|z|=r$ 上的极大值记为$M(r)$. 整函数 $f(z)$的阶定义为

$$\lambda=\varlimsup_{r\to\infty}\frac{\log\log M(r)}{\log r}.$$

根据这一定义可知，λ 就是满足条件的最小的数，这个条件是：对于任意给定的 $\varepsilon>0$，只要 r 充分大，就有

$$M(r)\leqslant e^{r^{\lambda+\varepsilon}}\tag{47}$$

成立.

208

整函数的亏格与阶是紧密联系的，这可从下述定理看出：

定理 8 *一个整函数的亏格与阶满足双不等式 $h\leqslant\lambda\leqslant h+1$.*

先设 $f(z)$具有有限的亏格 h. 公式(46)中的指数因子的次数显然小于等于 h，而一个乘积的次数又不能大于各因子之次数的总和. 因此只要证明典范乘积的次数小于等于 $h+1$ 就够了. 典范乘积的收敛性蕴涵着 $\sum_n|a_n|^{-h-1}<\infty$. 这就是主要的假设.

把典范乘积记为 $P(z)$，各个因子记为 $E_h(z/a_n)$，其中

$$E_h(u)=(1-u)e^{u+\frac{1}{2}u^2+\cdots+(1/h)u^h},$$

并应理解 $E_0(u)=1-u$. 我们要证明，对于所有的 u，有如下的不等式成立：

$$\log|E_h(u)|\leqslant(2h+1)|u|^{h+1}.\tag{48}$$

如果 $|u|<1$，则由幂级数展开式可得

$$\log|E_h(u)|\leqslant\frac{|u|^{h+1}}{h+1}+\frac{|u|^{h+2}}{h+2}+\cdots\leqslant\frac{1}{h+1}\frac{|u|^{h+1}}{1-|u|},$$

因此，有

$$(1-|u|)\log|E_h(u)|\leqslant|u|^{h+1}.\tag{49}$$

对于任意的 u 及 $h\geqslant 1$，有

$$\log|E_h(u)|\leqslant\log|E_{h-1}(u)|+|u|^h.\tag{50}$$

(48)式可以用归纳法来证. 对于 $h=0$，只需注意 $\log|1-u|\leqslant\log(1+|u|)\leqslant|u|$.

设(48)式在以 $h-1$ 代替 h 时成立，也就是说

$$\log|E_{h-1}(u)|\leqslant(2h-1)|u|^{h}. \tag{51}$$

从(50)和(51)可知，$\log|E_h(u)|\leqslant 2h|u|^h$，而如果 $|u|\geqslant 1$，这就蕴涵着(48). 但如果 $|u|<1$，我们仍可用(49)，结合(50)和(51)得到

$$\log|E_h(u)|\leqslant|u|\log|E_{h-1}(u)|+2|u|^{h+1}\leqslant(2h+1)|u|^{h+1}.$$

209 这就完成了归纳证明.

由估计式(48)立即可得

$$\log|P(z)|=\sum_n\log\left|E_h\left(\frac{z}{a_n}\right)\right|\leqslant(2h+1)|z|^{h+1}\sum_n|a_n|^{-h-1},$$

由此可知 $P(z)$ 至多是 $h+1$ 阶的.

对于反向的不等式，假设 $f(z)$ 的阶 λ 是有限的，并令 h 为小于等于 λ 的最大整数，则 $h+1>\lambda$，我们首先所应证明的就是 $\sum\limits_n|a_n|^{-h-1}$ 收敛. 在这个证明中需要用到詹森公式.

以 $v(\rho)$ 表示零点 $a_n(|a_n|\leqslant\rho)$ 的数目. 为了求得 $v(\rho)$ 的一个上界，可应用公式(44)，以 2ρ 代替 ρ，并在 $|a_n|\geqslant\rho$ 时略去项 $\log(2\rho/|a_n|)$，于是得

$$v(\rho)\log 2\leqslant\frac{1}{2\pi}\int_0^{2\pi}\log|f(2\rho e^{i\theta})|d\theta-\log|f(0)|. \tag{52}$$

根据(47)可知，对于每一个 $\varepsilon>0$，必有 $\lim\limits_{\rho\to\infty}v(\rho)\rho^{-\lambda-\varepsilon}=0$.

现在设零点 a_n 按绝对值的大小排列，如 $|a_1|\leqslant|a_2|\leqslant\cdots\leqslant|a_n|\leqslant\cdots$，则显然有 $n\leqslant v(|a_n|)$，而从某一个 n 开始，必有

$$n\leqslant v(|a_n|)<|a_n|^{\lambda+\varepsilon}.$$

根据这个不等式可知级数 $\sum\limits_n|a_n|^{-h-1}$ 的强级数为

$$\sum_n n^{-\frac{h+1}{\lambda+\varepsilon}},$$

如果选择一个 ε，使 $\lambda+\varepsilon<h+1$，则强级数收敛. 这样一来，我们就证明了 $f(z)$ 可写成(46)的形式，其中，$g(z)$ 到目前为止只知道是一个整函数.

下面我们来证明 $g(z)$ 是一个次数小于等于 h 的多项式. 为此，最好应用泊松-詹森公式. 对恒等式(45)的两边作运算 $(\partial/\partial x)-i(\partial/\partial y)$，我们得到

$$\frac{f'(z)}{f(z)}=\sum_1^{v(\rho)}(z-a_n)^{-1}+\sum_1^{v(\rho)}\bar{a}_n(\rho^2-\bar{a}_nz)^{-1}+\frac{1}{2\pi}\int_0^{2\pi}2\rho e^{i\theta}(\rho e^{i\theta}-z)^{-2}\log|f(\rho e^{i\theta})|d\theta.$$

对 z 微分 h 次后可得

210

$$D^{(h)}\frac{f'(z)}{f(z)}=-h!\sum_1^{v(\rho)}(a_n-z)^{-h-1}+h!\sum_1^{v(\rho)}\bar{a}_n^{h+1}(\rho^2-\bar{a}_nz)^{-h-1}+$$
$$(h+1)!\frac{1}{2\pi}\int_0^{2\pi}2\rho e^{i\theta}(\rho e^{i\theta}-z)^{-h-2}\log|f(\rho e^{i\theta})|d\theta. \tag{53}$$

现在令 ρ 趋于∞. 为了估计(53)中的积分，首先注意到

$$\int_0^{2\pi} \rho e^{i\theta}(\rho e^{i\theta} - z)^{-h-2} d\theta = 0.$$

因此如果从 $\log|f|$ 减去 $\log M(\rho)$，那就不会有什么改变．如果 $\rho>2|z|$，则对于 $\log M(\rho)/|f(\rho e^{i\theta})|\geqslant 0$，(53)中最后一项的模至多等于

$$(h+1)!2^{h+3}\rho^{-h-1}\frac{1}{2\pi}\int_0^{2\pi}\log\frac{M(\rho)}{|f(\rho e^{i\theta})|}d\theta.$$

但是由詹森公式，

$$\frac{1}{2\pi}\int_0^{2\pi}\log|f|d\theta \geqslant \log|f(0)|,$$

而且 $\rho^{-h-1}\log M(\rho)\to 0$，因为 $\lambda<h+1$．由此得出结论：(53)中的积分趋于 0.

至于(53)中的第二个和，由同一不等式 $\rho>2|z|$ 连同 $|a_n|\leqslant\rho$ 可知每一项的绝对值小于 $(2/\rho)^{h+1}$，整个和的模至多等于 $2^{h+1}v(\rho)\rho^{-h-1}$，而我们已经证明了这是趋于 0 的，因此得到

$$D^{(h)}\frac{f'(z)}{f(z)} = -h!\sum_{n=1}^{\infty}(a_n - z)^{-h-1}. \tag{54}$$

令 $f(z)=e^{g(z)}P(z)$，得到

$$g^{(h+1)}(z) = D^{(h)}\frac{f'}{f} - D^{(h)}\frac{P'}{P}.$$

不过，根据魏尔斯特拉斯定理，$D^{(h)}(P'/P)$可通过每个因子分开微分而求得．这样，所得的恰好就是(54)的右端．因此 $g^{(h+1)}(z)$恒等于零，而 $g(z)$必为次数小于等于 h 的多项式．于是定理 8 得证.

该定理是有限阶 λ 的整函数的一个因子分解定理．如果 λ 不是整数，则亏格 h 从而这个积的形式是唯一确定的．如果阶是整数，则不确定.

下面的推论表明了阿达马定理的强大：

推论　一个分数阶的整函数取每一个有限值无限多次.

211

显然 f 和 $f-a$ 对任意常数 a 具有相同的阶，所以只需证明 f 具有无穷多个零点．如果 f 只有有限多个零点，则通过除以一个多项式而得到一个没有零点的同阶函数．根据定理，它必有形式 e^g，其中 g 是一个多项式．但是很明显，e^g 的阶恰好是 g 的次数，因此是一个整数．由这一矛盾就证明了推论.

练　习

1. 5.3.2 节第一段中给出的亏格的特征从文字上看与 5.2.3 节中的定义不一样，为了看出条件的等价性，试补充必要的推理.

2. 假设 $f(z)$的亏格为零，因而

$$f(z) = z^m \prod_n \left(1 - \frac{z}{a_n}\right).$$

试将 $f(z)$ 与

$$g(z)=z^m\prod_n\left(1-\frac{z}{|a_n|}\right)$$

进行比较，并证明最大模 $\max\limits_{|z|=r}|f(z)|\leqslant g$ 的最大模，而 f 的最小模 $\geqslant g$ 的最小模.

5.4　黎曼 ζ 函数

级数 $\sum\limits_{n=1}^{\infty}n^{-\sigma}$ 对于所有大于等于固定 $\sigma_0>1$ 的实数 σ 是一致收敛的. 它是级数

$$\zeta(s)=\sum_{n=1}^{\infty}n^{-s}\quad(s=\sigma+\mathrm{i}t)\tag{55}$$

的强级数，因此它表示半平面 $\mathrm{Re}s>1$ 中 s 的一个解析函数(见 5.1.1 节练习 2. 在这里记号 $s=\sigma+\mathrm{i}t$ 是惯例).

函数 $\zeta(s)$ 称为黎曼 ζ 函数. 它在复分析对数论的应用中起着核心的作用. 在本书中，即使介绍少量的这些应用也将引导我们走得过远，但是我们能够而且应该使读者熟悉 ζ 函数的某些较初等的性质.

212

5.4.1　乘积展开

$\zeta(s)$ 的数论性质是 ζ 函数与素数升序序列 p_1，p_2，…，p_n，…之间的下列联系中所固有的：

定理 9　对于 $\sigma=\mathrm{Re}s>1$，

$$\frac{1}{\zeta(s)}=\prod_{n=1}^{\infty}(1-p_n^{-s}).\tag{56}$$

根据定理 6，对于 $\sigma\geqslant\sigma_0>1$，如果级数 $\sum\limits_1^{\infty}|p_n^{-s}|=\sum\limits_1^{\infty}p_n^{-\sigma}$ 一致收敛，则这个无穷乘积也一致收敛. 因为前者是从 $\sum\limits_1^{\infty}n^{-\sigma}$ 略去一些项而得到的，所以它对 $\sigma\geqslant\sigma_0$ 一致收敛是显然的.

在条件 $\sigma>1$ 之下，立即可见

$$\zeta(s)(1-2^{-s})=\sum n^{-s}-\sum(2n)^{-s}=\sum m^{-s},$$

其中 m 取遍奇整数. 同理，

$$\zeta(s)(1-2^{-s})(1-3^{-s})=\sum m^{-s},$$

其中的 m 现在取所有不能被 2 或 3 整除的整数. 更一般地，

$$\zeta(s)(1-2^{-s})(1-3^{-s})\cdots(1-p_N^{-s})=\sum m^{-s},\tag{57}$$

右端的和取遍所有不包含素因子 2，3，…，p_N 的整数. 和中的第一项是 1，第二项是 p_{N+1}^{-s}. 所以，除了第一项之外的所有项的和在 $N\to\infty$ 时趋于零，于是

$$\lim_{N\to\infty}\zeta(s)\prod_{n=1}^{N}(1-p_n^{-s})=1.$$

这就证明了定理.

我们认为有无穷多个素数是当然的. 实际上，可用推理来证明这一事实. 因为如果 p_N 是最大素数，则(57)将变成

$$\zeta(s)(1-2^{-s})(1-3^{-s})\cdots(1-p_N^{-s})=1,$$

于是得到当 $\sigma\to1$ 时，$\zeta(\sigma)$具有一个有限极限. 这与 $\sum_1^\infty n^{-1}$ 的发散矛盾. 213

5.4.2 $\zeta(s)$扩张到整个平面

回忆对于 $\sigma>1$,

$$\Gamma(s)=\int_0^\infty x^{s-1}\mathrm{e}^{-x}\mathrm{d}x$$

(见 5.2.5 节(42)). 在积分中，以 nx 代替 x，得到

$$n^{-s}\Gamma(s)=\int_0^\infty x^{s-1}\mathrm{e}^{-nx}\mathrm{d}x,$$

关于 n 求和，得到

$$\zeta(s)\Gamma(s)=\int_0^\infty\frac{x^{s-1}}{\mathrm{e}^x-1}\mathrm{d}x.\tag{58}$$

由于 $\sigma>1$，所以积分在两端是绝对收敛的，这就验证了积分与求和可以交换. 注意，x^{s-1} 明确地定义为 $\mathrm{e}^{(s-1)\log x}$.

图 5-1 表明两条无穷路径 C 与 C_n，它们的起点和终点都在正实轴附近. 暂时我们只考虑 C，它的精确形状无关紧要，只要中心在原点的圆的半径 $r<2\pi$.

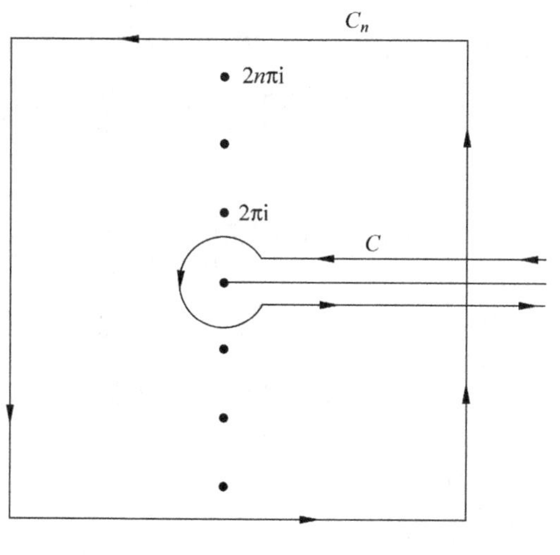

图 5-1

定理 10　对于 $\sigma>1$，有

$$\zeta(s)=-\frac{\Gamma(1-s)}{2\pi i}\int_C\frac{(-z)^{s-1}}{e^z-1}dz,\tag{59}$$

214 其中 $(-z)^{s-1}=e^{(s-1)\log(-z)}$ 定义在正实轴的余集上，且 $-\pi<\operatorname{Im}\log(-z)<\pi$.

积分显然是收敛的．根据柯西定理，只要 C 不缠绕 $2k\pi i$（k 是整数），它的值就不依赖于 C 的形状．特别地，我们完全可以令 r 趋于零．不难看出，沿着圆周的积分随 r 趋于零．我们只剩下一个沿着正实轴来回的积分．在上方的边缘上，$(-z)^{s-1}=x^{s-1}e^{-(s-1)\pi i}$，在下方的边缘上，$(-z)^{s-1}=x^{s-1}e^{(s-1)\pi i}$．我们得到

$$\begin{aligned}\int_C\frac{(-z)^{s-1}}{e^z-1}dz&=-\int_0^\infty\frac{x^{s-1}e^{-(s-1)\pi i}}{e^x-1}dx+\int_0^\infty\frac{x^{s-1}e^{(s-1)\pi i}}{e^x-1}dx\\&=2i\sin(s-1)\pi\zeta(s)\Gamma(s).\end{aligned}$$

由于 $\sin(s-1)\pi=-\sin s\pi$，且 $\Gamma(s)\Gamma(1-s)=\pi/\sin s\pi$（见 5.2.4 节(30)），所以上式就蕴涵着(59).

公式(59)的重要性在于：右端对 s 的所有值有定义且为亚纯，因而该公式可用来将 $\zeta(s)$ 扩张为整个平面中的一个亚纯函数．事实上非常明显，(59)中的积分是 s 的一个整函数，而 $\Gamma(1-s)$ 是亚纯的，极点在 $s=1, 2, \cdots$．由于已知 $\zeta(s)$ 对 $\sigma>1$ 解析，所以在整数 $n\geqslant 2$ 上的极点必然与积分的零点相抵消．在 $s=1$，$-\Gamma(1-s)$ 具有一个单极点，留数为 1，这可从 5.2.4 节的(29)看出．另一方面，由留数有

$$\frac{1}{2\pi i}\int_C\frac{dz}{e^z-1}=1,$$

因此 $\zeta(s)$ 具有留数 1．由此结果得到下列的推论：

推论　ζ 函数可以扩张成整个平面中的一个亚纯函数，其唯一的极点是 $s=1$ 处的单极点，其留数为 1.

在负整数和零上的值 $\zeta(-n)$ 可以明显地计算．注意（5.1.3 节练习 4）

$$\frac{1}{e^z-1}=\frac{1}{z}-\frac{1}{2}+\sum_1^\infty(-1)^{k-1}\frac{B_k}{(2k)!}z^{2k-1}.\tag{60}$$

由(59)

$$\zeta(-n)=(-1)^n\frac{n!}{2\pi i}\int_C\frac{z^{-n-1}}{e^z-1}dz.$$

215 因此 $\zeta(-n)$ 等于(60)中 z^n 的系数乘以 $(-1)^n n!$，我们可以给出下列值：$\zeta(0)=-\frac{1}{2}$，$\zeta(-2m)=0$，$\zeta(-2m+1)=(-1)^m B_m/2m$，其中 m 为正整数．点 $-2m$ 称为 ζ 函数的平凡零点.

5.4.3　函数方程

在半平面 $\sigma>1$ 中 ζ 函数由级数(55)明显地给出，因此它受制于估值 $\zeta(s)\leqslant\zeta(\sigma)$．黎曼

认识到，在 $\zeta(s)$ 和 $\zeta(1-s)$ 之间存在一种相当简单的关系. 因此在半平面 $\sigma<0$ 中，ζ 函数的行为也是极好控制的.

我们抄录通常称为*函数方程*的标准证明之一于下：

定理 11

$$\zeta(s)=2^s\pi^{s-1}\sin\frac{\pi s}{2}\Gamma(1-s)\zeta(1-s). \tag{61}$$

为了证明，我们用图 5-1 中的路径 C_n；假定正方形部分位于直线 $t=\pm(2n+1)\pi$ 和 $\sigma=\pm(2n+1)\pi$ 上，闭链 C_n-C 环绕点 $\pm 2m\pi\mathrm{i}(m=1,\cdots,n)$ 的卷绕数为 1. 在这些点上，函数 $(-z)^{s-1}/(\mathrm{e}^z-1)$ 有单极点，其留数为 $(\mp 2m\pi\mathrm{i})^{s-1}$. 由此可知

$$\begin{aligned}\frac{1}{2\pi\mathrm{i}}\int_{C_n-C}\frac{(-z)^{s-1}}{\mathrm{e}^z-1}\mathrm{d}z&=\sum_{m=1}^{n}[(-2m\pi\mathrm{i})^{s-1}+(2m\pi\mathrm{i})^{s-1}]\\&=2\sum_{m=1}^{n}(2m\pi)^{s-1}\sin\frac{\pi s}{2}.\end{aligned} \tag{62}$$

将 C_n 分为 $C_n'+C_n''$，其中 C_n' 是在正方形上的部分，而 C_n'' 是在正方形外的部分. 易见 $|\mathrm{e}^z-1|$ 在 C_n' 上不小于一个不依赖于 n 的固定的正常数，而 $|(-z)^{s-1}|$ 不超过 $n^{\sigma-1}$ 的一个倍数. C_n' 的长度是 n 阶的，故对某常数 A，有

$$\left|\int_{C_n'}\frac{(-z)^{s-1}}{\mathrm{e}^z-1}\mathrm{d}z\right|\leqslant An^{\sigma}.$$

若 $\sigma<0$，则沿 C_n' 的积分当 $n\to\infty$ 时趋于零，而沿 C_n'' 的积分当然也是如此. 因此，沿 C_n-C 的积分将趋于沿 $-C$ 的积分，由定理 10，(62)左端趋于 $\zeta(s)/\Gamma(1-s)$.

在关于 σ 的同一条件下，级数 $\sum_1^\infty m^{s-1}$ 收敛于 $\zeta(1-s)$，(62)右端的极限是 $\zeta(1-s)$ 的一个倍数. 这些极限的相等直接导致方程(61)，这样就在 $\sigma<0$ 下对所有的 s 证明了(61). 但是两个在一个非空开集上一致的亚纯函数必是恒等的，因此(61)对所有的 s 正确.

216

函数方程有一些等价的形式. 例如，如果用恒等式 $\Gamma(s)\Gamma(1-s)=\pi/\sin\pi s$，则(61)蕴涵着

$$\zeta(1-s)=2^{1-s}\pi^{-s}\cos\frac{\pi s}{2}\Gamma(s)\zeta(s). \tag{63}$$

定理 11 的内容也可表述为如下形式：

推论 *函数*

$$\xi(s)=\frac{1}{2}s(1-s)\pi^{-s/2}\Gamma(s/2)\zeta(s)$$

是整函数并满足 $\xi(s)=\xi(1-s)$.

$\xi(s)$ 为整函数是明显的，因为因子 $1-s$ 抵消了 $\zeta(s)$ 的极点，而 $\Gamma(s/2)$ 的极点抵消了 $\zeta(s)$ 的平凡零点. 应用(63)，可以把 $\xi(s)=\xi(1-s)$ 写成

$$\pi^{-s/2}\Gamma(s/2)\zeta(s)=\pi^{(s-1)/2}\Gamma\left(\frac{1-s}{2}\right)\zeta(1-s)$$

$$=2^{1-s}\pi^{-(s+1)/2}\Gamma(s)\Gamma\left(\frac{1-s}{2}\right)\cos\frac{\pi s}{2},$$

这等同于

$$\cos\frac{\pi s}{2}\Gamma(s)\Gamma\left(\frac{1-s}{2}\right)=2^{s-1}\pi^{1/2}\Gamma\left(\frac{s}{2}\right).$$

由于

$$\Gamma\left(\frac{1-s}{2}\right)\Gamma\left(\frac{1+s}{2}\right)=\frac{\pi}{\cos\frac{\pi s}{2}},$$

故上式就等价于

$$\pi^{1/2}\Gamma(s)=2^{s-1}\Gamma\left(\frac{s}{2}\right)\Gamma\left(\frac{1+s}{2}\right),$$

而这不过是勒让德的加倍公式(见5.2.4节(32)). 于是推论得证.

$\xi(z)$的阶是什么? 由于$\xi(s)=\xi(1-s)$, 故只要对$\sigma\geqslant\frac{1}{2}$估计$|\xi(z)|$就可以了. 从斯特林公式(见5.2.5节(37))易见, 对于常数A与大的$|s|$, 有$\log|\Gamma(s/2)|\leqslant A|s|\log|s|$, 而这一估值对于$s$的实值是精确成立的. 因此, 如果可以证明$|\zeta(s)|$当$\sigma\geqslant\frac{1}{2}$时相对较小, 就可得到它的阶是1.

217

我们用标准的记号$[x]$表示小于等于x的最大整数. 先设$\sigma>1$, 读者不难验证下面的计算:

$$\int_N^\infty[x]x^{-s-1}\mathrm{d}x=\sum_N^\infty n\int_n^{n+1}x^{-s-1}\mathrm{d}x=s^{-1}\sum_N^\infty n(n^{-s}-(n+1)^{-s})$$

$$=s^{-1}\left[N^{-s+1}+\sum_{N+1}^\infty n^{-s}\right].$$

由此得到

$$\zeta(s)=\sum_1^N n^{-s}+\frac{1}{s-1}N^{1-s}-s\int_N^\infty(x-[x])x^{-s-1}\mathrm{d}x.\tag{64}$$

以上是对$\sigma>1$证明的, 但对$\sigma>0$, 右端的积分收敛, 所以等式对$\sigma>0$仍保持正确. 顺便提一下, (64)在$s=1$处有极点, 其留数为1.

如果$\sigma\geqslant\frac{1}{2}$, (64)产生如下形式的一个估值:

$$|\zeta(s)|\leqslant N+A|N|^{-1/2}|s|.$$

它对大的$|s|$正确, 其中A不依赖于s和N. 选取N为最接近于$|s|^{2/3}$的整数, 可知$|\zeta(s)|$为$|s|^{2/3}$的一个常数倍数所界定, 所以这个因子并不影响$\zeta(s)$的阶.

5.4.4　ζ函数的零点

从乘积展开(56)可知, $\zeta(s)$在半平面$\sigma>1$内没有零点. 根据这一点, 由函数方程可知，在半平面 $\sigma<0$ 内唯有的零点都是平凡零点，换句话说，所有非平凡零点都位于所谓的临界带 $0\leqslant\sigma\leqslant1$ 内．黎曼猜测说，所有非平凡零点位于临界直线 $\sigma=\frac{1}{2}$ 上．这个猜测到现在没有证明，也没有反证．不难证明在 $\sigma=1$ 和 $\sigma=0$ 上没有零点．现在已经知道，渐近地有三分之一以上的零点位于临界直线上[⊖]．

设 $N(T)$ 为零点数，$0\leqslant t\leqslant T$．我们不加证明地引录下式供读者参考：

$$N(T)=\frac{T}{2\pi}\log\frac{T}{2\pi}-\frac{T}{2\pi}+O(\log T).$$

218

5.5 正规族

在 3.1 节中我们已经介绍了把一个函数看成空间中一点的思想．因而在原则上，点集与函数集之间没有差别．为了在这二者之间作一个显著的区别，我们把函数的集合称为函数族，通常总假设同一族中的所有函数都定义在同一集上．

我们首先关心的是定义在一个固定域上的解析函数族．重要的例子是有界解析函数族、不两次取同一值的函数族等．目的是研究在这些函数族内的收敛性质．

5.5.1 等度连续性

虽然我们主要关心的是解析函数，但是选一个更一般的出发点是有利的．这就是，对于在任意度量空间中取值的函数族，我们的基本定理是正确的，并且是同样容易证明的．

作为一个基本假设，令 $\mathscr{F}$ 表示函数 f 的族，这些函数定义在复平面的一个固定域 Ω 上并取值于度量空间 S．像 3.1 节中一样，S 中的距离函数记为 d．

我们的兴趣是 $\mathscr{F}$ 中的函数组成的序列 $\{f_n\}$ 的收敛性．没有特殊的理由希望序列 $\{f_n\}$ 一定收敛．相反，更有可能会遇到相反的极端情形，即序列并不包含任何收敛的子序列．在很多场合，后一种可能性的出现是一个严重的障碍，因此下面考察的目的是要找出一些条件，反映这类行为的规律．

我们回忆一下一个取值于度量空间中的函数 f 的连续性定义．根据定义，f 在 z_0 连续是指：对于每一个 $\varepsilon>0$，存在一个 $\delta>0$，使得只要 $|z-z_0|<\delta$，就有 $d(f(z), f(z_0))<\varepsilon$．如果可取 δ 不依赖于 z_0，则称 f 是一致连续的．但在函数族的情形，还有另外一类一致性，即是否可取 δ 不依赖于 f．我们选取 δ 来满足这两方面的要求，这样就引出下列定义：

定义 1 族 $\mathscr{F}$ 中的函数称为在集合 $E\subset\Omega$ 上是等度连续的，当且仅当对于每一个 $\varepsilon>0$，存在一个 $\delta>0$，使得只要 $z_0, z\in E$，$|z-z_0|<\delta$，同时对于所有的函数 $f\in\mathscr{F}$，都有 $d(f(z), f(z_0))<\varepsilon$ 成立．

注意，根据这一定义，在一个等度连续族中每个 f 本身是在 E 上一致连续的．

219

现在回到收敛子序列的问题．第二个定义用来刻画具有正规行为的族：

⊖ 由 Norman Levinson 在 1975 年证明．

定义 2 族$\mathscr{F}$称为在Ω内是正规的，如果函数$f_n \in \mathscr{F}$的任意序列$\{f_n\}$包含一个在Ω的任意紧致子集上一致收敛的子序列.

这一定义并不要求收敛子序列的极限函数都是$\mathscr{F}$中的函数.

5.5.2 正规性和紧致性

读者应该注意到正规性与波尔查诺-魏尔斯特拉斯性质(第3章定理7)之间的紧密相似性. 为使其比相似性更进一步，我们需要在函数空间上定义一个距离(组成这种空间的函数定义在Ω上，取值于S中)，使得关于这一距离函数的收敛性应当与紧致集上的一致收敛性有完全相同的意义.

为此，首先需要Ω的一种用紧致集$E_k \subset \Omega$的增序列来实现的穷举. 这是指：Ω的每一个紧致子集E应包含在一个E_k中. 构造有很多可能的方法：为具体起见，设E_k由Ω中所有与中心距离小于等于k而至边界$\partial\Omega$的距离大于等于$1/k$的点组成. 显见每个E_k是有界闭集，因而是紧致集. 任意紧致集$E \subset \Omega$是有界的，并且到$\partial\Omega$有正的距离，所以它包含在一个E_k中.

设f与g是定义在Ω上而取值于S中的任意两个函数. 我们定义这两个函数之间的一个距离$\rho(f, g)$，不要与它们的值之间的距离$d(f(z), g(z))$相混淆. 为此，先将d换成距离函数

$$\delta(a,b) = \frac{d(a,b)}{1+d(a,b)},$$

该函数也满足三角形不等式，并且具有有界的优点(见3.1.2节练习1). 其次，令

$$\delta_k(f,g) = \sup_{z \in E_k} \delta(f(z),g(z)),$$

它可以看作E_k上f与g之间的距离. 最后，采用定义

$$\rho(f,g) = \sum_{k=1}^{\infty} \delta_k(f,g) 2^{-k}. \tag{65}$$

220 容易验证$\rho(f, g)$是有限的，并且满足距离函数所应满足的所有条件(见3.1.2节).

距离$\rho(f, g)$具有我们期待的性质. 首先假设在ρ距离的意义下$f_n \to f$. 于是对于大的n，有$\rho(f_n, f) < \varepsilon$，因此，由(65)，有$\delta_k(f_n, f) < 2^k \varepsilon$. 这意味着在$E_k$上一致地有$f_n \to f$成立，首先是关于$\delta$度量的，因此也是关于$d$度量的. 由于每一个紧致的$E$包含于一个$E_k$之中，故知在$E$上收敛是一致的.

反之，设f_n在每一个紧致集上一致收敛到f，则对任意k，有$\delta_k(f_n, f) \to 0$，而由于级数$\sum \delta_k(f_n, f) 2^{-k}$有一个收敛的强级数，其项不依赖于$n$，故不难推知(如在魏尔斯特拉斯M判别法中)$\rho(f_n, f) \to 0$.

我们已经证明关于距离ρ的收敛性等价于紧致集上的收敛性. 迄今为止，我们没有假设S是完备的，但如果S是完备的，则易知所有取值于S的函数组成的空间就像距离为ρ

的度量空间一样是完备的.

有理由说，我们已经引入的度量是任意的、人为的. 然而，从我们已经证明的理论可知，开集与构造中涉及的选择无关. 换句话说，拓扑具有一种内蕴的意义，适用于解析函数理论.

现在回忆一下波尔查诺-魏尔斯特拉斯定理，根据这一定理，为使度量空间是紧致的，当且仅当每一个无穷的序列具有一个收敛的子序列(见第 3 章定理 7). 将这一定理应用于装备了距离 ρ 的集合 $\mathscr{F}$，可以得出结论，$\mathscr{F}$ 是紧致的当且仅当 $\mathscr{F}$ 是正规的，而且极限函数本身属于 $\mathscr{F}$. 另一方面，如果 $\mathscr{F}$ 是正规的，则它的闭包 $\mathscr{F}^-$ 也是正规的. 于是得到刻画正规族的特征如下：

定理 12 *族 $\mathscr{F}$ 是正规的，当且仅当其闭包 $\mathscr{F}^-$ 关于距离函数(65)是紧致的.*

习惯上，若 $\mathscr{F}^-$ 是紧致的，则称 $\mathscr{F}$ 是相对紧致的. 这样，正规族和相对紧致族是一回事.

现在我们把正规族概念同全有界概念联系起来. 若 $\mathscr{F}$ 是正规的，则 $\mathscr{F}^-$ 是紧致的，而根据第 3 章定理 6，$\mathscr{F}^-$ 是全有界的，因此 $\mathscr{F}$ 也是全有界的. 按定义，这意味着，对任意 $\varepsilon>0$，存在有限个函数 f_1，…，$f_n\in\mathscr{F}$，使得每一个 $f\in\mathscr{F}$，对某个 f_j，有 $\rho(f, f_j)>\varepsilon$ 成立. 反过来，如果 $\mathscr{F}$ 是全有界的，则 $\mathscr{F}^-$ 亦然. 若已知 S 是完备的，则 $\mathscr{F}^-$ 也是完备的，因而是紧致的. 换言之，若 S 完备，则 $\mathscr{F}$ 正规的充要条件为它是全有界的.

下面的定理用 S 上的原来度量而不是用辅助度量 ρ 来叙述全有界的条件. 221

定理 13 *族 $\mathscr{F}$ 是全有界的，当且仅当对每一个紧致集 $E\subset\Omega$ 和每一个 $\varepsilon>0$，可以找到 f_1，…，$f_n\in\mathscr{F}$，使得每一个 $f\in\mathscr{F}$，在 E 上对某个 f_j 有 $d(f, f_j)<\varepsilon$ 成立.*

设 $\mathscr{F}$ 是全有界的，则存在 f_1，…，f_n，使得对于任意 $f\in\mathscr{F}$，有 $\rho(f, f_j)<\varepsilon$ 对某个 f_j 成立. 由(65)，这蕴涵着在 E_k 上 $\delta_k(f, f_j)<2^k\varepsilon$，或 $\delta(f, f_j)<2^k\varepsilon$. 如果预先固定 k，因而能使 $\delta(f, f_j)$ 在 E_k 上任意小，则 $d(f, f_j)$ 也能任意小. 这证明了条件的必要性.

为证明充分性，取 k_0 使得 $2^{-k_0}<\varepsilon/2$. 根据假设，可以找到 f_1，…，f_n，使得对任意 $f\in\mathscr{F}$，在 E_{k_0} 上至少满足一个不等式 $\delta(f, f_j)\leqslant d(f, f_j)<\varepsilon/2k_0$. 由此可知，对于 $k\leqslant k_0$ 有 $\delta_k(f, f_j)<\varepsilon/2k_0$，而对于 $k>k_0$，有 $\delta_k(f, f_j)<1$. 从(65)得

$$\rho(f,f_j) < k_0(\varepsilon/2k_0) + 2^{-k_0-1} + 2^{-k_0-2} + \cdots = \varepsilon/2 + 2^{-k_0} < \varepsilon,$$

这正是需要证明的.

5.5.3 阿尔泽拉定理

现在我们来研究定义 1 与定义 2 之间的关系. 它们之间是由一条著名的极为有用的定理(称为阿尔泽拉定理，或称阿尔泽拉-阿斯科利定理)相联系的.

定理 14 *取值于度量空间 S 的连续函数族 $\mathscr{F}$ 在复平面域 Ω 中是正规的，当且仅当*

(ⅰ) $\mathscr{F}$ 在任意紧致集 $E\subset\Omega$ 上等度连续；

(ⅱ) 对任何 $z\in\Omega$，值 $f(z)(f\in\mathscr{F})$ 位于 S 的一个紧致子集中.

我们给出(ⅰ)的必要性的两种证明．设$\mathscr{F}$是正规的，像在定理13中一样确定f_1，…，f_n．由于这些函数的每一个在E上一致连续，故可找到一个$\delta>0$，使得对于z_1，$z_0\in E$，$|z-z_0|<\delta$，有$d(f_j(z), f_j(z_0))<\varepsilon$，$j=1$，…，$n$．对于任何给定的$f\in\mathscr{F}$和对应的$f_j$，我们得到

$$d(f(z),f(z_0))\leqslant d(f(z),f_j(z))+d(f_j(z),f_j(z_0))+d(f_j(z_0),f(z_0))<3\varepsilon.$$

于是(ⅰ)得证．

另一种不是那么精致但不用定理13的证明如下：若$\mathscr{F}$在E上不是等度连续的，则存在一个$\varepsilon>0$，点序列z_n，$z_n'\in E$和函数$f_n\in\mathscr{F}$，使得对所有的n，当$d(f_n(z_n), f_n(z_n'))\geqslant\varepsilon$时，有$|z_n-z_n'|\to 0$．由于$E$是紧致的，故可取$\{z_n\}$和$\{z_n'\}$的子序列，它们收敛于同一极限$z''\in E$，又由于$\mathscr{F}$是正规的，故存在$\{f_n\}$的一个子序列，它在$E$上一致收敛．显然，我们可以取所有三个子序列使之具有相同的下标n_k．$\{f_{n_k}\}$的极限函数f在E上是一致连续的．因此可以找到k，使得从$f_{n_k}(z_{n_k})$到$f(z_{n_k})$、从$f(z_{n_k})$到$f(z_{n_k}')$、从$f(z_{n_k}')$到$f_{n_k}(z_{n_k}')$的距离都小于$\varepsilon/3$．由此可知$d(f_{n_k}(z_{n_k}), f_{n_k}(z_{n_k}'))<\varepsilon$，与假设$d(f_n(z_n), f_n(z_n'))$对所有$n$均大于等于$\varepsilon$相矛盾．

222

为证明(ⅱ)的必要性，我们来证明由值$f(z)(f\in\mathscr{F})$组成的集合的闭包是紧致的．设$\{w_n\}$是这一闭包中的一个序列．对每一个w_n，确定$f_n\in\mathscr{F}$，使得$d(f_n(z), w_n)<1/n$．根据正规性，存在一个收敛子序列$\{f_{n_k}(z)\}$，与序列$\{w_{n_k}\}$收敛于同一值．

(ⅰ)连同(ⅱ)的充分性可用著名的康托尔对角线法证明．首先注意到在Ω内存在一个到处稠密的点ζ_k的序列，例如，具有有理坐标的点的集合．从序列$\{f_n\}$中我们取出一个在所有点ζ_k上收敛的子序列．由于条件(ⅱ)，所以要找一个在给定点上收敛的子序列总是可能的．因此可以找到下标的一个阵列：

$$\begin{gathered} n_{11}<n_{12}<\cdots<n_{1j}<\cdots \\ n_{21}<n_{22}<\cdots<n_{2j}<\cdots \\ \vdots \\ n_{k1}<n_{k2}<\cdots<n_{kj}<\cdots \\ \vdots \end{gathered} \tag{66}$$

使得每一行包含在它前面的一行内，并且$\lim\limits_{j\to\infty}f_{n_{kj}}(\zeta_k)$对所有$k$存在．对角线序列$\{n_{jj}\}$是严格递增的，而且最终也是(66)中每一行的子序列．因此$\{f_{n_{jj}}\}$是$\{f_n\}$的一个子序列，在所有点ζ_k上收敛．为方便起见，把n_{jj}简记为n_j．

现在考虑一个紧致集$E\subset\Omega$，并设$\mathscr{F}$在E上是等度连续的．我们要证明$\{f_{n_j}\}$在E上一致连续．给定$\varepsilon>0$，取$\delta>0$，使得对于z，$z'\in E$及$f\in\mathscr{F}$，$|z-z'|<\delta$蕴涵$d(f(z), f(z'))<\varepsilon/3$．由于$E$是紧致的，故可用有限个$\delta/2$邻域覆盖$E$．从这些邻域的每一个中取一点$\zeta_k$．存在一个$i_0$使得$i$，$j>i_0$蕴涵对所有这些$\zeta_k$有$d(f_{n_i}(\zeta_k), f_{n_j}(\zeta_k))<\varepsilon/3$．对于每一个$z\in E$，$\zeta_k$中的一个到$z$的距离小于$\delta$．因此$d(f_{n_i}(z), f_{n_i}(\zeta_k))<\varepsilon/3$，$d(f_{n_j}(z)$，

$f_{n_j}(\zeta_k))<\varepsilon/3$. 这三个不等式给出$d(f_{n_i}(z), f_{n_j}(z))<\varepsilon$. 由于所有的值 $f(z)$属于 S 的一个紧致的因而是完备的子集，故知$\{f_{n_j}\}$在 E 上是一致收敛的.

5.5.4 解析函数族

解析函数取值于有限复平面 **C** 中. 因此，为了将上面的讨论应用于解析函数族，自然要选 $S=\mathbf{C}$，用通常的欧几里得距离. 223

C 的紧致子集都是有界闭集. 为此，阿尔泽拉定理中的条件(ⅱ)当且仅当值$f(z)$对每一个 $z\in\Omega$ 均有界时得到满足，其界可能依赖于 z. 现在设条件(ⅰ)也满足. 对于一个给定的$z_0\in\Omega$，确定 ρ 使得闭圆盘 $|z-z_0|\leqslant\rho$ 含于Ω 中. 于是给定的函数族$\mathscr{F}$在闭圆盘上等度连续. 如果在等度连续的定义中 $\delta(<\rho)$对应于 ε，而且对于所有 $f\in\mathscr{F}$ 有 $|f(z_0)|\leqslant M$，则在 $|z-z_0|<\delta$ 中 $|f(z)|\leqslant M+\varepsilon$. 因为任意紧致集可以用有限个具有这一性质的邻域覆盖，故知函数在每一个紧致集上都是一致有界的，其界依赖于这个集合. 根据阿尔泽拉定理，这对于所有的复值函数正规族都是正确的.

对于解析函数，这一条件也是充分的.

定理 15　*解析函数族$\mathscr{F}$关于 **C** 是正规的，当且仅当$\mathscr{F}$中的函数在每一个紧致集上是一致有界的.*

为证明充分性，我们证明等度连续性. 设 C 是Ω 中一个半径为 r 的闭圆盘的边界. 若 z，z_0 在 C 的内部，则由柯西积分定理得

$$f(z)-f(z_0)=\frac{1}{2\pi i}\int_C\left(\frac{1}{\zeta-z}-\frac{1}{\zeta-z_0}\right)f(\zeta)d\zeta=\frac{z-z_0}{2\pi i}\int_C\frac{f(\zeta)d\zeta}{(\zeta-z)(\zeta-z_0)}.$$

如果在 C 上 $|f|\leqslant M$，且若 z 与 z_0 限制在半径为 $r/2$ 的同心圆盘上，则

$$|f(z)-f(z_0)|\leqslant\frac{4M|z-z_0|}{r}. \tag{67}$$

这证明了在较小圆盘上的等度连续性.

设 E 是Ω 中的一个紧致集. E 的每一点是一个圆盘的圆心，其半径为 r，如上所述. 半径为 $r/4$ 的那些开圆盘组成 E 的一个开覆盖. 选取一个有限的子覆盖，记相应的圆心、半径和界为 ζ_k，r_k，M_k，设 r 是 r_k 中最小的一个，而 M 是 M_k 中最大的一个. 对于一个给定的 $\varepsilon>0$，令 δ 为 $r/4$ 与 $\varepsilon r/4M$ 中的较小者. 如果 $|z-z_0|<\delta$，$|z_0-\zeta_k|<r_k/4$，则 $|z-\zeta_k|<\delta+r_k/4\leqslant r_k/2$. 因此可应用(67)并得到所要的 $|f(z)-f(z_0)|\leqslant 4M_k\delta/r_k\leqslant 4M\delta/r\leqslant\varepsilon$.

鉴于定理 15，我们也许要放弃术语"关于 **C** 正规"，它没有历史正当性. 如果一个族具有定理所说的性质，我们就改称它是*局部有界的*. 事实上，如果一个族在每一点的一个邻域中有界，则它显然在每一个紧致集上有界. 定理告诉我们，每一个序列具有一个在紧致集上一致收敛的子序列，当且仅当它是局部有界的. 224

有趣的是，局部有界性将被导数所继承.

定理 16　一个局部有界的解析函数族具有局部有界的导数.

这可以由导数的柯西表示式立即得到. 如果 C 是 Ω 中一个半径为 r 的闭圆盘的边界，则

$$f'(z)=\frac{1}{2\pi \mathrm{i}}\int_C \frac{f(\zeta)\mathrm{d}\zeta}{(\zeta-z)^2}.$$

因此在半径为 $r/2$ 的同心圆盘中，$|f'(z)|\leqslant 4M/r$（M 是 $|f|$ 在 C 上的界）. 我们看到 f' 确实是局部有界的.

当然，对一阶导数正确的东西对高阶导数也正确.

5.5.5　经典定义

如果一个序列趋于∞，就不会过于分散，因而可以雄辩地说，为了正规族的目的，这样的序列应看成是收敛的. 这是经典的观点，我们将重新给出我们的定义，以便与习惯用法一致.

定义 3　定义于域 Ω 内的解析函数组成的族称为是正规的，如果其每一个序列包含一个子序列，它在每一个紧致集 $E\subset\Omega$ 上或者一致收敛，或者一致地趋于∞.

如果取 S 为黎曼球面来证明这个定义和定义 2 一致，就可让∞也是一个可能的值，这意味着可以考虑亚纯函数的族. 不需要去重新组织定义，使之包括亚纯函数的正规族，因为定义 2 不作改变也适用.

但是有必要证明一个引理，它将魏尔斯特拉斯定理和赫尔维茨定理推广到亚纯函数（定理 1 和定理 2）.

225

引理　如果亚纯函数组成的一个序列在任意紧致集上按球面距离的意义一致收敛，则极限函数是亚纯的，或者恒等于∞.

如果解析函数组成的一个序列按同一意义收敛，则极限函数或者是解析的，或者恒等于∞.

设在引理的意义下，$f(z)=\lim\limits_{n\to\infty}f_n(z)$. 我们知道在球面度量中 $f(z)$ 是连续的. 如果 $f(z_0)\neq\infty$，则 $f(z)$ 在 z_0 的一个邻域中是有界的，并且对于大的 n，在同一邻域中函数 $f_n\neq\infty$. 由魏尔斯特拉斯定理的普通形式可知，$f(z)$ 在 z_0 的一个邻域中是解析的. 如果 $f(z_0)=\infty$，我们考虑倒数 $1/f(z)$，它是 $1/f_n(z)$ 在球面意义下的极限. 我们得出结论：$1/f(z)$ 在 z_0 附近是解析的，因此 $f(z)$ 是亚纯的. 如果 f_n 是解析的，并且出现第二种情况，则根据赫尔维茨定理，$1/f$ 必恒等于零，于是 f 恒等于∞.

从引理显然可见，定义 3 只不过是应用了球面度量的定义 2.

说一个正规族的导数组成一个正规族，这是不正确的. 例如，考虑在整个平面中由函数 $f_n=n(z^2-n)$ 组成的族. 这个族是正规的，因为显然在任意紧致集上一致地有 $f_n\to\infty$. 不过，导数 $f_n'=2nz$ 并不组成一个正规族，因为对 $z\neq0$，$f_n'(z)$ 趋于∞，而对 $z=0$，$f_n'(z)$ 趋于 0.

根据阿尔泽拉定理，亚纯函数组成的族是正规的，当且仅当它在紧致集上是等度连续的，因为这时条件(ii)显然得到满足. 等度连续性可替换为有界性条件. 事实上我们有下列定理：

定理 17 解析函数或亚纯函数 f 组成的族在经典意义下是正规的，当且仅当表达式

$$\rho(f)=\frac{2\mid f'(z)\mid}{1+\mid f(z)\mid^{2}} \tag{68}$$

是局部有界的[⊖].

量 $\rho(f)$ 的几何意义是显而易见的. 事实上，使用 1.2.4 节中的公式

$$d(f(z_1),f(z_2))=\frac{2\mid f(z_1)-f(z_2)\mid}{[(1+\mid f(z_1)\mid^{2})(1+\mid f(z_2)\mid^{2})]^{\frac{1}{2}}},$$

226

不难看出弧 γ 关于 f 的映象再经球极平面投影，其长度为

$$\int_{\gamma}\rho(f(z))\mid dz\mid.$$

如果在 z_1、z_2 之间的线段上，$\rho(f)\leqslant M$，则 $d(f(z_1), f(z_2))\leqslant M\mid z_1-z_2\mid$，这就直接证明了当 $\rho(f)$ 局部有界时的等度连续性.

为证明必要性，我们首先指出，$\rho(f)=\rho(1/f)$，这可从简单计算证明. 假定亚纯函数的族 $\mathscr{F}$ 是正规的，但 $\rho(f)$ 在紧致集 E 上不是有界的. 考虑 $f_n\in\mathscr{F}$ 的一个序列，使得 $\rho(f_n)$ 在 E 上的极大值趋于∞. 设 f 为收敛子序列$\{f_{n_k}\}$的极限函数. 绕着 E 的每一个点，可找到一个小的闭圆盘，包含于 Ω 中，在该圆盘上，f 或者 $1/f$ 是解析的. 若 f 是解析的，则它在闭圆盘上有界，由球面收敛性可知，只要 k 充分大，$\{f_{n_k}\}$在圆盘内没有极点. 于是可用魏尔斯特拉斯定理(定理 1)得到结论：在一个稍小的圆盘上，一致地有 $\rho(f_{n_k})\rightarrow\rho(f)$. 由于 $\rho(f)$是连续的，故知 $\rho(f_{n_k})$在较小圆盘上有界. 若 $1/f$ 解析，对 $\rho(1/f_{n_k})$作同样证明，结果与$\rho(f_{n_k})$相同. 总之，由于 E 是紧致的，所以 E 可用有限个较小圆盘来覆盖，于是 $\rho(f_{n_k})$在 E 上有界，与假设矛盾. 这就完成了定理的证明.

练 习

1. 证明：在任意域 Ω 内，具有正实部的解析函数族是正规的. 在什么附加条件下，它是局部有界的？提示：考虑函数 e^{-f}.

2. 证明：函数 z^n(n 为非负整数)形成 $\mid z\mid<1$ 中的一个正规族，在 $\mid z\mid>1$ 中亦然，但是在任何包含单位圆上一点的区域则不然.

3. 若 $f(z)$是整个平面上的解析函数，证明：由所有函数 $f(kz)$组成的族在圆环 $r_1<\mid z\mid<r_2$ 中是正规的，当且仅当 f 是一个多项式.

227～228

4. 如果解析(或亚纯)函数组成的族 $\mathscr{F}$ 在 Ω 中不是正规的，证明存在一点 z_0 使得 $\mathscr{F}$ 在 z_0 的任何邻域中都不是正规的. 提示：应用紧致性论据.

⊖ 这个定理是由 F. Marty 提出的.

第 6 章　共形映射和狄利克雷问题

在解析函数理论的几何部分，共形映射的问题起着主导作用．存在性定理和唯一性定理使我们能够不必借助解析表达式而定义重要的解析函数，同时被映射区域的几何性质可引出映射函数的解析性质．

黎曼映射定理论述一个单连通域映成另一个单连通域的映射．我们将给出定理的一个依赖于正规族理论的证明．要处理多连通域的较困难情形，必须解狄利克雷问题，它是拉普拉斯方程的边值问题．

6.1　黎曼映射定理

我们要证明，单位圆盘可以共形地映成平面中的任一个不是平面本身的单连通域．这意味着任何两个这样的域可以互相共形映射，由一个映成另一个，因为我们可用单位圆盘作为中间步骤．我们将对多边形域应用该定理，并在这种情形导出映射函数的显表示式．

6.1.1　叙述和证明

229

虽然映射定理是由黎曼(Riemann)确切阐述的，但第一个成功证明这个定理的是 P. Koebe[㊀]．我们要介绍的证明是原来证明的一个较短的变体．

定理 1　给定任意不是整个平面的单连通域 Ω 和一点 $z_0 \in \Omega$，在 Ω 中存在唯一的一个解析函数 $f(z)$，满足正规化条件 $f(z_0)=0$，$f'(z_0)>0$，使得 $f(z)$ 定义一个把 Ω 映成圆盘 $|w|<1$ 的一对一映射．

唯一性是容易证明的，因为如果有两个这样的函数 f_1 与 f_2，则 $f_1[f_2^{-1}(w)]$ 定义一个把 $|w|<1$ 映成自身的一对一映射．我们知道，这样的映射是由一个线性变换 S 给出的(见 4.3.4 节练习 5)．从条件 $S(0)=0$，$S'(0)>0$ 可知 $S(w)=w$，因此 $f_1=f_2$．

一个在 Ω 内解析的函数 $g(z)$ 称为是单叶的，如果 $g(z_1)=g(z_2)$ 仅对 $z_1=z_2$ 成立，换言之，如果 g 所定义的映射是一对一的(德文为 schlicht，无适当的英译，已成通用，意即单叶)．为证明存在性，考察具有下列性质的函数 g 的全体所组成的族 $\mathscr{F}$：(ⅰ)g 在 Ω 内解析而且单叶；(ⅱ)在 Ω 内 $|g(z)|\leqslant 1$；(ⅲ)$g(z_0)=0$ 和 $g'(z_0)>0$．我们希望，函数 f 属于 $\mathscr{F}$ 而且导数 $f'(z_0)$ 取极大值．证明可分三部分：(1)证明族 $\mathscr{F}$ 非空；(2)存在一个具有最大导数的函数 f；(3)这个 f 具有所需要的性质．

为了证明 $\mathscr{F}$ 非空，注意，根据假设，存在一点 $a\neq\infty$，它不属于 Ω．由于 Ω 是单连通

㊀　可以导出映射定理的一个相关定理，最先是由 W. F. Osgood 证明的，但是并没有得到应有的重视．

的，所以可在 Ω 内定义 $\sqrt{z-a}$ 的一个单值分支，记之为 $h(z)$. 这一函数不能取同一值两次，也不能取符号相反的两个值. Ω 在映射 h 下的象覆盖圆盘 $|w-h(z_0)|<\rho$，因此它不与圆盘 $|w+h(z_0)|<\rho$ 相交. 也就是说，对于 $z\in\Omega$，有 $|h(z)+h(z_0)|\geqslant\rho$，特别有 $2|h(z_0)|\geqslant\rho$. 现在可以验证函数

$$g_0(z)=\frac{\rho}{4}\frac{|h'(z_0)|}{|h(z_0)|^2}\cdot\frac{h(z_0)}{h'(z_0)}\cdot\frac{h(z)-h(z_0)}{h(z)+h(z_0)}$$

属于族 $\mathscr{F}$. 事实上，由于它是通过一个线性变换从单叶函数 h 得到的，所以它本身也是单叶的. 此外，$g_0(z_0)=0$，$g_0'(z_0)=(\rho/8)|h'(z_0)|/|h(z_0)|^2>0$. 最后，估计

$$\left|\frac{h(z)-h(z_0)}{h(z)+h(z_0)}\right|=|h(z_0)|\cdot\left|\frac{1}{h(z_0)}-\frac{2}{h(z)+h(z_0)}\right|\leqslant\frac{4|h(z_0)|}{\rho}$$

表明在 Ω 内 $|g_0(z_0)|\leqslant 1$.　[230]

导数 $g'(z_0)(g\in\mathscr{F})$ 具有一个上确界 B，先验地说它可以是无穷大. 存在一个函数序列 $g_n\in\mathscr{F}$ 使得 $g_n'(z_0)\to B$. 根据第 5 章定理 12，族 $\mathscr{F}$ 是正规的. 因此存在一个子序列 $\{g_{n_k}\}$，它在各紧致集上一致收敛于一个解析的极限函数 f. 显然，在 Ω 中 $|f(z)|\leqslant 1$，$f(z_0)=0$，$f'(z_0)=B$（这证明了 $B<+\infty$）. 如果能证明 f 是单叶的，则 f 必属于 $\mathscr{F}$ 并在 z_0 处有最大导数.

首先 f 不是一个常数，因为 $f'(z_0)=B>0$. 任取一点 $z_1\in\Omega$，考察函数 $g_1(z)=g(z)-g(z_1)$，$g\in\mathscr{F}$. 它们在从 Ω 去掉点 z_1 以后所成的域内都不等于 0. 根据赫尔维茨定理（第 5 章定理 2），每一极限函数或者不等于 0，或者恒等于 0. 但 $f(z)-f(z_1)$ 是一个极限函数，它不恒等于 0. 因此对于 $z\neq z_1$ 必有 $f(z)\neq f(z_1)$，又因 z_1 是任意的，这就证明了 f 是单叶的.

剩下来还需证明 f 可以取到 $|w|<1$ 内的每一个值 w. 假设对某个 w_0，$|w_0|<1$，有 $f(z)\neq w_0$. 那么，因 Ω 是单连通的，故可定义

$$F(z)=\sqrt{\frac{f(z)-w_0}{1-\bar{w}_0f(z)}}\tag{1}$$

的一个单值分支$\Big($注意，在一个单连通域内，所有闭曲线都同调于 0. 如果在 Ω 内 $\varphi(z)\neq 0$，则可由 $\varphi'(z)/\varphi(z)$ 的积分定义 $\log\varphi(z)$，并且 $\sqrt{\varphi(z)}=\exp\left(\frac{1}{2}\log\varphi(z)\right)\Big)$.

显然 F 是单叶的，且 $|F|\leqslant 1$. 为了把它正规化，作

$$G(z)=\frac{|F'(z_0)|}{F'(z_0)}\cdot\frac{F(z)-F(z_0)}{1-\overline{F(z_0)}F(z)},\tag{2}$$

它在 z_0 处等于零，且具有一个正的导数. 由简单的计算可得它在 z_0 处的导数的值：

$$G'(z_0)=\frac{|F'(z_0)|}{1-|F(z_0)|^2}=\frac{1+|w_0|}{2\sqrt{|w_0|}}B>B.$$

这是一个矛盾，因此得出结论 $f(z)$取 $|w|<1$ 内的所有值 w. 于是完成了定理的证明.

初看起来，好像我们在计算中得到 $G'(z_0)>f'(z_0)$完全是凑巧. 实际并非如此，因为由(1)和(2)，我们可将 $f(z)$表示成 $W=G(z)$的一个单值解析函数，而 $G(z)$将 $|W|<1$ 映入自身. 因此，不等式 $|f'(z_0)|<|G'(z_0)|$是施瓦茨引理的一个推论.

定理1的纯拓扑含义本身就很重要. 我们现在知道，任意单连通域可以在拓扑上映成一个圆盘(对于整个平面，可以通过一个极简单的函数映成圆盘)，因此，任何两个单连通域在拓扑上是等价的.

231

练　习

1. 如果 z_0 是实的，而 Ω 是一个关于实轴对称的区域，试由唯一性定理证明 f 满足对称关系 $f(\bar{z})=\overline{f(z)}$.

2. 如果 Ω 关于点 z_0 对称，那么相应的结论是什么?

6.1.2　边界表现

假设 $f(z)$定义一个把域 Ω 映成另一个域 Ω'的共形映射. 当 z 趋近于边界时会发生什么情况? 在有些情况下，边界的表现可以被非常精确地预言. 例如，若 Ω 和 Ω'都是若尔当域[⊖]，则 f 可以扩张成将 Ω 的闭包映成 Ω'的闭包的一个拓扑映射. 遗憾的是，考虑到篇幅的限制，我们不能介绍这一重要定理的证明(证明需要相当充分的准备).

我们能够而且要证明一个纯拓扑含义的非常朴素的定理. 首先我们来弄清楚“z 趋于 Ω 的边界”这一说法的意义. 有两种情况：可以考虑 Ω 中的点列$\{z_n\}$，或者可以考虑弧 $z(t)$，$0\leqslant t<1$，使得所有的 $z(t)$都位于 Ω 中. 如果点 z_n 或 $z(t)$最终与 Ω 中的任何点保持远离，我们就说点列或弧趋于 Ω 的边界. 换言之，如果$z\in\Omega$,则存在一个 $\varepsilon>0$ 和一个 n_0 或 t_0，使得 $n>n_0$ 时有 $|z_n-z|\geqslant\varepsilon$，或使得对所有的 $t>t_0$ 都有 $|z(t)-z|\geqslant\varepsilon$.

在这种情况下，以 z 为圆心、ε(可能依赖于 z)为半径的圆盘组成 Ω 的一个开覆盖. 由此可知，任何紧致子集 $K\subset\Omega$ 必为有限多个这些圆盘所覆盖. 如果考虑相应的 n_0 或 t_0 的最大数，则可知 z_n 或 $z(t)$当 $n>n_0$ 或 $t>t_0$ 时不能属于 K. 通俗地说，对于任意紧致集 $K\subset\Omega$，存在点列或弧的一个尾巴，它不与 K 相交. 反之，这蕴涵着原来的条件，因为如果 $z\in\Omega$ 是给定的，则可选 K 为以 z 为圆心而含于 Ω 内的一个闭圆盘. 若该圆盘的半径为 ρ，则原来的叙述对任何 $\varepsilon<\rho$ 为真.

232

有了这些准备，我们要证明的定理几乎就不证自明了：

定理2　*设 f 是把域 Ω 映成域 Ω'的一个拓扑映射. 如果$\{z_n\}$或 $z(t)$趋于 Ω 的边界，则$\{f(z_n)\}$或 $f(z(t))$趋于 Ω'的边界.*

⊖ 已经知道，虽然不是那么容易证明，但一条若尔当曲线(见3.2.1节)将平面恰好分成两个区域，一个有界，一个无界. 那个有界的区域就称为若尔当域.

事实上，设 K 是 Ω' 中的一个紧致集，则 $f^{-1}(K)$ 是 Ω 中的一个紧致集，且存在 n_0（或 t_0）使得对 $n>n_0$（或 $t>t_0$）有 z_n（或 $z(t)$）不属于 $f^{-1}(K)$. 但是这样 $f(z_n)$（或 $f(z(t))$）就不属于 K 了.

虽然该定理是拓扑的，但对我们有重大意义的是对共形映射的应用.

6.1.3 反射原理的应用

如果我们有更多的信息，那就可能有更强的叙述. 我们主要关心的是单连通域，因此可假设区域之一是一个圆盘. 用 6.1.1 节的相同记法，设 $f(z)$ 定义一个将域 Ω 映成单位圆盘的共形映射，满足正规化条件 $f(z_0)=0$（导数的正规化是无关紧要的）. 我们将用反射原理（第 4 章的定理 26）来导出另外的信息.

设 Ω 的边界包含一条线段 γ. 必要时通过旋转，我们可以假设 γ 位于实轴上，假设它是区间 $a<x<b$. 这样的假设仅当边界的其余部分保持远离 γ 时才能导致重要的简化. 为此，我们要强化该假设并要求 γ 的每一点有一个邻域，它和整个边界 $\partial\Omega$ 的交就与它同 γ 的交一样. 这时就说 γ 是一条自由边界弧.

根据这一假设，γ 的每个点是一个圆盘的中心，圆盘与 $\partial\Omega$ 的交是它的实直径. 显然，由这一直径确定的每一个半圆盘，或者完全在 Ω 内，或者完全在 Ω 外，而且至少有一个必在 Ω 内. 如果只有一个在 Ω 内，我们就称这个点是单边边界点；如果两个都在 Ω 内，就称它为双边边界点. 由于 γ 是连通的，所以它的全部点将是同一类型的，因此我们就说 γ 是一条单边边界弧或双边边界弧.

定理 3 假设单连通域 Ω 的边界包含一条线段 γ 作为它的一条单边自由边界弧，那么将 Ω 映成单位圆盘的函数 $f(z)$ 可以延拓成一个在 $\Omega\cup\gamma$ 上解析且一对一的函数. γ 的象是单位圆上的一段弧 γ'.

对于双边弧，只要稍作明显的修改，即得同样的定理成立.

为了证明，考察一个以 $x_0\in\gamma$ 为圆心的圆盘，它很小，以致在 Ω 中的一半并不包含适合 $f(z_0)=0$ 的点 z_0. 于是在这个半圆盘中，$\log f(z)$ 有一个单值分支，它的实部在 z 趋近于直径时趋于 0，因为由定理 2 知道 $|f(z)|$ 趋于 1. 于是由反射原理，$\log f(z)$ 有一个到整个圆盘的解析延拓. 因此 $\log f(z)$ 在 x_0 处解析，从而 $f(z)$ 在 x_0 处解析. 到重叠圆盘的延拓必互相重合，并定义一个在 $\Omega\cup\gamma$ 上解析的函数.

233

我们还注意在 γ 上 $f'(z)\neq 0$. 事实上，$f'(x_0)=0$ 将意味着 $f(x_0)$ 是一个重值，这时 γ 的两段相遇在 x_0 的子弧将映成两段形成角 $\pi/n(n\geqslant 2)$ 的弧，这显然不可能. 例如，若上半圆盘在 Ω 中，则在 γ 上有

$$\partial\log|f|/\partial y=-\partial\arg f/\partial x<0,$$

故 $\arg f$ 在同一方向不断移动. 这就证明了在 γ 上映射是一对一的.

该定理可以推广到自由边界弧在一个圆周上的区域. 经过明显的修改，该定理对双边边界弧也成立.

6.1.4　解析弧

一个定义在区间 $a<t<b$ 上的实函数或复函数 $\varphi(t)$ 称为是实解析的(或在实的意义下解析)，是指：对于区间中的任一个 t_0，泰勒展开式 $\varphi(t)=\varphi(t_0)+\varphi'(t_0)(t-t_0)+\frac{1}{2}\varphi''(t_0)(t-t_0)^2+\cdots$ 在某个区间 $(t_0-\rho,\ t_0+\rho)(\rho>0)$ 中收敛．但这时由阿贝尔定理可知，只要 $|t-t_0|<\rho$，级数对 t 的复值也收敛，并表示该圆盘中的一个解析函数．在互相重叠的圆盘中，各函数都是一样的，因为它们在实轴的一段上互相重合．因此，$\varphi(t)$ 可以定义为在一个关于实轴对称并包含线段 $(a,\ b)$ 的域 Δ 中的解析函数.

在这些情况下，我们说 $\varphi(t)$ 确定一条解析弧．如果 $\varphi'(t)\neq 0$，则它是正则的．如果 $\varphi(t_1)=\varphi(t_2)$ 仅当 $t_1=t_2$ 时成立，则它是一条简单弧.

假设 Ω 的边界包含一个正则的简单解析弧 γ，并设它是一条自由的单边弧．定义可以仿照前面的定义来阐述，但为了避免冗长的解释，我们可以暂时假设存在一个关于区间 $(a,\ b)$ 对称的域 Δ，具有性质：当 t 位于 Δ 的上半部分时，$\varphi(t)\in\Omega$；当 t 在下半部分时，$\varphi(t)$ 落在 Ω 的外面.

如果 $f(z)$ 是使 $f(z_0)=0$ 的映射函数，并设在 Δ 中 $\varphi(t)\neq z_0$，则由反射原理，$\log f(\varphi(t))$ 从而 $f[\varphi(t)]$ 具有一个从 Δ 的上半部分到下半部分的解析延拓．对于实的 $t_0\in(a,\ b)$，我们还有 $\varphi'(t_0)\neq 0$．因此 φ 在 $\varphi(t_0)$ 的一个邻域内有解析的反函数 φ^{-1}，综合起来，就知 $f(z)$ 在该邻域内解析.

234

定理 4　如果 Ω 的边界包含一条自由的单边解析弧 γ，则映射函数具有一个到 $\Omega\cup\gamma$ 的解析延拓，而 γ 映成单位圆的一条圆弧.

希望读者将最后的定理写得更精确，并完成证明.

6.2　多边形的共形映射

若 Ω 为一个多边形，则映射问题有一个几乎是明显的解．事实上，我们将看到映射函数可以通过一个公式来表示，其中，只有某些参数具有依赖于多边形特定形状的值.

6.2.1　在角上的表现

设 Ω 是一个有界的单连通域，其边界是一条不自交的闭折线．设按正的循环次序，相继的顶点为 $z_1,\ \cdots,\ z_n$ (令 $z_{n+1}=z_1$)．在 z_k 处的角由 $\arg(z_{k-1}-z_k)/(z_{k+1}-z_k)$ 的值给出，其值在 0 与 2π 之间．我们记它为 $\alpha_k\pi(0<\alpha_k<2)$．引入外角 $\beta_k\pi=(1-\alpha_k)\pi$，$-1<\beta_k<1$，也是方便的．注意 $\beta_1+\cdots+\beta_n=2$．多边形是凸的，当且仅当所有的 $\beta_k>0$.

由定理 3 知道，映射函数 $f(z)$ 可以延拓到多边形的任一边(就是说，到两相邻顶点之间的开直线段)，而且每条边以一对一的方式映成单位圆的一段弧．我们要证明，这些弧是互不相交的，而且在它们之间没有空隙.

为此，考察一个圆扇形 S_k，它是 Ω 与中心在 z_k 的一个充分小圆盘的交. $\zeta=(z-z_k)^{1/\alpha_k}$ 的一个单值分支将 S_k 映成半圆盘 S_k'. $z^k+\zeta^{\alpha_k}$ 的一个适当分支取值在 Ω 中，我们可以考虑 S_k'中的函数 $g(\zeta)=f(z_k+\zeta^{\alpha_k})$. 由定理 2 可知，当 ζ 趋近于直径时，$|g(\zeta)|\to 1$. 应用反射原理，就得出结论：$g(\zeta)$具有一个到整个圆盘的解析延拓. 特别地，这意味着，当 $z\to z_k$ 时，$f(z)$有极限 $w_k=e^{i\theta_k}$，而对应于相遇在 z_k 的两边确实有一个公共端点. 由于当 z 沿正方向描出边界时，$\arg f(z)$必是递增的，所以这些弧不会重叠，至少在 w_k 的一个邻域中不会重叠. 如果考虑到 f 将边界映成绕原点的卷绕数为 1 的一条曲线，那就容易得出结论：所有的弧都是互不相交的. 换言之，f 可以延拓为将 Ω^- 映成闭单位圆盘的同胚映射，顶点 z_k 变为点 w_k，边变为这些点之间的弧(见图 6-1). [235]

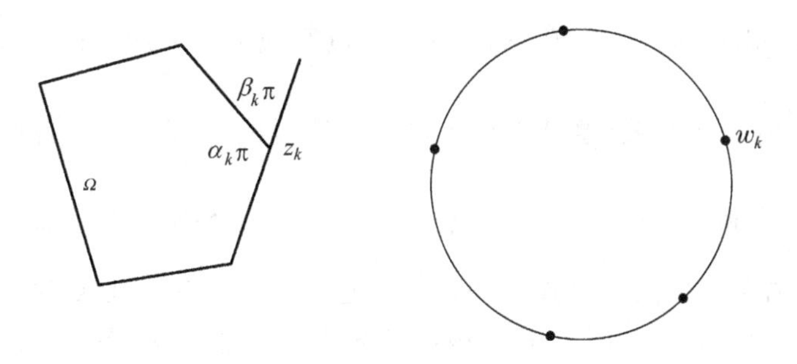

图 6-1　多边形的共形映射

6.2.2　施瓦茨-克里斯托费尔公式

我们要建立的公式不是关于函数 f 而是关于它的反函数的，该反函数记为 F.

定理 5　将 $|w|<1$ 共形地映成角为 $\alpha_k\pi(k=1,\cdots,n)$的多边形的函数 $z=F(w)$，必有形式：

$$F(w)=C\int_0^w\prod_{k=1}^n(w-w_k)^{-\beta_k}\,dw+C', \tag{3}$$

其中 $\beta_k=1-\alpha_k$，w_k 是单位圆上的点，C 与 C'是复常数.

在 6.2.1 节的最后一段中讨论的函数 $g(\zeta)=f(z_k+\zeta^{\alpha_k})$在原点解析，它具有泰勒展开式

$$f(z_k+\zeta^{\alpha_k})=w_k+\sum_{m=1}^{\infty}a_m\zeta^m.$$

其中 $a_1\neq 0$，否则，半圆盘 S_k'的象就不能包含在单位圆盘之中，所以这个级数可以进行逆运算，令 $w=f(z_k+\zeta^{\alpha_k})$，就得到

$$\zeta=\sum_{m=1}^{\infty}b_m(w-w_k)^m,$$ [236]

其中 $b_1\neq 0$，展开式在 w_k 的一个邻域中有效. 作 α_k 次幂，我们得到关于反函数 F 的表示式

$$F(w) - z_k = (w - w_k)^{\alpha_k} G_k(w),$$

其中 G_k 在 w_k 附近解析且不等于 0. 经微分可知 $F'(w)(w-w_k)^{\beta_k}$ 在 w_k 处解析且不等于 0，因此乘积

$$H(w) = F'(w) \prod_{k=1}^{n} (w - w_k)^{\beta_k} \tag{4}$$

在单位闭圆盘中解析且不等于 0.

我们断定 $H(w)$实际上是一个常数. 为此我们来检查一下当 $w=e^{i\theta}$位于单位圆上 $w_k=e^{i\theta_k}$ 与 $w_{k+1}=e^{i\theta_{k+1}}$之间时 $H(w)$的辐角. 我们知道，$\arg F'(e^{i\theta})$等于单位圆在 $e^{i\theta}$的切线与它的象在 $F(e^{i\theta})$的切线之间的夹角，把它简记为 $\arg F'=\arg dF-\arg dw$. 但 dF 是常数，因为 F 描出一条直线，而 $\arg dw=\theta+\frac{\pi}{2}$. 因子 $w-w_k$ 可以写成 $e^{i\theta}-e^{i\theta_k}=2ie^{i(\theta+\theta_k)/2}\sin\frac{1}{2}(\theta-\theta_k)$，因此它的辐角是$\frac{\theta}{2}$加一个常数(这从几何上看也是明显的). 把(4)式右端的所有因子的辐角加起来，我们就看到 $\arg H(w)$ 与$-\theta+\left(\sum_1^n\beta_k\right)\cdot\frac{\theta}{2}=0$ 相差一个常数. 因此 $\arg H(w)$在 w_k 与 w_{k+1}之间是常数，但因它是连续的，所以它在整个单位圆上必为常数. 由最大值原理可知 $\arg H(w)=\mathrm{Im}\log H(w)$在单位圆内部是常数，因此 $H(w)$是常数.

我们现在已经证明了

$$F'(w) = C\prod_{k=1}^{n} (w - w_k)^{-\beta_k},$$

作积分即得公式(3).

我们指出，单位圆的线性变换可使我们把点 w_k 中的三个(例如 w_1，w_2，w_3)变到预先指定的位置. 对于 $n=3$，除了平凡的变量变换外，映射函数只依赖于角. 这反映出这样的事实，即具有同样角的三角形都相似. 对于 $n>3$，余下的常数 w_4，…，w_n 或它们的辐角 θ_k 称为问题的*配连参数*. 只有在极少数情形它们才能不用数值计算确定.

如果给 θ_k 以任意的值，则容易验证形如(3)的函数把单位圆映成一条闭折线，但通常无法说出它是否自交. 如果它不自交，那么就不难证明由(3)给出的 $F(w)$产生一个映成闭折线内部的一对一映射(精确的证明要用到辐角原理).

237

公式(3)称为*施瓦茨-克里斯托费尔公式*. 这一公式的另一种形式可用来将上半平面映成一个多边形的内部. 从 $\mathrm{Im}w>0$ 到 Ω 的映射函数可以写成以下形式：

$$F(w) = C\int_0^w \prod_{k=1}^{n-1} (w - \xi_k)^{-\beta_k}\, dw + C', \tag{5}$$

其中 ξ_k 是实的. 最后的指数 β_n 在公式中并不明显出现，但可由 $\beta_n=2-(\beta_1+\cdots+\beta_{n-1})$确定，而且和其他指数一样，它应满足条件$-1<\beta_n<1$. 于是推知积分(5)对 $w=\infty$收敛，而在∞的点对应于角为 $\alpha_n\pi(\alpha_n=1-\beta_n)$的一个顶点. 如果$\beta_n=0$，则这个顶点徒有其表，多边形变成 $n-1$ 边形.

练 习

1. 证明(3)中 β_k 可变为等于-1. 它的几何意义是什么?

2. 如果多边形的一个顶点可以在∞, 则公式需作什么修改? 如果在这种情况下 $\beta_k=1$, 问多边形将如何?

3. 证明将圆盘映成平行条或映成有两个直角的半条形映射, 可以作为施瓦茨-克里斯托费尔公式的特殊情形得出.

4. 导出公式(5), 可直接导出, 也可借助于(3).

5. 证明:

$$F(w)=\int_0^w(1-w^n)^{-2/n}\mathrm{d}w$$

将 $|w|<1$ 映成一个正 n 边形的内部.

6. 试确定一个将上半平面映成域 $\Omega=\{z=x+\mathrm{i}y;\ x>0,\ y>0,\ \min(x,\ y)<1\}$ 的共形映射.

6.2.3 映成矩形的映射

如果 Ω 是一个矩形, 可在(5)中选取 $x_1=0$, $x_2=1$, $x_3=\rho>1$. 这样, 映射函数为

$$F(w)=\int_0^w\frac{\mathrm{d}w}{\sqrt{w(w-1)(w-\rho)}},$$

238

这是一个椭圆积分. 为明确起见, 我们决定$\sqrt{w}$、$\sqrt{w-1}$、$\sqrt{w-\rho}$的值都位于第一象限. 为详细研究这个映射, 我们来看当 w 在实轴上变化时 $F(w)$的变化情况. 当 w 是实数时, 每一个根式或者为正数, 或者是虚部为正的纯虚数(除了平方根为 0 的点以外). 当 $0<w<1$ 时, 有一个平方根是实的, 两个平方根是虚的, 因此 $F(w)$从 0 递减到值$-K$, 其中

$$K=\int_0^1\frac{\mathrm{d}t}{\sqrt{t(1-t)(\rho-t)}}.\tag{6}$$

对于 $1<w<\rho$ 只有一个虚的平方根, 由此可知该积分从 1 到 w 是纯虚数, 虚部为负. 所以 $F(w)$将从$-K$ 垂直向下到$-K-\mathrm{i}K'$,

$$K'=\int_1^\rho\frac{\mathrm{d}t}{\sqrt{t(t-1)(\rho-t)}}.$$

对于 $w>\rho$, 被积式是正的, $F(w)$以正向描出一条水平线段. 它的端点有多远? 由于象应该是一个矩形, 所以它必然终止于$-\mathrm{i}K'$, 但我们要加以直接证明. 一个办法是将线段长度用积分表示为

$$\int_\rho^\infty\frac{\mathrm{d}t}{\sqrt{t(t-1)(t-\rho)}},$$

经变量变换 $t=(\rho-u)/(1-u)$, 这个积分就变换到(6). 但是容易看到, 由柯西定理得

$$\int_{-\infty}^\infty\frac{\mathrm{d}t}{\sqrt{t(t-1)(t-\rho)}}=0,$$

这是因为沿半径为 R 的半圆周的积分当 $R\to\infty$ 时趋于 0. 其实部等于 0 就意味着各水平线段都相等，而从其虚部等于 0 得知 $-\infty<w<0$ 映成从 $-\mathrm{i}K'$ 到 0 的线段. 这样，矩形就完整了.

通常更为可取的是使用一个表示矩形双重对称性的公式. 可将矩形的顶点对应于点 ±1 与 $\pm1/k$，这里 $0<k<1$. 由于一个常数因子无关紧要，故可取映射为

239

$$F(w)=\int_0^w\frac{\mathrm{d}w}{\sqrt{(1-w^2)(1-k^2w^2)}},\tag{7}$$

并令 $\sqrt{1-w^2}$ 与 $\sqrt{1-k^2w^2}$ 都有正的实部. 于是可以看到矩形的顶点在 $-\frac{K}{2}$，$\frac{K}{2}$，$\frac{K}{2}+\mathrm{i}K'$，$-\frac{K}{2}+\mathrm{i}K'$，其中

$$K=\int_{-1}^{1}\frac{\mathrm{d}t}{\sqrt{(1-t^2)(1-k^2t^2)}},$$

$$K'=\int_1^{1/k}\frac{\mathrm{d}t}{\sqrt{(t^2-1)(1-k^2t^2)}}.$$

上半平面的象是图 6-2 中的阴影矩形 R_0. F 的反函数记为 $w=f(z)$，它定义在 R_0 中，并可延拓成将闭矩形映成闭的半平面的一个一对一映射(具有黎曼球面的拓扑). 注意 $z=\mathrm{i}K'$ 对应于 ∞.

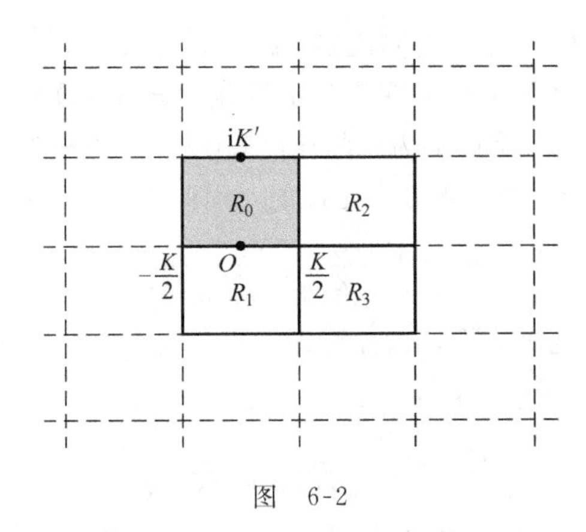

图　6-2

反射原理可使我们将 f 的定义拓展到相邻的矩形 R_1 与 R_2，即对 $z\in R_1$，令 $f(z)=\overline{f(\bar{z})}$，对 $z\in R_2$，令 $f(z)=\overline{f(K-\bar{z})}$. 类似地，可从 R_1 或 R_2 过渡到 R_3，延拓由 $f(z)=f(K-z)$ 给出. 反射的过程显然可以继续进行，直至 $f(z)$ 定义为整个平面上的一个亚纯函数为止. 用周期性来定义延拓可能更方便些，因为延拓函数必须满足关系

$$f(z+2K)=f(z),\quad f(z+2\mathrm{i}K')=f(z).$$

我们已经证明椭圆积分(7)的反函数是一个周期为 $2K$ 与 $2\mathrm{i}K'$ 的亚纯函数. 这样的函数称为**椭圆函数**. 椭圆积分与椭圆函数之间的联系是由高斯发现的，但没有发表，后由从阿

240

贝尔(Abel)与雅可比(Jacobi)重新发现.

练　习

1. 证明公式(7)给出 $F(\infty)=\mathrm{i}K'$.

2. 证明 $K=K'$的充要条件是 $k=(\sqrt{2}-1)^2$.

3. 证明 $f(z)$、$f(z+K)$与 $f(z+\mathrm{i}K')$都是 z 的奇函数，而 $f\left(z+\frac{K}{2}\right)$与$f\left(z+\frac{K}{2}+\mathrm{i}K'\right)$是偶函数.

6.2.4　施瓦茨的三角形函数

上半平面由

$$F(w)=\int_0^w w^{\alpha_1-1}(w-1)^{\alpha_2-1}\mathrm{d}w$$

映成一个三角形，其角为 $\alpha_1\pi$，$\alpha_2\pi$，$\alpha_3\pi$. 前面已指出，这里没有配连参数.

通过对边的反射，反函数 $f(z)$仍可延拓到相邻的三角形. 如同在矩形的情形一样，这个得出亚纯函数的过程特别有意义. 而要得出亚纯函数，必要条件是：对相交于一点的各边的重复反射最终需经偶数步回到原来的三角形. 换言之，角必须具有形式 π/n_1，π/n_2，π/n_3，分母均为整数. 初等的推理表明，满足条件

$$\frac{1}{n_1}+\frac{1}{n_2}+\frac{1}{n_3}=1$$

的只有三组(3，3，3)、(2，4，4)与(2，3，6). 它们分别对应于等边三角形、等腰直角三角形和半等边三角形.

容易验证，在每种情形下，三角形的反射象填满平面，没有重叠，也没有空隙. 这表明映射函数确实都是亚纯函数的约束，称为*施瓦茨三角形函数*.

希望读者为三种情形的每一种画一个三角形网的图. 于是可以看到，每个三角形函数具有一对周期，它们的比不是实数，因而是一个椭圆函数. 作为一个练习，希望读者确定一下在由周期所张成的平行四边形中共有多少个三角形.

6.3　调和函数的进一步讨论

我们已经在 4.6 节讨论过调和函数的一些基本性质. 那时，为方便起见，使用了一个比较粗糙的定义，即要求所有二阶导数应当连续的定义. 这对证明均值性质已经足够了，而从均值性质又可导出泊松表示与反射原理. 现在，如果我们以均值性质而不是以拉普拉斯方程为出发点，则可得到更为满意的理论. 241

在这一方面，我们还将导出一个关于调和函数单调序列的重要定理，通常称为*哈纳克原理*.

6.3.1 具有均值性质的函数

设 $u(z)$ 是域 Ω 中的一个实值连续函数. 我们说 u 满足均值性质，如果当圆盘 $|z-z_0|\leqslant r$ 包含于 Ω 中时，有

$$u(z_0)=\frac{1}{2\pi}\int_0^{2\pi}u(z_0+re^{i\theta})d\theta. \tag{8}$$

我们在第 4 章中证明了均值性质蕴涵着最大值原理. 实际上，仔细检查一下证明可知，只要假设(8)对充分小的 $r(r<r_0)$ 成立就够了，这里甚至允许 r_0 依赖 z_0. 我们重述结论如下：具有这一性质的连续函数如果不化为常数就不能取到一个相对极大值(或极小值).

我们早已证明，每个调和函数满足均值条件，现在我们要证明下面的逆：

定理 6 满足条件(8)的连续函数 $u(z)$ 必是调和的.

此外，需要满足的条件只是对充分小的 r 而言的. 如果 u 满足(8)，则 u 与任意调和函数的差也满足(8). 假设圆盘 $|z-z_0|\leqslant\rho$ 包含于 u 有定义的域 Ω 中. 应用泊松公式(见 4.6.3 节)，我们可以作一个函数 $v(z)$，它对 $|z-z_0|<\rho$ 是调和的，在 $|z-z_0|=\rho$ 上连续并等于 $u(z)$. 将最大值和最小值原理应用于 $u-v$，这意味着在整个圆盘中 $u(z)=v(z)$，因而 $u(z)$ 是调和的.

定理 6 的言外之意是：我们可以把调和函数定义为具有均值性质的连续函数. 这样的函数自动地具有各阶连续导数，并满足拉普拉斯方程.

242 类似的推理表明，即使没有条件(8)，关于导数的假设也可以放松到相当程度. 只假设 $u(z)$ 是连续的，并设导数 $\partial^2u/\partial x^2$，$\partial^2u/\partial y^2$ 存在并满足 $\Delta u=0$. 用上面的相同记号，我们来证明函数

$$V=u-v+\varepsilon(x-x_0)^2,\quad \varepsilon>0$$

必服从极大值原理. 事实上，如果 V 有一个极大值，则根据微积分法则，我们有 $\partial^2V/\partial x^2\leqslant 0$，$\partial^2V/\partial y^2\leqslant 0$，因而在该点上，$\Delta V\leqslant 0$. 另一方面，

$$\Delta V=\Delta u-\Delta v+2\varepsilon=2\varepsilon>0$$

这个矛盾表明了最大值原理成立. 这样就可以得出结论：在圆盘 $|z-z_0|\leqslant\rho$ 上，$u-v+\varepsilon(x-x_0)^2\leqslant\varepsilon\rho^2$. 令 ε 趋于零，可得 $u\leqslant v$. 同样可证明相反的不等式. 因此 u 是调和的[⊖].

6.3.2 哈纳克原理

我们记得，泊松公式(见 4.6.3 节)使我们可以将一个调和函数用它在一个圆周上的值来表示. 为了适应目前的需要，我们把它写成

$$u(z)=\frac{1}{2\pi}\int_0^{2\pi}\frac{\rho^2-r^2}{|\rho e^{i\theta}-z|^2}u(\rho e^{i\theta})d\theta, \tag{9}$$

其中 $|z|=r<\rho$ 而 u 假定在 $|z|\leqslant\rho$ 中调和(或对 $|z|<\rho$ 调和，对 $|z|\leqslant\rho$ 连续). 联

⊖ 这个证明是由 C. Carathéodory 给出的.

系初等不等式

$$\frac{\rho-r}{\rho+r}\leqslant\frac{\rho^2-r^2}{|\rho e^{i\theta}-z|^2}\leqslant\frac{\rho+r}{\rho-r} \tag{10}$$

的右端，公式(9)给出估计

$$|u(z)|\leqslant\frac{1}{2\pi}\frac{\rho+r}{\rho-r}\int_0^{2\pi}|u(\rho e^{i\theta})|\,d\theta.$$

如果已知 $u(\rho e^{i\theta})\geqslant 0$，那么也可用(10)的第一个不等式，得到一个双重估计

$$\frac{1}{2\pi}\frac{\rho-r}{\rho+r}\int_0^{2\pi}u\,d\theta\leqslant u(z)\leqslant\frac{1}{2\pi}\frac{\rho+r}{\rho-r}\int_0^{2\pi}u\,d\theta.$$

但 $u(\rho e^{i\theta})$的算术平均等于 $u(0)$，于是最后得到下面的上界与下界：

$$\frac{\rho-r}{\rho+r}u(0)\leqslant u(z)\leqslant\frac{\rho+r}{\rho-r}u(0). \tag{11}$$

243

这是哈纳克不等式. 我们要着重指出，它仅对正的调和函数为真.

(11)的主要应用是用于正项级数，或等价地，用于调和函数的增序列. 它引出一个强大而简单的定理，称为哈纳克原理.

定理 7 考察函数 $u_n(z)$的一个序列，其中每个函数定义在某一域 Ω_n 内，且在该域内调和. 设 Ω 为这样的一个域，它的每一点具有一个邻域包含于除有限个以外的所有 Ω_n 中，并设在这一邻域中，当 n 足够大时，有 $u_n(z)\leqslant u_{n+1}(z)$. 那么这里只有两种可能：或者 $u_n(z)$在 Ω 的每个紧致子集上一致地趋于∞，或者 $u_n(z)$在紧致集上一致收敛于 Ω 内的一个调和极限函数 $u(z)$.

最简单的情形是函数 $u_n(z)$在 Ω 内均调和，并组成一个非降序列. 不过，有很多应用说明这种情形不够普遍.

为了证明这一定理，先设至少对于一点 $z_0\in\Omega$，$\lim\limits_{n\to\infty}u_n(z_0)=\infty$. 根据假设，可以找到一个 r 和 m，使得对于 $|z-z_0|<r$ 及 $n\geqslant m$，函数 $u_n(z)$都是调和的，并组成一个非降序列. 如果将不等式(11)的左边应用于非负函数 u_n-u_m，则知 $u_n(z)$将在圆盘 $|z-z_0|\leqslant r/2$ 中一致地趋于∞. 另一方面，如果$\lim\limits_{n\to\infty}u_n(z_0)<\infty$，应用不等式的右边同样可证明 $u_n(z)$在 $|z-z_0|\leqslant r/2$ 上有界. 因此，在其上$\lim\limits_{n\to\infty}u_n(z)$分别为有限及无穷的两个集都是开集，而由于 Ω 是连通的，故必有一个集是空集. 只要 $u_n(z)$的极限在单一点上是无穷大，则它必恒等于无穷大. 至于一致性，可用海涅-博雷尔引理来证明.

在相反的情形，极限函数 $u(z)$是到处均为有限的，我们现在只要证明其收敛是一致的即可. 应用上面的同样记法，对于 $|z-z_0|\leqslant r/2$ 及 $n+p\geqslant n\geqslant m$，有 $u_{n+p}(z)-u_n(z)\leqslant 3(u_{n+p}(z_0)-u_n(z_0))$. 因此，在 z_0 点收敛就意味着在 z_0 的一个邻域中一致收敛，再应用海涅-博雷尔引理可知在每个紧致集上收敛是一致的. 至于极限函数的调和性，则可从 $u(z)$能用泊松公式来表示这一点而得证.

练　习

设 E 是包含于域 Ω 中的一个紧致集，证明：存在一个只依赖于 E 及 Ω 的常数 M，使得 Ω 中的每个正调和函数 $u(z)$，对于任意两点 z_1，$z_2 \in E$，满足不等式 $u(z_2) \leqslant Mu(z_1)$.

244

6.4　狄利克雷问题

调和函数理论中最重要的问题是找一个具有给定边值的调和函数的问题，称为狄利克雷问题. 泊松公式解出了圆盘域的问题，但在任意域的情形，问题就困难得多. 已经知道有很多解法，但是除了 O. Perron 的以下调和函数为依据的方法之外，其余方法都不够简单，不适于在基础教材中介绍.

6.4.1　下调和函数

一维拉普拉斯方程具有形式 $\mathrm{d}^2u/\mathrm{d}x^2=0$. 因此，单变量的调和函数将是线性函数 $u=ax+b$. 函数 $v(x)$ 称为凸函数，如果在任意区间的两端点上与线性函数 $u(x)$ 具有相同的值，而在此区间内部，它至多等于 $u(x)$.

如果将这一情形推广到二维平面，就会引出下调和函数类. 线性函数对应于调和函数，区间对应于域，区间的端点对应于域的边界. 因此，一个复变量或两个实变量的函数 $v(z)$ 将称为下调和函数，如果对于任意域，在该域中，$v(z)$ 小于或等于某一调和函数 $u(z)$，而在域的边界上，$v(z)$ 与 $u(z)$ 恒等. 由于本小节的目的是解狄利克雷问题，因此我们把条件减弱为：在域的边界上 $v(z) \leqslant u(z)$ 将导致在域中 $v(z) \leqslant u(z)$.

一个等价的但在某些方面比较简单的定义如下：

定义 1　*定义于域 Ω 内的一个连续实值函数 $v(z)$ 称为是 Ω 中的一个下调和函数，如果对于域 $\Omega' \subset \Omega$ 内的任意调和函数 $u(z)$，差 $v-u$ 在 Ω' 中恒满足最大值原理.*

这里的条件表明，$v-u$ 如果不恒等于常数，则在 Ω' 中不能有极大值. 特别是，v 本身在 Ω 中不能有极大值. 应当注意，这一定义具有局部特性：如果 v 在每个点 $z \in \Omega$ 的邻域中是下调和的，则它在 Ω 中必是下调和的. 其证明可直接推得. 如果函数在点 z_0 的一个邻域中是下调和的，则称这个函数在点 z_0 是下调和的. 因此，一个函数在一个域中是下调和的，当且仅当它在域的所有点上是下调和的.

一个调和函数显然是下调和的.

下调和性的一个充分条件是：v 具有一个正的拉普拉斯式($\Delta v>0$). 事实上，如果 $v-u$ 具有一个极大值，则由初等微积分学可知，在达到极大值的点上，只要这些二阶导数存在，必有 $\partial^2/\partial x^2(v-u) \leqslant 0$，$\partial^2/\partial y^2(v-u) \leqslant 0$. 这就意味着 $\Delta v=\Delta(v-u) \leqslant 0$. 这个条件不是必要的，而实际上，下调和函数并不需要有偏导数. 如果函数具有连续的一阶和二阶导数，则可以证明，其充分和必要条件是 $\Delta v \geqslant 0$. 由于我们并不需要这一性质，故其证明留给读者作为习题. 这一条件提供了一个简单的方法，用以确定一个给定的 x 和 y 的初等

245

函数是否是下调和的.

现在我们来证明，下调和函数可以用一个不等式作为标志，这一不等式推广了调和函数的均值性质：

定理 8 一个连续函数 $v(z)$ 在 Ω 中是下调和的，当且仅当对于 Ω 中的每个圆盘 $|z-z_0|\leqslant r$，$v(z)$ 恒满足不等式：

$$v(z_0)\leqslant\frac{1}{2\pi}\int_0^{2\pi}v(z_0+re^{i\theta})\mathrm{d}\theta. \tag{12}$$

条件的充分性是易见的，因为在证明不等于常数的 v 不能有极大值时，实际需用的是公式(12)，而不是均值性质. 由于 $v-u$ 满足同一不等式，故知 v 是下调和的.

为了证明必要性，可在圆盘 $|z-z_0|<r$ 中作泊松积分 $P_v(z)$，其中 v 的值取在圆周 $|z-z_0|=r$ 上. 如果 v 是下调和的，则函数 $v-P_v$ 在圆盘内不能有极大值，除非它是常数. 根据施瓦茨定理(第 4 章定理 23)可知，当 z 趋近于圆周上的一点时，$v-P_v$ 趋于零. 因此 $v-P_v$ 在闭圆盘中有一个极大值. 如果这个极大值是正的，则必在一个内点上取得，因此函数不能是常数. 这是一个矛盾，因此必有 $v\leqslant P_v$. 对于 $z=z_0$，可得 $v(z_0)\leqslant P_v(z_0)$，这就是不等式(12).

下面列出下调和函数的一些初等性质：

1)如果 v 是下调和的，则对于任意常数 $k\geqslant 0$，函数 kv 必也是下调和的.

2)如果 v_1 及 v_2 都是下调和的，则 v_1+v_2 必也是下调和的.

这两种性质是定理 8 的直接推论. 下一性质可从原来定义推得.

3)如果 v_1 及 v_2 都是 Ω 中的下调和函数，则 $v=\max(v_1, v_2)$ 也是 Ω 中的下调和函数. [246]

这里的记法应理解为：在每个点上，$v(z)$ 等于 v_1、v_2 两者中较大的值. v 的连续性是很明显的. 现在设 $v-u$ 在点 $z_0\in\Omega'$ 取得极大值，此处 u 有定义且调和于 Ω'. 我们可设 $v(z_0)=v_1(z_0)$，则对于 $z\in\Omega'$，有

$$v_1(z)-u(z)\leqslant v(z)-u(z)\leqslant v(z_0)-u(z_0)=v_1(z_0)-u(z_0).$$

因此 v_1-u 是常数，而从同一不等式可知 $v-u$ 必也是常数. 这就证明了 v 是下调和的.

设 Δ 是一个圆盘，它的闭包包含于 Ω，并以 P_v 表示用圆周上的 v 值组成的泊松积分，则下述性质必正确：

4)如果 v 是下调和的，则在 Δ 中等于 P_v 而在 Δ 外等于 v 的函数 v' 必也是下调和的.

v' 的连续性可从施瓦茨定理得证. 我们已经证明，在 Δ 中有 $v\leqslant P_v$，因此在整个 Ω 内必有 $v\leqslant v'$. 显然，在 Δ 的内部和外部，v' 是下调和的. 现在设 $v'-u$ 在 Δ 的圆周上一点 z_0 处取得极大值，则 $v-u$ 也将在 z_0 处取得极大值. 因此 $v-u$ 是常数，而从不等式

$$v-u\leqslant v'-u\leqslant v'(z_0)-u(z_0)=v(z_0)-u(z_0)$$

可知 $v'-u$ 也是常数. 从而证明 v' 是下调和的.

注 我们只感兴趣于连续下调和函数，但是普遍接受的定义只要求函数是上半连

续的．一个实值函数 $v(z)$ 在 z_0 是上半连续(u. s. c.)的，如果$\lim\limits_{z \to z_0} \sup v(z) \leqslant v(z_0)$；$v(z)$ 在 z_0 是下半连续的(l. s. c.)，如果$\lim\limits_{z \to z_0} \inf v(z) \geqslant v(z_0)$．若不明确究竟是哪一种，那么只要记住，“上”是指双不等式 $v(z_0)-\varepsilon<v(z)<v(z_0)+\varepsilon$ 中的上一半，而“下”是指该不等式的下一半．习惯上也允许上半连续函数取值 $-\infty$，而下半连续函数取值 $+\infty$.

在其他方面，定义 1 无改变．最大值原理对上半连续函数就像对连续函数一样有意义，这是因为一个上半连续函数也将在任何紧致集上取到极大值(见练习 6).

还可证明(12)中的积分总是有意义的，并可证明定理 8 在 v 只是上半连续时仍正确.

练　习

247

1. 证明函数 $|x|$，$|z|^{\alpha}(\alpha \geqslant 0)$，$\log(1+|z|^2)$都是下调和的.

2. 设 $f(z)$是解析函数，证明 $|f(z)|^{\alpha}(\alpha \geqslant 0)$及 $\log(1+|f(z)|^2)$都是下调和的.

3. 如果 v 及其一直到二阶的偏导数都是连续的，证明：当且仅当 $\Delta v \geqslant 0$ 时 v 是下调和的．提示：对于充分性，可先证 $v+\varepsilon x^2(\varepsilon>0)$是下调和的．对于必要性，可证如果 $\Delta v<0$，则其在圆上的平均值将是半径的一个降函数.

4. 证明：如果一个下调和函数的自变量经共形映射，则新的函数仍然是下调和的.

5. 列出一条定理，说明下调和函数的一致极限是下调和的，并证明.

6. 如果 $v(z)$在开集 Ω 上是上半连续的，证明它在任何紧致集 $E \subset \Omega$ 上有一个极大值.

6.4.2　狄利克雷问题的解

最先应用下调和函数来研究狄利克雷问题的是 O. Perron．其方法的特点是极具普遍性，而且完全是初等的.

考察一个有界域 Ω 及定义于其边界 Γ 上的一个实值函数 $f(\zeta)$(为了明显起见，边界点以 ζ 表示)．开始时，$f(\zeta)$不一定要连续，但为了简单起见，设它是有界的，即 $|f(\zeta)| \leqslant M$．对于每一个 f，可用一个简单方法在 Ω 中建立一个调和函数 $u(z)$，这个方法将在下面仔细叙述．如果 f 是连续的，并设 Ω 满足某些适当的条件，则相应的函数 u 将是 Ω 内边值为 f 的狄利克雷问题的解.

我们用下述性质定义函数 v 的类 $\mathscr{B}(f)$：

(a) v 在 Ω 中是下调和的；

(b) 对于所有的 $\zeta \in \Gamma$，$\overline{\lim\limits_{z \to \zeta}} v(z) \leqslant f(\zeta)$.

性质(b)的精确意义是：给定 $\varepsilon>0$ 及一点 $\zeta \in \Gamma$，存在 ζ 的一个邻域 Δ，使得不等式 $v(z)<f(\zeta)+\varepsilon$ 在 $\Delta \cap \Omega$ 中成立．函数类 $\mathscr{B}(f)$是非空的，因为它包含所有小于等于 $-M$ 的常数．我们来证明：

引理 1　对于 $v \in \mathscr{B}(f)$，定义 $u(z)$为 $v(z)$的上确界，则函数 u 在 Ω 中调和.

首先，在 Ω 内每个 $v\leqslant M$. 这是最大值原理的一个简单推论，但由于其重要性，我们将对这一点作较详细的说明. 对于给定的 $\varepsilon>0$，设 E 是 Ω 中使 $v(z)\geqslant M+\varepsilon$ 的所有点 z 组成的集合. 余集 $\sim E$ 中的点 z 有三类：(1)在 Ω 外部的点；(2)在 Γ 上的点；(3)在 Ω 中使 $v(z)<M+\varepsilon$ 的点. 在(1)的情形，z 具有一个邻域包含于 Ω 的外部；在(2)的情形，根据性质(b)，有一个邻域 Δ，在 $\Delta\cap\Omega$ 中有 $v<M+\varepsilon$；在(3)的情形，根据连续性，存在包含于 Ω 的一个邻域，在其内 $v<M+\varepsilon$. 因此 $\sim E$ 是开集而 E 是闭集. 又由于 Ω 是有界的，故 E 是紧致的. 如果 E 为非空，则 v 将在 E 上有一个极大值，而这也是 Ω 内的一个极大值. 但这是不可能的，因为根据(b)，v 不能是一个大于 M 的常数. 因此，对于每个 ε，E 是空集，从而可知在 Ω 内必有 $v\leqslant M$.

248

考察一个圆盘 Δ，其闭包包含于 Ω 及一点 $z_0\in\Delta$. 存在函数 $v_n\in\mathscr{B}(f)$ 的一个序列，使得 $\lim\limits_{n\to\infty}v_n(z_0)=u(z_0)$. 令 $V_n=\max(v_1, v_2, \cdots, v_n)$，则 V_n 组成 $\mathscr{B}(f)$ 中一个非降的函数序列. 作 V_n'，使之在 Δ 的外部等于 V_n，而在 Δ 中等于 V_n 的泊松积分. 根据上一小节的性质(4)可知，V_n' 仍属于 $\mathscr{B}(f)$. V_n' 组成一个非降序列，而不等式 $v_n(z_0)\leqslant V_n(z_0)\leqslant V_n'(z_0)\leqslant u(z_0)$ 表明 $\lim\limits_{n\to\infty}V_n'(z_0)=u(z_0)$，根据哈纳克原理，序列 $\{V_n'\}$ 收敛于 Δ 中的一个调和的极限函数 U，它满足条件 $U\leqslant u$ 及 $U(z_0)=u(z_0)$.

现在假定我们从另外一点 $z_1\in\Delta$ 开始作同样的过程. 选定 $w_n\in\mathscr{B}(f)$，使得 $\lim\limits_{n\to\infty}w_n(z_1)=u(z_1)$，但此时，在继续构造之前，先以 $\overline{w}_n=\max(v_n, w_n)$ 代替 w_n. 令 $W_n=\max(\overline{w}_1, \cdots, \overline{w}_n)$，用泊松积分构造对应序列 $\{W_n'\}$，于是可得一个调和的极限函数 U_1，满足 $U\leqslant U_1\leqslant u$ 及 $U_1(z_1)=u(z_1)$. 由此可知 $U-U_1$ 在 z_0 处取得极大值零. 因此 U 必恒等于 U_1，这就证明了对于任意的 $z_1\in\Delta$，$u(z_1)=U(z_1)$. 从而可知 u 在任意圆盘 Δ 中调和，因而在全部 Ω 内调和.

现在我们来研究对于连续的 f，在什么情形下 u 才是狄利克雷问题的解. 首先应当注意狄利克雷问题并不总是有解. 例如，如果 Ω 是有孔圆盘 $0<|z|<1$，考察边值 $f(0)=1$ 及 $|\zeta|=1$ 时 $f(\zeta)=0$. 具有这些边值的一个调和函数将是有界的，因此原点是一个可去奇点. 但此时由最大值原理推知这个函数恒等于零，所以在原点不能有边值 1. 故知问题无解.

不难看出，狄利克雷问题的一个解，如果存在的话，必恒等于 u. 因为如果 U 是一个解，则首先必有 $U\in\mathscr{B}(f)$，因此 $u\geqslant U$. 根据最大值原理可知，对于所有的 $v\in\mathscr{B}(f)$，有 $v\leqslant U$，从而得到相反的不等式 $u\leqslant U$.

249

解的存在对于很多种域是可以断言的. 一般说来，如果 Ω 的余集在任意边界点的邻域中不是太“薄”，则解总是存在的. 下面我们来证明一个引理，这一引理表面上看来与“薄”这个概念关系不大.

引理 2 设在 Ω 中有一个调和函数 $\omega(z)$，其连续的边值 $\omega(\zeta)$ 除了在一点 ζ_0 处之外，都是正的，而在 ζ_0 处 $\omega(\zeta_0)=0$. 那么，如果 $f(\zeta)$ 在 ζ_0 处连续，则由泊松方法所确定的对

应函数 u 必满足 $\lim\limits_{z\to\zeta_0}u(z)=f(\zeta_0)$.

要证明这一引理，只要证明，对于所有的 $\varepsilon>0$，$\overline{\lim\limits_{z\to\zeta_0}}u(z)\leqslant f(\zeta_0)+\varepsilon$ 及 $\underline{\lim\limits_{z\to\zeta_0}}u(z)\geqslant f(\zeta_0)-\varepsilon$. 这里我们仍设 Ω 有界，且 $|f(\zeta)|\leqslant M$.

确定 ζ_0 的一个邻域 Δ，使得对于 $\zeta\in\Delta$，不等式 $|f(\zeta)-f(\zeta_0)|<\varepsilon$ 成立. 在余集 $\Omega-\Delta\cap\Omega$ 中，函数 $\omega(z)$ 具有一个正的极小值 ω_0. 考察如下调和函数的边值：

$$W(z)=f(\zeta_0)+\varepsilon+\frac{\omega(z)}{\omega_0}(M-f(\zeta_0)).$$

对于 $\zeta\in\Delta$，有 $W(\zeta)\geqslant f(\zeta_0)+\varepsilon>f(\zeta)$，而对于 Δ 外部的 ζ，则有 $W(\zeta)\geqslant M+\varepsilon>f(\zeta)$. 因此，根据最大值原理，可知任意函数 $v\in\mathscr{B}(f)$ 必满足条件 $v(z)<W(z)$. 由此可知 $u(z)\leqslant W(z)$，因而 $\overline{\lim\limits_{z\to\zeta_0}}u(z)\leqslant W(\zeta_0)=f(\zeta_0)+\varepsilon$，这是我们所要证明的第一个不等式.

对于第二个不等式，我们只需证明，函数

$$V(z)=f(\zeta_0)-\varepsilon-\frac{\omega(z)}{\omega_0}(M+f(\zeta_0))$$

属于 $\mathscr{B}(f)$. 对于 $\zeta\in\Delta$，有 $V(\zeta)\leqslant f(\zeta_0)-\varepsilon<f(\zeta)$，而在所有其他边界点上，$V(\zeta)\leqslant -M-\varepsilon<f(\zeta)$. 由于 V 是调和的，它属于 $\mathscr{B}(f)$，从而得 $u(z)\geqslant V(z)$，$\underline{\lim\limits_{z\to\zeta_0}}u(z)\geqslant V(\zeta_0)=f(\zeta_0)-\varepsilon$. 这就完成了证明.

引理2中的函数 $\omega(z)$ 有时称为点 ζ_0 处的垒. 现在很明显可以看出，只要每个边界点有一个垒，则狄利克雷问题就是可解的. 因此，我们现在只需列出一些说明垒存在的几何条件. 已经知道一些必要和充分条件，但这些条件都不具有纯几何特征，所以难于应用. 不过，求出一些广泛可用的充分条件相对比较容易.

250

我们从最简单的情形开始，设 $\Omega\cup\Gamma$ 包含在一个开的半平面中，位于边界线上的一点 ζ_0 除外. 如果这条边界线的方向为 α(半平面在其左)，则 $\omega(z)=\mathrm{Im}\,\mathrm{e}^{-\mathrm{i}\alpha}(z-\zeta_0)$ 是 ζ_0 处的一个垒.

更一般地说，设 ζ_0 为一条线段的端点，这条线段上的所有点，除了点 ζ_0，都位于 Ω 的外部. 如果这条线段的另一端点为 ζ_1，则在线段的外部，可定义

$$\sqrt{\frac{z-\zeta_0}{z-\zeta_1}}$$

的一个单值分支. 如果对 α 作适当的选择，易见函数

$$\mathrm{Im}\left[\mathrm{e}^{-\mathrm{i}\alpha}\sqrt{\frac{z-\zeta_0}{z-\zeta_1}}\right]$$

就是 ζ_0 处的一个垒.

应用这些方法求得的不是最强结果，但在大多数应用中是充分的. 因此可得下列定理：

定理9 对于任意域 Ω，如果它的每一个边界点是一条线段的端点，而该线段的其他点都是 Ω 的外点，则 Ω 的狄利克雷问题可解.

这里的假设可减弱为如下的形式：如果 Ω 及其余集具有一个公共边界，它由有限条简单闭曲线组成，这些闭曲线到处都有切线．角点及某种类型的尖点也是许可的[⊖]．

练 习

如果 Ω 是有孔圆盘 $0<|z|<1$，给定 f，当 $|\zeta|=1$ 时，$f(\zeta)=0$，而 $f(0)=1$，证明所有函数 $v\in\mathscr{B}(f)$ 在 Ω 中均小于等于 0．

6.5 多连通域的典范映射

从黎曼映射定理可得出结论：除了整个平面以外的任意两个单连通域可以互相共形映象，或者说，它们是*共形等价的*．但对于连通数相同的两个多连通域来说，情形并不如此．因此就有必要来试求一类*典范域*，使每一个多连通域与一个而且只有一个典范域共形等价．典范域的选择具有一定程度的任意性，这里有几种类型具有同样简单的性质． 251

为了使我们的研究不超出初等的水平，这里只限于讨论有限连通数的域．将可看出，构造典范映射的基本步骤是引入某些在边界上具有特别简单性质的调和函数．其中，*调和测度*只与域及域的周线之一有关，而*格林函数*则与域及一个内点有关．

6.5.1 调和测度

在研究域 Ω 的共形映射时，我们当然可以用任意一个共形等价于 Ω 的域来代替 Ω，也就是说，可以任意地先作几个预备的共形映射作为过渡．由于在域的选择方面有着这样的自由，因此，对于由边界的复杂构造所引起的种种困难，我们就可以不必考虑了．

下面，我们以 Ω 表示一个平面域，其连通数 $n>1$．余集的分集记为 E_1，E_2，…，E_n，并以 E_n 表示无界的分集．不失一般性，假设所有的 E_k 不退化为一点，因为退化为一点的分集显然是任意映射函数的可去奇点，因此，如果将这个孤立的边界点并入到域内，则映射仍保持不变．

E_n 的余集 Ω' 是一个单连通域．根据黎曼定理，Ω' 可共形地映成圆盘 $|z|<1$．在这一映射下，Ω 变换成一个新的域，而且 E_1，…，E_{n-1} 的象就是这个新域的余集的有界分集．为了方便起见，我们约定映射前后的域用同一记号表示．特别是，E_n 现在就是集 $|z|\geqslant 1$．取正向的单位圆 $|z|=1$ 记为 C_n，并称它为新域 Ω 的*外周线*．

考察 E_1 关于扩充平面的余集．它仍是一个单连通域，我们可将它映成单位圆的外部，以 ∞ 对应 ∞．C_n 的象是一条有向闭解析曲线，按约定仍记为 C_n．此外，我们把*内周线* C_1 定义为新平面中取负向的单位圆． 252

这一方法一直可以继续下去，直到所得到的域 Ω 的外周线为 C_n 并有 $n-1$ 条内周线

⊖ 基本上用同一方法可证的这个问题的最佳结果是：狄利克雷问题对于任意域可解，只要该域的余集的分集都不退化为一点．从这一命题可以很容易导出黎曼映射定理的一个独立的证明方法．

C_1，…，C_{n-1}为止(见图 6-3). 应当指出，一条周线关于平面上任意一点的指数是可以很容易地算出的. 例如，设经过若干次映射，$C_k(k<n)$成为单位圆，此时 C_k 关于 E_k 内点的指数是-1，而关于所有不在 C_k 上的其他点的指数则是 0. 其后的各次映射不会改变这种状态. 这一事实是很明显的，而且不难根据辐角原理给出一个形式证明. 用同样方法可以证明外周线 C_n 关于 E_n 内点的指数为 0，而关于所有不在 C_n 上的其他点的指数为 1. 由此可知，闭链 $C=C_1+C_2+\cdots+C_n$将按 4.5.1 节定义 4 界定 Ω，内周线和外周线的特性是一致的，因为关于 E_k 的一个内点的逆显然可使 C_k 成为外周线.

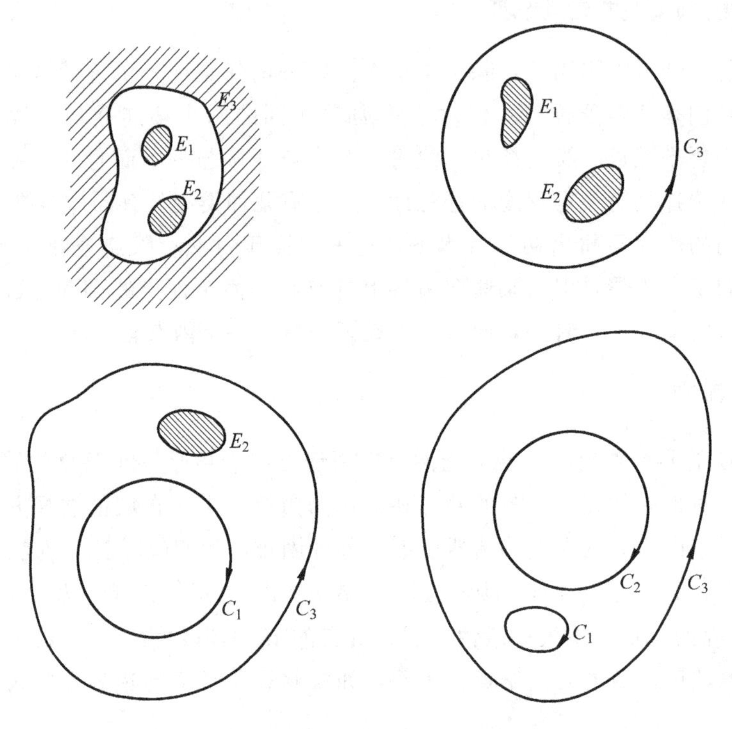

图 6-3　一个多连通域的变换

显然定理 9 可应用于 Ω. 事实上，由于任意周线都可以变换成一个圆，故垒的存在是十分明显的.

253

现在我们来解在 C_k 上的边值为 1、在其他周线上的边值为 0 的域 Ω 中的狄利克雷问题. 把解记为 $\omega_k(z)$，并称这个解为 C_k 关于域 Ω 的调和测度. 在 Ω 中，显然有 $0<\omega_k(z)<1$，且

$$\omega_1(z)+\omega_2(z)+\cdots+\omega_n(z)\equiv 1.$$

如果映射 Ω 使得 C_i 成为一个圆，则根据反射原理，ω_k必可越过 C_i 进行延拓. 因此，ω_k在可以扩张至一个较大的域的意义下，在闭域 Ω 中是调和的.

周线 C_1，…，C_{n-1}组成了 Ω 中闭链的一个同调基，这里的同调是对一个未经规定的较

大域来说的. ω_k的共轭调和函数是多值的，它沿 C_j 有周期

$$\alpha_{kj}=\int_{C_j}\frac{\partial\omega_k}{\partial n}\mathrm{d}s=\int_{C_j}*\,\mathrm{d}\omega_k.$$

更一般地，我们可以断言，常系数线性组合 $\lambda_1\omega_1(z)+\lambda_2\omega_2(z)+\cdots+\lambda_{n-1}\omega_{n-1}(z)$不可能有一个单值共轭函数，除非所有的 λ_i 都等于零. 为了证明这一点，设这个表达式是单值解析函数 $f(z)$的实部. 根据反射原理，$f(z)$可以解析延拓到 Ω 的闭包. 因此 $f(z)$的实部在 C_i 上将恒等于λ_i，$i=1$，…，$n-1$，而在 C_n 上应等于零. 这样每条周线将映成为一条垂直线段. 如果 ω_0不在这些线段上，则在每条周线上可定义 $\arg(f(z)-\omega_0)$的一个单值分支. 根据辐角原理，$f(z)$在 Ω 中不能取 ω_0的值. 这样一来，$f(z)$必化为一个常数，因为否则 Ω 的象一定包含有线段外部的点. 由此得出结论，$f(z)$的实部恒等于零，因而边值 λ_i 必都等于零.

我们所证明的是齐次线性方程组

$$\lambda_1\alpha_{1j}+\lambda_2\alpha_{2j}+\cdots+\lambda_{n-1}\alpha_{n-1,j}=0\quad(j=1,\cdots,n-1)\tag{13}$$

只有平凡解 $\lambda_i=0$，因为它们就是使 $\lambda_1\omega_1+\cdots+\lambda_{n-1}\omega_{n-1}$具有单值共轭的条件. 根据线性方程理论，任何以(13)的系数为系数的非齐次方程组必有一个解. 特别地，可解出方程组 [254]

$$\begin{aligned}\lambda_1\alpha_{11}+\lambda_2\alpha_{21}+\cdots+\lambda_{n-1}\alpha_{n-1,1}&=2\pi,\\ \lambda_1\alpha_{12}+\lambda_2\alpha_{22}+\cdots+\lambda_{n-1}\alpha_{n-1,2}&=0,\\ &\vdots\\ \lambda_1\alpha_{1,n-1}+\lambda_2\alpha_{2,n-1}+\cdots+\lambda_{n-1}\alpha_{n-1,n-1}&=0,\\ \lambda_1\alpha_{1n}+\lambda_2\alpha_{2n}+\cdots+\lambda_{n-1}\alpha_{n-1,n}&=-2\pi,\end{aligned}\tag{14}$$

其中最后一个方程是前面 $n-1$ 个方程的结果(因为 $\alpha_{k1}+\alpha_{k2}+\cdots+\alpha_{kn}=0$). 换言之，我们可以求得一个多值积分 $f(z)$，它沿 C_1 及 C_n 上的周期为$\pm2\pi i$，所有其他周期都等于零，它的实部在 C_k 上恒等于 λ_k(令 $\lambda_n=0$). 于是函数 $F(z)=e^{f(z)}$是单值的. 我们来证明下面的定理：

定理 10　函数 $F(z)$把 Ω 一对一地共形映射为一个域，它由圆环 $1<|w|<e^{\lambda_1}$中减去位于圆 $|w|=e^{\lambda_i}(i=2,\cdots,n-1)$上的 $n-2$ 段同心弧组成.

这一映射可由图 6-4 说明. 周线 C_1 及 C_n 与整圆是一一对应的，但其他周线则映成圆形裂缝. 可以设想，每一个裂缝具有两边，连同其两个端点组成一条闭周线.

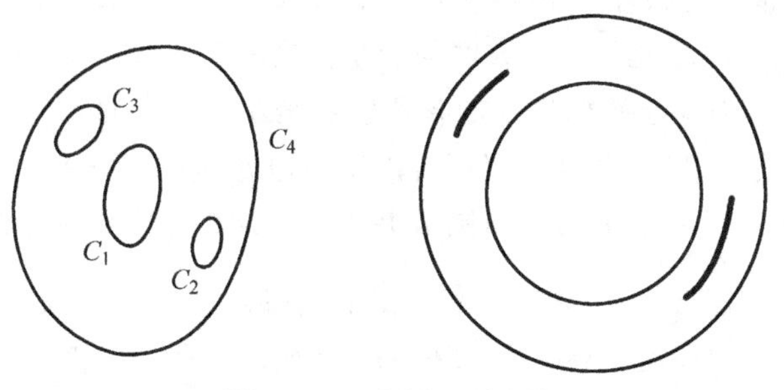

图 6-4　一个同心裂缝域

这一定理可用辐角原理来证明．我们知道 $F(z)$ 是解析的，在周线上具有不变的模．方程 $F(z)=w_0$ 的根的数目为

$$\frac{1}{2\pi i}\int_{C_1}\frac{F'(z)dz}{F(z)-w_0}+\frac{1}{2\pi i}\int_{C_2}\frac{F'(z)dz}{F(z)-w_0}+\cdots+\frac{1}{2\pi i}\int_{C_n}\frac{F'(z)dz}{F(z)-w_0},\tag{15}$$

此处 w_0 不能取值于边界上．如果 $w_0=0$，则(15)式中的各项是已知的，分别等于 1，0，…，0，−1．对于 $|w_0|<e^{\lambda_1}$，沿 C_1 的积分永远等于 1，而对于 $|w_0|>e^{\lambda_1}$，则等于 0．同样，最后一个积分当 $|w_0|<1$ 时等于 −1，而当 $|w_0|>1$ 时等于 0．对于所有的 w_0，只要 $|w_0|\neq e^{\lambda_k}$，则沿 $C_k(1<k<n)$ 的积分都等于 0．现在设 $F(z)$ 实际取到 w_0 的值．由于 Ω 被映成一个开集，故可取 $|w_0|$ 不等于所有的 e^{λ_i}．对于这个 w_0，表达式(15)必为正．但这只有在 $1<|w_0|<e^{\lambda_1}$ 时才有可能成立．这样就得到 $\lambda_1>0$，而根据连续性，$0\leqslant\lambda_i\leqslant\lambda_1$．

从此，定理的证明可用纯拓扑的论断来完成．不过，从辐角原理来得到结论将更有指导意义，而且也更为简单．如果在边界上有单极点存在，则留数定理仍可以应用，但此时应以周线积分的柯西主值来代替周线积分，而且留数的和应包括边界上留数的半值[⊖]．对于目前的情况来说，第二个约定是指在边界上所取的值应按其重复度的一半计算．至于主值的计算，则没有什么困难．如果 $|w_0|=e^{\lambda_k}$，则

$$\text{pr. v.}\int_{C_k}\frac{F'(z)dz}{F(z)-w_0}=\frac{1}{2}\int_{C_k}\frac{F'(z)dz}{F(z)},$$

因为根据初等几何学原理(或直接计算)，

$$d\arg(F(z)-w_0)=\frac{1}{2}d\arg F(z).$$

因此，如果 $k=1$，则(15)中的主值等于 $\frac{1}{2}$，如果 $2\leqslant k\leqslant n-1$，则等于 0，如果 $k=n$，则等于 $-\frac{1}{2}$.

由此可知，在圆 $|w_0|=1$ 或 $|w_0|=e^{\lambda_1}$ 上，每个值取半次，也就是说在边界上取一次．这就证明 C_1 及 C_n 的映射是一对一的，而且 $0<\lambda_i<\lambda_1$，$i\neq1$，n．其次，如果 $1<|w_0|<e^{\lambda_1}$，则 w_0 的值或者内点取一次，边界点取两次，或者在重复度为 2 时边界点取一次．在每条周线 C_2，…，C_{n-1} 上，可定义 $\arg F(z)$ 的一个单值分支，重复度为 2 的值对应于 $\arg F(z)$ 的相对极大和极小．它至少有一个极大值及一个极小值，但不能再多，否则 $F(z)$ 将过同一值超过两次．此外，极大值与极小值之差应小于 2π，这说明每条周线映成为一段特定的弧．最后，对应于不同周线的各弧应当是互不相交的．

这就证明了全部定理 10，而且我们还可以说明边界的对应关系．这一定理的重要意义在于：我们可把 Ω 映成为一个由两个圆围成并带 $n-2$ 个同心圆裂缝的典范域．用正规化

⊖ 在 4.5.3 节中，柯西主值是在沿一条直线求积分的情形下提出的．在一条任意解析弧的情形，我们可以用一个辅助共形映射来定义主值，这一映射将一条子弧映为一条线段．留数定理的推广是很容易看出的，它证明了主值与所用的辅助共形映射无关．

方法可将内圆的半径选为1. 对于给定的C_1及C_2，典范映射除了一个旋转之外是唯一确定的，这可从方程组(13)只能有一个解这一事实看出.

连通数为n的典范域的形状依赖于$3n-6$个实常数. 事实上，每个裂缝的位置和大小由三个数确定，总数就是$3n-6$. 圆环的厚度给出了一个附加的参数，但因为旋转是任意的，所以另一个参数可以不计.

练　习

1. 直接证明：两个圆环形是共形等价的，当且仅当它们的半径之比相等.
2. 证明：$\alpha_{ij}=\alpha_{ji}$. 提示：应用第4章定理21.

6.5.2 格林函数

现在仍设Ω是具有有限连通数的一个域，由于我们可以作过渡的共形映射，因此可设Ω由解析周线C_1, …, C_n围成. 这里$n=1$的情形也将包括在内.

考察一点$z_0\in\Omega$并以边值$\log|\zeta-z_0|$解Ω中的狄利克雷问题. 记解为$G(z)$，但主要是研究函数$g(z)=G(z)-\log|z-z_0|$，这一函数称为Ω的格林函数，它在点z_0处有极点. 为了着重指出它依赖于z_0，故将它记为$g(z, z_0)$.

格林函数在Ω中除了点z_0以外，是处处调和的，且在边界上等于零. 在z_0的一个邻域中，它与$-\log|z-z_0|$相差一个调和函数. 根据这些性质，$g(z)$是唯一确定的. 因为，如果$g_1(z)$具有同样的性质，则$g-g_1$在整个Ω中调和，而在边界上等于零. 根据最大值原理，可知g_1恒等于g.

如果两个域是共形等价的，则具有对应极点的格林函数在互相对应的点上是相等的. 更明确地说，设$z=z(\zeta)$定义一个把ζ平面中的域Ω'映成z平面中的域Ω的一一共形映射. 选择一点$\zeta_0\in\Omega'$，并以$g(z, z_0)$表示Ω的格林函数，其极点在$z_0=z(\zeta_0)$，则$g(z(\zeta), z_0)$就是Ω'的格林函数. 为了证明这一点，先看如果ζ趋近于一个边界点，则$z(\zeta)$趋近于Ω的边界，因此$g(z(\zeta), z_0)$的边值为0. 至于在ζ_0处的行为，因$g(z(\zeta), z_0)$与$-\log|z(\zeta)-z(\zeta_0)|$之差是$z(\zeta)$的一个调和函数，因此也是$\zeta$的调和函数，但因差$\log|z(\zeta)-z(\zeta_0)|-\log|\zeta-\zeta_0|$也是调和的，故知$g(z(\zeta), z_0)$在$\zeta_0$处有所需的行为. 这就证明格林函数在共形映射下保持不变，根据这一不变性，随意作过渡的共形映射当然是可以的.

257

在单连通域的情形，格林函数与黎曼映射函数之间有一个简单关系. 对于单位圆盘$|w|<1$，关于原点的格林函数显然为$-\log|w|$. 因此，如果$w=f(z)$将Ω映成单位圆盘，而将z_0映成原点，则根据不变性，得

$$g(z,z_0)=-\log|f(z)|.$$

反之，如果$g(z, z_0)$为已知，则映射函数也可以确定.

格林函数具有一个重要的对称性质. 给定两点z_1, $z_2\in\Omega$，为简单起见，令$g(z, z_1)=g_1$, $g(z, z_2)=g_2$. 根据第4章定理21可知，微分$g_1^*\,dg_2-g_2^*\,dg_1$在一个从Ω除去点z_1，

z_2 后所成的域中是局部恰当的. 如果 c_1 及 c_2 是取正向的两个小圆，圆心分别为 z_1 及 z_2，则闭链 $C-c_1-c_2$ 同调于 0(如前所述，$C=C_1+\cdots+C_n$). 由于 g_1 及 g_2 在 C 上等于 0，故知

$$\int_{c_1+c_2} g_1\,{}^*\mathrm{d}g_2 - g_2\,{}^*\mathrm{d}g_1 = 0.$$

设 $G_1=g_1+\log|z-z_1|$，则 ${}^*\mathrm{d}g_1={}^*\mathrm{d}G_1-\mathrm{d}\arg(z-z_1)$，于是

$$\int_{c_1} g_1\,{}^*\mathrm{d}g_2 - g_2^*\,\mathrm{d}g_1 = \int_{c_1} G_1\,{}^*\mathrm{d}g_2 - g_2\,{}^*\mathrm{d}G_1 - \int_{c_1}\log|z-z_1|\,{}^*\mathrm{d}g_2 +$$

$$\int_{c_1} g_2\,\mathrm{d}\arg(z-z_1).$$

上式右侧第一个积分等于零，因为 G_1 和 g_2 在 c_1 内是调和的，第二个积分也等于零，因为 $|z-z_1|$ 在 c_1 上是常数，而且 ${}^*\mathrm{d}g_2$ 在 z_1 的一个邻域中是恰当微分. 根据调和函数的均值性质可知最后一个积分等于 $2\pi g_2(z_1)$. 同理可得沿 c_2 的积分为 $-2\pi g_1(z_2)$，这就证明了 $g_2(z_1)-g_1(z_2)=0$，或

$$g(z_1,z_2)=g(z_2,z_1).$$

[258] 由于这一对称性质，故知格林函数 $g(z,z_0)$也是第二个变量的调和函数.

$g(z,z_0)$的共轭函数当然是多值的，记为 $h(z,z_0)$. 在以 z_0 为圆心的一个小圆 c 上，它具有周期 2π. 此外，它具有周期

$$P_k(z_0)=\int_{C_k}\mathrm{d}h(z,z_0)=\int_{C_k}{}^*\mathrm{d}g(z,z_0)\quad(k=1,\cdots,n).$$

引理 3　周期 $P_k(z_0)$等于调和测度 $\omega_k(z_0)$乘 2π.

这一关系的证明仍可应用第 4 章定理 21. $\omega_k\,{}^*\mathrm{d}g-g\,{}^*\mathrm{d}\omega_k$沿 $C-c$ 的积分等于零. 沿 C 的积分等于 $P_k(z_0)$，而沿 c 的积分用上面同样的计算方法可知为 $2\pi\omega_k(z_0)$. 这就证明了

$$P_k(z_0)=2\pi\omega_k(z_0).$$

6.5.3　具有平行缝的域

比前面更明显一些，我们令

$$g(z,z_0)=G(z,z_0)-\log|z-z_0|,\tag{16}$$

其中 $z_0=x_0+\mathrm{i}y_0\in\Omega$. 我们知道 $G(z,z_0)$是对称的，并且关于每个变量都是调和的. 作为 z 的函数，它有边值 $\log|\zeta-z_0|$.

考察差商 $Q(z,h)=(G(z,z_0+h)-G(z,z_0))/h$，其中 h 是实的，并且很小，使 z_0+h 仍属于Ω. 这是 z 的一个调和函数，有边值$(\log|\zeta-z_0-h|-\log|\zeta-z_0|)/h$. 当 $h\to 0$ 时，这些边值一致地趋于 $\partial/\partial x_0\log|\zeta-z_0|=-\mathrm{Re}1/(\zeta-z_0)$. 由最大值原理可知，$Q(z,h)$不仅在紧致集上，而且在整个 Ω 上一致地趋于极限$(\partial/\partial x_0)G(z,z_0)$. 这样，如果我们把边值一并考虑，就得到闭包 Ω^- 上的一致收敛性，这里 Ω^- 是一个紧致集. 结论是：作为 z 的函数，$(\partial/\partial x_0)G(z,z_0)$在 Ω 内调和，并有边值$-\mathrm{Re}1/(\zeta-z_0)$. 如果与(16)比较，

就知道 $u_1(z)=(\partial/\partial x_0)g(z,\ z_0)$对 $z\neq z_0$ 调和，在边界上保持为零，并与 $\mathrm{Re}1/(z-z_0)$相差一个调和函数.

$u_1(z)$的共轭函数在周线 C_k 上具有某些周期 A_k. 不过，我们不难作出 $u_1(z)$与调和测度 $\omega_j(z)$的一个线性组合，使其共轭函数的周期为零. 实际上，函数$u_1+\lambda_1\omega_1+\cdots+\lambda_{n-1}\omega_{n-1}$就具有这一性质，只要

$$\lambda_1\alpha_{1k}+\lambda_2\alpha_{2k}+\cdots+\lambda_{n-1}\alpha_{n-1,k}=-A_k(k=1,\cdots,n-1).$$

我们已经知道这个非齐次方程组恒有一个解. 因此，就确立了函数 $p(z)$的存在，这一函数除了在 z_0 处具有一个单极点、其留数为 1 之外，在 Ω 内单值且解析，它的实部在每条周线上都是常数. 根据这些条件，$p(z)$除了一个附加常数外，是唯一确定的.　259

如果对 y_0 求导，则可完全类似地得出结论：$v_2(z)=-(\partial/\partial y_0)g(z,\ z_0)$在边界上等于零，并与 $\mathrm{Im}1/(z-z_0)$有同样的奇性. 如果加上一个适当的调和测度的线性组合，则共轭函数将是单值的. 故知存在一个单值的解析函数 $q(z)$，其奇部为 $1/(z-z_0)$，其虚部在每条周线上是常数.

由函数 $p(z)$及 $q(z)$可得简单的典型映射.

定理 11　由 $p(z)$及 $q(z)$所确定的映射是一对一的，Ω 的象是一个带有裂缝的域，它的余集分别由 n 条垂直的或水平的线段组成(见图 6-5a、b).

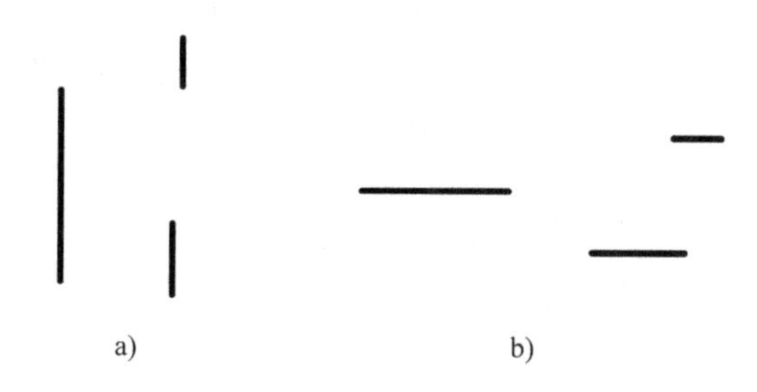

图 6-5　具有平行缝的域

这一定理的证明与定理 10 的证明非常相似. 这时表达式

$$\sum_{k=1}^{n}\frac{1}{2\pi\mathrm{i}}\int_{C_k}\frac{p'(z)\mathrm{d}z}{p(z)-w_0}\tag{17}$$

所表示的是 $p(z)-w_0$ 的零点数减去其极点数. 但不难看出，(17)式对所有的 w_0(包括边值在内)都等于零. 在边值的情况下，应取主值，但如果 w_0 取在 C_k 上，则 $p'\mathrm{d}z/(p-w_0)$的虚部在 C_k 上等于零，因此没有什么困难. 由于这里肯定只有一个极点，故知 $p(z)$在 Ω 的内部取每个值一次，在边界上取每个值两次，或在重复度为 2 时在边界上取每个值一次. 至于证明的其余部分，与上面的完全一样. 对于 $q(z)$，同样的证明也正确.

具有平行缝的域可看成典范域，但它们不都是共形等价的，即使要求∞点对应于∞点时也如此. 例如，由 $p(z)$及 $\mathrm{i}q(z)$所做的映射映出不同的垂直缝域，但都是共形等价的. 除了一个平行的平移之外，裂缝的映射只是对在 z_0 处具有同样留数的映射而言才是唯一确定的.　260

练　习

1. 证明：对 $z \neq z_0$，$g(z, z_0)$是关于两个变量同时连续的. 提示：对 $G(z, z_0)$应用最大值原理.

2. 证明函数 $e^{-i\alpha}(q\cos\alpha + ip\sin\alpha)$将 Ω 映成一个由一些斜缝围成的域.

*3. 用练习 2 证明 $p+q$ 将 Ω 一对一地映成一个由凸周线围成的域. 注：

(ⅰ) 一条闭曲线称为凸的，如果它与每一条直线至多相交两次.

(ⅱ) 要证明 C_k 在 $p+q$ 下的象是凸的，只需证明对每一个 α，函数 $\mathrm{Re}(p+q)e^{i\alpha}$ 在 C_k 上取值不超过两次. 但 $\mathrm{Re}(p+q)e^{i\alpha}$ 与 $\mathrm{Re}(q\cos\alpha + ip\sin\alpha)$只差一个常数，而所要的结论由练习 2 中映射函数的性质即可推得.

261～262

(ⅲ) 最后，可用辐角原理证明：周线 C_k 的象关于 $p+q$ 的所有值都有卷绕数 0. 特别地，这意味着凸曲线彼此互不相交.

第7章 椭圆函数

7.1 单周期函数

函数 $f(z)$称为是*周期的*，周期 $\omega\neq 0$，如果对所有的 z，

$$f(z+\omega)=f(z).$$

例如，e^z 具有周期 $2\pi i$，$\sin z$ 与 $\cos z$ 具有周期 2π. 更精确地说，我们只对解析的或亚纯的函数 $f(z)$感兴趣，并且在一个域 Ω 中考察它们，而域 Ω 经变换 $z\to z+\omega$ 映成自身.

如果 ω 是一个周期，那么所有它的整倍数 $n\omega$ 也都是周期. 另外还可有别的周期，但目前我们专注于周期 $n\omega$. 从这一观点看，我们将称 $f(z)$是一个具有周期 ω 的*单周期函数*. 特别是，ω 本身是否是另一周期的倍数，那是无关紧要的.

7.1.1 用指数函数表示

周期为 ω 的最简单函数是指数函数 $e^{2\pi iz/\omega}$. 一个基本事实是：任何具周期 ω 的函数都可用这一特殊函数表示.

设 Ω 是一个具下述性质的域，即 $z\in\Omega$ 蕴涵 $z+\omega\in\Omega$ 和 $z-\omega\in\Omega$. 在 ζ 平面上定义 Ω' 为 Ω 在映射 $\zeta=e^{2\pi iz/\omega}$下的象. 显然 Ω'是一个域，例如，若 Ω 是整个平面，则 Ω'是挖掉 0 的平面. 若 Ω 是一个平行缝，由 $a<\mathrm{Im}\,(2\pi z/\omega)<b$ 定义，则 Ω'是圆环 $e^{-b}<|\zeta|<e^{-a}$.

263

假设 $f(z)$在 Ω 中亚纯并具有周期 ω，则在 Ω'中存在唯一一个函数 F，使得

$$f(z)=F(e^{2\pi iz/\omega}). \qquad (1)$$

事实上，为确定 $F(\zeta)$，令 $\zeta=e^{2\pi iz/\omega}$，则除了相差 ω 的倍数外，z 是唯一的，而 ω 的这个倍数并不影响值 $f(z)$. 显见 F 是亚纯的. 反之，如果 F 在 Ω'中是亚纯的，则(1)确定一个具周期 ω 的亚纯函数 f.

7.1.2 傅里叶展开

假设 Ω'包含一个圆环 $r_1<|\zeta|<r_2$，F 没有极点在这个圆环中，有洛朗展开

$$F(\zeta)=\sum_{n=-\infty}^{\infty}c_n\zeta^n,$$

从而得到

$$f(z)=\sum_{-\infty}^{\infty}c_ne^{2\pi inz/\omega}.$$

这是 $F(z)$的复傅里叶展开，在对应于给定圆环的平行缝中有效.

系数(参看5.1.3节)由下式给出：

$$c_n=\frac{1}{2\pi i}\int_{|\zeta|=r}F(\zeta)\zeta^{-n-1}d\zeta\quad(r_1<r<r_2),$$

作变量变换，上式变为

$$c_n=\frac{1}{\omega}\int_a^{a+\omega}f(z)e^{-2\pi inz/\omega}dz.$$

其中 a 是平行缝中的一个任意点，而积分是沿着从 a 到 $a+\omega$ 并保持在缝内的任一路径进行的．如果 $f(z)$ 在整个平面中解析，则同一傅里叶展开到处成立．

7.1.3　有限阶函数

当 Ω 是整个平面时，$F(\zeta)$ 在 $\zeta=0$ 与 $\zeta=\infty$ 有孤立奇点．如果这两个奇点都不是本性奇点，也就是说，它们或者是可去奇点，或者是极点，那么 F 是一个有理函数．这时我们说 f 具有有限的阶(等于 F 的阶)．

我们记得，一个有理函数取每一个复数值包括 ∞ 的次数是相同的，只要我们遵守通常关于重数的约定．同样，对于有限阶单周期函数，如果我们对 z 与 $z+\omega$ 不作区别，就得到一个类似结果．用一个方便的术语，我们说 $z+n\omega$ 等价于 z．如果 f 是 m 阶的，则它将在 m 个不等价的点上取到每一个复数值 $c\neq F(0)$ 与 $F(\infty)$，重数重复计数．我们还注意到，当 $\mathrm{Im}\,(z/\omega)\to-\infty$ 时，$f(z)\to F(0)$；而当 $\mathrm{Im}(z/\omega)\to\infty$ 时，$f(z)\to F(\infty)$．如果我们把这些值也当做它"取到"的值(具有固有的重数)，那就可以保持所有复数值恰好取到 m 次的说法．

264

对于另一种解释，我们可以考虑由 $0\leqslant\mathrm{Im}\,(z/w)<2\pi$ 所定义的周期缝．由于这个缝只包含每一等价类中的一个代表，故 $f(z)$ 在周期缝中取每一复数值 m 次，但值 $F(0)$ 与 $F(\infty)$ 除外，它们需要作特殊约定．

7.2　双周期函数

术语 椭圆函数与 双周期函数是可互换使用的．我们在讨论矩形和某些三角形的共形映射时已遇到过这种函数的例子(见6.2节)．椭圆函数曾经是广泛研究的对象，一方面是由于它们所具有的函数论性质，另一方面是由于它们在代数与数论中的重要作用．我们对这个主题的介绍只包括一些最基本的方面．

7.2.1　周期模

设 $f(z)$ 是整个平面内的亚纯函数．我们要研究它的所有周期组成的集 M．如果 ω 是一个周期，那么它的所有整倍数 $n\omega$ 也都是周期；而若 ω_1、ω_2 属于 M，则 $\omega_1+\omega_2$ 也属于 M．因此，所有的线性组合 $n_1\omega_1+n_2\omega_2$ 也属于 M．在代数中，具有这些性质的集称为一个模(更精确地，对整数的模)，我们称 M 为 f 的 周期模．

除了常数函数这一平凡情形之外，M 还具有一种拓扑性质：它的所有点都是孤立的. 事实上，由于对所有的 $\omega\in M$ 有 $f(\omega)=f(0)$，因此，一个有限聚点的存在直接蕴涵着 f 是常数. 一个具孤立点的模称为是离散的.

第一步是确定所有的离散模.

定理 1 一个离散模或者由零单独组成，或者由一个复数 $\omega\neq 0$ 的整倍数 $n\omega$ 组成，或者由两数 ω_1、ω_2 的所有整系数线性组合 $n_1\omega_1+n_2\omega_2$ 组成(其中，ω_2/ω_1 不是实数).

只要 M 包含一个数 $\omega\neq 0$，它就会包含一个绝对值最小的数，称它为 ω_1. 事实上，如果 r 足够大，则圆盘 $|z|\leqslant r$ 包含 M 中异于 0 的一点. 由于 M 中的点都是孤立的，所以这种点只有有限多个，我们选择 ω_1 为最靠近原点的点(读者可以证明这里总有 2、4 或 6 个最靠近的点). 倍数 $n\omega_1$ 也都属于 M，而这些可能就是全部了. 265

现在假设存在一个 $\omega\in M$，它不是 ω_1 的整倍数. 在所有这样的 ω 中，有一个的绝对值是最小的，设为 ω_2. 我们断言 ω_2/ω_1 不是实数. 如果它是实数，则将有一个整数 n 使得 $n<\omega_2/\omega_1<n+1$. 这样将有 $0<|n\omega_1-\omega_2|<|\omega_1|$，这显然是矛盾的.

现在可以断言，M 中的所有数都有形式 $n_1\omega_1+n_2\omega_2$. 首先，由于 ω_2/ω_1 非实数，所以任何复数 ω 可写成 $\lambda_1\omega_1+\lambda_2\omega_2$ 的形式，其中 λ_1、λ_2 都是实数. 为看出这一点，只需解方程组

$$\omega=\lambda_1\omega_1+\lambda_2\omega_2,$$
$$\bar{\omega}=\lambda_1\bar{\omega}_1+\lambda_2\bar{\omega}_2.$$

由于行列式 $\omega_1\bar{\omega}_2-\omega_2\bar{\omega}_1\neq 0$，故方程组有唯一的一组解 (λ_1,λ_2). 但 $(\bar{\lambda}_1,\bar{\lambda}_2)$ 也是一组解，因此 λ_1 与 λ_2 必是实数. 为继续进行证明，存在整数 m_1、m_2，使得 $|\lambda_1-m_1|\leqslant\frac{1}{2}$，$|\lambda_2-m_2|\leqslant\frac{1}{2}$. 如果 $\omega\in M$，则

$$\omega'=\omega-m_1\omega_1-m_2\omega_2$$

也属于 M. 我们有 $|\omega'|<\frac{1}{2}|\omega_1|+\frac{1}{2}|\omega_2|\leqslant|\omega_2|$，其中第一个不等式是严格不等式，因为 ω_2 不是 ω_1 的实数倍. 根据 ω_2 的选择方式，可知 ω' 必是 ω_1 的一个整数倍，因此 ω 具有所断言的形式.

7.2.2 幺模变换

下面我们假定出现的是定理 1 中的第三种情况. (ω_1,ω_2) 具有这样的性质：任一 $\omega\in M$ 有唯一的表示，其形式为 $\omega=n_1\omega_1+n_2\omega_2$. 具有这一性质的任一数对称为 M 的一组基(即使它的构造在定理 1 的证明中没有被确定).

我们来研究两组基 (ω_1,ω_2) 与 (ω_1',ω_2') 之间的关系. 由于 (ω_1,ω_2) 是一组基，故存在整

数 a，b，c，d，使得

$$\omega'_2 = a\omega_2 + b\omega_1,$$
$$\omega'_1 = c\omega_2 + d\omega_1. \tag{2}$$

最好把这两个方程写成矩阵形式

$$\begin{pmatrix}\omega'_2\\ \omega'_1\end{pmatrix} = \begin{pmatrix}a & b\\ c & d\end{pmatrix}\begin{pmatrix}\omega_2\\ \omega_1\end{pmatrix}.$$

[266] 对于复共轭，同样的关系成立，这样就有

$$\begin{pmatrix}\omega'_2 & \bar{\omega}'_2\\ \omega'_1 & \bar{\omega}'_1\end{pmatrix} = \begin{pmatrix}a & b\\ c & d\end{pmatrix}\begin{pmatrix}\omega_2 & \bar{\omega}_2\\ \omega_1 & \bar{\omega}_1\end{pmatrix}. \tag{3}$$

由于(ω'_1, ω'_2)也是一组基，所以类似地得到

$$\begin{pmatrix}\omega_2 & \bar{\omega}_2\\ \omega_1 & \bar{\omega}_1\end{pmatrix} = \begin{pmatrix}a' & b'\\ c' & d'\end{pmatrix}\begin{pmatrix}\omega'_2 & \bar{\omega}'_2\\ \omega'_1 & \bar{\omega}'_1\end{pmatrix}, \tag{4}$$

其中 a'，b'，c'，d'为整数.

从(3)和(4)得

$$\begin{pmatrix}\omega_2 & \bar{\omega}_2\\ \omega_1 & \bar{\omega}_1\end{pmatrix} = \begin{pmatrix}a' & b'\\ c' & d'\end{pmatrix}\begin{pmatrix}a & b\\ c & d\end{pmatrix}\begin{pmatrix}\omega_2 & \bar{\omega}_2\\ \omega_1 & \bar{\omega}_1\end{pmatrix}. \tag{5}$$

这里行列式 $\omega_2\bar{\omega}_1 - \omega_1\bar{\omega}_2 \neq 0$，因为否则模中任两数之比将为实数，这与假设矛盾. 行列式不等于 0 的矩阵必有逆，如果用$\begin{pmatrix}\omega_2 & \bar{\omega}_2\\ \omega_1 & \bar{\omega}_1\end{pmatrix}$的逆去乘(5)，就得到

$$\begin{pmatrix}a' & b'\\ c' & d'\end{pmatrix}\begin{pmatrix}a & b\\ c & d\end{pmatrix} = \begin{pmatrix}1 & 0\\ 0 & 1\end{pmatrix},$$

矩阵$\begin{pmatrix}a & b\\ c & d\end{pmatrix}$与$\begin{pmatrix}a' & b'\\ c' & d'\end{pmatrix}$互为逆矩阵. 特别是，它们的行列式必须满足

$$\begin{vmatrix}a' & b'\\ c' & d'\end{vmatrix} \cdot \begin{vmatrix}a & b\\ c & d\end{vmatrix} = 1,$$

而由于两个都是整数，所以必有

$$\begin{vmatrix}a & b\\ c & d\end{vmatrix} = \begin{vmatrix}a' & b'\\ c' & d'\end{vmatrix} = \pm 1.$$

形如(2)的线性变换如果具有整系数且行列式等于± 1，则这样的线性变换称为是幺模的. 我们已经证明了：

同一模的任两组基由一幺模变换相联系.

几何上，自然要考虑由一组基(ω_1, ω_2)按照与模中的所有数形成的点阵的关系张成的平行四边形. 图 7-1 表示同一模的两组基. 注意，两个平行四边形面积相等.

应当指出，幺模矩阵或对应的线性变换形成一个群，称为模群.

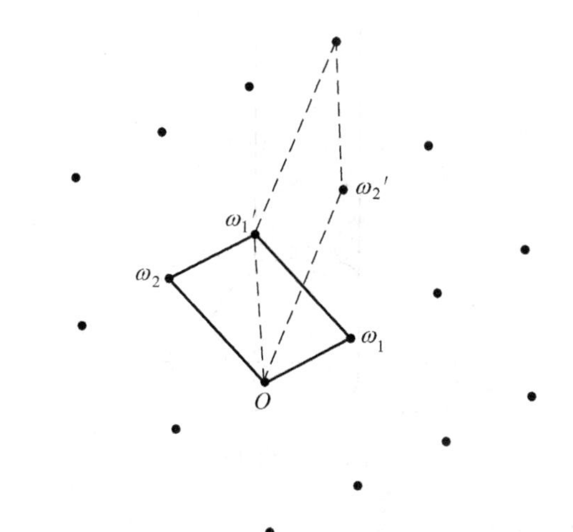

图 7-1　周期模

7.2.3　典范基

在 M 的所有可能的基之间，可以抽出几乎是唯一的一组，称为典范基. 使用这样一组特殊的基，并不总是必要的，甚至也不是值得期望的，但重要的是要知道它是存在的. 除了一些小的调整之外，它将是定理 1 证明过程中引进的基.

定理 2　存在一组基(ω_1, ω_2)，使得比 $\tau=\omega_2/\omega_1$ 满足下列条件：(i) $\operatorname{Im}\tau>0$；(ii) $-\frac{1}{2}<\operatorname{Re}\tau\leqslant\frac{1}{2}$；(iii) $|\tau|\geqslant 1$；(iv)如果 $|\tau|=1$，则 $\operatorname{Re}\tau\geqslant 0$. 比值 τ 由这些条件唯一确定，而有两个、四个或六个对应的基可供选择.

证明　用定理 1 的证明中的方法选 ω_1 和 ω_2，则 $|\omega_1|\leqslant|\omega_2|$，$|\omega_2|\leqslant|\omega_1+\omega_2|$，$|\omega_2|\leqslant|\omega_1-\omega_2|$. 用 τ 表示，这些条件就等价于 $|\tau|\geqslant 1$ 和 $|\operatorname{Re}\tau|\leqslant\frac{1}{2}$. 如果 $\operatorname{Im}\tau<0$，则用$(-\omega_1, \omega_2)$代替(ω_1, ω_2). 这使得 $\operatorname{Im}\tau>0$，但不改变$\operatorname{Re}\tau$ 的条件. 如果 $\operatorname{Re}\tau=-\frac{1}{2}$，则将基换为$(\omega_1, \omega_1+\omega_2)$，而如果 $|\tau|=1$，$\operatorname{Re}\tau<0$，则将基换为$(-\omega_2, \omega_1)$. 经过这些小的改动之后，所有的条件都得到满足.

几何上，条件(i)至(iv)表示点 τ 位于图 7-2 所示的那一部分复平面中. 它由圆 $|\tau|=1$ 和垂直线 $\operatorname{Re}\tau=\pm\frac{1}{2}$ 围成，但只包括边界的一部分. 虽然这个集不是开的，但称它为幺模群的 *基本域*.

267 ~ 268

我们已经看到，最一般的基的变换是由幺模变换实现的变换. 如果新的比是 τ'，则

$$\tau'=\frac{a\tau+b}{c\tau+d},\tag{6}$$

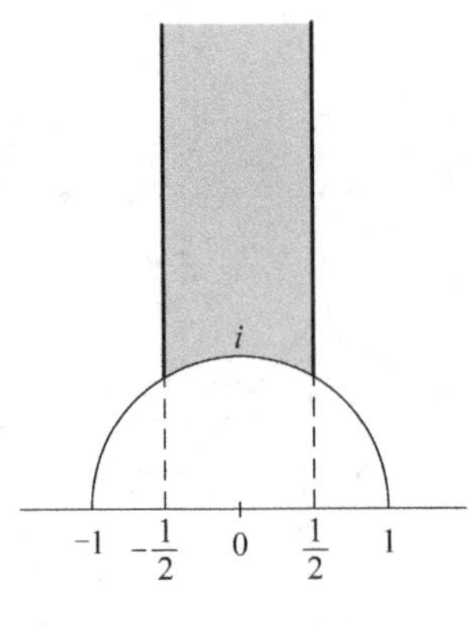

图 7-2 τ 平面

其中 $ad-bc=\pm 1$. 经过简单的计算，得到

$$\operatorname{Im} \tau' = \frac{\pm \operatorname{Im} \tau}{|c\tau + d|^2}, \tag{7}$$

其中正负号应与 $ad-bc$ 取的相同.

假设 τ 和 τ' 都位于基本域中. 我们来证明，这时它们必相等. 首先注意到，在(7)中成立的是正号，因此 $ad-bc=1$. 其次，由于 τ、τ' 是对称的，故不妨假设 $\operatorname{Im}\tau' \geqslant \operatorname{Im}\tau$. 于是从(7)可知 $|c\tau+d| \leqslant 1$. 但 c 与 d 都是整数，所以要使这一不等式成立，只有极少几种可能.

一种可能是 $c=0$，$d=\pm 1$. 关系 $ad-bc=1$ 化为 $ad=1$，而由于 a 与 d 都是整数，所以或者 $a=d=1$，或者 $a=d=-1$. 方程(6)变为 $\tau'=\tau\pm b$，由条件(ⅱ)可知 $|b| = |\operatorname{Re}\tau' - \operatorname{Re}\tau| < 1$. 因此，由于 b 是整数，故有 $b=0$，$\tau'=\tau$.

现在假设 $c\neq 0$. 条件 $|\tau+d/c| \leqslant 1/|c|$ 蕴涵着 $|c|=1$，因为如果 $|c| \geqslant 2$，那么点 τ 到实轴的距离将小于等于 $\frac{1}{2}$，这显然不可能，因为基本域中到实轴最近点的距离是 $\sqrt{3}/2$. 这样就有 $|\tau\pm d| \leqslant 1$，看一下图 7-2 就知道这只能在 $d=0$ 或 $d=\pm 1$ 时出现. 不等式 $|\tau+1| \leqslant 1$ 不可能成立，因为点 $e^{2\pi i/3}$ 不在基本域中，而不等式 $|\tau-1| \leqslant 1$ 仅当 $\tau=e^{\pi i/3}$ 时成立. 在后一种情况下，$|c\tau+d|=1$，于是由(7)可知 $\operatorname{Im}\tau' = \operatorname{Im}\tau$，因此，由基本域的形状知 $\tau'=\tau$.

现在只剩情形 $d=0$，$|c|=1$. 条件 $|\tau| \leqslant 1$ 以及(ⅲ)表明 $|\tau|=1$. 从 $bc=-1$ 可知 $b/c=-1$ 且 $\tau'=\pm a-\frac{1}{\tau}=\pm a-\bar{\tau}$. 所以 $\operatorname{Re}(\tau+\tau')=\pm a$，而由(ⅱ)知，这仅当 $a=0$ 时才可能，在 $a=0$ 时 $\tau'=-1/\tau$. 于是与(iv)矛盾，除非 $\tau=\tau'=i$.

我们证明了 τ 是唯一的. 典范基 (ω_1, ω_2) 总可以换为 $(-\omega_1, -\omega_2)$. 其他的基具相同的 τ，当且仅当 τ 是幺模变换(6)的一个不动点. 这只在 $\tau=i$ 或 $\tau=e^{\pi i/3}$ 时出现. 前者是 $-1/\tau$ 的一个不动点，后者是 $-(\tau+1)/\tau$ 与 $-1/(\tau+1)$ 的不动点. 这些就是定理中考虑到

的多重选择. □

7.2.4 椭圆函数的一般性质

下面，$f(z)$表示一个亚纯函数，它容许以基(ω_1, ω_2)为周期的模 M 中包含所有的数. 我们不假设基是典范的，也不要求 M 包含全部周期.

为了方便，我们称 z_1 迭合(同余)于 z_2，记为 $z_1 \equiv z_2 \pmod M$，如果差 $z_1 - z_2$ 属于 M，即 $z_1 = z_2 + n_1\omega_1 + n_2\omega_2$. 函数 f 在各个迭合的点上取同一值，因而可把 f 看成同余类上的一个函数. 使用这一性质的一个具体方法是把函数限制在一个平行四边形 P_a 上，这个平行四边形的顶点是 a，$a+\omega_1$，$a+\omega_2$，$a+\omega_1+\omega_2$. 使用这个平行四边形，包括它的一部分边界，就可以把每一同余类恰好用 P_a 中的一点来表示，于是 f 完全由它在 P_a 上的值确定. 至于 a 的选择，是无关紧要的，可以自由选择以便做到使 f 在 P_a 的边界上没有极点.

定理 3 *一个没有极点的椭圆函数必是常数.*

如果 $f(z)$没有极点，则它约束在 P_a 的闭包上，因而在整个平面内是有界的. 由刘维尔定理(见 4.2.3 节)，它必化为常数.

由于诸极点没有聚点，所以在 P_a 中只能有有限个极点. 当我们说一个椭圆函数的极点时，是指互不重合的极点所组成的一个完全集合. 重数按通常方式计数.

269~270

定理 4 *一个椭圆函数的留数之和为零.*

我们可以这样选取 a，使得没有一个极点落在 P_a 的边界上. 如果边界 ∂P_a 是以正方向描出的，则在 P_a 内的极点上的留数之和等于

$$\frac{1}{2\pi i}\int_{\partial P_a} f(z)\,dz.$$

由于 f 有周期 ω_1、ω_2，故积分等于零，因为沿平行四边形对边的积分互相抵消.

作为该定理的一个推论，不存在只有一个单极点的椭圆函数.

定理 5 *一个非常数的椭圆函数有多少个零点就有多少个极点.*

f 的极点和零点都是 f'/f 的单极点，而 f'/f 本身是一个椭圆函数. 重数是 f'/f 的留数，零点的为正，极点的为负. 于是该定理即可由定理 4 推得.

如果 c 是任一常数，则 $f(z)-c$ 与 $f(z)$有相同的极点. 因此，所有值都取相同多的次数. 方程 $f(z)=c$ 的不重叠的根的个数称为椭圆函数的 阶.

定理 6 *一个椭圆函数的零点 a_1，…，a_n 和极点 b_1，…，b_n 满足关系 $a_1+\cdots+a_n \equiv b_1+\cdots+b_n \pmod M$.*

为证明定理，考察积分

$$\frac{1}{2\pi i}\int_{\partial P_a} \frac{zf'(z)}{f(z)}dz, \tag{8}$$

这里我们仍可假设在边界上没有极点或零点. 根据留数定理，只要选取代表性的零点和极点都在 P_a 的内部，积分就等于 $a_1+\cdots+a_n-b_1-\cdots-b_n$. 考察从 a 到$a+\omega_1$ 以及从 $a+\omega_2$

到 $a+\omega_1+\omega_2$ 的边. 沿这两边的积分的对应部分可以写成

$$\frac{1}{2\pi\,\mathrm{i}}\left(\int_a^{a+\omega_1}-\int_{a+\omega_2}^{a+\omega_1+\omega_2}\right)\frac{zf'(z)}{f(z)}\mathrm{d}z=-\frac{\omega_2}{2\pi\,\mathrm{i}}\int_a^{a+\omega_1}\frac{f'(z)}{f(z)}\mathrm{d}z.$$

除了因子 $-\omega_2$ 之外，右端的积分表示当 z 从 a 变到 $a+\omega_1$ 时 $f(z)$ 所描述的闭曲线环绕原点的卷绕数. 因此它必是一个整数. 对另一组对边，情况相同. 所以(8)的值有形式 $n_1\omega_1+n_2\omega_2$，定理得证.

271

7.3 魏尔斯特拉斯理论

最简单的椭圆函数是二阶的，这样的函数或者有一个二重极点，留数为零，或者有两个单极点，有相反的留数. 我们将介绍魏尔斯特拉斯(Weierstrass)的经典例子，他选择一个具有二重极点的函数作为系统研究的出发点.

7.3.1 魏尔斯特拉斯 $\mathscr{P}$ 函数

我们可把极点放在原点，而且由于乘上一个常数因子显然无关紧要，所以可要求奇部为 z^{-2}. 如果 f 是椭圆函数，并且在原点和它的迭合点处只有这一个奇点，那么容易看到，f 必是一个偶函数. 事实上，$f(z)-f(-z)$ 具有相同的周期，而且没有奇点. 所以它必化为一个常数，令 $z=\omega_1/2$，就可知这个常数是零.

因为可以随意加一个常数，所以在原点附近的洛朗展开中，可选常数项为零. 经过这一规格化以后，$f(z)$ 就是唯一确定的，习惯上用一个特殊的记号 $\mathscr{P}(z)$ 表示. 洛朗展开具有以下形式：

$$\mathscr{P}(z)=z^{-2}+a_1z^2+a_2z^4+\cdots.$$

到此为止这都是假设性的，因为我们尚未证明具有这一展开式的椭圆函数是否存在. 在这样的情况下，我们将遵循通常的方法，即在假设存在的前提下导出一个显式的表达式. 我们的思路是用 5.2 节的方法展开成部分分式. 目的是要证明公式

$$\mathscr{P}(z)=\frac{1}{z^2}+\sum_{\omega\neq 0}\left(\frac{1}{(z-\omega)^2}-\frac{1}{\omega^2}\right),\tag{9}$$

其中和式取遍所有 $\omega=n_1\omega_1+n_2\omega_2$，但 0 除外. 注意，$(z-\omega)^{-2}$ 是在 ω 处的奇部，而减去 ω^{-2} 是为了保证收敛性.

我们的第一个任务是验证级数收敛. 不妨设 $|\omega|>2|z|$，则由直接估计，得

272

$$\left|\frac{1}{(z-\omega)^2}-\frac{1}{\omega^2}\right|=\left|\frac{z(2\omega-z)}{\omega^2(z-\omega)^2}\right|\leqslant\frac{10|z|}{|\omega|^3}.$$

所以级数(9)在任一紧致集上一致收敛，只要

$$\sum_{\omega\neq 0}\frac{1}{|\omega|^3}<\infty.$$

事实上，情况确实如此. 因为 ω_2/ω_1 不是实数，所以存在一个 $k>0$，使得 $|n_1\omega_1+n_2\omega_2|\geqslant k(|n_1|+|n_2|)$ 对所有实的数对 (n_1, n_2) 成立. 如果只考虑整数，则有 $4n$ 对 (n_1, n_2) 适

合 $|n_1|+|n_2|=n$. 这给出

$$\sum_{\omega\neq 0}|\omega|^{-3}\leqslant 4k^{-3}\sum_{1}^{\infty}n^{-2}<\infty.$$

下一步是证明(9)的右端具有周期 ω_1 与 ω_2. 直接验证相对麻烦. 改用如下办法，暂时令

$$f(z)=\frac{1}{z^2}+\sum_{\omega\neq 0}\left(\frac{1}{(z-\omega)^2}-\frac{1}{\omega^2}\right), \tag{10}$$

逐项微分，得

$$f'(z)=-\frac{2}{z^3}-\sum_{\omega\neq 0}\frac{2}{(z-\omega)^3}=-2\sum_{\omega}\frac{1}{(z-\omega)^3}.$$

最后一个和式显然是双周期的，所以 $f(z+\omega_1)-f(z)$ 与 $f(z+\omega_2)-f(z)$ 都是常数. 由于 $f(z)$ 是偶函数(从(10)看出)，所以只要取 $z=-\omega_1/2$ 及 $z=-\omega_2/2$ 就可得出这些常数都是零. 这样就证明了 f 具有所说的周期.

现在得知 $\wp(z)-f(z)$ 是一常数，但根据在原点的展开式的形式可知这个常数是零，从而证明了 $\wp(z)$ 的存在，并证明了它可用级数(9)表示. 为便于参考，我们写出重要公式

$$\wp'(z)=-2\sum_{\omega}\frac{1}{(z-\omega)^3}. \tag{11}$$

7.3.2 函数 $\zeta(z)$ 与 $\sigma(z)$

由于 $\wp(z)$ 具有零留数，所以它是一个单值函数的导数. 习惯上把 $\wp(z)$ 的反导数记为 $-\zeta(z)$，并加以规格化使它是奇函数. 应用(9)，便得到显式的表达式

$$\zeta(z)=\frac{1}{z}+\sum_{\omega\neq 0}\left(\frac{1}{z-\omega}+\frac{1}{\omega}+\frac{z}{\omega^2}\right). \tag{12}$$

273

收敛是显然的，因为除了项 $\frac{1}{z}$ 外，沿着任何一条不通过各极点的路径从 0 到 z 积分，就得到新的级数.

显然 $\zeta(z)$ 满足条件

$$\zeta(z+\omega_1)=\zeta(z)+\eta_1,\quad \zeta(z+\omega_2)=\zeta(z)+\eta_2,$$

其中 η_1 与 η_2 均为常数. 它们与 ω_1、ω_2 有一种非常简单的关系为导出这个关系，我们任取一个 $a\neq 0$，并注意到，由留数定理有

$$\frac{1}{2\pi\mathrm{i}}\int_{\partial P_a}\zeta(z)\mathrm{d}z=1.$$

这个积分是容易计算的，只要将沿着平行四边形两组对边的部分相加即可，从而得到方程

$$\eta_1\omega_2-\eta_2\omega_1=2\pi\mathrm{i},$$

称为勒让德关系.

只要我们用一个指数函数来消除多值性，积分还可以进一步作出. 正像可以直接验证

的那样，乘积

$$\sigma(z)=z\prod_{\omega\neq 0}\left(1-\frac{z}{\omega}\right)e^{z/\omega+\frac{1}{2}(z/\omega)^2} \tag{13}$$

收敛并表示一个整函数，它满足

$$\sigma'(z)/\sigma(z)=\zeta(z).$$

公式(13)是$\sigma(z)$的一个典范乘积表示.

当z换为$z+\omega_1$或$z+\omega_2$时，$\sigma(z)$如何变化？从

$$\frac{\sigma'(z+\omega_1)}{\sigma(z+\omega_1)}=\frac{\sigma'(z)}{\sigma(z)}+\eta_1$$

立即可知

$$\sigma(z+\omega_1)=C_1\sigma(z)e^{\eta_1 z}$$

其中C_1是常数. 为确定这个常数，注意到$\sigma(z)$是一个奇函数. 令$z=-\omega_1/2$，就可确定C_1的值，而$\sigma(z)$满足

$$\begin{aligned}\sigma(z+\omega_1)&=-\sigma(z)e^{\eta_1(z+\omega_1/2)},\\ \sigma(z+\omega_2)&=-\sigma(z)e^{\eta_2(z+\omega_2/2)}.\end{aligned} \tag{14}$$

练　习

1. 证明：任一具有周期ω_1，ω_2的偶椭圆函数可以表示为

274

$$C\prod_{k=1}^{n}\frac{\mathcal{P}(z)-\mathcal{P}(a_k)}{\mathcal{P}(z)-\mathcal{P}(b_k)}\ (C\text{为常数}).$$

只要0既不是零点，也不是极点. 如果函数在原点或者等于零，或者变为无穷，问对应的形式如何？

2. 证明：任一具有周期ω_1，ω_2的椭圆函数可以写成

$$C\prod_{k=1}^{n}\frac{\sigma(z-a_k)}{\sigma(z-b_k)}\ (C\text{为常数}).$$

提示：用(14)和定理6.

7.3.3　微分方程

用公式(12)容易导出$\zeta(z)$在原点的洛朗展开式，然后经过微分就得到$\mathcal{P}(z)$的对应展开式. 首先我们有

$$\frac{1}{z-\omega}+\frac{1}{\omega}+\frac{z}{\omega^2}=-\frac{z^2}{\omega^3}-\frac{z^3}{\omega^4}-\cdots,$$

对所有周期求和，得

$$\zeta(z)=\frac{1}{z}-\sum_{k=2}^{\infty}G_k z^{2k-1},$$

其中

$$G_k = \sum_{\omega \neq 0} \frac{1}{\omega^{2k}}.$$

注意，由于 ζ 是一个奇函数，所以各周期的奇次幂的对应和为零. 因为

$$\wp(z) = -\zeta'(z),$$

我们进一步得到

$$\wp(z) = \frac{1}{z^2} + \sum_{k=2}^{\infty}(2k-1)G_k z^{2k-2}.$$

在下面的计算中，我们只写出一些有效的项，应当理解，省略的项都是高阶的：

$$\wp(z) = \frac{1}{z^2} + 3G_2 z^2 + 5G_3 z^4 + \cdots,$$

$$\wp'(z) = -\frac{2}{z^3} + 6G_2 z + 20G_3 z^3 + \cdots,$$

$$\wp'(z)^2 = \frac{4}{z^6} - \frac{24G_2}{z^2} - 80G_3 + \cdots,$$

$$4\wp(z)^3 = \frac{4}{z^6} + \frac{36G_2}{z^2} + 60G_3 + \cdots,$$

$$60G_2\wp(z) = \frac{60G_2}{z^2} + 0 + \cdots.$$

275

从最后三行得

$$\wp'(z)^2 - 4\wp(z)^3 + 60G_2\wp(z) = -140G_3 + \cdots.$$

这里左端是一个双周期函数，而右端没有极点，所以得到

$$\wp'(z)^2 = 4\wp(z)^3 - 60G_2\wp(z) - 140G_3.$$

习惯上，令 $g_2 = 60G_2$，$g_3 = 140G_3$，因而方程变为

$$\wp'(z)^2 = 4\wp(z)^3 - g_2\wp(z) - g_3. \tag{15}$$

这是 $w = \wp(z)$ 的一个一阶微分方程. 它可用下列公式明显地解出：

$$z = \int^{w} \frac{\mathrm{d}w}{\sqrt{4w^3 - g_2 w - g_3}} + 常数,$$

这表明 $w = \wp(z)$ 是一个椭圆积分的逆. 更确切地说，这种联系由下列恒等式表示：

$$z - z_0 = \int_{\wp(z_0)}^{\wp(z)} \frac{\mathrm{d}w}{\sqrt{4w^3 - g_2 w - g_3}},$$

其中，积分路径是一条从 z_0 到 z 而不过 $\wp'(z)$ 的零点和极点的路径在 $\wp(z)$ 下的象，平方根前的符号应取得使它实际等于 $\wp'(z)$.

这里应当提醒一下，我们在联系到矩形和某些三角形的共形映射(见 6.2 节)时已经遇到过椭圆函数与椭圆积分之间的关系.

练 习

魏尔斯特拉斯函数满足很多恒等式，这些恒等式最好放在练习中讨论．它们的证明或者通过两个具有相同极点与零点的椭圆函数的比较（当涉及σ函数时），或者通过具有相同奇部的椭圆函数的比较（当仅涉及$\wp$函数与ζ函数时）来进行．下面的一系列公式是这样安排的，即我们只需要借助于这一方法一次．

1.

$$\wp(z)-\wp(u)=-\frac{\sigma(z-u)\sigma(z+u)}{\sigma(z)^2\sigma(u)^2} \tag{16}$$

276 （用(14)证明右端是z的一个周期函数．比较洛朗展开式来确定乘法常数．）

2.

$$\frac{\wp'(z)}{\wp(z)-\wp(u)}=\zeta(z-u)+\zeta(z+u)-2\zeta(z). \tag{17}$$

（取对数导数，从(16)推得．）

3.

$$\zeta(z+u)=\zeta(z)+\zeta(u)+\frac{1}{2}\frac{\wp'(z)-\wp'(u)}{\wp(z)-\wp(u)}. \tag{18}$$

（这是(17)式的一个对称化形式．）

4. $\wp$函数的加法定理：

$$\wp(z+u)=-\wp(z)-\wp(u)+\frac{1}{4}\left(\frac{\wp'(z)-\wp'(u)}{\wp(z)-\wp(u)}\right)^2. \tag{19}$$

（微分(18)得到一个包含$\wp''(z)$的公式．$\wp''(z)$可用(15)来消去，因为从(15)得$\wp''(z)=6\wp^2-\frac{1}{2}g_2$．对称化后得(19)．注意，这是一个代数加法定理，因为$\wp'(z)$与$\wp'(u)$可以通过$\wp(z)$与$\wp(u)$代数地表示．）

5. 证明：

$$\wp(2z)=\frac{1}{4}\left(\frac{\wp''(z)}{\wp'(z)}\right)^2-2\wp(z).$$

6. 证明：$\wp'(z)=-\sigma(2z)/\sigma(z)^4$.

7. 证明：

$$\begin{vmatrix} \wp(z) & \wp'(z) & 1 \\ \wp(u) & \wp'(u) & 1 \\ \wp(u+z) & -\wp'(u+z) & 1 \end{vmatrix}=0.$$

7.3.4 模函数$\lambda(\tau)$

微分方程(15)也可写成

$$\mathscr{P}'(z)^2 = 4(\mathscr{P}(z)-e_1)(\mathscr{P}(z)-e_2)(\mathscr{P}(z)-e_3), \tag{20}$$

其中 e_1，e_2，e_3 是多项式 $4w^3-g_2w-g_3$ 的根.

为求出 e_k 的值，我们来确定 $\mathscr{P}'(z)$的零点. $\mathscr{P}(z)$的对称性和周期性蕴涵着 $\mathscr{P}(\omega_1-z)=\mathscr{P}(z)$. 因此 $\mathscr{P}'(\omega_1-z)=-\mathscr{P}'(z)$，由此得到 $\mathscr{P}'(\omega_1/2)=0$. 类似地，$\mathscr{P}'(\omega_2/2)=0$，$\mathscr{P}'((\omega_1+\omega_2)/2)=0$. 数 $\omega_1/2$，$\omega_2/2$，$(\omega_1+\omega_2)/2$ 是互不同余的模周期，所以 $\mathscr{P}'$恰好有三个零点，而 $\mathscr{P}'$是三阶的，因此所有零点都是单重的. 与(20)比较即知，可令

$$e_1=\mathscr{P}(\omega_1/2),\quad e_2=\mathscr{P}(\omega_2/2),\quad e_3=\mathscr{P}((\omega_1+\omega_2)/2). \tag{21}$$

277

此外，极为重要的是，这些根都是相异的. 事实上，$\mathscr{P}(z)$以重数 2 取每一值 e_k，如果 e_k 之中有两个相等，那么该值就要被取 4 次，这与 $\mathscr{P}$是二阶的事实矛盾.

如果在 $\mathscr{P}(z)$的定义(9)中代入 $z=\omega_1/2$，$\omega_2/2$ 及$(\omega_1+\omega_2)/2$，立即看到 e_k 都是ω_1，ω_2 的-2 阶齐次式(换言之，如果周期乘以 t，则 e_k 乘以 t^{-2}). 因此，量

$$\lambda(\tau)=\frac{e_3-e_2}{e_1-e_2} \tag{22}$$

只依赖于 $\tau=\omega_2/\omega_1$，这已由我们的记法指出. 从(9)非常清楚，$\lambda(\tau)$是上半平面 $\operatorname{Im}\tau>0$ 中的两个解析函数的商. 由于 $e_1\neq e_2$，所以它是真正解析的，而不仅是亚纯的；由于 $e_2\neq e_3$，它决不等于 0，又因为 $e_1\neq e_3$，它决不等于 1.

我们来详细研究一下对 τ 的依赖性. 如果各周期都经过幺模变换

$$\begin{aligned} \omega_2' &= a\omega_2+b\omega_1, \\ \omega_1' &= c\omega_2+d\omega_1. \end{aligned} \tag{23}$$

那么首先，$\mathscr{P}$函数在该变换下并不改变. 所以，考虑到(20)，根 e_k 至多可以置换. 我们来看一下实际情况究竟如何. 从(23)式显然可见，如果 $a\equiv d\equiv 1\ (\mathrm{mod}\ 2)$,$b\equiv c\equiv 0(\mathrm{mod}\ 2)$，那么 $\omega_1'/2\equiv\omega_1/2$ 和 $\omega_2'/2\equiv\omega_2/2$. 在这一条件下，$e_k$ 并不改变，因而证明了

$$\lambda\left(\frac{a\tau+b}{c\tau+d}\right)=\lambda(\tau),\quad 对于\begin{pmatrix}a & b\\ c & d\end{pmatrix}\equiv\begin{pmatrix}1 & 0\\ 0 & 1\end{pmatrix}(\mathrm{mod}\ 2). \tag{24}$$

满足(24)中同余关系的变换，组成模群(见 7.2.2 节)的一个子群，称为*同余子群* mod 2. 方程(24)断言，$\lambda(\tau)$在这一子群下是不变的. 一般来说，如果一个解析函数或亚纯函数在线性变换组成的群之下保持不变，则称它是一个*自守函数*. 特别地，如果一个函数是关于模群的一个子群的自守函数，则称它是一个*模函数*(*或椭圆模函数*).

我们还需要确定 $\lambda(\tau)$在一个不属于同余子群的模变换下的行为. 只要分别考虑 mod 2 同余于$\begin{pmatrix}1 & 1\\ 0 & 1\end{pmatrix}$与$\begin{pmatrix}0 & 1\\ 1 & 0\end{pmatrix}$的矩阵就够了，因为其他的类型都可由这些矩阵合成. 在第一种情况下，我们得到 $\omega_1'/2=(\omega_1+\omega_2)/2$ 与 $\omega_1'/2=\omega_1/2$，这意味着 e_2 与 e_3 互换而 e_1 保持不动，因此 λ 变到$(e_2-e_3)/(e_1-e_3)=\lambda/(\lambda-1)$. 在第二种情况下，$\omega_2'/2=\omega_1/2$，$\omega_1'/2=\omega_2/2$，因而 e_1 与 e_2 互换而 λ 变到 $1-\lambda$. 代表的变换是 $\tau\to\tau+1$ 和 $\tau\to -1/\tau$. 我们看到 $\lambda(\tau)$满足函数方程

278

$$\lambda(\tau+1)=\frac{\lambda(\tau)}{\lambda(\tau)-1},\lambda\left(-\frac{1}{\tau}\right)=1-\lambda(\tau). \tag{25}$$

7.3.5 $\lambda(\tau)$所做的共形映射

为方便起见，下面我们使用规格化 $\omega_1=1$，$\omega_2=\tau$．在周期的这一选择下，从(9)和(21)得

$$e_3-e_2=\sum_{m,n=-\infty}^{\infty}\left[\frac{1}{\left(m-\frac{1}{2}+\left(n+\frac{1}{2}\right)\tau\right)^2}-\frac{1}{\left(m+\left(n-\frac{1}{2}\right)\tau\right)^2}\right],$$

$$e_1-e_2=\sum_{m,n=-\infty}^{\infty}\left[\frac{1}{\left(m-\frac{1}{2}+n\tau\right)^2}-\frac{1}{\left(m+\left(n-\frac{1}{2}\right)\tau\right)^2}\right], \tag{26}$$

其中二重级数都是绝对收敛的．首先我们看到，当 τ 为纯虚数时这些量都是实的(这对单独的 e_k 也是正确的)．事实上，当将 τ 换为 $-\bar{\tau}$ 时，除了项的次序重新排列之外，和保持不变．因此，$\lambda(\tau)$在虚轴上是实的．

由于$\begin{pmatrix}1 & 2\\ 0 & 1\end{pmatrix}$属于同余子群 mod 2，故有 $\lambda(\tau+2)=\lambda(\tau)$．换句话说，$\lambda$ 有周期 2．第7.2节中已经看到，这意味着 $\lambda(\tau)$可表示为 $e^{\pi i\tau}$的函数．确定其傅里叶展开是不难的，但我们只需证明当 $\operatorname{Im}\tau\to\infty$时，$\lambda(\tau)\to 0$．

为计算(26)，先对 m 求和．这个和可用公式

$$\frac{\pi^2}{\sin^2\pi z}=\sum_{-\infty}^{\infty}\frac{1}{(z-m)^2}$$

(见5.2.1节(9))明显地求出．我们立即得到

$$e_3-e_2=\pi^2\sum_{n=-\infty}^{\infty}\left(\frac{1}{\cos^2\pi\left(n-\frac{1}{2}\right)\tau}-\frac{1}{\sin^2\pi\left(n-\frac{1}{2}\right)\tau}\right),$$

279

$$e_1-e_2=\pi^2\sum_{n=-\infty}^{\infty}\left(\frac{1}{\cos^2\pi n\tau}-\frac{1}{\sin^2\pi\left(n-\frac{1}{2}\right)\tau}\right). \tag{27}$$

因为 $|\cos n\pi\tau|$ 及 $|\sin n\pi\tau|$ 可与 $e^{|n|\pi\operatorname{Im}\tau}$比较，级数对 $n\to+\infty$和 $n\to-\infty$都是快速收敛的，对 $\operatorname{Im}\tau\geqslant\delta>0$，收敛是一致的．

现在就可逐项取极限，得到 $e_3-e_2\to 0$，$e_1-e_2\to\pi^2$(从 $n=0$ 项)．因此当$\operatorname{Im}\tau\to\infty$时，关于 τ 的实部，一致地有 $\lambda(\tau)\to 0$．由(25)的第二式还推知，当 τ 沿虚轴趋近于0时 $\lambda(\tau)\to 1$．

我们还需要知道，与 $e^{\pi i\tau}$相比，$\lambda(\tau)$趋于零的阶．从(27)可知，e_3-e_2 中的首项是对应于 $n=0$ 和 $n=1$ 的项．这些项的和是

$$2\pi^2\left[\frac{4e^{\pi i\tau}}{(1+e^{\pi i\tau})^2}+\frac{4e^{\pi i\tau}}{(1-e^{\pi i\tau})^2}\right],$$

由此得到，当 Im $\tau\to\infty$时，

$$\lambda(\tau)e^{-\pi i\tau}\to 16. \tag{28}$$

在图 7-3 中，域 Ω 由虚轴、直线 $\mathrm{Re}\,\tau=1$ 和圆 $\left|\tau-\frac{1}{2}\right|=\frac{1}{2}$围成. 变换 $\tau+1$ 将虚轴映成 $\mathrm{Re}\,\tau=1$，而 $1-\frac{1}{\tau}$将 $\mathrm{Re}\,\tau=1$ 映成$\left|\tau-\frac{1}{2}\right|=\frac{1}{2}$. 由于$\lambda(\tau)$在虚轴上是实的，因此由(25)知，它在 Ω 的整个边界上是实的. 此外，在 Ω 内部，当 $\tau\to 0$ 时 $\lambda(\tau)\to 1$，而当 $\tau\to 1$ 时 $\lambda(\tau)\to\infty$.

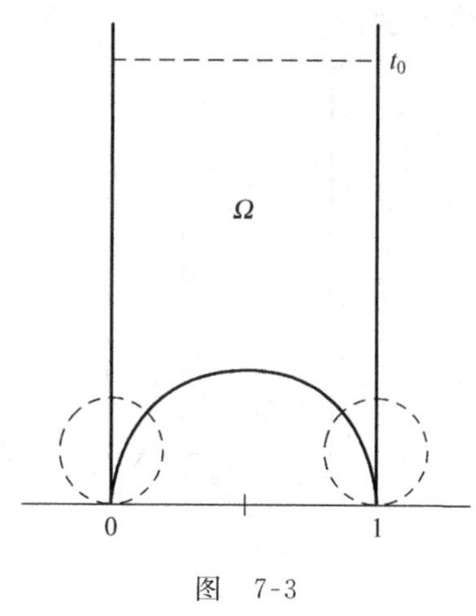

图 7-3

我们用辐角原理来确定$\lambda(\tau)$在 Ω 内取非实数值 w_0 的次数. 用水平线段Im $\tau=t_0$和它在变换$-1/\tau$ 与 $1-1/\tau$ 之下的象(这些象都是与实轴相切的圆)割去 Ω 的隅角. 对于充分大的 t_0，在被割去的那些部分中，显然有 $\lambda(\tau)\neq w_0$. 靠近$\tau=1$ 的圆被$\lambda(\tau)$映成一条曲线 $\lambda=\lambda(1-1/\tau)=1-1/\lambda(\tau)$，其中 $\tau=s+it_0$，$0\leqslant s\leqslant 1$. 由于(28)，这近似地是上半平面中的一个大的半圆. 现在很明显，挖去了隅角的域 Ω 的围道的象绕 w_0 的卷绕数，当 Im $w_0>0$ 时是 1，而当 Im $w_0<0$ 时是 0. 结果，$\lambda(\tau)$在 Ω 内取上半平面中的每一个值恰好一次，但不取下半平面中的值. 这也足以保证 $\lambda(\tau)$在 Ω 的边界上是单调的. 事实上，如果不是这样，那么导数 $\lambda'(\tau)$将在一个边界点处等于零，而要把该边界点的一个完全半圆形的邻域映入上半平面将是不可能的.

280

定理 7 模函数 $\lambda(\tau)$实现将域 Ω 映成上半平面的一对一共形映射. 映射连续地延拓到边界，使 $\tau=0$，1，∞对应于$\lambda=1$，∞，0.

设 Ω'是 Ω 关于虚轴的对称域，通过反射，将 Ω'映成下半平面，这样，Ω'与 Ω 一起对应于整个平面，但点 0 与 1 除外.

我们还要证明：

定理 8 上半平面中的每一点 τ，在同余子群 mod 2 之下，等价于 $\bar{\Omega}\cup\Omega'$ 中的恰好一点.

参看图 7-4. 希望读者验证，域 Δ 用线性变换 τ，$-1/\tau$，$\tau-1$，$1/(1-\tau)$，$(\tau-1)/\tau$，

$\tau/(1-\tau)$映成图中阴影的区域，这些变换依次记为此 S_1，S_2，S_6. 逆变换 $S_k^{-1}(k=1, \cdots, 6)$的矩阵依次为

$$\begin{pmatrix}1 & 0\\0 & 1\end{pmatrix},\begin{pmatrix}0 & -1\\1 & 0\end{pmatrix},\begin{pmatrix}1 & 1\\0 & 1\end{pmatrix},\begin{pmatrix}1 & -1\\1 & 0\end{pmatrix},\begin{pmatrix}0 & 1\\-1 & 1\end{pmatrix},\begin{pmatrix}1 & 0\\1 & 1\end{pmatrix}.$$

不难看出，每一个幺模矩阵恰好与其中之一同余 mod 2，在这个意义下，上述这些矩阵组成互不同余矩阵的一个完全集. 对于变换 $S_k'(k=1, \cdots, 6)$，情况完全相同，这里 S_k'把 Δ'映成图中无阴影的区域(把它们写出来的工作留给读者). $\bar{\Delta}$ 与$\bar{\Delta}'$的总共 12 个象一起覆盖集 281 $\bar{\Omega}\cup\bar{\Omega}'$(闭包应当对于开的半平面来取).

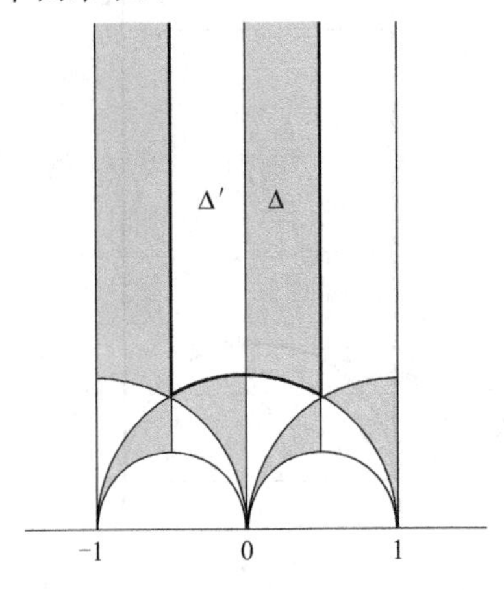

图 7-4　$\lambda(\tau)$的基本域

设 τ 是上半平面中的任一点. 集 $\bar{\Delta}\cup\bar{\Delta}'$可以认为与图 7-4 中的阴影区域的闭包一致. 因此，根据定理 2，存在一个模变换 S，使得 $S\tau$ 位于$\bar{\Delta}\cup\bar{\Delta}'$. 先设 $S\tau$ 在$\bar{\Delta}$ 中. 我们知道 S 的矩阵与一个 S_k^{-1}的矩阵同余 mod 2. 由此可知，$T=S_kS$ 的矩阵与单位矩阵同余，换言之，T 属于同余子群. 由于 $S\tau$ 位于$\bar{\Delta}$ 中，故知 $T_\tau=S_k(S_\tau)$位于 $\bar{\Omega}\cup\bar{\Omega}'$中. 若 $S\tau\in\bar{\Delta}'$，可用同样的推理. 这样总有一个 $T\tau$ 在$\bar{\Omega}\cup\bar{\Omega}'$中，显然它可以取在 $\bar{\Omega}\cup\bar{\Omega}'$中.

唯一性不难从下列事实得到：S_k 以及 S_k'是互不同余的. 细节留给读者.

练　习

证明：函数

$$J(\tau)=\frac{4}{27}\frac{(1-\lambda+\lambda^2)^3}{\lambda^2(1-\lambda)^2}$$

关于整个模群是自守的. 它在什么地方取值 0 与 1，重数是什么？证明

$$J(\tau)=\frac{-4(e_1e_2+e_2e_3+e_3e_1)^3}{(e_1-e_2)^2(e_2-e_3)^2(e_3-e_1)^2}.$$

282 还要证明 $J(\tau)$将图 7-4 中的域 Δ 映成一个半平面.

第8章 全局解析函数

8.1 解析延拓

在前面几章中，我们曾经强调，所有函数都必须是确切定义了的，因而是单值的. 至于 $\log z$ 与$\sqrt{z}$等函数，并不能用它们的解析表达式唯一地确定，因此要专门说明在适宜的场合，可以选定一个单值的分支. 这一观点解决了逻辑上明确性的需要，但是它并没有论证对数或平方根的含义不明正是一个不能被忽视的本质特征. 因此，对于强调而不是回避多值性的一种概念就显然是非常必要的了.

8.1.1 魏尔斯特拉斯理论

黎曼(Riemann)偏爱于几何的观点，与此相反，魏尔斯特拉斯(Weierstrass)想从幂级数概念来建立解析函数的全部理论. 对于魏尔斯特拉斯来说，基础的积木块是幂级数

$$P(z-\zeta)=a_0+a_1(z-\zeta)+\cdots+a_n(z-\zeta)^n+\cdots$$

它有正的收敛半径 $r(P)$. 这样的级数由一个复数 ζ(称为幂级数的 中心)与复系数序列 $\{a_n\}_0^\infty$ 确定. 收敛半径由阿达马公式给出：$r(P)^{-1}=\overline{\lim\limits_{n\to\infty}}|a_n|^{1/n}$. 基本的要求是 $r(P)>0$，因为只有这时幂级数才定义圆盘 $D=\{z\mid|z-\zeta|<r(P)\}$中的一个解析函数 $f(z)$.

给定了一点 $\zeta_1\in D$，函数 $f(z)$在 ζ_1 附近有泰勒展开式 $P_1(z-\zeta_1)$. 它在圆盘 D_1 中收敛，D_1 的半径 $r(P_1)$至少等于 $r(P_0)-|\zeta_1-\zeta|$，但可以更大. 新的级数定义了 D_1 中的一个解析函数 $f_1(z)$，我们说，它是从 $f(z)$经直接解析延拓而得到的. f 与 f_1 一起定义了 $D\cup D_1$ 中的一个解析函数，因为它们在交 $D\cap D_1$ 中是相等的. 如果 D_1 不包含于 D 中，则新函数是 f 向一个较大区域的延拓，而这正是构造的目的.

这一过程可以重复任意多次. 在一般情形我们必须考虑一列幂级数 $P_0(z-\zeta_0)$，$P_1(z-\zeta_1),\cdots,P_n(z-\zeta_n)$，每一个是前一个的直接解析延拓. 换言之，如果 P_k 在圆盘 D_k 中收敛于函数 f_k，则 $\zeta_k\in D_{k-1}$，且 $f_k=f_{k-1}\in D_{k-1}\cap D_k$. 但不能得到 f_0，…，f_n 在 $D_0\cup D_1\cup\cdots\cup D_n$ 中定义一个单值函数，因为如果 D_k 与一个 D_h 相交，其中 h 不等于$k-1$ 与 $k+1$，则不能保证在 $D_k\cap D_k$ 中 $f_h=f_k$. 正是这一可能性超出了严格意义下的函数概念，即在函数定义域的每一点处，函数只能有一个值.

只要像上面一样存在幂级数 P_0，P_1，…，P_n，就称 P_n 是 P_0 的一个解析延拓. 魏尔斯特拉斯考察了可以用解析延拓从 $P_0(z-\zeta_0)$得到的所有幂级数$P(z-\zeta)$. 这一幂级数集称为 *魏尔斯特拉斯意义下的解析函数*.

一个幂级数是另一个幂级数的解析延拓这一性质显然是一种等价关系．在魏尔斯特拉斯意义下的解析函数是关于这一关系的一个等价类，在该类中初始幂级数 P_0 并不处于显著地位．基本的思想是：属于同一等价类的两个幂级数是 *同一函数的不同形式*．

8.1.2　芽与层

魏尔斯特拉斯的理论更多地具有历史意义，因为限制于幂级数及其收敛区域总是一种阻力而不是助力．不过应该认识到，魏尔斯特拉斯的思想仍然是我们理解复解析函数论中多值性的基础．

我们将概要地介绍一种更直接的方法，它与支配近代多复变函数论的一些高级思想更为一致．限于本书的篇幅，我们只能借用几个术语，用以简化某些证明．

定义于域 Ω 内的一个解析函数 $f(z)$，构成一个 *函数元素*，记为 (f, Ω)，若干函数元素按照彼此之间的指定关系组成的集合称为*全局解析函数*．

284

两个函数元素 (f_1, Ω_1) 及 (f_2, Ω_2) 称为是互为 *直接解析延拓*，如果 $\Omega_1 \cap \Omega_2$ 非空，而在 $\Omega_1 \cap \Omega_2$ 内 $f_1(z) = f_2(z)$．更明确点说，(f_2, Ω_2) 称为 (f_1, Ω_1) 向域 Ω_2 的直接解析延拓．向 Ω_2 的直接解析延拓不必一定存在，但是如果有这样一个延拓，那必是唯一确定的．因为如果设 (f_2, Ω_2) 及 (g_2, Ω_2) 是 (f_1, Ω_1) 的两个直接解析延拓，则在 $\Omega_1 \cap \Omega_2$ 内 $f_2 = g_2$，因为 Ω_2 是连通的，这将导致在整个 Ω_2 中 $f_2 = g_2$．如果 $\Omega_2 \subset \Omega_1$，则 (f_1, Ω_1) 的直接解析延拓是 (f_1, Ω_2)．

像在幂级数的情形中一样，我们考察链 (f_1, Ω_1)，(f_2, Ω_2)，…，(f_n, Ω_n)，使得 (f_k, Ω_k) 与 (f_{k+1}, Ω_{k+1}) 互为直接解析延拓，我们称 (f_n, Ω_n) 是 (f_1, Ω_1) 的一个解析延拓．这就确定了一个等价关系，而把等价类叫作 *全局解析函数*．为便于印刷，我们把函数元素 (f, Ω) 所确定的全局解析函数用黑体 **f** 表示．为使术语更灵活，我们也把 (f, Ω) 称为 **f** 的一个 *分支*．虽然 (f, Ω) 唯一确定 **f**，但反过来不为真．在同一 Ω 上，**f** 可以有几个分支．

很明显，全局解析函数可以和魏尔斯特拉斯意义下的解析函数等同起来，但在一般性方面几乎无所获益．不过，有一个更富有成效的观点．我们考虑 (f, ζ) 以代替 (f, Ω)，这里 ζ 是一点而 f 在 ζ 是解析的，也就是说，f 在某个包含 ζ 的开集内有定义并且解析．两对 (f_1, ζ_1) 与 (f_2, ζ_2) 等价，当且仅当 $\zeta_1 = \zeta_2$ 且在 ζ_1 的某一个邻域内 $f_1 = f_2$．一个等价关系所应满足的各条件显然满足．等价类称为 *芽*，或更明确些，称为 *解析函数的芽*．每一个芽确定一个唯一的 ζ，称为芽的 *投影*，我们用记号 $\mathbf{f}_\zeta$ 表示具有投影 ζ 的一个芽．一个函数元素 (f, Ω) 对每一个 $\zeta \in \Omega$ 产生一个芽 $\mathbf{f}_\zeta$；反过来每一个 $\mathbf{f}_\zeta$ 由某个 (f, Ω) 确定．

读者当然会认识到，芽 $\mathbf{f}_\zeta$ 可以与对应的收敛幂级数 $P(z-\zeta)$ 等同起来，这就回到了我们的出发点．但是，通过引入芽的概念，我们分离出收敛幂级数的一个基本性质，即两个具有同一中心的幂级数是等同的，当且仅当它们在中心的某一邻域中代表同一函数．沿着这一想法，很清楚，我们完全可以考虑其他函数类的芽，例如，连续函数的芽、C^k 类函数的芽，等等．而对于这些芽，就不再可能与幂级数等同．虽然我们主要感兴趣于解析函数的芽，但是仍然要取一个稍微一般的观点．

285

设 D 是复平面中的一个开集．具有 $\zeta\in D$ 的所有芽 $\mathbf{f}_\zeta$ 的集合称为 D 上的一个 *层*，记为 $\mathscr{G}$ 或 $\mathscr{G}_D$．如果我们讨论的是解析函数的芽，则 $\mathscr{G}_D$ 称为 *D 上解析函数芽的层*．有一个投影映射 π：$\mathscr{G}\to D$，它把 $\mathbf{f}_\zeta$ 映为 ζ．对于固定的 $\zeta\in D$，逆象 $\pi^{-1}(\zeta)$ 称为 ζ 上的茎，记为 $\mathscr{G}_\zeta$．

我们感兴趣于集 $\mathscr{G}$ 是因为它有二重结构：一重是拓扑的，一重是代数的．首先，可以把 $\mathscr{G}$ 做成一个拓扑空间，它使我们有了连续映射．其次，在每个茎上，有一个明显的代数结构，因为 $\mathbf{f}_\zeta+\mathbf{g}_\zeta$ 或 $\mathbf{f}_\zeta\cdot\mathbf{g}_\zeta$ 的意义是清楚的．为了简单起见，我们只注意加法结构，用这一结构的语言，每一个茎是一个阿贝尔群．

现在可作一般的定义：

定义 1　*D 上的一个层是一个拓扑空间 $\mathscr{G}$ 和一个映射 π：$\mathscr{G}\to D$，具有下列性质：*

（ⅰ）映射 π 是一个局部同胚．这是指每个 $s\in\mathscr{G}$ 具有一个开邻域 Δ，使得 $\pi(\Delta)$ 是开的，而且 π 限制于 Δ 的约束是一个同胚映射．

（ⅱ）对每一个 $\zeta\in D$，茎 $\pi^{-1}(\zeta)=\mathscr{G}_\zeta$ 具有一个阿贝尔群的结构．

（ⅲ）对于 $\mathscr{G}$ 的拓扑，群运算都是连续的．

实际上，D 可以是一个任意的拓扑空间，但我们把 D 设想为复平面中的一个开集．另外，阿贝尔群的结构可以用其他代数结构代替．

现在我们来验证解析函数芽的层 $\mathscr{G}$ 满足定义 1 中的条件．为此，必须先在 $\mathscr{G}$ 上引入一个拓扑．把 $\mathscr{G}$ 做成一个度量空间是不方便的，也是没有必要的．我们仅需指出 $\mathscr{G}$ 的一些子集，它们都是关于这个拓扑的开集．我们对开集的标志是：集 $V\subset\mathscr{G}$ 是开的，如果对每个 $s_0\in V$ 存在一个函数元素 (f,Ω)，使得 1）$\pi(s_0)=\zeta_0\in\Omega$；2）$(f,\Omega)$ 确定 ζ_0 处的芽 s_0；3）由 (f,Ω) 确定的所有芽 $\mathbf{f}_\zeta$ 都在 V 中．读者不难验证，第 3 章定义 8 的条件都是满足的．

有了上面的 s_0 与 (f,Ω)，设 Δ 是 (f,Ω) 所确定的所有芽 $\mathbf{f}_\zeta$ 的集．根据我们对开集的定义，显然 Δ 是 s_0 的一个开邻域，而且映射 π：$\Delta\to\Omega$ 是同胚的．这样，定义的条件（ⅰ）是满足的．

286

条件（ⅱ）不需证明．条件（ⅲ）也是容易证明的，但重要的是应理解其含义．加法和减法只对同一茎上的芽有意义；只要考察减法就够了．考虑两个芽 s_0，s'_0，有 $\pi(s_0)=\pi(s'_0)=\zeta_0$．设它们是由函数元素 (f,Ω) 和 (g,Ω) $(\zeta_0\in\Omega)$ 所确定的．为简单起见，我们为两个函数元素取同一个 Ω．若 $s\in\Delta_0$，$s'\in\Delta'_0$，$\pi(s)=\pi(s')=\zeta$，则 $s-s'$ 是由 $(f-g,\Omega)$ 在 ζ 处确定的芽．当 ζ 取遍 Ω 时，$s-s'$ 取遍 s_0-s_0' 的一个邻域；此外，$\pi(s-s')=\pi(s)-\pi(s')$．投影映射建立了 Δ，Δ_0，Δ_0'，Ω 之间的同胚．因此很清楚，我们可以收缩 Δ_0 与 Δ_0'，使得 Δ 包含于 s_0-s_0' 的任一事先指定的邻域内，从而证明了连续性．

8.1.3　截口与黎曼面

设 $\mathscr{G}$ 是 D 上的一个层，考察一个开集 $U\subset D$．连续映射 φ：$U\to\mathscr{G}$ 称为 D 上的一个截

口，如果复合映射$\pi\circ\varphi$是U到自身的恒等映射．从这一条件可知，$\varphi(\zeta_1)=\varphi(\zeta_2)$蕴涵着$\zeta_1=\zeta_2$；因此$\varphi$是一对一的，它的逆是$\pi$限制于$\varphi(U)$上的约束．这样，每一个截口是一个同胚映射．

每一点$s_0\in\mathscr{G}$在某个截口的象$\varphi(U_0)$之中；我们只需取$U_0=\pi(\Delta)$，其中Δ是(ⅱ)中假设存在的邻域，而φ等于π限制在Δ上的约束的逆．

在一个固定的U上的所有截口组成的集记为$\Gamma(U,\mathscr{G})$．如果非空，则它具有一个阿贝尔群的结构，由于它把$\varphi-\psi$定义为具有值$\varphi(\zeta)-\psi(\zeta)$的截口而成为有意义的．设$0_\zeta$是茎$\mathscr{G}_\zeta$的零元素，用$\omega(\zeta)=0_\zeta$定义函数$\omega$．我们断言$\omega$是连续的，因此是一个截口，它称为零截口，对于群$\Gamma(U,\mathscr{G})$来说，它的作用就是一个零元素．

为证明连续性，考察一点$\zeta_0\in U$和一个$s_0\in\mathscr{G}\zeta_0$(例如，0_{ζ_0})．根据前面的注释，s_0是在某个$\varphi(U_0)$中．由条件(ⅲ)，$\varphi-\varphi=\omega$在U_0中连续．由于ζ_0是任意的，所以ω在整个U上连续，因此是一个截口．我们已经证明零截口总是存在的，而且$\Gamma(U,\mathscr{G})$非空．下面我们把零截口记为0.

如果U是连通的，而且φ、$\psi\in\Gamma(U,\mathscr{G})$，则或者$\varphi$与$\psi$是等同的，或者象$\varphi(U)$与$\psi(U)$是互不相交的．事实上，$\varphi-\psi=0$与$\varphi-\psi\neq 0$的集都是开的．

我们稍为详细地作了上述讨论是要说明假设是怎样发挥作用的．解析函数芽的层这个特殊情形是相当平凡的，这时$\Gamma(U,\mathscr{G})$可解释为U上解析(“单值”)函数的加法群．零截口不过是常数0.

287　下面$\mathscr{G}$总表示整个复平面上解析函数芽的层．$\mathscr{G}$的分集看作一个拓扑空间，可与全局解析函数等同起来．为看出这一点，设$s_0\in\mathscr{G}$是由函数元素(f_0,Ω_0)所确定的一个芽，并设(f_1,Ω_1)是(f_0,Ω_0)的一个直接解析延拓．注意Ω_0与Ω_1都假设是连通的．由于在$\Omega_0\cap\Omega_1$中$f_0=f_1$，所以由这两个函数元素所确定的芽的集Δ_0与Δ_1相交；作为Ω_0、Ω_1的同胚象，集Δ_0、Δ_1都是连通的，所以它们的并集$\Delta_0\cup\Delta_1$也是连通的．由此可知，从(f_0,Ω_0)通过直接解析延拓的一个链所得到的所有函数元素产生了包含于s_0的分集$\mathscr{G}_0$中的芽．另一方面，令$\mathscr{G}_0'$为$\mathscr{G}_0$中的芽的集合，它们可由(f_0,Ω_0)的一个解析延拓(f,Ω)确定．易见$\mathscr{G}_0'$及其在$\mathscr{G}_0$中的余集都是开的．因此$\mathscr{G}_0'=\mathscr{G}_0$，从而得出结论：$\mathscr{G}_0$精确地由属于一个全局解析函数的所有芽组成．

尽管有了这样的识别，但更可取的是把$\mathscr{G}_0$看成全局解析函数的定义域，现在我们将全局解析函数记为$\mathbf{f}$，它在$\mathbf{f}_\zeta$处的值正是与该芽相联系的幂级数的常数项．按这一解释，$\mathscr{G}_0$称为$\mathbf{f}$的黎曼面．它与我们3.4.3节中简略介绍的初等黎曼面确实十分相似，而且用于同一目的，即可以使f单值．我们可以把$\mathscr{G}_0$画成铺开在平面上的层，而叶(如果我们这样称它们的话)是截口的象．应当注意，我们尚未包括支点，其作用将在后面研究．

为了更清楚起见，设全局解析函数$\mathbf{f}$的黎曼面记为$\mathscr{G}_0(\mathbf{f})$．给定了两个全局函数$\mathbf{f}$与$\mathbf{g}$，可能存在一个映射$\theta$：$\mathscr{G}_0(\mathbf{f})=\mathscr{G}_0(\mathbf{g})$，使得1) $\pi\circ\theta=\pi$；2) θ是一个局部同胚．在这些情况下，$\mathbf{g}\circ\theta$是$\mathscr{G}_0(\mathbf{f})$上的一个单值函数；通常，记法经简化而以$\mathbf{g}$代替$\mathbf{g}\circ\theta$．这样，所有的

导数 $\mathbf{f}'$，$\mathbf{f}''$，…都定义在 $\mathbf{f}$ 的黎曼面上．所有整函数 $\mathbf{h}$ 都自动地定义在每一个 $\mathscr{G}_0(\mathbf{f})$ 上，如果 $\mathbf{g}$，$\mathbf{h}$，…都定义在 $\mathscr{G}_0(\mathbf{f})$ 上，那么每一个多项式 $G(\mathbf{f}, \mathbf{g}, \mathbf{h}, \cdots)$ 也都定义在 $\mathscr{G}_0(\mathbf{f})$ 上．

有一个经典的原理称为*函数关系的承袭性*．假定每当 (f, Ω) 可以延拓（直接地或通过直接延拓的一个链）时，某些函数元素 (f, Ω)，(g, Ω)，(h, Ω)，…都可以解析延拓．再设在 Ω 上 $G(f, g, h, \cdots)=0$，则同一关系对所有解析延拓都成立，这一事实可表示为 $G(\mathbf{f}, \mathbf{g}, \mathbf{h}, \cdots)=0$．特别地，如果一个芽满足多项式微分方程 $G(z, f, f', \cdots, f^{(n)})=0$，则全局函数 $\mathbf{f}$ 满足同一方程．

288

8.1.4 沿弧的解析延拓

设 γ：$[a, b]\to C$ 是复平面中的一段弧．考察一个全局解析函数 $\mathbf{f}$ 和它的黎曼面 $\mathscr{G}_0(\mathbf{f})$，像前面一样，定义为解析函数的所有芽的层 $\mathscr{G}$ 的一个分集．弧 $\bar{\gamma}$：$[a, b]\to\mathscr{G}_0(\mathbf{f})$ 称为 $\mathbf{f}$ 沿弧 γ 的一个解析延拓，如果 $\pi\circ\bar{\gamma}=\gamma$，也就是说，如果对所有 $t\in[a, b]$，$\bar{\gamma}(t)$ 投影到 $\gamma(t)$ 上．当然，按照弧的定义，$\bar{\gamma}(t)$ 关于 $\mathscr{G}_0(\mathbf{f})$ 的拓扑来说，必然是 $[a, b]$ 上的连续函数．用另一种术语，也称 $\bar{\gamma}$ 是 γ 到 $\mathscr{G}_0(\mathbf{f})$ 的*提升*．

沿弧的延拓所对应的直观概念就是芽连续地变化．我们不能保证延拓一定存在，但下面重要的唯一性定理是正确的．

定理 1 *一个全局解析函数 $\mathbf{f}$ 沿同一弧 γ 的两个解析延拓 $\bar{\gamma}_1$ 与 $\bar{\gamma}_2$ 或者恒等，或者对所有的 t，$\bar{\gamma}_1(t)\neq\bar{\gamma}_2(t)$．*

证明是显而易见的．由于 π 是一个局部同胚，所以 $\bar{\gamma}_1-\bar{\gamma}_2$ 的象如果不包含在零截口中，就不可能包含零截口的一点．

根据这一定理，一个延拓就可用它的初始值，即芽 $\bar{\gamma}(a)$ 唯一确定．初始芽具有形式 $\mathbf{f}_{\zeta(a)}$，但 $\mathbf{f}$ 可有几个芽具有这一形式．初始芽一经规定，我们就可以说从该芽出发的解析延拓；只要这样一个延拓本身是存在的．

这里很可能发生这样的情况，$\mathbf{f}$ 沿 γ 并无任何延拓，或者只对某些初始芽而不是对所有的芽存在一个延拓．现在我们来研究不能沿 γ 延拓的一个初始芽的情形．如果 $t_0>a$ 充分接近于 a，那么初始芽沿着 γ 对应于区间 $[a, t_0]$ 的子弧的延拓总应该存在．事实上，若 $\mathbf{f}_{\zeta(a)}$ 由函数元素 (f_0, Ω_0) 确定，只要子弧属于 Ω_0，情形就是如此．所有这种 t_0 的上确界是一个数 τ，满足条件 $a<\tau<b$，对于 $t_0<\tau$，延拓是可能的，而对于 $t_0\geqslant\tau$，延拓就不可能．在某种意义下，子弧 $\gamma[a, \tau]$ 会引导到使 $\mathbf{f}$ 不再有定义的一点．这一子弧就称为从给定初始芽引出的*一条奇异路线*；粗略地说，就是它引导到 $\gamma(\tau)$ 上的一个*奇点*．注意，当 t 从下趋于 τ 时，表示芽 $\bar{\gamma}(\tau)$ 的幂级数的收敛半径将趋于 0．

沿弧的延拓与用直接解析延拓的链所作的分步延拓之间，其关系需要作进一步的解释．首先，设 (f_1, Ω_1)，(f_2, Ω_2)，…，(f_n, Ω_n) 是直接解析延拓的一个链，常可用一段弧 γ 来连接两点 $\zeta_1\in\Omega_1$ 及 $\zeta_n\in\Omega_n$，使得 $\mathbf{f}$ 沿 γ 有一延拓 $\bar{\gamma}$，其初始芽为 (f_1, ζ_1)，最终芽为 (f_n, ζ_n)．为了证明这一点，只要令 γ 由下列部分组成即可：由点 ζ_1 至点 $\zeta_2\in\Omega_1\cap\Omega_2$ 的

289

一段子弧 $\gamma_1\subset\Omega_1$，由 ζ_2 到 $\zeta_3\in\Omega_2\cap\Omega_3$ 的第二段子弧 $\gamma_2\subset\Omega_2$，依此类推．在 γ_k 上令 $\bar{\gamma}(t)=(f_k, \zeta(t))$，则沿 γ 的延拓就可完全定义．

反之，如果给定一个延拓 $\bar{\gamma}$，我们可以求得一条直接解析延拓的链，其构造方法与上面的弧 γ 相同．根据海涅-博雷尔定理，参数区间 $[a, b]$ 可细分为子区间 $[a, t_1]$，$[t_1, t_2]$，…，$[t_{n-1}, b]$，使得在子区间 $[t_{k-1}, t_k]$ 内，对于适当选定的函数元素 (f_k, Ω_k)，有 $\bar{\gamma}(t)=(f_k, \gamma(t))$．虽然 (f_k, Ω_k) 与 (f_{k+1}, Ω_{k+1}) 不需互为直接解析延拓，但它们至少都是其公共域限制到 $\gamma(t_k)$ 的邻域的直接解析延拓．

为了说明沿弧的延拓的应用，我们将把对数函数定义为一个全局解析函数．为此，我们来证明，在 Ω 中具有 $e^{f(\zeta)}=\zeta$ 的所有函数元素 (f, Ω) 组成的集合是一个全局解析函数．

为此，我们必须证明集合中的任两个函数元素 (f_1, Ω_1) 和 (f_2, Ω_2) 可用一个直接解析延拓的链来连接．由于函数关系的承袭性，故知中间的函数元素都属于同一个集．选定点 $\zeta_1\in\Omega_1$，$\zeta_2\in\Omega_2$，并将它们用一段不通过原点的弧 $\gamma(t)$，$t\in[a, b]$ 连接起来．由于 ζ_1 及 ζ_2 都不能等于零，故知这样做是完全可能的．考察函数

$$\varphi(t)=f_1(\zeta_1)+\int_a^t \frac{\gamma'(t)}{\gamma(t)}\mathrm{d}t.$$

由微分法，$\gamma(t)e^{-\varphi(t)}$ 是常数；对于 $t=a$，其值为1，因此 $e^{\varphi(t)}=\gamma(t)$．对于一个给定的 t，在圆盘 $\Omega=\{\zeta \mid |\zeta-\gamma(t)|<|\gamma(t)|\}$ 中，存在 $\log\zeta$ 的一个唯一确定的分支 $f(\zeta)$，当 $\zeta=\gamma(t)$ 时，其值为 $\varphi(t)$．显然，$\bar{\gamma}(t)$ 就定义了沿 γ 的一个延拓．最终的芽 $\bar{\gamma}(b)$ 虽然可以不与 (f_2, Ω_2) 所确定的芽相合，但其在 ζ_2 的值必与 $f_2(\zeta_2)$ 相差 $2\pi i$ 的一个倍数．为了求得 ζ_2 处的正确值，只需将最终芽 $\bar{\gamma}(b)$ 沿一围绕原点若干次的闭曲线延拓即可．最后，沿弧的延拓可用直接解析延拓的有限链来代替，这就证明了 $\log\zeta$ 是一个全局解析函数．

练　习

1. 如果一个函数元素可以用一个幂级数来定义，而这个幂级数的收敛半径假定为有限数，证明至少有一条半径是对应的全局解析函数的一条奇异路线．（“一个幂级数在其收敛圆上至少有一个奇点”．）

290

2. 如果一个函数元素 (f, Ω) 只有一个直接解析延拓，即把 f 限制于一个比较小的域上而得到的延拓，除此之外，别无其他延拓，则称 Ω 的边界为 f 的一个自然边界．试证明：级数 $\sum_{n=0}^{\infty} z^{n!}$ 以单位圆为自然边界．提示：证明函数在辐角为 π 的有理数倍的每一条半径上趋于无穷大．

3. 证明7.3.4节中引入的函数 $\lambda(\tau)$ 以实轴为自然边界．

8.1.5　同伦曲线

现在我们应该从解析延拓理论的基本观点出发，研究一个域内的闭曲线的拓扑性质．

我们所要讨论的问题就是一段弧在连续变形下的行为．从直觉观点来看，这是一个非常简单的概念．设 γ_1 及 γ_2 是域 Ω 内两段具有公共端点的弧，我们自然要问，当两个端点固定不动，并将 γ_1 始终限制在 Ω 内移动时，它是否能连续地变形成 γ_2 呢？例如，在图 8-1 中，弧 γ_1 可以变形为 γ_2，但不能变形为 γ_3．如果两段弧中的任一个可以变形为另一个，则称它们是关于 Ω 同伦的．显然，这是一种等价关系．

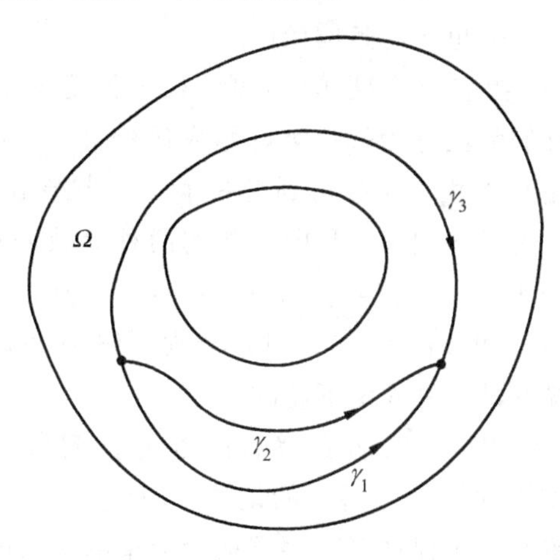

图 8-1　同伦弧

现在我们来给同伦下一个精确的定义．物理上变形的概念可用数学术语来直接解释．显然可以想像，一段弧的变形可用两个变量的连续函数 $\gamma(t, u)$ 来描述，此处点 (t, u) 取值于矩形 $[a, b]\times[0, 1]$（见图 8-2）．对于每一个固定的值 $u=u_0$，对应着一段弧 $\gamma(t, u_0)$，变形的结果就是把原来的弧 $\gamma(t, 0)$ 变为 $\gamma(t, 1)$．若对于所有的 (t, u)，$\gamma(t, u)\in\Omega$，则变形就在 Ω 内进行，同时，若 $\gamma(a, u)$ 及 $\gamma(b, u)$ 都是常数，则变形的弧的两个端点固定不动．对于每一个固定的值 $t=t_0$，有一段弧 $\gamma(t_0, u)$，$u\in[0, 1]$ 与之对应，可称之为对应 t_0 的点的变形路径．

291

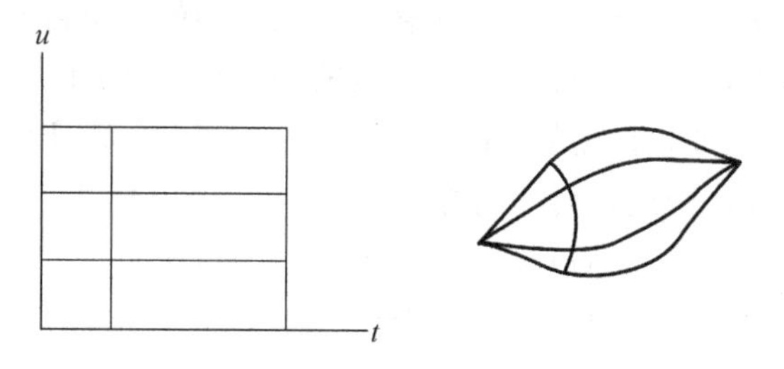

图 8-2　变形

由此得到同伦的正式定义如下：

定义 2　在同一参数区间 $[a, b]$ 的两段弧 γ_1 与 γ_2 称为在 Ω 内同伦，如果存在一个连续函数 $\gamma(t, u)$，定义在矩形 $[a, b]\times[0, 1]$ 上，具有下列性质：

1) 对于所有的(t, u)，$\gamma(t, u)\in\Omega$.

2) 对于所有的t，$\gamma(t, 0)=\gamma_1(t)$，$\gamma(t, 1)=\gamma_2(t)$.

3) 对于所有的u，$\gamma(a, u)=\gamma_1(a)=\gamma_2(a)$，$\gamma(b, u)=\gamma_1(b)=\gamma_2(b)$.

上面我们把两段弧γ_1与γ_2的参数区间规定为相同，其理由仅是为了方便．如果实际情形并不如此，则可用参数的线性变换把两个区间变得一致，如果在新的参数表示下，两段弧是同伦的，则原来的两段弧也认为是同伦的．

通过简单的形式证明（读者应当不难作出）可知，上面定义的同伦关系是一种等价关系．因此，我们可以把所有的弧区分为等价类，称为同伦类．在同一同伦类中所有的弧都具有公共端点，而且可以在Ω内由一个变形到另一个．应当指出，同一段弧的不同参数表示通常是同伦的．事实上，为了γ_1和γ_2是同一弧的两种参数表示，当且仅当存在一个非降函数$\tau(t)$，使得$\gamma_2(t)=\gamma_1(\tau(t))$．函数$\gamma(t, u)=\gamma_1((1-u)t+u\tau(t))$所取的一切值都在所讨论的弧上，因此必在$\Omega$内．对于$u=0$和$u=1$，分别可得到$\gamma(t, 0)=\gamma_1(t)$及$\gamma(t, 1)=\gamma_1(\tau(t))=\gamma_2(t)$，而两个端点显然是固定不动的．

[292]

如果两段弧γ_1和γ_2依次相接，以γ_1的终点作为γ_2的起点，则两弧组成一段新的弧，我们把它记为$\gamma_1\gamma_2$，以区别于同调论中所用的记法$\gamma_1+\gamma_2$、$\gamma_1\gamma_2$的参数表示不是唯一的，但它对同伦类的确定并不重要．不仅如此，根据极为简单的理由即可以证明$\gamma_1\gamma_2$的同伦类只依赖于γ_1和γ_2的同伦类．根据这一基本性质，我们可把导致$\gamma_1\gamma_2$同伦类的运算当作是同伦类的乘法．它只在γ_2的起点重合于γ_1的终点时有定义．如果我们所研究的只限于闭曲线的同伦类起止于一个固定点z_0，则乘积恒有定义，并可以以同一族中的一条曲线来表示．而且，根据乘积的这一定义，可知过z_0的闭曲线关于域Ω的同伦类组成一个群．为了证明这一论断，必须先确立

1)结合律：$(\gamma_1\gamma_2)\gamma_3$同伦于$\gamma_1(\gamma_2\gamma_3)$.

2)存在一条单位曲线1，使得$\gamma 1$及1γ都同伦于γ.

3)存在一条逆曲线γ^{-1}，使得$\gamma\gamma^{-1}$及$\gamma^{-1}\gamma$都同伦于1.

结合律是非常明显的，因为$(\gamma_1\gamma_2)\gamma_3$至多是$\gamma_1(\gamma_2\gamma_3)$的一个再参数化．对于单位曲线，可取常数$z=z_0$．实际上，记号1可表示任意能缩为一点$z_0$的闭曲线．最后，逆弧$\gamma^{-1}$是与曲线$\gamma$方向相反的弧．如果$\gamma$的表示式为$z=\gamma(t)$，$a\leqslant t\leqslant b$，则$\gamma^{-1}$的表示式可写成$z=\gamma(2b-t)$，$b\leqslant t\leqslant 2b-a$．因此，$\gamma\gamma^{-1}$的方程为

$$z=\begin{cases}\gamma(t) & \text{对于 } a\leqslant t\leqslant b\\ \gamma(2b-t) & \text{对于 } b\leqslant t\leqslant 2b-a.\end{cases}$$

曲线经下面的变形可缩为一点，即

$$\gamma(t, u)=\begin{cases}\gamma(t) & \text{对于 } a\leqslant t\leqslant ua+(1-u)b\\ \gamma(ua+(1-u)b) & \text{对于 } ua+(1-u)b\leqslant t\leqslant u(b-a)+b\\ \gamma(2b-t) & \text{对于 } u(b-a)+b\leqslant t\leqslant 2b-a.\end{cases}$$

这里，我们令转向点从$\gamma(b)$退向$\gamma(a)$．由于对所有$t\in[a, 2b-a]$，有$\gamma(t, 1)=\gamma(a)=z_0$，这

就证明 $\gamma\gamma^{-1}$ 是同伦于 1 的．在证明中，我们并没有假设 γ 是一条闭曲线；因此，对于过 z_0 的所有弧 γ，$\gamma\gamma^{-1}$ 同伦于 1.

293

上面构造的群称为域 Ω 关于点 z_0 的 同伦群或 基本群．作为一个抽象的群，它不依赖于点 z_0．事实上，设 z_0' 为 Ω 中的另一个点，用整个位于 Ω 内的弧 c 连接 z_0 及 z_0'．过 z_0 的每一条闭曲线 γ'，对应着过 z_0 的一条闭曲线 $\gamma=c\gamma' c^{-1}$．这一对应是保持同伦关系的，因此可作为同伦类之间的一种对应关系．而且积也是保持的，因为 $(c\gamma_1' c^{-1})(c\gamma_2' c^{-1})$ 在消去 $c^{-1}c$ 之后，与 $c(\gamma_1'\gamma_2')c^{-1}$ 同伦．最后，对应还是一对一的，因为如果 γ 已给定，则可选 $\gamma'=c^{-1}\gamma c$，并知对应的曲线 $c\gamma' c^{-1}=(cc^{-1})\gamma(cc^{-1})$ 与 γ 同伦．这就证明了关于 z_0 及关于 z_0' 的同伦群是 同构的.

如果 γ_1，γ_2 是任意两条弧，以 z_0 为起点并且具有一公共终点，则当且仅当 $\gamma_1\gamma_2^{-1}$ 同伦于 1 时，γ_1 同伦于 γ_2．因为如果 γ_1 同伦于 γ_2，则 $\gamma_1\gamma_2^{-1}$ 同伦于 $\gamma_2\gamma_2^{-1}$，因此与 1 同伦．反之，如果 $\gamma_1\gamma_2^{-1}$ 同伦于 1，只要 γ_1 与 γ_2 同伦，则

$$(\gamma_1\gamma_2^{-1})\gamma_2 = \gamma_1(\gamma_2^{-1}\gamma_2)$$

同时同伦于 γ_1 与 γ_2．为此，我们只要研究闭曲线的同伦就够了.

同伦群显然是拓扑不变的，因此同伦群的确定就可以得到简化．事实上，将 Ω 映成 Ω' 的拓扑映射可将 Ω 中的任意变形映到 Ω' 上，这就确定了同伦类之间保持一一对应关系的一种乘法．因此，拓扑等价的域具有同构的同伦群.

一个圆盘的同伦群退化为单位元素．也就是说，具有公共端点的任意两段弧是同伦的．证明过程要用到圆盘的凸性，即弧 $z=\gamma_1(t)$ 经如下的变形可变成弧 $z=\gamma_2(t)$：

$$\gamma(t,u) = (1-u)\gamma_1(t) + u\gamma_2(t),$$

其中，变形路径都是线段．对于任何凸域，同样的证法也有效．特别是，整个平面也有一同伦群，它退化为单位元素.

在 6.1 节中我们曾经证明：不是整个平面的任意单连通域可以共形地映成一个圆盘．在这里，共形性是不重要的，但映射是拓扑的这一事实表明任意单连通域具有一个基本群，这个基本群就是单位元素．我们将可看到，反过来也是正确的.

294

8.1.6 单值性定理

令 Ω 为复平面中一个固定的域．现在来考察一个全局解析函数 $\mathbf{f}$，它可以沿着 Ω 内的所有弧 γ，从定义于 γ 的起点 ζ_0 的任一芽开始进行延拓．更精确地说，对于 $\mathbf{f}$ 的任一函数元素 (f_0, Ω_0)，$\zeta_0\in\Omega_0$，存在沿 γ 的一个延拓 $\bar{\gamma}$，它的起始芽由 (f_0, ζ_0) 定义.

如果已给定两段具有公共端点的弧 γ_1，γ_2，我们所要明确的是：在沿着 γ_1 及 γ_2 延拓时，一个公共的起始芽是不是可以归于同一终端芽．有关这方面的一个基本定理称为 单值性定理，如下：

定理 2 设弧 γ_1 与 γ_2 关于 Ω 同伦，并设 $\mathbf{f}$ 的一个起始芽可以沿着 Ω 内的所有弧延拓，则这一起始芽沿着弧 γ_1 及 γ_2 的延拓必终于同一终端点.

首先应当注意，沿着一段形加 $\gamma\gamma^{-1}$ 的弧的延拓必然会回到原来的起始芽．类似地，沿着一段形如 $\sigma_1(\gamma\gamma^{-1})\sigma_2$ 的弧的延拓与沿着 $\sigma_1\sigma_2$ 的延拓具有同样的效果．因此，我们说沿着弧 γ_1 及 γ_2 的延拓导向同一终端就等于说沿着 $\gamma_1\gamma_2{}^{-1}$ 的延拓回到起始芽．

根据定理的假设，存在 γ_1 变到 γ_2 的一个变形 $\gamma(t, u)$．$\gamma(t, u)$ 把变形矩形 $R=[a, b]\times[0, 1]$ 内的每一段弧 σ 变到弧 $\sigma'\in\Omega$，如果 σ' 以 γ_1 及 γ_2 的起点为起点，则所给的起始芽沿着 σ' 必有一个唯一的延拓．为了简单起见，我们把它称为沿着 σ 的延拓．定理断定，沿着 R 的周界 Γ 的延拓将回到起始芽．Γ 的方向是无关重要的，但一经固定之后，对于所有的情形均以此为准．

这一定理的一个简单证明可以基于平分法．先将 R 横向对分为二，R_1 及 R_2，将下半矩形 R_1 的周界记为 π_1，以左下角 0 为起点，其方向是这样取定的，即在与大矩形公共的边上，与 Γ 的方向一致．对于上半矩形 R_2，作折线 π_2，起始于 0，垂直向上引至 R_2 的左下角，并以与 Γ 一致的方向(在公共边上)绕过 R_2 的周界而垂直向下回到 0(见图 8-3)．这样，曲线 $\pi_1\pi_2$ 与 Γ 相差的只是一段形如 $\sigma\sigma^{-1}$ 的中间弧．因此，沿 $\pi_1\pi_2$ 的延拓就与沿 Γ 的延拓一致．所以，如果沿 π_1 及 π_2 都能回到起始芽，则沿 Γ 也必能回到起始芽．现在作相反的假设：沿 Γ 不能回到起始芽，则 π_1 或者 π_2 也必具有同样性质．再将对应矩形纵向对分为二，并应用同样的推理．如此重复下去，可得一矩形序列 $R\supset R^{(1)}\supset R^{(2)}\supset\cdots\supset R^{(n)}\supset\cdots$ 及对应的闭曲线 $\pi^{(n)}$，使得起始芽沿着 $\pi^{(n)}$ 的延拓不回到同一芽．每一个 $\pi^{(n)}$ 都有形式 $\sigma_n\Gamma_n\sigma_n{}^{-1}$，其中 σ_n 是一个完全确定的多边形，以 0 为起点，$R^{(n)}$ 的左下角为终点，Γ_n 为 $R^{(n)}$ 的周界．此外，σ_n 是 σ_{n+1} 的子弧．

295

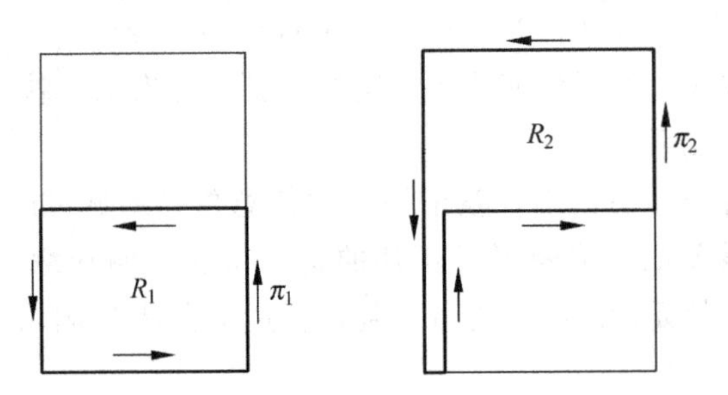

图 8-3　单值性定理

当 $n\to\infty$ 时，矩形 $R^{(n)}$ 收敛为一点 P_∞，而多边形 σ_n 在极限情形形成一段终于 P_∞ 的弧 σ_∞．起始芽沿着 σ_∞ 必有一延拓，这一延拓以 P_∞ 在映射 $\gamma(t, u)$ 下的象 ζ_∞ 的函数元素 $(f_\infty, \Omega_\infty)$ 所确定的芽为终点．对于足够大的 n，Γ_n 的象将包含在 Ω_∞ 内，而在 σ_n 的终点上所得的芽必属于函数元素 $(f_\infty, \Omega_\infty)$．在这种情形下，应用元素 $(f_\infty, \Omega_\infty)$ 即可构造一个沿着 $\pi^{(n)}$ 的延拓，它能引回到起始芽．但这与定义 $\pi^{(n)}$ 的性质矛盾，这就证明了沿着 Γ 的延拓必能回到起始芽．

单值性定理最重要的意义在于，它说明了凡是可以沿着单连通域内所有弧延拓的任意全局解析函数，对于每一个起始分支确定出一个单值解析函数. 也就是说，单连通域的黎曼面(没有支点)必是由一个叶组成.

上述结论可进一步引申为：如果一个域的同伦群退化为单位元素，则它必是单连通的. 因为如果 Ω 是多连通的，则 Ω 的余集必存在一个有界分集 E_0，而如果 $z_0 \in E_0$，则 $\log(z-z_0)$在 Ω 内不能为单值. 由单值性定理可知，Ω 的同伦群不能退化为单位元素. 296

这是我们证明单连通域相互等价的三种特征性质的最后一步. 这三种特征性质是：1)Ω是单连通的，如果其余集是连通的；2)Ω 是单连通的，如果它与一圆盘同胚；3)Ω 是单连通的，如果它的基本群退化为单位元素.

8.1.7 支点

为了详细研究多值函数的奇性，必须先确定有孔圆盘的基本群. 令有孔圆盘为 $0<|z|<\rho$，并考察一个固定的点，例如，正的半径上的点 $z_0=r<\rho$. 用

$$\gamma(t, u) = (1-u)\gamma(t) + ur\frac{\gamma(t)}{|\gamma(t)|}$$

作中心投影，则任意过 z_0 的闭曲线 γ 可变形为圆周 $|z|=r$ 上的一条曲线. 因此，我们只需讨论这个圆的圆周上的曲线就够了. 我们仍旧用记号 $\gamma(t)$.

根据连续性，每一个 t_0 必具有一个邻域，在这一邻域中，可以使 $|\gamma(t)-\gamma(t_0)|<r$，而且 $\gamma(t)$不能同时取值 r 及 $-r$. 利用海涅-博雷尔引理或平分法容易看出，我们可写 $\gamma=\gamma_1\gamma_2\cdots\gamma_n$，此处每个 γ_k 或者是不通过 r，或者是不通过 $-r$. 为了简单起见，将点 r 及 $-r$ 用 P_0 及 P_0'表示(见图 8-4)，并把 γ_k 的两个端点记为 P_k 及 P_{k+1}. 由于 γ_k 包含在一个去掉正半径或者去掉负半径而成的单连通域内，因此它可变形成两段弧 P_kP_{k+1}之一. 结果，γ 可变形成若干单弧的乘积，这些单弧的相接端点为 $P_0P_1P_2\cdots P_nP_0$. 这一路径又可写为 $P_0P_1P_2P_0P_2P_3P_0\cdots P_0P_{n+1}P_nP_0$，此处我们规定 P_kP_0 及 P_0P_k 是不包含 P_0'的弧. 事实上，插与 1 同伦的往复的弧 $P_kP_0P_k$ 即可得到新的路径.

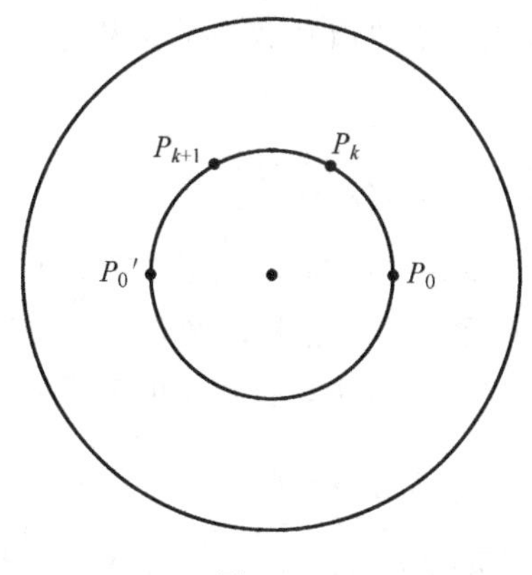

图 8-4

我们证明了每一个γ与形如$P_0P_kP_{k+1}P_0$的闭曲线之积同伦．如果P_kP_{k+1}不包含P_0'，则这条曲线与1同伦．反之，如果P_kP_{k+1}包含P_0'，则枚举所有可能情形就可看出，曲线必与C或C^{-1}同伦，此处C是整个圆．因此，每一条闭曲线必与C的幂同伦．

最后，要注意C^m仅当$m=0$时与1同伦．这是因为

$$\int_{C^m}\frac{\mathrm{d}z}{z}=m\cdot 2\pi\mathrm{i},$$

如果曲线与1同伦，则积分必等于零．由此可知：有孔圆盘的基本群与整数的加法群同构．显然，一个任意的圆环具有同样的基本群．

现在来考察一个可沿有孔圆盘$0<|z|<\rho$中所有的弧延拓的全局解析函数$\mathbf{f}$，选定$z_0=r$处的一个芽作为起始芽，并将它沿曲线C^m延拓．这一延拓或者是不回到起始芽，或者是存在一个最小正整数h，使得C^h能导回到起始芽．在后一情形下，令$m=nh+q$，n为整数且$0\leqslant q<h$．如果C^m能导回到起始芽，则C^q亦必如此．但由m的选取可知，这仅在$q=0$时可能．这样，要使C^m能导回到起始芽，必须m是h的一个倍数．

考察将$0<|\zeta|<\rho^{1/h}$映成$0<|z|<\rho$的映射$z=\zeta^h$．可以断言$\mathbf{f}$在下述意义下可表示为一个单值解析函数$F(\zeta)$：对于每一个ζ_1，$0<|\zeta_1|<\rho^{1/h}$，存在一个函数元素$(f,\Omega)\in\mathbf{f}$，$\zeta_1{}^h\in\Omega$，使得在ζ_1的一个邻域内有$F(\zeta)=f(\zeta^h)$．特别是，对应于点$\zeta_0=r^{1/h}$的函数元素应能确定z_0处$\mathbf{f}$的起始芽．

297～298

为了构造$F(\zeta)$，我们用弧γ'连接ζ_0与ζ，用映射$z=\zeta^h$求γ'的象，而后沿着γ'的象延拓$\mathbf{f}$的起始芽．我们把$F(\zeta)$定义为这一延拓后所得的最终芽的值．必须证明$F(\zeta)$是唯一确定的．为此，设ζ'_1及ζ'_2为由ζ_0至ζ的两条路径，则$\zeta'_1\zeta'^{-1}_2$可变形为过ζ_0的一个圆C'的幂C'^n．因此象曲线$\zeta_1\zeta_2{}^{-1}$可变形为C'^n的象C^{nh}．但C^{nh}导回到起始芽，因此ζ_1与ζ_2所确定的是同一个值$F(\zeta)$．最后，如果ζ位于ζ_1的一个邻域内，则可先作一条由ζ_0至ζ_1的弧ζ_1'，再作一条由ζ_1至ζ的变弧γ'，保持在邻域之内．如果邻域足够小，则沿着γ'的象的延拓可由一个函数元素(f,Ω)来确定，因此在该邻域内$F(\zeta)=f(\zeta^h)$．

由于$F(\zeta)$在原点的有孔邻域内是单值和解析的，故它必具有一个收敛的洛朗展开式，形如

$$F(\zeta)=\sum_{-\infty}^{\infty}A_n\zeta^n. \tag{1}$$

应当注意，这一展开式依赖于起始芽的选择．不同的起始芽可导致完全不同的展开式，特别是，可导致h个不同的值．实际上，即使是级数(1)也产生h个不同的展开式，对应于$z^{1/h}$的h个初始值．如果令$\omega=\mathrm{e}^{2\pi\mathrm{i}/h}$，则这些展开式可表示为

$$f_v(z)=\sum_{-\infty}^{\infty}A_n\omega^{vn}z^{n/h}(v=0,1,\cdots,h-1). \tag{2}$$

如果将芽(f_v,z_0)沿C延拓，则可引至(f_{v+1},z_0)，这里应当理解下标为h的恒等于0．

在特殊情形下，洛朗展开式可只包含有限个负数次乘方的项．这时，$F(\zeta)$或者具有一

个可去奇点，或者具有一个极点，只要 $h>1$，则多值函数 $f(z)$（或更准确地说，将给定起始分支在有孔圆盘内部延拓而成的全局解析函数）称为在 $z=0$ 处具有一个 *代数奇点*或 *支点*. 如果 $F(\zeta)$具有一个可去奇点，则支点是一个 *寻常代数奇点*，反之则为一个 *代数极点*. 在任一种情形下，当 z 沿一条任意弧趋于 0 时，$f(z)$趋于一个确定的极限 A_0 或∞.

显然，我们也可以研究在一个任意点 a 或∞处有一个孤立奇点，而有孔圆盘的半径可任意小的情形. 如果 h 为有限，则 $w=f(z)$与自变量 z 之间的对应关系可用如下形式的等式来表达：

$$w=\sum_{-\infty}^{\infty} A_n\zeta^n,$$

$$z=a+\zeta^h \quad \text{或} \quad z=\zeta^{-h}.$$

299

变量 ζ 称为 *局部单值化变量*.

在代数奇点的情形，对于 **f** 的黎曼面，需要把一个具有投影 a 的支点也放在曲面上，使曲面得以完备. 支点本身不是 **f** 的一个芽，但它由类似于(2)的一个分数幂级数展开式集合

$$f_v(z)=\sum_{v=v_0}^{\infty} A_n\omega^{vn}(z-a)^{n/h} \tag{3}$$

完全确定. 对于在∞处的一个奇点，$z-a$ 必须替换为 $1/z$. 支点的各邻域应包括支点本身，以及对某个 $\delta>0$，适合 $|\zeta-a|<\delta$ 的所有芽(f_v, ζ)，这些芽是在(3)中代入$(z-a)^{1/h}$的一个定义在 ζ 的邻域中的单值分支而得到的. 所得的拓扑空间将是一个 *曲面*，其意义是：每一个点（包括诸支点）具有一个同胚于圆盘的邻域.

在魏尔斯特拉斯理论中，习惯上要考虑所有幂级数展开式的全体，包括分数指数的幂级数展开式，而这些幂级数都可从一个幂级数经过解析延拓得到，并称其为 *解析构形*(analytisches Gebilde).

8.2 代数函数

形如 $P(w, z)=0$ 的方程对于每一个 z 有有限个解 $w_1(z)$，…，$w_m(z)$，其中 P 为一个二变量的多项式. 我们要证明，这些根可以解释为一个全局解析函数$\mathbf{f}(z)$的各个值，因此称函数 $\mathbf{f}(z)$为 *代数函数*. 反之，如果给定了一个全局解析函数，则要明确它是否满足一个多项式方程.

8.2.1 两个多项式的结式

如果一个二变量的多项式 $P(w, z)$不能表示为两个不等于常数的多项式之积，则称这一多项式是 *不可约的*. 如果两个多项式 P 及 Q 除了常数之外没有公因子，则称这个两多项式 *互质*.

下面的定理按其性质是属于代数的. 但对代数函数的理论来说，它有着非常重要的意

义，所以我们在这里仍加以证明.

定理3　设 $P(w, z)$ 及 $Q(w, z)$ 是两个互质的多项式，则只有有限个 z_0 的值可使方程 300 $P(w, z_0)=0$ 及 $Q(w, z_0)=0$ 具有一个公共根.

设 P 及 Q 均按 w 的降幂排列，并令 $Q(w, z)=b_0(z)w^m+\cdots+b_m(z)$，其中 $b_0(z)$ 不恒等于零. 如果以 Q 除 P，则得一个商及一个余数，它们都是 w 的多项式，并且是 z 的有理函数. 我们建立欧几里得辗转相除法如下：

$$\begin{aligned} c_0 P &= q_0 Q + R_1, \\ c_1 Q &= q_1 R_1 + R_2, \\ c_2 R_1 &= q_2 R_2 + R_3, \\ &\vdots \\ c_{n-1} R_{n-2} &= q_{n-1} R_{n-1} + R_n, \end{aligned} \tag{4}$$

其中 q_k 及 R_k 都是 w，z 的多项式，而 c_k 是 z 的多项式，用以消除分式. R_k 的 w 的次数是递降的，而 R_n 则只是 z 的多项式. 如果 $R_n(z)$ 恒等于零，则根据唯一因子分解定理，从(4)中的最后一式可知，R_{n-2} 将能被 R_{n-1} 的任意不可约因子所除尽，其中 R_{n-1} 是 w 的正幂多项式. 根据同样推理，逐步推论下去，可知所有的 R_k 以及 P 与 Q 都将被同一因子除尽. 这与假设矛盾，因为 R_{n-1} 是 w 的正幂多项式，因此必具有一个包含 w 的不可约因子.

现在设 $P(w_0, z_0)=0$ 及 $Q(w_0, z_0)=0$. 将这些值代入(4)，得到 $R_1(w_0, z_0)=0, \cdots, R_{n-1}(w_0, z_0)=0$，最后有 $R_n(z_0)=0$. 但因为 R_n 不恒等于零，故所有只有有限个 z_0 可满足这一条件，从而定理得证.

多项式 $R_n(z)$ 称为 P 及 Q 的 *结式*. 更确切地说，如果要使结式能唯一确定，则必须(4)中的指数 c_k 都是最小可能的. 实际上，定理3中所说的结式对我们来说并不太重要. 这一定理将应用于不可约多项式 $P(w, z)$ 及其关于 w 的偏导数 $P_w(w, z)$. 只要 P 关于 w 的次数是正的，则两个多项式就是互质的，我们把 P 与 P_w 的结式称为 P 的 *判别式*. 对于判别式的零点 z_0，方程 $P(w, z_0)=0$ 具有重根.

最后，应当注意，任意两个互质的多项式 P 及 Q 的结式 $R(z)$ 可写成 $R=pP+qQ$ 的形式，其中 p，q 都是多项式. 这可直接从(4)式推得.

8.2.2　代数函数的定义与性质

我们现在先给出一个精确的定义.

定义3　如果一个全局解析函数 **f** 的所有函数元素 (f, Ω) 在 Ω 内满足关 301 系 $P(f(z), z)=0$，其中 $P(w, z)$ 为不恒等于零的多项式，则称 **f** 为代数函数.

根据函数关系的承袭性，只要假定有一个函数元素满足等式 $P(f(z), z)=0$ 即可. 因为其他的函数元素将自动满足同一关系. 我们还可以假设 $P(w, z)$ 是一个不可约多项式. 设 $P(w, z)$ 有因子分解 $P=P_1P_2\cdots P_n$，其中因子 P_k 为不可约. 对于任一固定的点 $z\in\Omega$，等式 $P_k(f(z), z)=0$ 之中必有一个成立. 考察一个由互不相同的点 $z_n\in\Omega$ 组成的序列，

如果它在 Ω 内趋于一个极限，则必有一个等式 $P_k(f(z_n), z_n)=0$ 对无穷个 z_n 成立．由此可知，$P_k(f(z), z)=0$ 这一特殊关系在 Ω 内恒能满足，因此必为 f 的所有函数元素所满足．据此，我们可随意地以 P_k 代替 P.

此外，还不难看出，一个代数函数所确定的不可约多项式 P，除了一个常数因子外是唯一的．因为如果设 Q 是一个本质上不同的不可约多项式，则可确定结式 $R(z)=pP+qQ$. 如果对所有的 $z\in\Omega$，有 $P(f(z), z)=0$ 及 $Q(f(z), z)=0$，则在 Ω 内将有 $R(z)=0$，但这与 $R(z)$ 不能恒等于零矛盾．注意，P 不能退化成仅为 w 的多项式．如果它只包含有 w，则必具有 $w-a$ 的形式，于是函数 **f** 就化为常数 a.

其次，我们来证明，对应于 w 的正幂的任意不可约多项式 $P(w, z)$，存在一个代数函数．设

$$P(w, z)=a_0(z)w^n+a_1(z)w^{n-1}+\cdots+a_n(z).$$

如果 z_0 既不是多项式 $a_0(z)$ 的一个零点，又不是 P 的判别式的一个零点，则等式 $P(w, z_0)=0$ 恰有 n 个不同根 $w_1, w_2, \cdots, w_n$. 在这种情形下有下面引理成立：

引理 1　存在一个包含 z_0 的开圆盘 Δ 和 n 个函数元素 (f_1, Δ)，(f_2, Δ)，…，(f_n, Δ)，具有下列性质：

(a) 在 Δ 内，$P(f_i(z), z)=0$；

(b) $f_i(z_0)=w_i$；

(c) 如果 $P(w, z)=0$，$z\in\Delta$，则对于某个 i，$w=f_i(z)$ 成立．

多项式 $P(w, z_0)$ 在 $w=w_i$ 处具有单零点．确定一个 $\varepsilon>0$，使各个圆盘 $|w-w_i|\leqslant\varepsilon$ 不互相交迭，并以 C_i 表示圆 $|w-w_i|=\varepsilon$，则在 C_i 上，$P(w, z_0)\neq 0$，而根据辐角原理，有

$$\frac{1}{2\pi \mathrm{i}}\int_{C_i}\frac{P_w(w, z_0)}{P(w, z_0)}\,\mathrm{d}w=1.$$

302

如果以 z 代 z_0，则积分都变成在 z_0 邻域内确切定义了的 z 的连续函数．由于它们只能取整数值，因此必存在一个邻域 Δ，使得对于所有的 $z\in\Delta$，

$$\frac{1}{2\pi \mathrm{i}}\int_{C_i}\frac{P_w(w, z)}{P(w, z)}\,\mathrm{d}w=1.$$

这就是说方程 $P(w, z)=0$ 在圆盘 $|w-w_i|\leqslant\varepsilon$ 内恰好有一个根．将这个根记为 $f_i(z)$，根据留数计算法，其值为

$$f_i(z)=\frac{1}{2\pi \mathrm{i}}\int_{C_i}w\,\frac{P_w(w, z)}{P(w, z)}\mathrm{d}w.$$

这个式子表明 $f_i(z)$ 是解析的．此外，$f_i(z_0)=w_i$，而且由于方程 $P(w, z)=0$ 恰有 n 个根，因此得(c).

由引理 1 立即可知，对应于多项式 P，存在一个代数函数 **f**. 事实上，我们可取 **f** 为函数元素 (f_1, Δ) 所确定的全局解析函数，其中任意 Δ 的 z_0 都不与应排除的有限个点中任一

个重合．此外，我们还将证明所有这种函数元素属于同一个全局解析函数．这也就证明了对应于 P 的函数 $\mathbf{f}$ 是唯一的．为此，首先设 (f, Ω) 是一个这样的函数元素，则必存在一个 $z_0 \in \Omega$，它不与任意一个应排除的点重合．对于这个 z_0，确定一个对应的 Δ．对于 $z \in \Omega$，由于 $P(f(z), z)=0$，由(c)可知，在 $\Delta \cap \Omega$ 的每一点上 $f(z)$ 必等于某个 $f_i(z)$．但这样一来，$f(z)$ 将在 z_0 的任意邻域的无穷多个点上等于同一 $f_i(z)$，因此 (f, Ω) 必属于 (f_i, Δ) 所确定的全局解析函数．

令排除的点为 $c_1, c_2, \cdots, c_m$．现在来证明，凡满足方程 $P(f(z), z)=0$ 的函数元素 (f, Ω) 可沿着任意段不过点 c_k 的弧延拓．因为如果不如此，则将存在一段弧 $\gamma[a, b]$，使得一个给定的起始芽可沿所有的子弧 $\gamma[a, \tau]$，$\tau<b$ 而不是沿整段弧延拓．设 $z_0=\gamma(b)$，根据引理1确定一个 Δ，并选定 τ，使得当 $t \in [\tau, b]$ 时，$\gamma(t) \in \Delta$．应用上面的同样推理可证，沿着 $\gamma[a, \tau]$ 延拓而得到的芽 $\bar{\gamma}(\tau)$ 必由函数元素 (f_i, Δ) 之一所确定．但这样一来，它必可沿着所有引至 b 的路径延拓，从而得出矛盾．

但迄今为止，我们还没有证明所有的元素 (f_i, Δ) 属于同一个全局解析函数．要作这一部分的证明，必须先详细研究一下临界点 c_k 上的表现．

303

8.2.3　临界点上的表现

上面讨论中一直被排除的点 c_k 是 P 的首项系数 $a_0(z)$ 的零点及判别式的零点．选定 δ，使圆盘 $|z-c_k|<\delta$ 不包含 c_k 以外的其他临界点．在这个圆盘中，固定一点 $z_0 \neq c_k$，并在这一点选定一个芽 (f_i, z_0)．这个芽可沿着有孔圆盘中所有的弧延拓．此外，如果这个芽沿着过 z_0 而以 c_k 为圆心的圆 C 延拓，则最后必回到芽 (f_i, z_0)．由于这种分支的数目只能是有限的，故知必存在一个最小正整数 $h \leqslant n$，能使沿着 C^h 的延拓回到起始芽 (f_i, z_0)．根据8.1.6节的基本结果，有

$$f_i(z)=\sum_{v=-\infty}^{\infty} A_v (z-c_k)^{v/h}. \tag{5}$$

先设 c_k 不是 $a_0(z)$ 的一个零点，则当 $z \to c_k$ 时，$f_i(z)$ 将保持有界．实际上，只要 $f_i(z) \neq 0$，方程 $P(f_i(z), z)=0$ 就可写成如下形式：

$$a_0(z)+a_1(z) f_i(z)^{-1}+\cdots+a_n(z) f_i(z)^{-n}=0. \tag{6}$$

如果 $f_i(z)$ 无界，则将存在点 $z_n \to c_k$ 而 $f_i(z_n) \to \infty$．代入(6)将得 $a_0(z_n) \to 0$，这与 $a_0(c_k) \neq 0$ 的假设矛盾．由此可知，展开式(5)只包含正数幂，而 $f_i(z)$ 在 c_k 处至多具有一个寻常代数奇点．

现在我们研究 $a_0(c_k)=0$ 的情形．设零点的重数为 m，则 $\lim\limits_{z \to c_k} a_0(z)(z-c_k)^{-m} \neq 0$．从(6)可得

$$a_0(z)(z-c_k)^{-m}+a_1(z)(z-c_k)^{-m} f_i(z)^{-1}+\cdots+a_n(z)(z-c_k)^{-m} f_i(z)^{-n}=0.$$

如果表达式 $f_i(z)(z-c_k)^m$ 无界，则仍将引出矛盾．像8.1.7节中一样，令

$$F(\zeta)=\sum_{-\infty}^{\infty} A_v \zeta^v,$$

并知 $F(\zeta)\zeta^{mh}$ 是有界的. 因此 $F(\zeta)$ 具有一个至多为 mh 阶的极点，而 $f_i(z)$ 在 c_k 处至多具有一个代数极点或者在特殊情形下，具有一个寻常代数奇点.

最后，$z=\infty$ 上的表现也有必要讨论一下. 很容易看出，形如下式的展开式

304

$$f_i(z)=\sum_{-\infty}^{\infty}A_v z^{v/h},$$

在∞的一个邻域内成立. 设多项式 $a_i(z)$ 的次数为 r_i (恒等于零的系数不在讨论范围之内). 取一个整数 m，使得对 $k=1,\cdots,n$，

$$m>\frac{1}{k}(r_k-r_0). \tag{7}$$

可以断言，当 $z\to\infty$ 时，$f_i(z)z^{-m}$ 必有界. 因为否则对于一个趋于∞的序列，将有 $f_i(z)^{-1}z^m\to 0$. 这意味着 $f_i(z)^{-k}z^{mk}\to 0$，而根据(7)，对于 $k\geqslant 1$，将有 $f_i(z)^{-k}z^{r_k-r_0}\to 0$. 如果用 z^{-r_0} 乘(6)式，则所有的项除首项外都将趋于零. 这是一个矛盾，因此可知 $f_i(z)$ 在∞处至多有一个代数极点.

总结上面所述，我们已证明了一个代数函数在扩充平面上至多具有代数奇点. 现在我们来证明这一叙述的逆. 为了建立逆定理，主要的是要加上一种假设，使得在一个给定点上只有有限个分支.

设 **f** 为一个全局解析函数. 对于每一个 c，设有一个以 c 为圆心的有孔圆盘Δ 存在，使得 **f** 的定义于一点 $z_0\in\Delta$ 的所有芽都能沿着Δ 内任意弧延拓，并在 c 处具有代数的特征. 这一假设对 $c=\infty$ 也适合，此时 Δ 是一个圆的外部. 此外，对于一个 Δ，必须假设 z_0 处的不同芽的个数是有限的.

由于扩充平面可用有限个圆盘 Δ 来遮盖(圆心也包括在内)，因此只有有限个点 c 可以是实际的奇点，把这些点记为 c_k. 容易证明，在任一点 $z\neq c_k$ 处的芽的个数是一个常数. 因为每一个这样的点具有一邻域，其中 **f** 的所有芽都是单值的，而且可在整个邻域内延拓. 由此可知，恰具有 n 个芽的点 z 的集合是开集(n 可为有限或无穷). 由于扩充平面减去点 c_k 后是连通的，因此这些集合中只有一个是非空的. 因此 n 是一个常数，由假设知这个常数不能为无穷大，同时它也不能等于零，因为如果它等于零，则 **f** 就成为空的函数元素集合了.

现在我们可把任一点 $z\neq c_k$ 上的分支记为 $f_1(z),\cdots,f_1(z)$，但次序仍是未定的. 作 $f_i(z)$ 的各个初等对称函数，也就是说，作出多项式

$$(w-f_1(z))(w-f_2(z))\cdots(w-f_n(z))$$

的系数. 这些系数都是 z 的确切定义的函数，而且显然在除了可能的孤立奇点 c_k 以外，到处是解析的. 当 z 趋于 c_k 时，每个 $f_i(z)$ 至多像 $|z-c_k|$ 的负数次乘幂一样，向无穷大增大. 因此，初等对称函数也具有这样的性质. 由此可知所有的孤立奇点，包括无穷远处的一点在内，至多不过是些极点，所以初等对称函数必都是 z 的有理函数. 设它们的公分母为 $a_0(z)$，则所有分支为 $f_i(z)$ 必满足一个多项式方程

305

$$a_0(z)w^n + a_1(z)w^{n-1} + \cdots + a_n(z) = 0,$$

这就证明了 **f** 是代数函数.

现在很容易解决 8.2.2 节中还没有解决的问题. 设函数元素(f, Ω)满足方程 $P(f(z), z)=0$, 此处 P 是不可约的, 关于 w 的次数是 n, 则对应的全局解析函数 **f** 只具有代数奇点及有限个分支. 根据上面的证明, **f** 应当满足一个多项式方程, 其次数等于分支个数, 因此它将满足一个次数不能高于 n 的不可约方程. 但它所能满足的唯一不可约方程为 $P(w, z)=0$, 它的次数是 n, 所以分支个数恰为 n, 这就证明了 $P(w, z)=0$ 的所有解都是同一个解析函数的分支.

总结上述结果, 可得:

定理 4 一个解析函数如果具有有限个分支, 并至多具有一些代数奇点, 则它是一个代数函数. 每一个代数函数 $w=\mathbf{f}(z)$ 满足一个不可约方程 $P(w, z)=0$, 除了一个常数因子外, 这个方程是唯一确定的, 而每一个这样的方程唯一确定一个对应的代数函数.

通常我们也这样说: 一个不可约方程 $P(w, z)=0$ 定义一条代数曲线. 代数曲线的理论是代数学和函数论中一个高度发展的分支, 我们只在这里提一下函数论方面的最初等部分.

练 习

试确定代数函数 $w^3-3wz+2z^3=0$ 的奇点的位置和本质.

8.3 皮卡定理

在这一节中我们要证明皮卡的著名定理, 它断言, 一个整函数遗漏的至多是一个有限值. 我们将按本质的途径, 使用模函数 $\lambda(\tau)$(见 7.3.4 节与 7.3.5 节)作为单值性定理(见 8.1.6 节)的一个应用来证明该定理. 这是皮卡(Picard)自己的证明. 现在已经有很多其他的证明, 它们只需要较少的知识, 因而可以说是更为初等的, 但没有一个证明像原证明那样深刻透彻.

306

空隙值

复数 a 称为函被 $f(z)$的一个 空隙值, 如果在 f 有定义的区域中 $f(z)\neq a$. 例如, 0 是 e^z 在整个平面中的一个空隙值.

定理 5(皮卡) 具有不止一个空隙值的整函数必化为一个常数.

我们记得, 一个整函数就是在整个平面中都解析的函数. 如果 a 与 b 是不同的有限值, 并设 $f(z)$对所有的 z 都不等于 a 与 b, 我们要证明 $f(z)$是一个常数. 考察 $f_1(z)=(f(z)-a)/(b-a)$. 这个函数是一个整函数且不等于 0 与 1. 如果 f_1 是常数, 那么 f 也是, 所以我们完全可以从一开始就假设 $a=0$, $b=1$.

我们将定义一个全局解析函数 **h**, 它的函数元素(h, Ω)具有下列性质: 对于 $z\in\Omega$,

$\mathrm{Im}\,h(z)>0$，$\lambda[h(z)]=f(z)$．这里$\lambda(\tau)$是7.3.5节定义的模函数．我们要证明**h**可以沿所有路径延拓．由于平面是单连通的，故由单值性定理知，**h**定义一个整函数$h(z)$．由于$h(z)$的所有值都在上半平面内，所以e^{ih}是有界的．根据刘维尔定理，h必须化为常数，因此$f(z)=\lambda[h(z)]$也是常数．

由第7章的定理7，在上半平面内存在一点τ_0使得$\lambda(\tau_0)=f(0)$．由于$\lambda'(\tau)\neq 0$，由同一定理，存在λ的一个局部逆，定义在$f(0)$的一个邻域Δ_0中，记为λ_0^{-1}，以下列条件为标志：在Δ_0中$\lambda[\lambda_0^{-1}(w)]=w$，且

$$\lambda_0^{-1}[f(0)]=\tau_0.$$

根据连续性，有原点的一个邻域Ω_0，在其中$f(z)\in\Delta_0$，因而可以在Ω_0定义$h(z)=\lambda_0^{-1}[f(z)]$．以**h**表示将函数元素$(h,\Omega_0)$按一切可能途径延拓而得到的全局解析函数．

现在必须证明元素(h,Ω_0)可以沿所有路径延拓，而且$\mathrm{Im}h$保持为正．如果情况不是这样，我们可以找到一条路径$\gamma[0,t_1]$，使得对任何$t<t_1$，h可以延拓，而且$\mathrm{Im}h$一直保持为正，然而，在$t\to t_1$时，h不能延拓至t_1，或者$\mathrm{Im}h[\gamma(t)]$趋于0．我们在上半平面可以确定：一个值τ_1，使$\lambda(\tau_1)=f[\gamma(t_1)]$；一个局部逆$\lambda_1^{-1}$，它定义在$f[\gamma(t_1)]$的一个邻域$\Delta_1$中，使$\lambda_1^{-1}(f[\gamma(t_1)])=\tau_1$．令$\Omega_1$是$\gamma(t_1)$的一个邻域，其中$f(z)\in\Delta_1$，并选$t_2<t_1$使得对于$t\in[t_2,t_1]$，有$\gamma(t)\in\Omega_1$．我们知道$\lambda(\tau)$在$\tau=h[\gamma(t_2)]$与$\tau=\lambda_1^{-1}(f[\gamma(t_2)])$有相同的值$f[\gamma(t_2)]$．因此，由第7章定理8，在同余子群mod2中存在一个模变换S，使得

307

$$S[\lambda_1^{-1}(f[\gamma(t_2)])]=h[\gamma(t_2)].$$

现在用$h_1(z)=S[\lambda_1^{-1}(f(z))]$在$\Omega_1$中定义$h_1$．显然$(h_1,\Omega_1)$是**h**在$t_1$时的一个延拓，它满足$\lambda(h_1(z))=f(z)$和$\mathrm{Im}h_1>0$．我们得出结论：**h**确实可以沿所有路径延拓，因此，正如我们已指出的，立即得到皮卡定理．

我们如此费力地作出了证明的细节，无非是想使读者相信，单值性定理在证明中起着和模函数同样本质的作用．

8.4　线性微分方程

全局解析函数的理论可用于研究常微分方程的复数解，而且极具普遍性．在所有微分方程中，线性方程是最简单且最重要的．n阶线性方程具有下列形式：

$$a_0(z)\frac{d^n w}{dz^n}+a_1(z)\frac{d^{n-1}w}{dz^{n-1}}+\cdots+a_{n-1}(z)\frac{dw}{dz}+a_n(z)w=b(z),\tag{8}$$

其中系数$a_k(z)$及右边的$b(z)$都是单值解析函数．为了简单起见，我们只限于讨论这些函数定义于整个平面的情形．也就是说，假定它们都是整函数．方程(8)的一个解是一个全局解析函数**f**，满足恒等式

$$a_0\mathbf{f}^{(n)}+a_1\mathbf{f}^{(n-1)}+\cdots+a_{n-1}\mathbf{f}'+a_n\mathbf{f}=b.\tag{9}$$

我们已经说明，这是一个有意义的方程，而且只要**f**的函数元素(f,Ω)满足以f代替**f**而得到的对应方程，则(9)式必成立．具有这一性质的函数元素称为*局部解*．

熟悉实数情形的读者将期望方程(9)有 n 个线性独立的解. 在我们只研究局部解的时候情形确实如此，但现在我们需要求出不同的各个局部解，它们可以是同一个全局解析函数的不同元素. 换言之，在复数的情形，问题的一部分是找出各局部解互为解析延拓的情况.

方程(8)称为齐次的，如果 $b(z)$ 恒等于零. 这是非常重要的一种情形，也是我们这里

308

所要讨论的唯一情形. 我们还可以假设系数 $a_k(z)$ 不具有公共零点. 事实上，如果 z_0 是一个公共零点，则所有系数可以除以 $z-z_0$ 而解保持不变. 如果我们所要研究的是系数为亚纯函数的方程，则从一开始便可以用 $a_0(z)$ 除(8)式. 反之，如果所给方程具有亚纯的系数，则每一系数可写成两个整函数之商. 乘上公分母以后即得一个与整系数方程等价的方程. 因此，方程的系数是否有极点就无关紧要.

如果 $n=1$，则方程(8)具有显解

$$w = e^{-\int \frac{a_1(z)}{a_0(z)} dz}.$$

这样，问题只在于确定积分的多值性，这是前面已经讨论过的问题. 而在 $n=2$ 时，则具有一般情形的特性. 因此，我们只要讨论二阶线性齐次微分方程就够了.

8.4.1 寻常点

一点 z_0 称为微分方程

$$a_0(z)w'' + a_1(z)w' + a_2(z)w = 0 \tag{10}$$

的寻常点，当且仅当 $a_0(z_0)\neq 0$. 这里必须要证明的主要定理如下：

定理 6　*如果 z_0 是方程(10)的一个寻常点，则必存在一个局部解 (f, Ω)，具有任意的初始值 $f(z_0)=b_0$ 及 $f'(z_0)=b_1$. 芽 (f, z_0) 是唯一确定的.*

先将(10)写成如下形式：

$$w'' = p(z)w' + q(z)w, \tag{11}$$

其中 $p(z)=-a_1/a_0$，$q(z)=-a_2/a_0$. 定理的假设表明，$p(z)$ 及 $q(z)$ 在 z_0 的一个邻域内解析. 为了方便起见，可取 $z_0=0$. 令 $p(z)$ 及 $q(z)$ 的泰勒展开为

$$\begin{aligned} p(z) &= p_0 + p_1 z + \cdots + p_n z^n + \cdots, \\ q(z) &= q_0 + q_1 z + \cdots + q_n z^n + \cdots. \end{aligned} \tag{12}$$

309

为了解出方程(11)，可用待定系数法. 如果定理成立，则方程的解 $w=f(z)$ 必有泰勒展开

$$f(z) = b_0 + b_1 z + \cdots + b_n z^n + \cdots, \tag{13}$$

其系数满足条件：

$$\begin{aligned} 2b_2 &= b_1 p_0 + b_0 q_0, \\ 6b_3 &= 2b_2 p_0 + b_1 p_1 + b_1 q_0 + b_0 q_1, \\ &\vdots \\ n(n-1)b_n &= (n-1)b_{n-1}p_0 + (n-2)b_{n-2}p_1 + \cdots + b_1 p_{n-2} + b_{n-2}q_0 + b_{n-3}q_1 + \cdots + b_0 q_{n-2} \\ &\vdots \end{aligned} \tag{14}$$

这就证明了唯一性．余下的就是要证明等式(14)可引出具有正的收敛半径的幂级数(13)．于是，通过容许的各项运算(如逐项微分、相乘、重排列等)就可知(13)是方程的一个解，具有所需的初始值 f 及 f'．

由于级数(12)具有正的收敛半径，故根据柯西不等式，存在常数 M_0 及 $r_0>0$ 使得

$$\begin{aligned}|p_n| &\leqslant M_0 r_0^{-n},\\ |q_n| &\leqslant M_0 r_0^{-n}.\end{aligned}\tag{15}$$

为了证明(13)也具有一个正的收敛半径，我们只要证明在 M 和 r 的适当选择下，类似不等式

$$|b_n| \leqslant Mr^{-n}\tag{16}$$

成立即可．

现在对 n 用归纳法来证明(16)．首先，(16)对 $n=0$ 及 $n=1$ 必成立，由此得到条件 $|b_0|\leqslant M$，$|b_1|\leqslant Mr^{-1}$．这些条件对于足够大的 M 及充分小的 r 成立．设(16)对所有小于 n 的下标正确．为了简化计算，令 $r<r_0$，则从一般方程(14)立即可得估值：

$$\begin{aligned}n(n-1)|b_n| &\leqslant MM_0[(1+2+\cdots+(n-1))r^{1-n}+(n-1)r^{2-n}]\\ &= MM_0\left[\frac{n(n-1)}{2}r+(n-1)r^2\right]r^{-n}.\end{aligned}$$

于是得

$$|b_n| \leqslant MM_0\left(\frac{r}{2}+\frac{r^2}{n}\right)r^{-n} \leqslant MM_0\left(\frac{r}{2}+r^2\right)r^{-n},$$

只要 $M_0(r/2+r^2)\leqslant 1$，即得(16)．容易看出，这一关系以及前面的一些条件对所有充分小的 r 都能得到满足．定理证毕．

特别是，存在局部解 $f_0(z)$ 及 $f_1(z)$，满足以下条件：$f_0(z_0)=1$，$f_0'(z_0)=0$，$f_1(z_0)=0$，$f_1'(z_0)=1$．由于唯一性，故知具有初始值 b_0，b_1 的解必为 $f(z)=b_0f_0(z)+b_1f_1(z)$．因此每个局部解必为 $f_0(z)$ 及 $f_1(z)$ 的一个线性组合．而且，解 $f_0(z)$ 及 $f_1(z)$ 是线性无关的，这是因为如果 $b_0f_0(z)+b_1f_1(z)=0$，则令 $z=z_0$ 可得 $b_0=0$，而由于 $f_1(z)$ 不能恒等于零，故必 $b_1=0$．

310

练　习

1. 求 $w''=zw$ 的两个线性独立解在原点附近的幂级数展开式．
2. 埃尔米特多项式定义为

$$H_n(z)=(-1)^n e^{z^2}\frac{d^n}{dz^n}(e^{-z^2}).$$

证明：$H_n(z)$ 是方程 $w''-2zw'+2nw=0$ 的一个解．

8.4.2　正则奇点

使 $a_0(z_0)=0$ 的任意点 z_0 称为方程(10)的奇点．如果方程写成(11)的形式，则这一假

设就表示 $p(z)$ 或 $q(z)$ 在 z_0 处具有一个极点，因为我们仍设(10)中的所有系数不具有公共零点.

奇点有各种不同的类型. 现在先研究最简单的情形，设 $a_0(z)$ 具有一个单零点. 在这一假设下，函数 $p(z)$ 及 $q(z)$ 至多不过有单极点，如果取 $z_0=0$，则它们的洛朗展开具有下列形式：

$$p(z)=\frac{p_{-1}}{z}+p_0+p_1z+\cdots,$$

$$q(z)=\frac{q_{-1}}{z}+q_0+q_1z+\cdots,$$

如果在(11)式中，作代换

$$w=b_0+b_1z+b_2z^2+\cdots,$$

比较系数后可得

$$\begin{aligned} -p_{-1}b_1&=b_0q_{-1},\\ 2(1-p_{-1})b_2&=b_1p_0+b_1q_{-1}+b_0q_0,\\ &\vdots\\ n(n-1-p_{-1})b_n&=(n-1)b_{n-1}p_0+(n-2)b_{n-2}p_1+\cdots\\ &\quad+b_1p_{n-2}+b_{n-1}q_{-1}+b_{n-2}q_0+\cdots+b_0q_{n-2}\\ &\vdots \end{aligned}\tag{17}$$

311

这一组关系式与(14)有着本质上的区别. 首先，只有 b_0 可任意选择，因此，用这一方法至多可得一个线性独立解. 其次，如果 $p_{-1}=0$ 或等于一个正整数，则方程组(17)或者没有解，或者 b_n 之一可任意选择.

设 p_{-1} 不等于零或正整数，我们来证明所得幂级数具有一个正的收敛半径. 仍像前面一样，应用估值(15)，令 $M\geqslant|b_0|$，并设(16)对小于 n 的下标成立. 再设 $r\leqslant r_0$，则得

$$n|n-1-p_{-1}|\cdot|b_n|\leqslant Mr^{-n}\left\{M_0\left[\frac{n(n-1)}{2}r+(n-1)r^2\right]+|q_{-1}|r\right\}.$$

只要 $(n-1)/|n-1-p_{-1}|$ 有界，则对于所有的 n，下列不等式成立：

$$|b_n|\leqslant Mr^{-n}(Ar+Br^2).$$

对于足够小的 r，这个式子强于(16)式，由此收敛性得证.

正像上面所指出的，这个结果是属于预备性质的. 我们的实际目的是要在 z_0 点处有一个正则奇点的情况下解出方程(11). 所谓正则奇点，就是指 $p(z)$ 在 z_0 处至多具有一个单极点，而 $q(z)$ 在 z_0 处至多具有一个二阶极点.

在这些情况下，解的形式应为 $w=z^\alpha g(z)$，其中 $g(z)$ 在点 $z_0(=0)$ 解析而且不等于 0. 将这一解代入(11)，经运算后可知，$g(z)$ 必满足如下的微分方程：

$$g''=\left(p-\frac{2\alpha}{z}\right)g'+\left(q+\frac{\alpha p}{z}-\frac{\alpha(\alpha-1)}{z^2}\right)g.\tag{18}$$

对于任意的 α，此式与原来方程同型，因此没有什么帮助. 但是我们可以选择 α，使 g

的系数只具有单极点．如果 $q(z)$ 具有展开式

$$q(z)=\frac{q_{-2}}{z^2}+\cdots,$$

则 α 应满足二次方程

$$\alpha(\alpha-1)-p_{-1}\alpha-q_{-2}=0, \tag{19}$$

这一方程称为指数方程．对于这样的 α，由上面预备性的结果可知(11)具有形如 $z^{\alpha}g(z)$，$g(0)\neq 0$ 的解，只要 $p_{-1}-2\alpha$ 不为非负整数．

设(19)的根为 α_1 及 α_2，则

312

$$\alpha_1+\alpha_2=p_{-1}+1$$

或 $\alpha_2-\alpha_1=p_{-1}-2\alpha_1+1$．因此，当且仅当 $\alpha_2-\alpha_1$ 为正整数时 α_1 是例外值．根据对称性，当 $\alpha_2-\alpha_1$ 为负整数时 α_2 是例外值．所以，如果指数方程的两根不差一个整数，则可得两个解 $z^{\alpha_1}g_1(z)$ 及 $z^{\alpha_2}g_2(z)$，它们显然是线性独立的．如果两根相等或相差一个整数，则只得一个解．

定理 7　*如果 z_0 为方程(10)的一个正则奇点，则对应于指数方程的两个根 α_1，α_2，只要 $\alpha_2-\alpha_1$ 不等于一个整数，方程(10)就有两个线性独立的解，其形式为 $(z-z_0)^{\alpha_1}g_1(z)$ 及 $(z-z_0)^{\alpha_2}g_2(z)$，且 $g_1(0)\neq 0$，$g_2(0)\neq 0$．如果 $\alpha_2-\alpha_1$ 为大于等于 0 的整数，则方程只有一个对应于指数方程的根 a_2 的解．*

如果已知一个解，则与该解线性无关的另一个解就不难求出．求第二个解的方法属于微分方程的专著的范围，这里不再叙述．至于非正则奇点的情形，在本书中也无法讨论．

练　习

1．证明：方程 $(1-z^2)w''-2zw'+n(n+1)w=0$（其中 n 为非负整数）的解为勒让德多项式

$$P_n(z)=\frac{1}{2^n n!}\cdot\frac{\mathrm{d}^n}{\mathrm{d}z^n}(z^2-1)^n.$$

2．试确定方程

$$z^2(z+1)w''-z^2w'+w=0$$

的两个线性独立解，其中一个接近 0，另一个接近 -1．

3．证明：贝塞尔方程 $zw''+w'+zw=0$ 的解是一个整函数，并确定其幂级数展开．

8.4.3　无穷远点附近的解

如果 $a_0(z)$，$a_1(z)$，$a_2(z)$ 都是多项式，我们来研究解在 ∞ 的邻域中的行为．处理这一问题的最简便方法是作变量变换 $z=1/Z$．由于

$$\frac{\mathrm{d}w}{\mathrm{d}z}=-Z^2\frac{\mathrm{d}w}{\mathrm{d}Z},$$

313

$$\frac{\mathrm{d}^2 w}{\mathrm{d}z^2}=2Z^3\frac{\mathrm{d}w}{\mathrm{d}Z}+Z^4\frac{\mathrm{d}^2 w}{\mathrm{d}Z^2},$$

因此，方程(11)变成

$$\frac{\mathrm{d}^2 w}{\mathrm{d}Z^2}=-\left(2Z^{-1}+Z^{-2}p\left(\frac{1}{Z}\right)\right)\frac{\mathrm{d}w}{\mathrm{d}Z}+Z^{-4}q\left(\frac{1}{Z}\right)w. \tag{20}$$

如果点 $Z=0$ 是方程(20)的一个寻常点或正则奇点，则点∞将是方程(11)的一个寻常点或正则奇点．因此，如果方程(11)中的各系数在 $Z=0$ 处有一个可去奇点，则点∞就是一个寻常点；而根据定义，这就等于说$-(2z+z^2p(z))$及 $z^4q(z)$在∞有可去奇点．同样，如果这些函数分别在∞至多有一个单极点及二阶极点，则∞是一个正则奇点．

现在来确定具有极少数奇点的方程．如果∞为一个寻常点，则 $q(z)$至少应具有四个极点，除非 $q(z)=0$．在后一种情形，$p(z)$只能有一个极点，如果这个极点置于原点，则必有 $p(z)=-2/z$．对应方程

$$\frac{\mathrm{d}^2 w}{\mathrm{d}z^2}=-\frac{2}{z}\frac{\mathrm{d}w}{\mathrm{d}z}$$

的通解为 $w=az^{-1}+b$.

如果 $q(z)$不恒等于零，则只能有两个正则奇点．显然可将这两个奇点置于0及∞，这样，即可得∞是正则奇点的情形．如果只有一个有限奇点，设这一奇点在原点，则必有 $p(z)=A/z$，$q(z)=B/z^2$．如果另选一些常数，则方程可写成

$$z^2w''-(\alpha+\beta-1)zw'+\alpha\beta w=0. \tag{21}$$

这个方程有解 $w=z^\alpha$，$w=z^\beta$，其中 α 及 β 显然是指数方程的两个根．如果 $\alpha=\beta$，则必有另一个解．为了求出这一解，可将(21)式写成符号形式

$$\left(z\frac{\mathrm{d}}{\mathrm{d}z}-\alpha\right)^2 w=0,$$

并以 $w=z^\alpha W$ 代入，可得

$$\left(z\frac{\mathrm{d}}{\mathrm{d}z}-\alpha\right)z^\alpha W=z^\alpha\cdot z\frac{\mathrm{d}W}{\mathrm{d}z},$$

314

$$\left(z\frac{\mathrm{d}}{\mathrm{d}z}-\alpha\right)^2 z^\alpha W=z^\alpha\cdot z\frac{\mathrm{d}}{\mathrm{d}z}\left(z\frac{\mathrm{d}W}{\mathrm{d}z}\right).$$

方程$\left(z\frac{\mathrm{d}}{\mathrm{d}z}\right)^2 W=0$ 显然有解 $W=\log z$，因此，(21)式所求的解为 $w=z^\alpha\log z$.

8.4.4　超几何微分方程

上面说明具有一个或两个正则奇点的微分方程具有平凡解．只有在引入第三个奇点时，可得一个新的、重要的解析函数类.

很明显，二阶线性微分方程经变量的线性变换后变成同一类型的方程，其奇点的特征仍保持不变．因此，我们可以把方程的三个奇点选择在预定的一些点上，而最简单的就是

选定在 0，1，∞上.

如果方程

$$w'' = p(z)w' + q(z)$$

只在 0 及 1 处具有有限正则奇点，则必有

$$p(z) = \frac{A}{z} + \frac{B}{z-1} + P(z),$$

$$q(z) = \frac{C}{z^2} + \frac{D}{z} + \frac{E}{(z-1)^2} + \frac{F}{z-1} + Q(z),$$

其中 $P(z)$及 $Q(z)$都是多项式. 为了使∞处的奇点是正则奇点，在∞处，$2z+z^2p(z)$必须至多具有一个单极点，而 $z^4q(z)$至多具有一个二阶极点. 根据这些条件，$P(z)$及 $Q(z)$就必须恒等于零，而关系 $D+F=0$ 必成立. 这些条件显然是惟有的条件，因此可把 $p(z)$、$q(z)$的表达式重写成如下形式：

$$p(z) = \frac{A}{z} + \frac{B}{z-1},$$

$$q(z) = \frac{C}{z^2} - \frac{D}{z(z-1)} + \frac{E}{(z-1)^2}.$$

原点的指数方程为

$$\alpha(\alpha-1) = A\alpha + C.$$

因此，如果这个方程的根为 α_1，α_2，则得 $A=\alpha_1+\alpha_2-1$，$C=-\alpha_1\alpha_2$. 同理，$B=\beta_1+\beta_2-1$ 及 $E=-\beta_1\beta_2$，其中 β_1 及 β_2 是点 1 的指数方程的两个根. 为了列出∞处的指数方程，注意，$-2z-z^2p(z)$及 $z^4q(z)$的首项系数分别为$-(2+A+B)$及 $C-D+E$. 因此∞处指数方程的根 γ_1，γ_2 满足关系 $\gamma_1+\gamma_2=-A-B-1$ 及 315

$$\gamma_1\gamma_2 = -C + D - E,$$

于是得到关系

$$\alpha_1 + \alpha_2 + \beta_1 + \beta_2 + \gamma_1 + \gamma_2 = 1, \tag{22}$$

这样方程可写成如下形式：

$$w'' + \left(\frac{1-\alpha_1-\alpha_2}{z} + \frac{1-\beta_1-\beta_2}{z-1}\right)w' + \left(\frac{\alpha_1\alpha_2}{z^2} - \frac{\alpha_1\alpha_2+\beta_1\beta_2-\gamma_1\gamma_2}{z(z-1)} + \frac{\beta_1\beta_2}{(z-1)^2}\right)w = 0. \tag{23}$$

为了避免例外的情形，可设差 $\alpha_2-\alpha_1$，$\beta_2-\beta_1$，$\gamma_2-\gamma_1$ 中没有一个是整数. 下一步就是要简化方程(23). 在 8.4.2 节中我们已经证明，对于 $g(z)$来说，代换 $w=z^\alpha g(z)$确定了一个类似的微分方程，即方程(18). 由于原来的方程具有形如 $w=z^{\alpha_1}g_1(z)$，$w=z^{\alpha_2}g_2(z)$的解，故知变换而成的方程(18)必有形如 $g(z)=z^{\alpha_1-\alpha}g_1(z)$及 $g(z)=z^{\alpha_2-\alpha}g_2(z)$的解. 因此(18)的指数方程应该有根 $\alpha_1-\alpha$，$\alpha_2-\alpha$，这也可直接从计算中得证. 同时，对应于∞处奇点的根 γ_1，γ_2 变至 $\gamma_1+\alpha$，$\gamma_2+\alpha$. 应用同样方法可析出一个因子$(z-1)^\beta$，并可知所得方程的指数在 1 处的应减少 β，而在∞处的应增大 β. 自然的选择是令 $\alpha=\alpha_1$，$\beta=\beta_1$. 因

此，最后方程的六个指数分别为 0，$\alpha_2-\alpha_1$，0，$\beta_2-\beta_1$，$\gamma_1+\alpha_1+\beta_1$，$\gamma_2+\alpha_1+\beta_1$. 为了符合于沿用已久的约定，可令 $a=\alpha_1+\beta_1+\gamma_1$，$b=\alpha_1+\beta_1+\gamma_2$，$c=1+\alpha_1-\alpha_2$. 由关系(22)得 $c-a-b=\beta_2-\beta_1$. 因此，新的微分方程变为

$$w''+\left(\frac{c}{z}+\frac{1-c+a+b}{z-1}\right)w'+\frac{ab}{z(z-1)}w=0,$$

或者，经简化后，得

$$z(1-z)w''+[c-(a+b+1)z]w'-abw=0. \tag{24}$$

这一方程称为*超几何微分方程*，上面已经证明，方程(23)的解就等于(24)的解乘以 $z^{\alpha_1}(z-1)^{\beta_1}$. 这里，我们假设了指数差 $c-1$，$a-b$，$a+b-c$ 不为整数.

316

可以证明，方程(24)具有一个形如 $w=\sum_{n=0}^{\infty}A_nz^n$ 的解. 如果将这一幂级数代入(24)，通过简单计算可知方程的系数应满足下列递推关系：

$$(n+1)(n+c)A_{n+1}=(n+a)(n+b)A_n.$$

这一关系的形式非常简单，因此可列出解的显式. 取 $A_0=1$，则超比方程必为下列函数所满足：

$$F(a,b,c,z)=1+\frac{a\cdot b}{1\cdot c}z+\frac{a(a+1)\cdot b(b+1)}{1\cdot 2\cdot c(c+1)}z^2+\frac{a(a+1)(a+2)\cdot b(b+1)(b+2)}{1\cdot 2\cdot 3\cdot c(c+1)(c+2)}z^3+\cdots,$$

这一函数称为*超几何函数*，只要 c 不等于零或负整数，它就有定义.

超几何级数的收敛半径不难用计算求出，但用纯推理来说明更有指导意义. 首先，我们知道 $F(a, b, c, z)$ 可以沿着任何一条不通过点 1 而不回至原点的路径解析延拓. 因此，在单位圆盘 $|z|<1$ 内就可以定义 $F(a, b, c, z)$ 的一个单值分支(因为这个圆盘是单连通的)，故知其收敛半径至少应等于 1. 如果其收敛半径大于 1，则 $F(a, b, c, z)$ 将是一个整函数. 在∞附近，它必是已知存在于∞邻域中的解 $z^{-a}g_1(z)$，$z^{-b}g_2(z)$ 的一个线性组合. 但这个线性组合仅当 a 或 b 是整数时可为单值. 如设 a 是整数而 b 是非整数，则 $F(a, b, c, z)$ 必为 $z^{-a}g_1(z)$ 的一个倍数. 根据刘维尔定理，如果 a 为正数，则 $F(a, b, c, z)$ 将恒等于零，但情形并不如此. 由此可知，收敛半径仅当 a(或 b)是负整数或零的时候成为无限，此时超几何级数转化成一个多项式.

在原点的一个邻域中，也有一个形如 $z^{1-c}g(z)$ 的解. 此处 $g(z)$ 满足一个超几何微分方程，它具有六个指数，分别为 $\alpha_2-\alpha_1$，0，0，$\beta_2-\beta_1$，$\gamma_1+\alpha_2+\beta_1$，$\gamma_2+\alpha_2+\beta_1$. 因此可令 $g(z)=F(1+a-c, 1+b-c, 2-c, z)$. 这就证明了原点附近的两个线性独立解分别为 $F(a, b, c, z)$ 及 $z^{1-c}F(1+a-c, 1+b-c, 2-c, z)$.

在点 1 附近的解可按完全同样的方法确定. 不过，以 $1-z$ 代 z 并互调各个 α 及 β 来求更为容易. 结果得到 1 的邻域中的两个线性独立解为 $F(a, b, 1+a+b-c, 1-z)$ 及 $(1-z)^{c-a-b}F(c-b, c-a, 1-a-b+c, 1-z)$. 至于在∞附近的解也可用同法求得.

317

上面说明了具有三个奇点的最一般的二阶线性微分方程可用超几何函数求得解的显式. 当然也可以确定解的完全多值结构，但较为复杂.

练　习

1. 证明$(1-z)^{-\alpha}=F(\alpha, \beta, \beta, z)$和$\log 1/(1-z)=zF(1, 1, 2, z)$.
2. 求$F(a, b, c, z)$的导数，仍表示成超几何函数.
3. 导出下面的积分表示式：

$$F(a,b,c,z)=\frac{\Gamma(c)}{\Gamma(b)\Gamma(c-b)}\int_0^1 t^{b-1}(1-t)^{c-b-1}(1-zt)^{-a}\mathrm{d}t.$$

4. 如果w_1及w_2是微分方程$w''=pw'+qw$的两个线性独立解，证明：商$\eta=w_2/w_1$满足方程

$$\frac{\mathrm{d}}{\mathrm{d}z}\left(\frac{\eta''}{\eta'}\right)-\frac{1}{2}\left(\frac{\eta''}{\eta'}\right)^2=-2q-\frac{1}{2}p^2+p'.$$

8.4.5 黎曼的观点

黎曼(Riemann)首先有力地提出了下面的观点：一个解析函数完全可以用它的奇点及一般性质来定义，正像它可用显表达式来定义一样，而且前者可能比后者更好. 一个最普通的例子就是一个有理函数可用与它的极点有关的奇部来确定.

下面我们将根据黎曼的论据，证明超几何微分方程的解可用这一性质来刻画. 考察函数元素(f, Ω)的一个集合**F**，具有如下特性：

1) 集合**F**称为是完全的，如果它包含任意$(f, \Omega)\in$ **F**的所有解析延拓，这里并不要求**F**中的任两个函数元素互为解析延拓，因此，**F**可以由若干个全局解析函数组成.

2) 集合是线性的，即对于所有常数c_1及c_2，$(f_1, \Omega)\in$ **F**及$(f_2, \Omega)\in$ **F**蕴涵$(c_1f_1+c_2f_2, \Omega)\in$ **F**. 而且，具有同一个Ω的任意三元素(f_1, Ω)，(f_2, Ω)，$(f_3, \Omega)\in$ **F**在Ω内满足恒等关系$c_1f_1+c_2f_2+c_3f_3=0$，这一关系中的系数都是不全等于零的常数. 换言之，**F**至多是二维的.

3) **F**中的函数惟有的有限奇点应在点0及1，而且点∞也作为一个奇点. 更精确地说，任意$(f, \Omega)\in$ **F**必可沿着有限平面上所有不通过点0及1的弧延拓. [318]

4) 至于奇点上的行为，可设**F**中有这样的函数存在，它们在0附近的行为与已知幂z^{α_1}及z^{α_2}一样，在1附近与$(z-1)^{\beta_1}$及$(z-1)^{\beta_2}$一样，在∞附近与$z^{-\gamma_1}$及$z^{-\gamma_2}$一样. 严格地说，就是存在某些解析函数$g_1(z)$及$g_2(z)$，定义于0的邻域Δ内，且在该点不等于零，对于Δ的一个不包含原点的单连通子域Ω，可以定义函数元素$(z^{\alpha_1}g_1(z), \Omega)$，$(z^{\alpha_2}g_2(z), \Omega)$，而且它们必须都属于**F**. 对于点1及$\infty$，可同样地作出相应的假设.

不难看出，微分方程(23)的解在差$\alpha_2-\alpha_1$，$\beta_2-\beta_1$，$\gamma_2-\gamma_1$不为整数时恰好具有这些性质. 此外，还有关系$\alpha_1+\alpha_2+\beta_1+\beta_2+\gamma_1+\gamma_2=1$成立. 作出这些假设，并在这些限制

下，可证存在一个而且只有一个集合 **F**，它具有性质 1～4. 因此，**F** 将与微分方程(23)的局部解的集合一致.

黎曼把 **F** 中的任意函数元素用下列记号表示：

$$P\begin{Bmatrix} 0 & 1 & \infty & \\ \alpha_1 & \beta_1 & \gamma_1, & z \\ \alpha_2 & \beta_2 & \gamma_2 & \end{Bmatrix}.$$

因此，P 并不代表一个单个的函数，但是这一点显然是无关重要的. 在唯一性一经确立之后，只要事先作好适当的解释，形如下面的恒等式显然成立：

$$P\begin{Bmatrix} 0 & 1 & \infty & \\ \alpha_1 & \beta_1 & \gamma_1, & z \\ \alpha_2 & \beta_2 & \gamma_2 & \end{Bmatrix} = z^{\alpha}(z-1)^{\beta} P\begin{Bmatrix} 0 & 1 & \infty & \\ \alpha_1-\alpha & \beta_1-\beta & \gamma_1+\alpha+\beta, & z \\ \alpha_2-\alpha & \beta_2-\beta & \gamma_2+\alpha+\beta & \end{Bmatrix}$$

或

$$P\begin{Bmatrix} 0 & 1 & \infty & \\ \alpha_1 & \beta_1 & \gamma_1, & z \\ \alpha_2 & \beta_2 & \gamma_2 & \end{Bmatrix} = P\begin{Bmatrix} 0 & 1 & \infty & \\ \beta_1 & \alpha_1 & \gamma_1, & 1-z \\ \beta_2 & \alpha_2 & \gamma_2 & \end{Bmatrix}.$$

这些关系中有些是非常精致的，很容易辨认，这正是黎曼观点的一个特色.

为了证明唯一性，考察两个定义于不包含点 0 或 1 的单连通域 Ω 内的线性无关的函数元素(f_1, Ω)，$(f_2, \Omega)\in$ **F**. 这样的函数元素在任意 Ω 内是存在的，因为函数 $z^{\alpha_1}g_1(z)$ 及 $z^{\alpha_2}g_2(z)$在它们的定义域中是线性无关的. 它们可以沿着一段避开 0 与 1 而端点在 Ω 内的弧延拓，从而确定出线性无关的函数元素(f_1, Ω)，(f_2, Ω). 根据性质 1，它们属于 **F**. 如果(f, Ω)是 **F** 中的第三个函数元素，则恒等式

319

$$\begin{gathered} cf + c_1 f_1 + c_2 f_2 = 0, \\ cf' + c_1 f'_1 + c_2 f'_2 = 0, \\ cf'' + c_1 f''_1 + c_2 f''_2 = 0 \end{gathered}$$

意味着

$$\begin{vmatrix} f & f_1 & f_2 \\ f' & f'_1 & f'_2 \\ f'' & f''_1 & f''_2 \end{vmatrix} = 0.$$

将上式写成下列形式：

$$f'' = p(z)f' + q(z)f.$$

其中

$$p(z) = \frac{f_1 f''_2 - f_2 f''_1}{f_1 f'_2 - f_2 f'_1}, \quad q(z) = -\frac{f'_1 f''_2 - f'_2 f''_1}{f_1 f'_2 - f_2 f'_1}. \tag{25}$$

此处的分母不恒等于零，因为如果等于零，则 f_1 及 f_2 将是线性相关了.

现在我们可以看到表达式(25)在 f_1 及 f_2 作非奇异线性变换，即代之以$c_{11}f_1+c_{12}f_2$，

$c_{21}f_1+c_{22}f_2(c_{11}c_{22}-c_{12}c_{21}\neq 0)$时将保持不变．这就是说，对于任意的 f_1 及 f_2，$p(z)$与$q(z)$将维持原状，因此这两个函数在去掉点 0 与 1 的整个平面上是完全确定的单值函数．

为了确定 $p(z)$与 $q(z)$在原点附近的行为，取 $f_1=z^{\alpha_1}g_1(z)$，$f_2=z^{\alpha_2}g_2(z)$．通过简单的运算以后可得

$$f_1f'_2-f_2f'_1=(\alpha_2-\alpha_1)z^{\alpha_1+\alpha_2-1}(C+\cdots),$$
$$f_1f''_2-f_2f''_1=(\alpha_2-\alpha_1)(\alpha_1+\alpha_2-1)z^{\alpha_1+\alpha_2-2}(C+\cdots),$$
$$f'_1f''_2-f'_2f''_1=\alpha_1\alpha_2(\alpha_2-\alpha_1)z^{\alpha_1+\alpha_2-3}(C+\cdots),$$

式中括号内的$(C+\cdots)$代表一些解析函数，它们在原点具有共同的值 $C=g_1(0)g_2(0)$．由此可知 $p(z)$具有一个单极点，其上的留数为 $\alpha_1+\alpha_2-1$，而 $q(z)$的洛朗展开则以$-\alpha_1\alpha_2/z^2$ 为首项．对于点 1 及∞，也有同样的结果成立．于是得到 [320]

$$p(z)=\frac{\alpha_1+\alpha_2-1}{z}+\frac{\beta_1+\beta_2-1}{z-1}+p_0(z), \tag{26}$$

其中 $p_0(z)$在点 0 及 1 不具有极点．根据定义(25)式可知，$p(z)$是一个整函数的对数导数．因此，在有限平面上，它只具有单极点，而这些极点上的留数都是正整数．此外，$p(z)$在∞处的展开必须以$-(\gamma_1+\gamma_2+1)/z$ 为首项．因此 $p(z)$只有有限个极点，这些极点上的留数应加到$-(\gamma_1+\gamma_2+1)$．根据关系$(\alpha_1+\alpha_2-1)+(\beta_1+\beta_2-1)=-(\gamma_1+\gamma_2+1)$可知，除了在 0 与 1 处的极点之外，不能有其他极点．而由(26)式易见 $p_0(z)$不能有极点，而在∞处有零点，因而必恒等于零．

由于除了在点 0 及 1 以外 $f_1f'_2-f_2f'_1\neq 0$，因此 $q(z)$必具有如下形式：

$$q(z)=-\frac{\alpha_1\alpha_2}{z^2}-\frac{\beta_1\beta_2}{(z-1)^2}+\frac{A}{z}+\frac{B}{z-1}+q_0(z),$$

其中 $q_0(z)$没有有限极点．在∞处，展开式以项$-\gamma_1\gamma_2/z^2$ 开始．故知 $q_0(z)$必恒等于零，而

$$A=-B=-(\alpha_1\alpha_2+\beta_1\beta_2-\gamma_1\gamma_2).$$

总结上面的结果，可知 f 必满足下列方程

$$w''+\left(\frac{1-\alpha_1-\alpha_2}{z}+\frac{1-\beta_1-\beta_2}{z-1}\right)w'+\left(\frac{\alpha_1\alpha_2}{z^2}-\frac{\alpha_1\alpha_2+\beta_1\beta_2-\gamma_1\gamma_2}{z(z-1)}+\frac{\gamma_1\gamma_2}{(z-1)^2}\right)w=0.$$

这就是方程(23).

由此可知，满足性质 1～4 的任意集合 $\mathbf{F}$ 必是方程(23)的局部解的族 $\mathbf{F}_0$ 的一个子集，这就完成了唯一性的证明．因为对于不包含点 0 或点 1 的任意单连通域 Ω，在 $\mathbf{F}$ 中有两个线性无关的函数元素(f_1,Ω)，(f_2,Ω)．每一个$(f,\Omega)\in\mathbf{F}_0$ 具有形式$(c_1f_1+c_2f_2,\Omega)$，因此必包含于 $\mathbf{F}$ 中．最后，如果 Ω 不是单连通的，则$(f,\Omega)\in\mathbf{F}_0$ 就是 f 限制在 Ω 的一个单连通子域上所组成的元素的解析延拓，由于这个元素属于 $\mathbf{F}$，故由性质 1 可知(f,Ω)也属于 $\mathbf{F}$. [321]

索　引

索引中的页码为英文原书页码，与书中页边标注的页码一致.

A

B

⊖ n 指脚注。——编辑注

C

D

I

J

K

L

M

N

O

P

R

S

T

U

V

W

Z

推荐阅读

泛函分析（原书第2版·典藏版）

作者：Walter Rudin　ISBN：978-7-111-65107-9　定价：79.00元

数学分析原理（英文版·原书第3版·典藏版）

作者：Walter Rudin　ISBN：978-7-111-61954-3　定价：69.00元

数学分析原理（原书第3版）

作者：Walter Rudin　ISBN：978-7-111-13417-6　定价：75.00元

实分析与复分析（英文版·原书第3版·典藏版）

作者：Walter Rudin　ISBN：978-7-111-61955-0　定价：79.00元

实分析与复分析（原书第3版）

作者：Walter Rudin　ISBN：978-7-111-17103-9　定价：79.00元

推荐阅读

具体数学：计算机科学基础（英文版·原书第2版）典藏版

作者：[美]葛立恒（Ronald L. Graham）等著 ISBN：978-7-111-64195-7 定价：139.00元

实分析（原书第4版）

作者：[美]H. L. 罗伊登（H. L. Royden）P. M. 等著 ISBN：978-7-111-63084-5 定价：129.00元